J. Goerth
Bauelemente und
Grundschaltungen

Bauelemente und Grundschaltungen

Von Professor Dipl.-Ing. Joachim Goerth
Fachhochschule Hamburg

Mit 265 Bildern

Springer Fachmedien Wiesbaden GmbH

Die Deutsche Bibliothek – CIP-Einheitsaufnahme

Goerth, Joachim:
Bauelemente und Grundschaltungen / von Joachim Goerth. – ˙
Stuttgart ; Leipzig : Teubner, 1999
  ISBN-13: 978-3-519-06258-5   e-ISBN-13: 978-3-322-87191-6
  DOI: 10.1007/978-3-322-87191-6

© 1999 Springer Fachmedien Wiesbaden
Originally published by B.G. Teubner Stuttgart · Leipzig.1999

Vorwort

Dieses Buch soll ein Lehrbuch für das meist als eher trocken empfundene Fachgebiet der elektronischen Bauelemente sein. Nach einem kurzen Abriß der passiven Bauelemente Widerstand, Kondensator und Spule werden die heute meistverwendeten aktiven Bauelemente beschrieben. Es sind dies die aus dem Halbleiterwerkstoff Silizium bestehenden Dioden, bipolaren und MOS-Feldeffekt-Transistoren, die als Einzelbauelemente oder als Bestandteile integrierter Schaltungen die derzeitige Welt der Elektronik bestimmen. Bauelemente aus anderen Halbleitermaterialien werden nicht besprochen. Zwar erfüllen sie eine Reihe wichtiger Aufgaben z.B. in der Optoelektronik und der Mikrowellentechnik, doch würde ihre Behandlung den Rahmen dieses Buches sprengen. Ebenso wird die Physik der Halbleiter nur knapp und soweit erläutert, wie es nach meiner Meinung erforderlich ist, um die Funktion und den Aufbau der Bauelemente zu verstehen.

Das Ziel dieses Buches ist es zum einen, aus einem einfachen physikalischen Verständnis heraus Gleichungen zu entwickeln, die die Funktion der Bauelemente beschreiben, und einen Zusammenhang zwischen der elektrischen Funktion und den baulichen Eigenschaften herzustellen. Dazu gehört auch die Beschreibung der wichtigsten Parameter, die für die Modellierung der Bauelemente in Schaltungsanalyseprogrammen, z.B. SPICE, benötigt werden. Zum zweiten soll das Verhalten der Bauelemente in Grundanwendungen wie Gleichrichten, Schalten und Verstärken erläutert werden.
Die Gleichungen zur Beschreibung der Bauelemente werden aus eindimensionalen Modellen heraus entwickelt. An einigen Stellen werden anschauliche Vergleiche benutzt, ohne jedoch auf schlüssige Begründungen zu verzichten.

Der Inhalt dieses Buches ist in der Sache nicht neu. Dennoch glaube ich, daß Studierende der Elektrotechnik und alle anderen, die an elektronischen Bauelementen und deren Grundschaltungen interessiert sind, dieses Buch dann mit Gewinn lesen können, wenn sie sich ein solides Grundverständnis erwerben möchten. Wer darüber hinaus nach besonderen Kenntnissen der Festkörperphysik, der Integrationstechniken, der Hochfrequenzbauelemente, der Optoelektronik, der Leistungsbauelemente oder der Schaltungstechnik sucht, der sei auf die weiterführende Literatur verwiesen, die dann hoffentlich leichter verdaulich sein wird.

An dieser Stelle möchte ich all denen danken, die direkt oder indirekt zu diesem Buch beigetragen haben. Manche wertvolle Anregung verdanke ich der Diskussion mit Fachkollegen und ehemaligen Kollegen aus dem Hause Philips in Hamburg, namentlich den

Herren Horl, Mathes und Schwarz sowie Herrn Meentzen aus dem Hause Beyschlag in Heide. Den Firmen Beyschlag und Philips danke ich für die Bereitstellung von Bildern. Schließlich bin ich noch all den Studenten zu Dank verpflichtet, die mir in Vorlesung und Praktikum durch Kritik und Anregung geholfen haben, an der Stoffauswahl und Darstellung zu feilen, meinem Sohn stud. jur. Andreas Goerth, der sich die Mühe gemacht hat, Korrektur zu lesen, und dem Verlag, der viel Verständnis für meine Schwierigkeiten mit dem Textsystem gezeigt hat.

Hamburg, im September 1998   Joachim Goerth

Inhalt

1 Einleitung

Elektrische Bauelemente sind so alt wie die technische Anwendung der Elektrizität. Das erste in großem Umfang verwendete Bauelement dürfte das Relais sein, das etwa zur Mitte des vorigen Jahrhunderts der Telegraphentechnik zum Durchbruch verhalf. Ferdinand Braun demonstrierte 1874 mit dem Kristallgleichrichter das erste elektronische Halbleiterbauelement, jedoch ohne die Funktion richtig zu erklären. Die ab etwa 1900 einsetzende Entwicklung der Elektronenröhre - des Vorläufers der heutigen Halbleiterbauelemente - bestimmte bis ungefähr 1950 die Entwicklung der Elektronik, so daß die ersten Ansätze zur Weiterentwicklung der Halbleiterbauelemente, wie z.B. der 1925 von Lilienfeld beschriebene Vorläufer des Feldeffekttransistors, nicht in nennenswertem Umfang zum Tragen kamen. Mit der Erfindung des bipolaren Transistors im Jahre 1947 durch Shockley und andere fanden die Halbleiterbauelemente, zunächst langsam, ihren Platz in der Technik. Diese Entwicklung verlief auch deshalb langsam, weil die ersten Transistoren, genau wie die Röhren, einzeln von Hand gefertigt wurden. Mit der Einführung der Planartechnik durch Noyce in der Firma Fairchild ab 1959 setzte die Entwicklung ein, die zum heutigen Stand geführt hat. Die Planartechnik ist besonders für den Halbleiterwerkstoff Silizium geeignet und ermöglicht sowohl die Massenfertigung von Halbleiterbauelementen hoher Qualität als auch die Entwicklung von monolithisch integrierten Schaltungen.

Transistoren sind aktive Bauelemente, denn mit ihnen ist Leistungsverstärkung möglich. Normale Dioden können nicht verstärken. Dennoch zählt man sie zu den aktiven Bauelementen, weil einige Eigenschaften ähnlich sind.

Neben den aktiven Bauelementen braucht man in der Schaltungstechnik noch Widerstände und Kondensatoren, bisweilen auch Spulen und Übertrager. Diese sind passive Bauelemente, denn sie haben nicht nur keine Leistungsverstärkung, sondern eine mehr oder weniger große Dämpfung. Auch die passiven Bauelemente sind im Laufe der Zeit bis auf den heutigen Stand entwickelt worden. Im allgemeinen Interesse führen sie jedoch ein Schattendasein, so daß die Geschichte ihrer Entwicklung weniger im Scheinwerferlicht stand.

Die Zahl der verwendeten Bauelemente ist sehr groß. So wurden im Jahre 1995 ungefähr je 300 Milliarden Widerstände und Kondensatoren sowie etwa je 80 Milliarden Dioden und Transistoren als Einzelbauelemente weltweit verbaut. Eine noch größere Zahl verbirgt sich in den geschätzten 100 Milliarden integrierten Schaltungen, die während des gleichen Zeitraums eingesetzt wurden.

So groß die Zahl der Bauelemente und so vielfältig ihre Einsatzmöglichkeiten auch sein mögen: die Zahl ihrer Grundfunktionen ist sehr klein. Diese Grundfunktionen sind im wesentlichen Gleichrichten, Schalten und Verstärken.

Zum Gleichrichten braucht man lediglich ein Element mit nichtlinearer Strom-Spannungs-Charakteristik. Die dafür meist verwendeten Dioden mit Sperrschicht haben eine exponentielle Kennlinie. Für die Funktionen Schalten und Verstärken verwendet man überwiegend gesteuerte Stromquellen. Das Schalten benutzt nur die beiden Extremzustände „Strom ein" und „Strom aus", man spricht auch vom übersteuerten Betrieb. Beim Verstärker wird die Stromquelle im kontinuierlich steuerbaren Bereich betrieben. Ist die Steuerkennlinie nichtlinear, beschränkt man sich oft auf kleine Bereiche der Kennlinie, die linear angenähert werden können. Diesen Fall nennt man den Kleinsignalbetrieb.

Transistoren sind gesteuerte Stromquellen. Man unterscheidet bipolare Transistoren von Feldeffekttransistoren. Bei den Feldeffekttransistoren haben die sogenannten MOS-Transistoren eine überragende Bedeutung erlangt, denn sie bilden die wichtigsten Grundbausteine für die hochintegrierten Schaltungen, die das Erscheinungsbild der Elektronik heute prägen. Ohne sie wäre die derzeitige Gerätetechnik undenkbar, in der umfangreiche Systeme mit kleinem Stromverbrauch in handlichen Gehäusen untergebracht werden können.

2   Passive Bauelemente

Passive Bauelemente sind Bauelemente ohne Leistungsverstärkung, also Widerstände, Kondensatoren, Spulen und Übertrager. Dioden werden üblicherweise zu den aktiven Bauelementen gezählt.

2.1 Widerstände

Spezifischer Widerstand

Widerstände finden in der Schaltungstechnik in großer Zahl vielseitige Verwendung. Sie werden beispielsweise als Arbeitswiderstände (um Ströme in Spannungen zu wandeln), als Spannungsteiler oder Vorwiderstände eingesetzt. Es sind Bauelemente mit im Idealfall linearer Strom-Spannungskennlinie nach Bild 2.1. Ein solcher ohm'scher Widerstand ist definiert durch das Ohm'sche Gesetz:

$$R = \frac{U}{I} = \frac{U_1}{I_1} = \frac{U_2}{I_2} \tag{2.1}$$

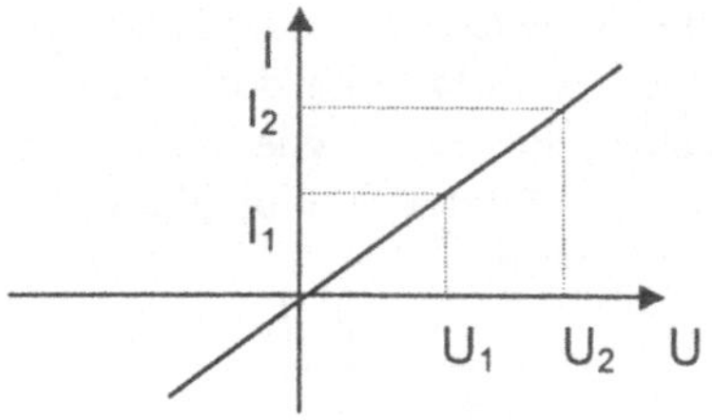

Bild 2.1
Kennlinie des ohm'schen Widerstandes

Der Widerstand besteht aus einem Stück Materials mit endlicher Leitfähigkeit. Sein Widerstandswert R wird zum einen durch das Material und zum anderen durch die geometrische Form bestimmt. Für einen prismatischen Körper der Länge l und der Querschnittsfläche A nach Bild 2.2 bestimmt sich dieser Wert auf folgende Weise:

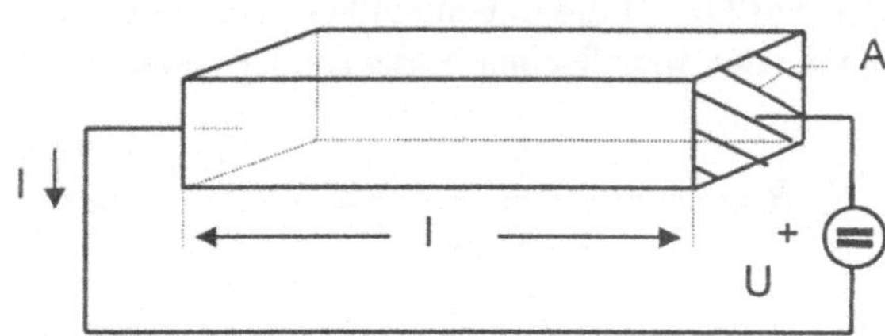

Bild 2.2
Widerstand aus einem
prismatischen Materialstück

Der stationäre Strom I durch den Widerstand ist der Quotient aus der Ladung Q und der Zeit

$$I = \frac{Q}{t} \tag{2.2}$$

Die Ladung bestimmt sich aus der Dichte n der Ladungsträger (Elektronen), der Elementarladung e und dem Volumen V des Materialstücks zu

$$Q = e \cdot n \cdot V \tag{2.3}$$

Das Volumen kann aus Querschnitt und Länge des Materialstücks bestimmt werden

$$I = e \cdot n \cdot A \cdot \frac{l}{t} = e \cdot n \cdot A \cdot v \tag{2.4}$$

Darin bedeutet v die mittlere Geschwindigkeit der Ladungsträger. Sie ist verhältnismä-
ßig klein und beträgt z.B. für ein Metall mit der Ladungsträgerdichte $n = 10^{23}$ cm^{-3} und
der Querschnittsfläche $A = 1$mm^2 bei einem Strom von 1A nur 0,063 mm/s.

Am Widerstand liegt, wie in Bild 2.2 gezeichnet, die Spannung U. Sie hat im Widerstand eine Feldstärke E zur Folge, die im vorliegenden Fall $E = U/l$ beträgt. Mit dieser
elektrischen Feldstärke definiert man die Ladungsträgerbeweglichkeit μ. Das ist eine
Kennzahl, die angibt, wie gut sich ein Ladungsträger, in diesem Fall also das Elektron,
durch das Material hindurchbewegen kann, wenn er von einer elektrischen Feldstärke
getrieben wird.

$$\mu = \frac{v}{E} = \frac{v \cdot l}{U} \tag{2.5}$$

Mit dieser Beweglichkeit läßt sich der Strom aus (2.4) folgendermaßen ausdrücken:

$$I = A \cdot e \cdot n \cdot \mu \frac{U}{l} \tag{2.6}$$

Gleichung (2.6) ist die allgemein bekannte Bestimmungsgleichung für den Widerstand,
wenn man den spezifischen Widerstand ρ einsetzt:

$$R = \frac{U}{I} = \frac{1}{e \cdot n \cdot \mu} \cdot \frac{l}{A} = \rho \cdot \frac{l}{A} \quad \text{mit} \quad \rho = \frac{1}{e \cdot n \cdot \mu} \tag{2.7}$$

Die Strom-Spannungskennlinie eines realen Widerstandes verläuft nicht linear wie in
Bild 1. Eine wesentliche Ursache dafür liegt in der Temperaturabhängigkeit der La-
dungsträgerbeweglichkeit. Sie wird mit zunehmender Temperatur kleiner, so daß der
Widerstandswert steigt. Für reine Metalle liegt der Temperaturkoeffizient bei 0,4%/K.
Eine Ausnahme bildet das Eisen mit knapp 0,7%/K. Daher wurde es früher dazu benutzt,
Widerstände mit positivem Temperaturkoeffizienten (PTC =Positive Temperature
Coefficient) zu bauen, nämlich die Eisenwasserstoffwiderstände.

Dünne Metallschichten zeigen jedoch oft eine Abnahme des Widerstandswertes mit
steigender Temperatur. (NTC = Negative Temperature Coefficient). Dieses halblei-
terähnliche Verhalten (siehe Gleichung (3.4)) wird durch Störungen des metallischen
Verbands, aber auch durch eingeschlossene Fremdstoffe, wie z.B. Gase, verursacht.

Beispielswerte für den spezifischen Widerstand einiger Stoffe sind:

Kupfer	$1,67 \cdot 10^{-6}$ Ωcm	Aluminium	$2,66 \cdot 10^{-6}$ Ωcm
Eisen	$9,71 \cdot 10^{-6}$ Ωcm	Graphit	$1000 \cdot 10^{-6}$ Ωcm
Konstantan	$50 \cdot 10^{-6}$ Ωcm	Chromsilizium	10^{-10} Ωcm bis 10^{-2} Ωcm
(55%Cu, 44%Ni, 1%Mn)		(je nach Schichtdicke und Aufbau)	

Begriff des Schichtwiderstandes

Für dünnschichtige Widerstände, die mit Mitteln der Drucktechnik (z.B. in Dick- oder Dünnschichtschaltungen) oder der Halbleitertechnik (z.B. in integrierten Schaltungen) hergestellt werden, rechnet man statt mit dem spezifischen Widerstand meist mit dem „**Schichtwiderstand**" R_S , angegeben in $\Omega/\square$ (Ohm pro Quadrat, englisch ohms per square). Bild 2.3 zeigt ein quadratisches Stück einer Widerstandsschicht der Kantenlänge a und der Schichtdicke d.

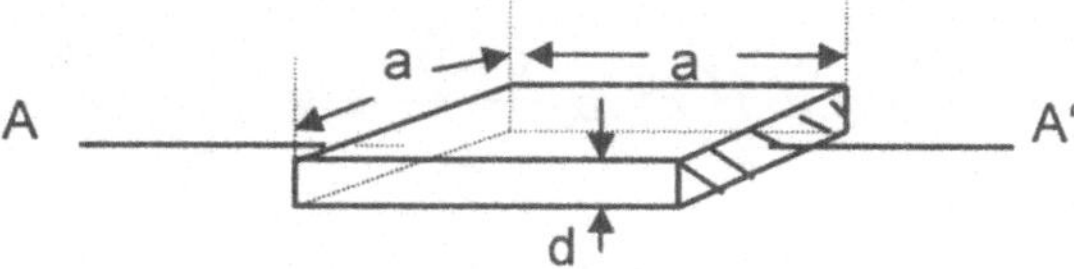

Bild 2.3
Zum Begriff des Schichtwiderstandes

Der Widerstandswert zwischen den Anschlüssen A und A' ist

$$R = \rho \cdot \frac{l}{A} = \rho \cdot \frac{a}{a \cdot d} = \frac{\rho}{d} \tag{2.8}$$

Das Verhältnis ρ/d ist darin der Schichtwiderstand R_S . Dieser Schichtwiderstand ist unabhängig von der Kantenlänge des Quadrates. Hat man ein rechteckiges Stück der Widerstandsschicht der Länge a und der Breite b , so kann man sich dieses Stück aus n = a/b Quadraten zusammengesetzt denken. Der gesamte Widerstand des Stückes ist daher

$$R = R_S \frac{a}{b} \tag{2.9}$$

Der Schichtwiderstand R_S ist also eine praktische Rechengröße. Von besonderer Bedeutung ist der Schichtwiderstand für solche Schichten, die keinen konstanten spezifischen Widerstand haben, wie sie z.B. für Halbleiterwiderstände in integrierten Schaltungen benutzt werden.

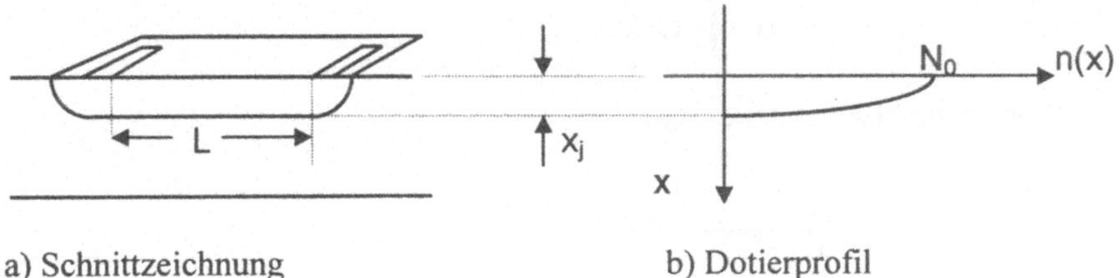

Bild 2.4   Integrierter Widerstand

Bild 2.4 zeigt einen solchen Widerstand. Das Dotierprofil (Bild 2.4b und Abschnitt 3.1.10) zeigt, daß die Dichte n der beweglichen Ladungsträger und damit auch der spezifische Widerstand ρ (Gleichung 2.7) eine Funktion n(x) des Abstandes x von der Oberfläche ist. Die größte Tiefe ist die Eindringtiefe x_j.

Der gesamte Leitwert G dieses Widerstandes (Kontakte unberücksichtigt) errechnet sich nun aus der Addition der Einzelleitwerte der Widerstandselemente der Dicke dx , wie in Bild 2.5 gezeigt. Für den Einzelleitwert dG ergibt sich:

$$dG = e \cdot n(x) \cdot \mu \cdot \frac{b \cdot dx}{l} = \kappa(x) \cdot \frac{b \cdot dx}{l} \qquad (2.10)$$

Der gesamte Leitwert ist das Integral über den Bereich von x = 0 bis zur maximalen Eindringtiefe x_j über die Einzelleitwerte. κ =1/ρ ist die Leitfähigkeit.

$$G = \frac{b}{l} \cdot e \cdot \mu \int_0^{x_j} n(x)dx \qquad (2.11)$$

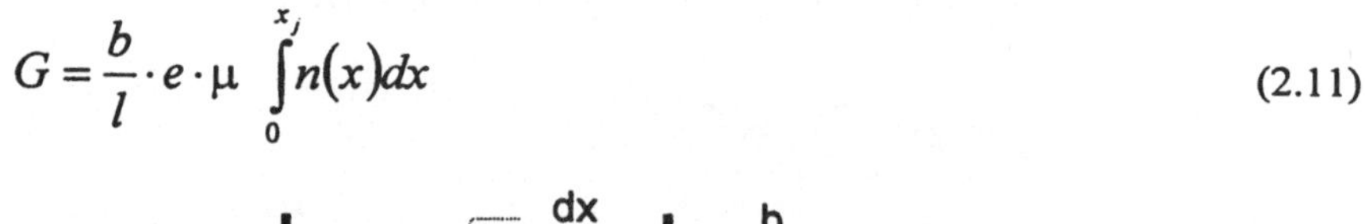
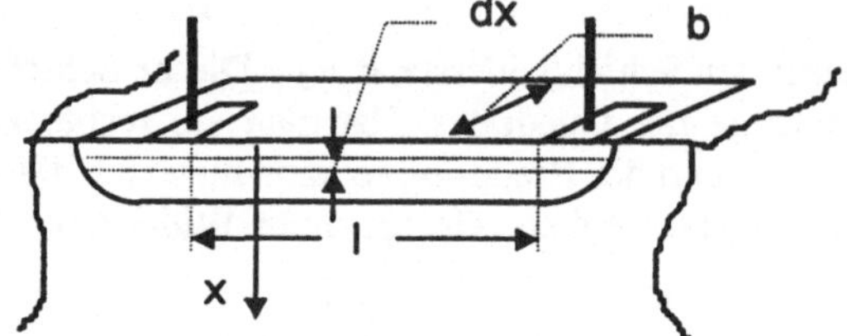

Bild 2.5
Zur Berechnung des Schichtwiderstandes

Der gesuchte Widerstand ist der Kehrwert des Leitwertes,

$$R = \frac{1}{G} = \frac{l}{b} \cdot \frac{1}{e \cdot \mu \int_0^{x_j} n(x)dx} = R_S \cdot \frac{l}{b} \qquad (2.12)$$

darin ist der Schichtwiderstand R_S :

$$R_S = \frac{1}{e \cdot \mu \int_0^{x_j} n(x)dx} \qquad (2.13)$$

Wer eine Kontrollrechnung durchführen möchte, findet mit der Annahme n(x) =const
wieder den Ausdruck

$$R_S = \rho /d = \rho /x_j \ .$$

Ist also der Schichtwiderstand einer solchen inhomogenen Schicht bekannt, kann man
mit Gleichung (2.9) den Gesamtwiderstand aus Länge und Breite des Schichtstücks und
dem Wert des Schichtwiderstandes berechnen.

Beispielswert: Für Widerstände in integrierten Schaltungen wird meistens die für die Basis der
Transistoren ohnehin notwendige p - Schicht verwendet. Sie hat einen Schichtwiderstand von
etwa 200 Ω / □ .

Temperaturkoeffizient

Wie schon angedeutet, ist die Beweglichkeit und damit auch der Widerstandswert temperaturabhängig. Temperaturabhängigkeiten beschreibt man in der Technik oft durch
Temperaturkoeffizienten. Die mitunter recht komplizierte funktionale Abhängigkeit von
der Temperatur wird dazu durch eine Potenzreihe dargestellt, die für den Widerstand so
aussieht:

$$R = R_{20}\left(1 + \alpha \cdot \Delta \vartheta + \beta \cdot \Delta \vartheta^2 + \gamma \cdot \Delta \vartheta^3 + \cdots\right) \tag{2.14}$$

Als Bezugswert dient der Widerstandswert bei der Temperatur 20 °C. Die Temperatur-
differenz $\Delta \vartheta$ ist die Differenz zwischen 20 °C und der tatsächlichen Temperatur. α ist
der lineare, β der quadratische Temperaturkoeffizient usw. Für die meisten technischen
Anwendungen begnügt man sich mit dem linearen Temperaturkoeffizienten, oft einfach
abgekürzt mit TK.

Beispielswerte für den TK sind:

Kupfer	$4{,}3 \cdot 10^{-3}$ K^{-1}	Aluminium	$4{,}3 \cdot 10^{-3}$ K^{-1}
Graphit	$-1 \cdot 10^{-3}$ K^{-1}	Konstantan	$4 \cdot 10^{-5}$ K^{-1}
Konstantan (Widerstandslegierung)			$4 \cdot 10^{-5}$ K^{-1}
Chromsilizium (je nach Schichtdicke und Aufbau)			-10^{-2} K^{-1} bis $+10^{-3}$ K^{-1} .

Bauformen

Im Laufe der Zeit haben sich viele Formen technischer Widerstände herausgebildet. Die
heute zweifellos wichtigste Bauform ist der Schichtwiderstand, bei dem eine dünne
Widerstandsschicht aus Graphit (Kohleschichtwiderstand) oder meistens aus Nickelkup-

fer, Chromnickel oder Chromsilizium (Metallschichtwiderstand) auf einen Trägerkörper aufgebracht ist. (Bild 2.6)

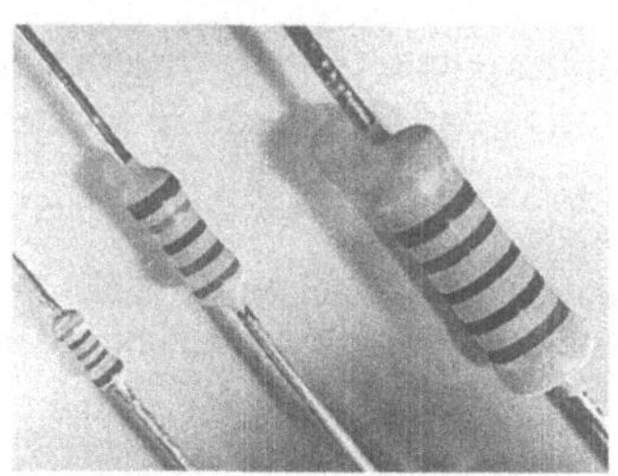

a) zylindrischer Trägerkörper   b) flacher Trägerkörper
    achsiale Anschlüsse, auch ohne   für Oberflächenmontage
    Drähte für Oberflächenmontage

Bild 2.6
Schichtwiderstände

Der Trägerkörper besteht meistens aus Aluminiumoxidkeramik, die gute elektrische Isolationsfähigkeit mit brauchbarer Wärmeleitfähigkeit verbindet.

Neben den Schichtwiderständen gibt es
--**Metallfolienwiderstände**, deren Widerstandsschicht aus einer Metallfolie gebildet wird und die besonders geringe Induktivität und hohe Impulsbelastbarkeit aufweisen,
--**Massewiderstände**, bei denen der gesamte Widerstandskörper aus gepreßter Widerstandsmasse, meist auf Kohlebasis, besteht. Auch sie haben eine geringe Induktivität und eine relativ hohe Überlastbarkeit, sind aber wegen Kontaktierungsschwierigkeiten unzuverlässig und haben weite Fehlergrenzen.
--**Drahtwiderstände**. Ihr Widerstandselement besteht aus Draht - oder auch einem Blechstreifen - hergestellt aus einer Widerstandslegierung, z.B. Konstantan. Drahtwiderstände können hoch belastet werden, haben aber große Induktivitäts- und Kapazitätswerte, so daß sie nur bei tiefen Frequenzen verwendet werden können.

Ersatzschaltbild

Auf Grund seines Aufbaus, besonders auch wegen der Kontaktierung, hat das Bauelement „Widerstand" nicht nur die elektrische Eigenschaft Widerstand, sondern auch eine Kapazität und Induktivität. Dies läßt sich in brauchbarer Näherung durch das Ersatzschaltbild nach Bild 2.7 beschreiben. Das Bauelement kann also, je nach Betriebsfrequenz, das Verhalten eines Widerstandes, einer Spule, eines Kondensators oder auch eines Schwingkreises zeigen. Bei Schichtwiderständen z.B. bemerkt man je nach Widerstandswert beginnende Abweichungen vom ohm'schen Verhalten bei Frequenzen ab etwa 1 MHz.

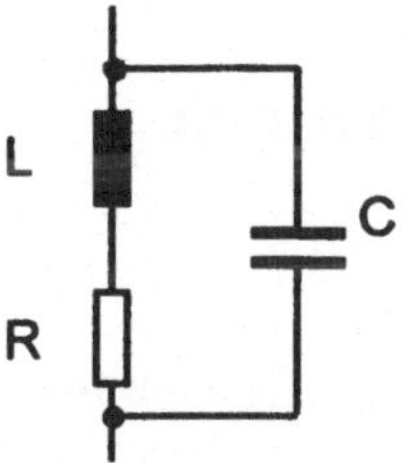

Bild 2.7
Ersatzschaltbild eines Widerstandes

Normwerte

Um für die handelsüblichen Widerstände die Zahl der Widerstandswerte in vernünftigen Grenzen zu halten, wurden die Normwertreihen eingeführt. Dazu teilt man den Wertebereich in eine geometrische Reihe auf, bei der sich aufeinanderfolgende Werte um einen konstanten Faktor unterscheiden. Der Bereich einer Dekade enthält n verschiedene Werte, die sich um den Faktor

$$\sqrt[n]{10} \tag{2.15}$$

unterscheiden. Für die Normreihe E6 beispielsweise ergeben sich sechs verschiedene Werte pro Dekade, die sich um den Faktor $\sqrt[6]{10}$ = 1,5... unterscheiden. Auf diese Weise erhält man die Werte 1; 1,5; 2,2; 3,3; 4,7; 6,8. Kleine Abweichungen entstehen dadurch, daß man auf einigermaßen glatte Werte rundet. Die weiteren Reihen sind E12, E24 usw. bis E196 mit den Faktoren $\sqrt[12]{10}$, $\sqrt[24]{10}$ usw.

Zu diesen Reihen gehören jeweils sinnvoll zugeordnete Streubereiche des Widerstandswertes. Zur grob gestuften Reihe E6 gehört ein sinnvoller Streubereich von 20%, so daß die Streubereiche die Abstände der Widerstandswerte gerade ausfüllen. Weil man aber die Fertigungsverfahren inzwischen recht gut beherrscht, liegen die handelsüblichen Streubereiche für Schichtwiderstände bei 1% bis 2%. Um diese Präzision zu erreichen, wird jedes Exemplar des Massenprodukts Schichtwiderstand einzeln abgeglichen.

Standardwiderstände sind im Wertebereich von 0,22 Ω bis 100MΩ erhältlich. Für Durchschnittsschaltungen (FFM - Schaltungen, FFM = Field, Forest and Meadow = Feld, Wald und Wiese) empfiehlt es sich aber, einen eingeschränkten Wertebereich von etwa 100Ω bis 100kΩ zu verwenden. Dann nämlich sind die kleinen Widerstände immer noch groß gegen die parasitären Leitungs- und Kontaktwiderstände, und auf der anderen Seite sind die großen Schaltungswiderstände hinreichend klein gegenüber denkbaren Isolations- und Leckwiderständen.

2.2 Kondensatoren

Kapazität

Kondensatoren sind Bauelemente mit der elektrischen Eigenschaft Kapazität. Sie werden beispielsweise als Sieb- und Ladekondensatoren in Spannungsversorgungen, als Energiespeicher in Schwingkreisen oder als frequenzabhängige Blindwiderstände benutzt. Die Kapazität ist als das Verhältnis von Ladung zu Spannung definiert:

$$C = \frac{Q}{U} \tag{2.16}$$

Für den Plattenkondensator nach Bild 2.8 mit der Plattenfläche A und dem Plattenabstand d ergeben sich folgende Beziehungen:

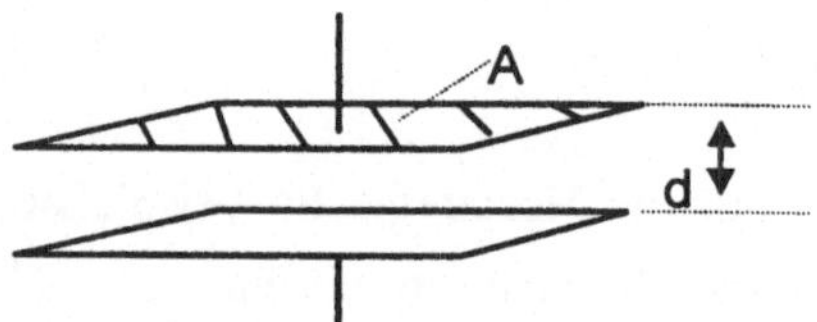

Bild 2.8
Plattenkondensator

Die Verschiebungsdichte D ist mit der Dielektrizitätskonstanten

$$D = \varepsilon \cdot E \tag{2.17}$$

Berücksichtigt man, daß unter den gezeichneten Verhältnissen die Feldstärke E

$$E = \frac{U}{d} \tag{2.18}$$

und die Ladung Q

$$Q = D \cdot A \tag{2.19}$$

sind, so wird aus (2.17)

$$Q = D \cdot A = \varepsilon \cdot E \cdot A = \varepsilon \cdot \frac{U}{d} \cdot A \tag{2.20}$$

Damit wird schließlich die Kapazität C

$$C = \frac{Q}{U} = \varepsilon \cdot \frac{A}{d} = \varepsilon_0 \varepsilon_r \cdot \frac{A}{d} \tag{2.21}$$

Die absolute Feldkonstante ε_0 hat den Wert $\varepsilon_0 = 8{,}85 \cdot 10^{-12}$ As/Vm $= 8{,}85 \cdot 10^{-12}$ F/m, die Dielektrizitätszahl ε_r ist eine Materialkonstante.

Beispiele für die Dielektrizitätszahl ε_r sind:

Luft	1,0006	Kunststoffolien	2.....3,5
Aluminiumoxid	8	Tantaloxid	25
Glas	5.......16	Glimmer	7
Silizium	12	Siliziumoxid	4
Papier, imprägniert	4.......6	Keramiken	6......15000

Der Kapazität läßt sich ein frequenzabhängiger Blindwiderstand zuordnen. Aus (2.16) folgt, da die Ladung das Integral des Stroms über die Zeit ist

$$Q = C \cdot U = \int i \, dt \tag{2.22}$$

Durch Ableiten gewinnt man daraus

$$i = C \cdot \frac{du}{dt} \tag{2.23}$$

Dieses ist eine allgemeingültige Beziehung zwischen Strom und Spannung am Kondensator, in der allerdings nicht die Spannung selbst, sondern deren zeitliche Ableitung steht. Wenn man sich nun auf den Fall sinusförmigen Zeitverlaufes beschränkt und den sinusförmigen Verlauf mit Hilfe der Euler'schen Formeln darstellt

$$u = \hat{u} \cdot e^{j\omega t} \tag{2.24}$$

so kann man die Ableitung nach der Zeit durch eine Multiplikation mit dem Faktor $j\omega$ ersetzen:

$$i = C \frac{d}{dt} \left(\hat{u} e^{j\omega t} \right) = j\omega \cdot C \hat{u} e^{j\omega t} = j\omega \cdot C \cdot u \tag{2.25}$$

und erhält schließlich für den Quotienten u/i, der ja einen Widerstand darstellt, die Beziehung

$$\frac{u}{i} = X_C = \frac{1}{j\omega \cdot C} \qquad\qquad (2.26)$$

Dieser Widerstand X_C ist der frequenzabhängige Blindwiderstand des Kondensators mit
der Kapazität C. Der imaginäre Faktor j im Nenner bedeutet darin, daß dieser Widerstand einen Phasenwinkel von -90° hat oder anders ausgedrückt, daß der Strom der
Spannung um 90° voreilt. „ Beim Kondensatoor eilt der Strom vor" oder, noch anders:
um einen Speicher zu füllen (Füllstand = Spannung) muß man zuerst etwas hineinbrin-
gen (Einfüllen = Strom)

Verlustfaktor

Der ideale Kondensator wäre ein verlustfreies Bauelement. Real treten natürlich Verluste auf. Ein Verlustanteil sind die ohm'schen Verluste in den Bahnwiderständen der
Kondensatorplatten und der Zuleitungen. Der zweite Anteil ist darin zu finden, daß das
Dielektrikum, also das Material zwischen den Platten, nicht beliebig gut isoliert, sondern
eine endliche Leitfähigkeit hat. Drittens schließlich werden bei Betrieb mit Wechselspannung die Elementardipole im Dielektrikum im Takte der Frequenz hin und her
gedreht, so daß Reibungsverluste entstehen. Dies sind die dielektrischen Verluste. Es
dauert im übrigen eine Zeit, bis die Elementardipole des Dielektrikums nach Abschalten
der Spannung ihre natürliche, meist regellose Ordnung wiedergefunden haben. Diese
Zeit ist die dielektrische Relaxationszeit.

Für das Ersatzschaltbild nach Bild 2.9a werden alle Verluste in einem Parallelwiderstand R zusammengefaßt. Damit läßt sich das Zeigerbild 2.9b zeichnen.

Bild 2.9   a) Ersatzschaltbild des Kondensators   b) Zeigerbild dazu

Der Strom I_C des verlustfrei gedachten Kondensators eilt der Spannung U um 90° vor.
Der Strom I_R durch den Widerstand liegt in Phase mit der Spannung. Damit ergibt sich,
daß der Phasenwinkel φ des realen Kondensators, das ist der Winkel zwischen dem
Zeiger für den gesamten Strom I_{ges} und dem Zeiger für die Spannung U, kleiner als 90
Grad ist. Der Ergänzungswinkel zu 90° ist der Verlustwinkel δ . Den Tangens dieses
Verlustwinkels nennt man den Verlustfaktor des Kondensators:

$$\tan\delta = \frac{I_R}{I_C} \tag{2.27}$$

Mit dem Blindwiderstand des Kondensators nach (2.26) wird daraus

$$\tan\delta = \frac{\dfrac{U}{R}}{U\cdot\omega\cdot C} = \frac{1}{\omega\cdot R\cdot C} \tag{2.28}$$

Dieser Verlustfaktor ist frequenzabhängig. Er wird nach der Norm für die Frequenz 1000Hz angegeben, soweit keine andere Frequenz ausdrücklich vermerkt ist.

Bauformen

Kunststoffolienkondensator

Für mittlere Kapazitätswerte von etwa 1nF bis 1μF werden meist Kunststoffolienkondensatoren eingesetzt. Das Dielektrikum dieser Kondensatoren besteht aus einer Kunststoffolie, die - mit fallendem Verlustfaktor - aus Poly-ester, -karbonat, -propylen oder -styrol gefertigt ist. Zwei Verfahren haben sich herausgebildet, die Kondensatorbeläge - das sind die Platten - herzustellen.:
Erstens kann man die Kunststoffolien mit einer leitenden Metallschicht bedampfen, die Folien also metallisieren. Dann spricht man von einem metallisierten Kunststoffolienkondensator. Ein solcher Kondensator ist preisgünstig, hat aber etwas schlechtere Eigenschaften als der nichtmetallisierte Kunststoffolienkondensator, dessen Beläge aus gewalzten Metallfolien bestehen.
Kunststoffolienkondensatoren sind entweder als Wickelkondensatoren (Bild 2.10a) oder, besonders auch für Oberflächenmontage, als Schichtkondensatoren (Bild 2.10b) ausgeführt. Die zulässigen Betriebsspannungen reichen standardmäßig bis 630V, für Sonderbauformen bis 12kV, und die Kapazitätswerte sind nach den Normreihen E6 oder E12 gestuft.

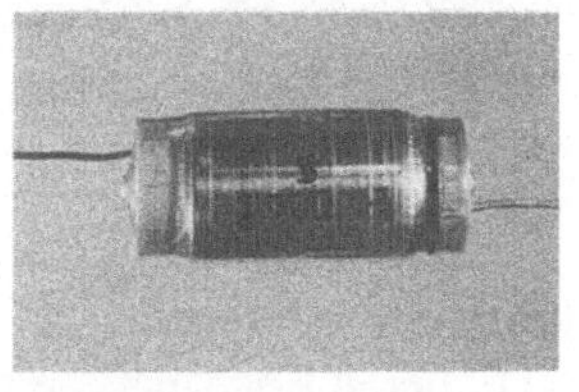

a) Wickelkondensator   b) Schichtkondensator

Bild 2.10
Folienkondensatoren

Keramische Kondensatoren

Besonders für den Bereich kleiner Kapazitäten bis 1000pF oder für hohe Betriebsspannungen werden Kondensatoren mit keramischem Dielektrikum verwendet. Solche Keramiken bestehen z.B. aus Titandioxid, Bariumoxid, Bariummetatitanat oder Gemischen daraus. Der Werkstoff Keramik eignet sich vorzugsweise für Rohr- oder Scheibenformen; Kondensatoren für hohe Betriebsspannungen haben dazu im Interesse günstiger Verteilung des elektrischen Feldes abgerundete Formen (Wulstrand-Kondensatoren, Topfkondensatoren).

Keramische Kondensatoren können mit verschiedenen Temperaturkoeffizienten hergestellt werden, um andere in einer Schaltung auftretende Temperaturgänge auszugleichen. Der gesamte erhältliche Wertebereich erstreckt sich von ca. 1pF bis 4,7μF.

In Geräten hoher Leistung, z.B. in Sendern oder Industriegeneratoren, werden oft keramische Kondensatoren eingesetzt. Dabei ist unter Umständen die Erwärmung des Kondensators durch die in seinen Verlustwiderständen umgesetzte Leistung zu berücksichtigen. Gegebenenfalls muß der Kondensator gekühlt werden, beispielsweise durch Wasserkühlung. Ist P die zulässige Verlustleistung für den Kondensator, so darf die umgesetzte Blindleistung Q höchstens

$$Q = \frac{P}{\tan\delta} \qquad\qquad (2.29)$$

betragen.

Metallpapierkondensatoren

Diese Kondensatoren haben als Dielektrikum imprägniertes Papier, und die Beläge werden aus einer aufgedampften Metallschicht gebildet. Die übliche Bezeichnung ist MP - Kondensator. Zwei dieser metallbedampften Papierstreifen werden zu einem Wikkelkondensator aufgerollt. Die Papierfolien werden dabei ein wenig seitlich versetzt, so daß die hervorstehenden Kanten mit Metall bespritzt („geschoopt" , genannt nach dem Schoop'schen Metallspritzverfahren) und als Anschlußstellen benutzt werden können. MP- Kondensatoren werden besonders in der Leistungstechnik als Störschutz-, Phasenschieber- und Anlaufkondensatoren für Asynchronmotoren am Einphasennetz verwendet.

Luft- und Vakuumkondensatoren

Für Kondensatoren mit besonders kleinem Verlustfaktor wird auch Luft- oder sogar ein Vakuumdielektrikum benutzt. Viele Kondensatoren, deren Kapazitätswert durch mechanisches Verschieben der Platten gegeneinander eingestellt werden kann -sog. Drehkondensatoren -, sind Luftkondensatoren. Vakuumkondensatoren haben eine luftdichte Hülle, die überwiegend aus Glas besteht. Soll deren Kapazität einstellbar sein, werden die meist aus konzentrischen Rohren bestehenden Beläge so konstruiert, daß sie über einen ebenfalls luftdichten metallischen Faltenbalg von außen gegeneinander verschoben werden können.

Elektrolytkondensatoren

Eine große Kapazität bei gegebener Plattenfläche erhält man nach Gleichung (2.21) dann, wenn man einen kleinen Plattenabstand, das heißt ein dünnes Dielektrikum verwendet. Sehr dünne Dielektrika mit brauchbarer elektrischer Zuverlässigkeit findet man in Metalloxiden, die fest an der Metalloberfläche haften, beispielsweise Aluminium- oder Tantaloxid mit Schichtdicken von einigen Zehntel Mikrometern.

Nun läßt sich aber aus mechanischen Gründen keine Folie so eben und glatt herstellen, daß dieses dünne Dielektrikum zum Tragen käme. Vielmehr würde der tatsächliche Plattenabstand durch die Rauhigkeit der Oberfläche und durch Unebenheiten bestimmt. Will man dennoch den Vorteil des sehr dünnen Dielektrikums ausnutzen, so muß man eine zweite Kondensatorplatte verwenden, die sich allen Unebenheiten der oxidierten Oberfläche anpaßt. Diese Bedingung wird erfüllt, wenn man eine flüssige Gegenplatte verwendet, nämlich einen Elektrolyten.

Der Elektrolytkondensator oder kurz ELKO ist also ein Kondensator, dessen eine Elektrode aus anodisch oxidiertem Metall und dessen Gegenelektrode aus dem Elektrolyten besteht. Den Oxidationsprozeß nennt man Formieren. Der große Vorteil dieser Bauart ist die hohe spezifische Kapazität, durch die man hohe Kapazitätswerte für die jeweils erzielbaren Betriebsspannungen (das sog. CU-Produkt) bei kleinen Bauvolumen erreichen kann. Die Nachteile sind darin zu sehen, daß man als Bauelement eine elektrolytische Zelle erhält, die nur mit einer Polarität der Spannung betrieben werden darf. Diese Zelle hat eine endliche Lebensdauer, weil sich der Elektrolyt mit der Zeit verbraucht. Bei längerer spannungsloser Lagerung baut sich die Oxidschicht ab. Die Verluste sind so groß, daß man keinen Verlustfaktor, sondern den Reststrom angibt. Obendrein ist der zulässige Betriebstemperaturbereich relativ klein.

Ein Elektrolytkondensator läßt sich also nur dort sinnvoll einsetzen, wo es auf große Kapazität bei kleinem Bauvolumen und kleinem Preis ankommt und wenn Verluste und Abweichungen vom Nennwert nicht wichtig sind.

Elektrolytkondensatoren werden für Betriebsspannungen bis etwa 500V und im Kapazitätsbereich von ca. $1\mu F$ bis $1F$ hergestellt.

Aluminium- Elektrolytkondensator

Der Aluminiumelektrolytkondensator besteht aus einer anodisch oxidierten Aluminiumfolie, die die Anode bildet. Der Elektrolyt wird in einer Papierfolie gespeichert, die gleichzeitig als Abstandshalter dient (Trockener ELKO). Dieses Folienpaket wird zu einem Wickel aufgerollt, so daß, oberflächlich betrachtet, der Eindruck eines gewöhnlichen Wickelkondensators entsteht. Dieser Wickel wird in der Regel in einem Aluminiumbecher untergebracht, so daß man einen Becherkondensator erhält. Meistens ist die Aluminiumfolie noch durch Strukturätzen aufgerauht, so daß sie eine große spezifische

Oberfläche erhält (Rauher ELKO). Der Kathodenanschluß wird durch eine mit einge-
wickelte Kontaktfolie hergestellt. Wenn man diese Folie ebenfalls formiert, erhält man
einen ungepolten Elektrolytkondensator, allerdings nur mit halber Kapazität, weil diese
Anordnung zwei in Serie geschaltete Kondensatoren darstellt.

Tantal- Elektrolytkondensator
Es gibt zwei Ausführungen von Tantal-Elko's. Eine hat einen Wickelaufbau wie der
Aluminium- Elko und stellt die hochwertige Form dar. Die zweite Bauform besteht aus
einem Sinterkörper aus Tantal. Sinterkörper sind pulvermetallurgisch hergestellte poröse
Körper mit großer innerer Oberfläche. Diese innere Oberfläche wird anodisch oxidiert
und der Sinterkörper mit dem Elektrolyten getränkt. Der Kathodenanschluß wird durch
einen beigefügten Kontaktstreifen gebildet und das ganze mit einem Lacktropfen über-
zogen, so daß man einen Tropfenkondensator erhält. Tantal-Elektrolytkondensatoren
haben etwas bessere Eigenschaften als Aluminium-Elko's.

Elektrolytkondensatoren haben, bedingt durch die Anschlußtechnik, eine Serienindukti-
vität, die in vielen Anwendungen nicht außer Acht gelassen werden kann. In solchen
Fällen kann man sich oft dadurch helfen, daß man dem „schlechten" Elko einen „guten" Kondensator anderer Bauart parallel schaltet, wie z.B einen Kunststoffolienkondensator oder einen keramischen Kondensator.

2.3 Spulen

Induktivität

Spulen sind Bauelemente mit der Eigenschaft Induktivität. Sie sind in der normalen
Schaltungstechnik wenig beliebt, weil sie im Vergleich mit anderen Bauelementen teuer,
voluminös, schwer und elektrisch schlecht sind. Wo man kann, versucht man die Verwendung von Spulen zu vermeiden, auch wenn dies zusätzlichen Aufwand an anderen
Bauelementen bedeuten sollte.

Die Induktivität L ist als das Verhältnis von magnetischem Fluß Φ zum Strom I definiert:

$$L = \frac{\Phi}{I} \tag{2.30}$$

Für die einlagige Zylinderspule mit der Länge l, der Querschnittsfläche A und der Windungszahl n nach Bild 2.11 läßt sich die Induktivität wie folgt berechnen: Bezeichnet
man die magnetischen Größen Flußdichte mit B und Feldstärke mit H sowie die Permeabilität mit μ , so gilt die Feldgleichung

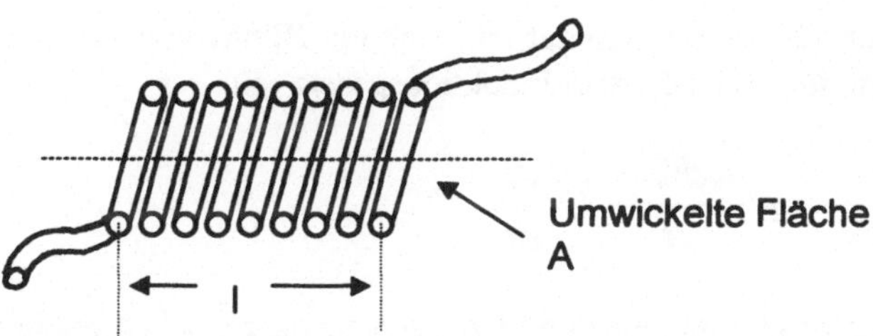

Bild 2.11
Einlagige Zylinderspule

$$B = \mu \cdot H \tag{2.31}$$

Die magnetische Feldstärke ist aber

$$H = n \cdot \frac{I}{l} \tag{2.32}$$

und der magnetische Fluß

$$\Phi = B \cdot A \tag{2.33}$$

Da die Spule n Windungen hat, durchsetzt der Fluß die umwickelte Fläche A n-mal.

$$\Phi = n^2 \cdot \mu \cdot \frac{I}{l} \cdot A \tag{2.34}$$

Mit Gleichung (2.30) wird damit die Induktivität

$$L = \frac{\Phi}{I} = n^2 \cdot \mu \cdot \frac{A}{l} \tag{2.35}$$

Die Permeabilität μ ist das Produkt aus der magnetischen Feldkonstanten μ_0 und der Permeabilitätszahl μ_r .
μ_0 hat den Wert $\mu_0 = 4\pi \cdot 10^{-7}$ Vs/Am

Beispielswerte für die Permeabilitätszahl μ_r sind

		Curietemperatur
Dynamoblech (4% Si)	7000	690 °C
Grauguß	600	
Ferrite	10 bis 10000	130 °C bis 500 °C

Wird die Curietemperatur überschritten, verliert das Material seine ferromagnetischen Eigenschaften.

Auch für die Induktivität läßt sich ein Blindwiderstand angeben. Aus Gleichung (2.30) folgt $\Phi = L\,i$. Mit dem Induktionsgesetz gilt

$$u = \frac{d\Phi}{dt} = L \cdot \frac{di}{dt} \qquad\qquad (2.36)$$

Dies ist eine allgemeingültige Beziehung zwischen Spannung und Strom in der Spule. Beschränkt man sich auf den technisch wichtigen Sonderfall sinusförmigen Stromes, den man durch die Eulerschen Gleichungen ausdrückt, so ist

$$i = \hat{i} \cdot e^{j\omega t} \qquad \text{und damit} \qquad \frac{di}{dt} = j\omega \cdot \hat{i}\, e^{j\omega t} \qquad\qquad (2.37)$$

Die zeitliche Ableitung aus (2.36) wird für diesen Fall durch die Multiplikation mit dem Faktor $j\omega$ ersetzt.Der Quotient aus Spannung und Strom ist der Blindwiderstand X_L der Induktivität

$$X_L = \frac{u}{i} = j\omega \cdot L \qquad\qquad (2.38)$$

Dieses ist ein frequenzabhängiger Widerstand. Der Faktor j im Zähler bedeutet einen Phasenwinkel von 90°, d.h. die Spannung eilt dem Strom um diesen Winkel vor. Bildlich ausgedrückt heißt das, daß die Spannung erst kräftig schieben muß, bevor dann endlich ein Strom fließt, oder auch: die Spule verhält sich wie eine Masse.

Güte

Die reale Spule ist ein verlustbehaftetes Bauelement. Eine Ursache ist der ohm'sche Widerstand des Spulendrahtes. Zum zweiten treten Ummagnetisierungsverluste auf. Sie entstehen im ferromagnetischen Material des Spulenkerns durch die Reibungsverluste beim steten Umorientieren der Elementarmagnete im Wechselfeld und sind der Frequenz proportional. Die Wirbelstromverluste bilden den dritten Beitrag zu den Verlusten. Nach dem Induktionsgesetz induziert das Wechselfeld im Spulenkern eine Spannung. Wenn der Spulenkern leitfähig ist, hat diese Spannung einen Strom zur Folge, so daß auch eine Verlustleistung entsteht. Aus diesem Grunde versucht man, das Kernmaterial möglichst hochohmig zu gestalten, damit der Strom klein bleibt. Das bei höheren Frequenzen verwendete Ferritmaterial ist von Natur aus hochohmig. Die bei niedrigen Frequenzen verwendeten Eisenkerne hingegen werden zu diesem Zweck aus einzelnen, voneinander isolierten Blechen zusammengesetzt, um einzelne Strombahnen geringeren Querschnitts und damit höhere Widerstände zu erreichen.

Alle Spulenverluste faßt man in einem Widerstand zusammen und zeichnet damit ein Serienersatzschaltbild für die Spule nach Bild 2.12 a. Daraus ergibt sich das Zeigerbild 2.12 b.

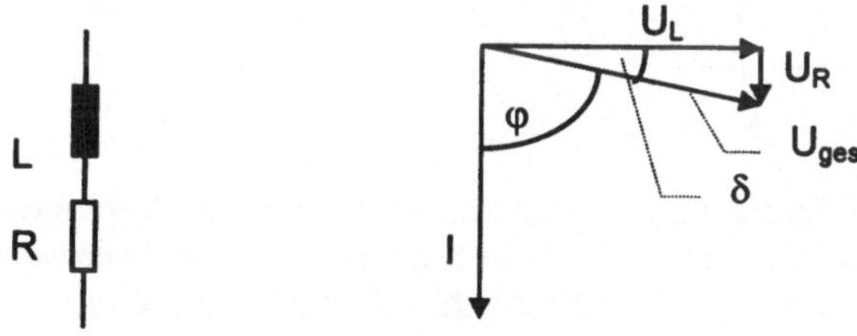

Bild 2.12   a) Ersatzschaltbild der Spule   b) Zeigerbild dazu

Aus diesem Zeigerbild ergibt sich, daß die reale Spule einen Phasenwinkel hat, der kleiner als 90° ist. Der Ergänzungswinkel zu 90° ist der Verlustwinkel δ . Für Spulen wird meist eine Güte Q angegeben, die gleich dem Kehrwert des Verlustfaktors ist.

$$Q = \frac{1}{\tan\delta} = \frac{i \cdot \omega L}{i \cdot R} = \frac{\omega L}{R} \tag{2.39}$$

Technische Spulen erreichen Güten von etwa 10 bis 10^3. Wesentlich größere Werte haben mechanische Schwinger wie z.B. Schwingquarze, deren Güte bis ca. 10^7 reichen kann.

Bauformen

Für tiefe Frequenzen und hohe Induktivitäten, z.B. Transformatoren und Drosseln, werden Kerne aus Dynamoblech benutzt. Dies sind Pakete aus gestanzten Blechen in EI-, M- oder P-Form. Etwas geringere Verluste haben die Schnittbandkerne, die aus Blechstreifen gewickelt und zur Montage auseinandergeschnitten werden. Diese Schnitte müssen allerdings sehr präzise und glatt sein, damit keine ungewollten Luftspalte entstehen.

Bei höheren Frequenzen verwendet man Ferritkerne. Ferrite sind ferromagnetische, in Formen preßbare Materialien. Es sind viele Formen im Handel, z.B. Schalenkerne, X- oder U- Kerne. Zur Dimensionierung der Spule wird für diese Kerne der magnetische Leitwert A_L angegeben, in dem die Konstanten für Material und geometrische Form aus Gleichung (2.35) zusammengefaßt sind. Damit ergibt sich die Induktivität zu

$$L = n^2 \cdot \mu_0 \mu_r \cdot \frac{A}{l} = n^2 \cdot A_L \tag{2.40}$$

Die für eine gewünschte Induktivität erforderliche Windungszahl kann damit für einen gegebenen Kern mit bekanntem A_L -Wert leicht angegeben werden.

$$n = \sqrt{\frac{L}{A_L}} \qquad\qquad (2.41)$$

Für hohe Frequenzen benutzt man Luftspulen, die freitragend oder auf verlustarme Wikkelkörper aus unmagnetischem Material gewickelt werden. Bei sehr hohen Frequenzen wird die benötigte Windungszahl sehr klein und kann sich bis auf halbe Windungen, also nur einen Leitungsbügel, reduzieren. Bei extrem hohen Frequenzen ab etwa 1GHz verwendet man statt Spulen oder Kondensatoren Hohlraumresonatoren oder abgestimmte Leitungsstücke .

Als Daumenwert gilt: Ein Drahtstück von einem Millimeter Länge hat eine Induktivität von 1nH.

2.4 Aufgaben

2.4.1

Bestimmen Sie den Schichtwiderstand einer Widerstandsschicht, die den gezeichneten Verlauf der Konzentration n(x) der beweglichen Ladungsträger hat. Die Beweglichkeit ist 400 cm^2/Vs (Löcher in Silizium).

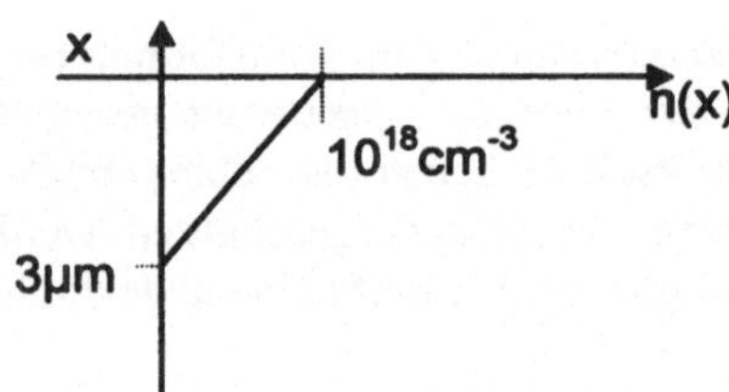

2.4.2

Die Beweglichkeit der Ladungsträger in einem Widerstandsmaterial nimmt mit der Temperatur um 0,4%/K ab. (Viele Metalle, dotiertes Silizium). Welchen linearen Temperaturkoeffizienten erhält der daraus gebaute Widerstand?

2.4.3
Welche Kapazität erhält ein Wickelkondensator, dessen Dielektrikum aus einer 10μm dicken Kunststoffolie mit der Dielektrizitätszahl 3 besteht und dessen Metallbeläge die Fläche von 1cm x 80cm haben?

2.4.4
In einer Spule mit der Güte Q = 60 wird die Blindleistung 50W verarbeitet. Wie groß ist die umgesetzte Wirkleistung?

3 Dioden

3.1 Sperrschichten

Sperrschichten, auch pn- Übergänge genannt, können sich in halbleitenden Materialien bilden. Im folgenden wird zunächst von Festkörpern, von Halbleitern und deren Dotierung, von Leitfähigkeit und Stromflußmechanismen die Rede sein. Dann werden wir die Strom-Spannungsgleichung für die Sperrschicht im Halbleiter, den pn-Übergang, besprechen. Abschließend sollen weitere Eigenschaften der Sperrschicht, nämlich Sperrschichtweite und -kapazität, Diffusionskapazität und Spannungsdurchbruch erörtert werden.

3.1.1 Festkörper

Halbleiter sind Festkörper und bestehen somit aus sehr vielen fest aneinander gebundenen Atomen. Die Atome wiederum stellt man sich so vor, daß ein positiv geladener Kern von einer der Kernladung entsprechenden Zahl Elektronen auf bestimmten Bahnen umkreist wird. Man spricht auch von Elektronenschalen und der Elektronenhülle. Bild 3.1 zeigt dieses Orbitalmodell am Beispiel des Siliziumatoms.

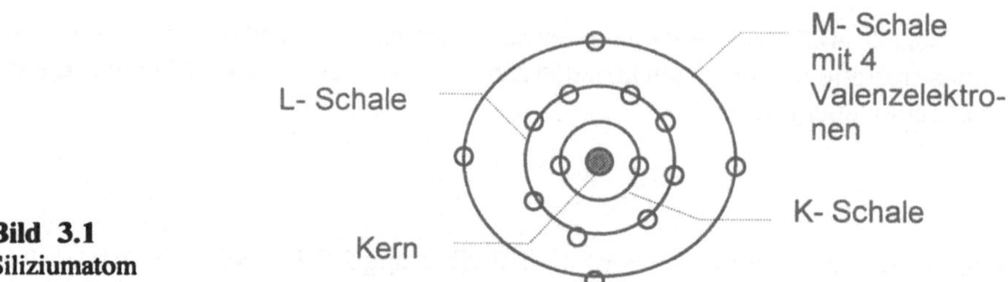

Bild 3.1
Siliziumatom

Das Atom bildet ein geschlossenes System. Die Teilchen darin ordnen sich nun so an, daß zwei elementare Grundregeln der Physik erfüllt werden:

1) **Das Prinzip der minimalen Gesamtenergie**. Danach ordnen sich die Teilchen eines Systems, natürlich entsprechend den jeweils gegebenen Randbedingungen, immer so an, daß die Gesamtenergie des Systems ein Minimum annimmt („stabiles Gleichgewicht"), und

2) **Das Pauli'sche Ausschließungsprinzip**. Nach dieser Regel ist es in einem System nicht möglich, daß zwei oder mehr Teilchen exakt die gleiche Energie haben.

Wenn man diese Prinzipien z.B. auf das System „Siliziumatom" anwendet, ergibt sich daraus der Aufbau nach Bild 3.1, der dort allerdings nicht in allen Feinheiten dargestellt ist. Für ein Atom ist es energetisch am günstigsten, wenn die äußerste Elektronenschale mit acht Elektronen besetzt ist. Erfüllen die Atome eines Elementes diese Bedingung, haben sie das energetische Optimum erreicht und können diesen Zustand nicht mehr verbessern. Das bedeutet, daß sie physikalisch und chemisch inaktiv sind. Dies trifft auf die Atome der Edelgase zu, die sich bekanntlich nicht binden. Ist die äußerste Schale mit acht Elektronen besetzt, spricht man deshalb von Edelgaskonfiguration.
Die Atome der meisten Elemente haben keine Edelgaskonfiguration. Diese Atome können sich aber durch Austausch von Elektronen der Edelgaskonfiguration annähern und sich damit energetisch verbessern, d.h. ihre Gesamtenergie verkleinern. Dieser Elektronenaustausch bedeutet aber die Bindung an andere Atome und kann zur Bildung von Festkörpern führen. Dabei sind, je nach Atomsorte, verschiedene Varianten denkbar.

Ionenbindung

Die denkbare Zahl der Elektronen in der äußersten Schale, der Valenzelektronen, liegt zwischen eins und acht. Ein Atom mit nur einem Valenzelektron hätte dann fast Edelgaskonfiguration, wenn es dieses eine Elektron abgeben könnte. Ein anderes Atom mit z.B. sieben Valenzelektronen aber könnte Edelgaskonfiguration erreichen, wenn es ein zusätzliches Valenzelektron bekäme. Bringt man nun diese beiden Atomsorten zusammen, werden sie ein Elektron austauschen und sich beide damit energetisch verbessern. Es entsteht ein neues System aus zwei Atomen, das eine kleinere Gesamtenergie hat als vorher die beiden Einzelatome zusammen. Der Verbindungsvorgang setzt dabei Energie frei, er verläuft exotherm. Im Ergebnis hat sich, wenn sehr viele Atome beider Sorten beteiligt waren, ein Festkörper gebildet.

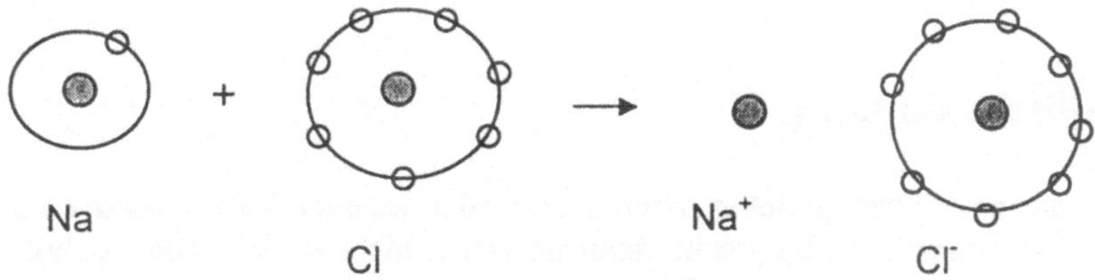

Bild 3.2
Beispiel für Ionenbindung: Natriumchlorid
(Der Übersicht halber sind nur die Valenzelektronen gezeichnet)

Bild 3.2 zeigt als Beispiel für einen Vorgang dieser Art die Verbindung von Natrium, einem Metall mit einem Valenzelektron, mit Chlor, das sieben Valenzelektronen hat, zum Festkörper Natriumchlorid oder Kochsalz. Die Bindung wird dabei durch elektrostatische Kräfte verursacht, weil die Atome durch den Elektronenaustausch zu geladenen Teilchen, zu Ionen werden.

Kovalente Bindung

Hat man Atome mit der gleichen Zahl von Valenzelektronen, so findet kein Elektronenaustausch statt, da nicht klar ist, welches Atom Valenzelektronen abgeben und welches Elektronen aufnehmen soll. Wenn die Atome vier Valenzelektronen haben, wird die Edelgaskonfiguration dadurch angenähert, daß jedes Valenzelektron an zwei Atome gebunden wird. Dann ist jedes Atom durch vier Elektronenpaarbindungen an vier Nachbaratome gekoppelt. Diese Bindung ist demnach sehr fest und führt zu einem harten Festkörper, der im Diamantgitter kristallisiert.

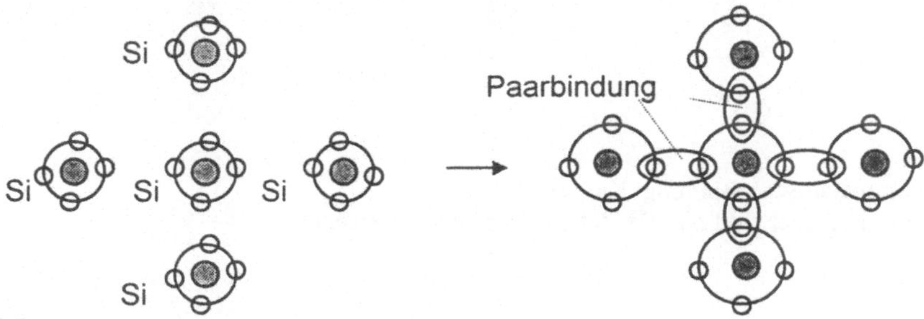

Bild 3.3
Beispiel für kovalente Bindung: Silizium
(Der Übersicht halber sind nur die Valenzelektronen gezeichnet)

Ein Beispiel für diese Bindungsart ist das Silizium nach Bild 3.3. Im so gebildeten Festkörper gibt es bei der absoluten Temperatur Null keine frei beweglichen Elektronen, da alle Valenzelektronen fest gebunden sind. Die elektrische Leitfähigkeit ist in diesem Zustand Null.

Metallische Bindung

Haben die beteiligten gleichen Atome drei oder weniger Valenzelektronen, so findet keine Elektronenpaarbildung statt, denn sie würde nicht zu einer edelgasähnlichen Konfiguration führen. In solchen Fällen ist es energetisch am günstigsten, wenn die Atome sich zu einem Kristallgitter anordnen und ihre Valenzelektronen an dieses gemeinsame Kristallgitter abgeben. Diese Valenzelektronen sind dann im Kristallgitter frei beweglich, so daß jedes Atom zeitweilig acht davon zur Verfügung hat. Auch dieses ist ein edelgasähnlicher Zustand. Metallatome binden sich in dieser Art. Weil das Verhalten der frei beweglichen Valenzelektronen durch die Gasgleichungen beschrieben werden kann, spricht man vom Elektronengas. Kennzeichen eines metallischen Festkörpers ist demnach, daß frei bewegliche Elektronen vorhanden sind, daß also auch eine Leitfähigkeit besteht. Die Leitfähigkeit ist der Kehrwert des spezifischen Widerstandes nach Gleichung (2.7)

$$\kappa = \frac{1}{\rho} = e \cdot n \cdot \mu \tag{3.1}$$

Bild 3.4 zeigt die metallische Bindung am Beispiel Kupfer.

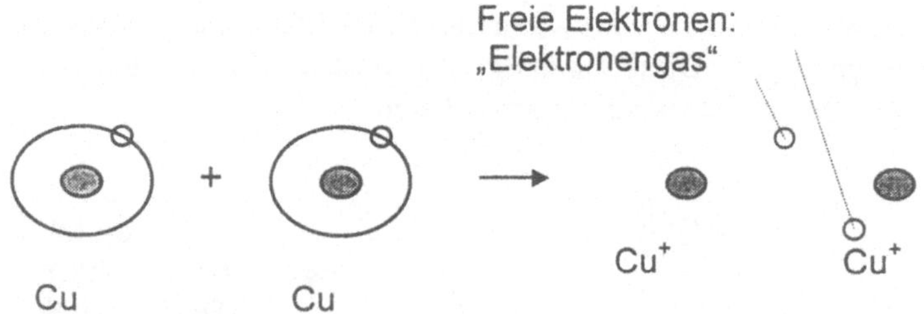

Bild 3.4
Beispiel für metallische Bindung: Kupfer
(Der Übersicht halber sind nur die Valenzelektronen gezeichnet)

Bändermodell des Festkörpers

Der Abstand eines Elektrons vom Atomkern kann als Energie gedeutet werden, wie z.B.
die potentielle Energie eines hochgehobenen Steines. Damit lassen sich Energieschemata für das Einzelatom, das Atompaar und den Festkörper nach Bild 3.5 zeichnen.

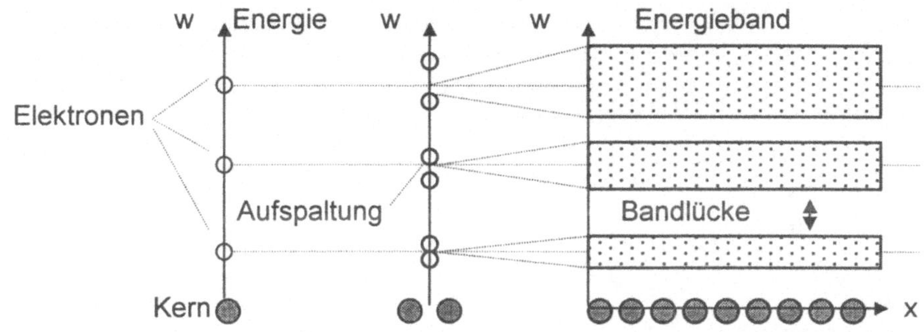

Bild 3.5
Energieschemata   a) Einzelatom   b) Atompaar   c) Festkörper

Beim Einzelatom hat jedes Elektron seine eigene, ganz bestimmte Energie. Fügt man
zwei Atome zu einem Paar zusammen, so müssen sich diese Energien oder Energieniveaus in jeweils zwei aufspalten, denn es gilt das Pauli'sche Ausschließungsprinzip.
(Bild 3.5 b). Bei einem Festkörper mit sehr vielen Atomen spalten sich die Energien in
so viele Einzelniveaus auf, daß man nicht mehr die einzelnen Niveaus, sondern nur noch
die Bereiche angibt, in denen diese Niveaus liegen können. Das sind die Energiebänder.
Die Ortskoordinate x hat dabei die Bedeutung der Länge des Festkörpers.
Diese Aufspaltung ist um so ausgeprägter und die Energiebänder sind um so breiter, je
stärker sich die Elektronen gegenseitig beeinflussen, je stärker sie miteinander wechselwirken. Daher ist das Energieband für die Valenzelektronen relativ breit. Die Elektronen
der inneren Schalen sind bisweilen so durch die weiter außen befindlichen abgeschirmt,
daß sie nicht miteinander wechselwirken.

Von **elektrischem Interesse ist nur das Valenzband**, das ist das Energieband, in dem
die Niveaus der Valenzelektronen liegen. Denn nur bei den Valenzelektronen besteht die
Möglichkeit, sie durch Zufuhr normal verfügbarer Energiebeträge, wie z.B. thermische
Energie, aus dem Atomverband zu lösen und damit frei im Festkörper beweglich zu
machen. Bewegliche Ladungsträger sind aber die Voraussetzung für elektrische Leitfähigkeit.
Sind nun Valenzelektronen durch Energiezufuhr aus dem Atomverband gerissen und
damit frei beweglich, so liegen deren Energieniveaus höher als die der Valenzelektronen. Für frei bewegliche Elektronen besteht daher ein weiteres Energieband oberhalb

des Valenzbandes, das z.B. bei Halbleitern vom Valenzband durch einen Bereich ohne mögliche Energieniveaus, den Bandabstand oder die Bandlücke w_g (band gap), getrennt ist. (Bild 3.6) Dieses Energieband heißt Leitungsband (conduction band), weil die beweglichen Elektronen, die die Träger der Leitfähigkeit sind, hier ihre Energieniveaus haben. Der Bandabstand w_g ist ein Maß für die Energie, die zum Ablösen von Elektronen aus dem Valenzband erforderlich ist.

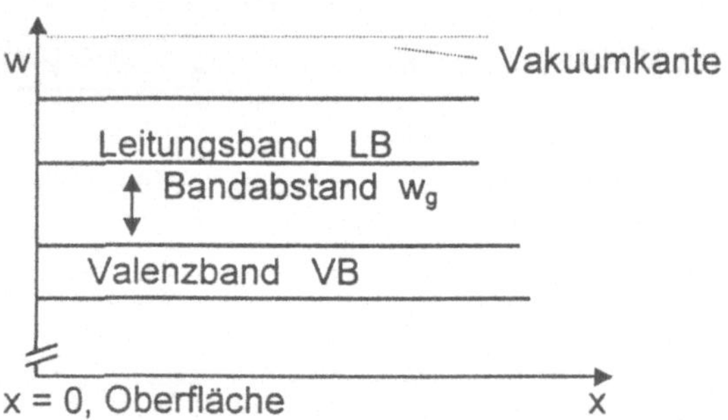

Bild 3.6
Elektrisches Bändermodell, nur Valenzband und Leitungsband werden dargestellt

Fügt man den Elektronen noch mehr Energie zu, können sie den Festkörper vollständig verlassen. Die dazu erforderliche Energie ist durch die in Bild 3.6 eingezeichnete Vakuumkante gegeben.

Beispiele für Bändermodelle

Metall

Wie oben schon erläutert, ist die metallische Bindung dadurch gekennzeichnet, daß sich ein Elektronengas bildet und damit immer frei bewegliche Elektronen vorhanden sind. Das Bändermodell des Metalls zeigt also das stets vorhandene Valenzband und ein Leitungsband, das teilweise mit Elektronen gefüllt ist.

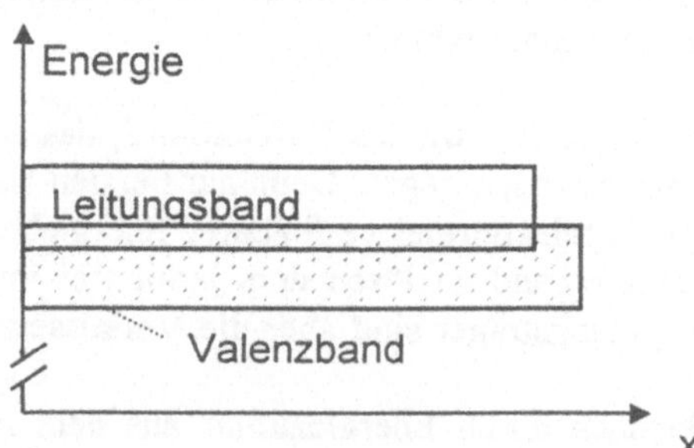

Bild 3.7
Beispiel für das Bändermodell eines Metalls. Leitungs- und Valenzband überlappen sich

Leitfähigkeit setzt ja nach Gleichung (3.1) voraus, daß bewegliche Ladungsträger vorhanden sind und daß diese Ladungsträger beweglich sind. Wäre das Leitungsband vollständig gefüllt, so gliche dies einem Stau auf der Autobahn, das heißt, die Beweglichkeit geht gegen Null. Bild 3.7 zeigt ein mögliches Bändermodell für ein Metall.

Isolator

Ein Isolator ist dann gut, wenn seine Leitfähigkeit gegen Null geht. Deshalb dürfen keine beweglichen Ladungsträger vorhanden sein. Das Leitungsband ist also nicht besetzt. Das Bändermodell Bild 3.8 zeigt, daß in diesem Falle der Bandabstand sehr groß ist. Er muß so groß sein, daß im Betrieb vorkommende Energiebeträge nicht ausreichen, um Valenzelektronen aus dem Atomverband herauszureißen und in den Zustand freier Beweglichkeit, also ins Leitungsband zu versetzen.

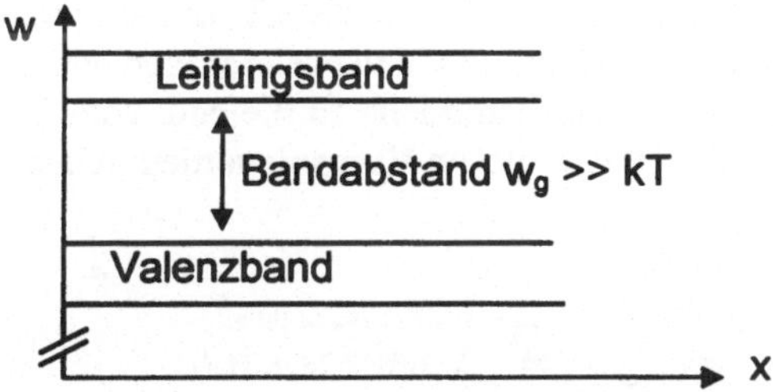

Bild 3.8
Bändermodell eines Isolators, Bandabstand sehr viel größer als die thermische Energie

Die wichtigste im Betrieb vorkommende Energie ist die thermische Energie

$$w_{th} = k \cdot T \tag{3.2}$$

Darin ist $k = 1{,}38 \cdot 10^{-23}$ Ws/K die Boltzmann'sche Konstante und T die absolute Temperatur. Für den Isolator muß also gelten

$$w_g >> k \cdot T$$

Beispielswerte für spezifische Widerstände in Ωcm:

Glas 10^{10} bis 10^{12}
SiO   (Quarz) 10^{16}
Kunststoffe bis 10^{20}

Halbleiter

Das Bändermodell eines Halbleiters (Bild 3.9) ähnelt dem eines Isolators, allerdings ist der Bandabstand kleiner. Fügt man keinerlei äußere Energie zu, so bleiben alle Valenzelektronen fest in ihren Bindungen. Das Leitungsband ist demnach leer und man hat einen Isolator. Dies gilt aber nur ohne Energiezufuhr, das heißt bei der absoluten Temperatur Null.

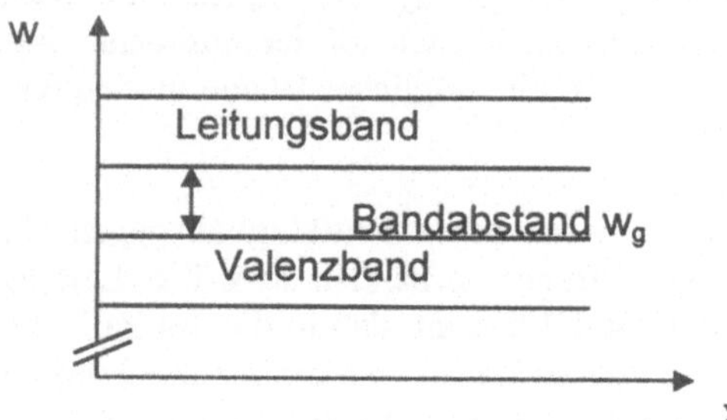

Bild 3.9
Bändermodell eines Halbleiters

Der Bandabstand ist so klein (ca. 20 bis 200 kT, das sind 0,5 bis 5eV), daß auch „normale" Energiebeträge ausreichen, um Valenzelektronen aus den Bindungen herauszureißen oder, um im Bild des Bändermodells zu bleiben, vom Valenzband in das Leitungsband anzuheben. Bild 3.10 soll diesen Vorgang verdeutlichen.

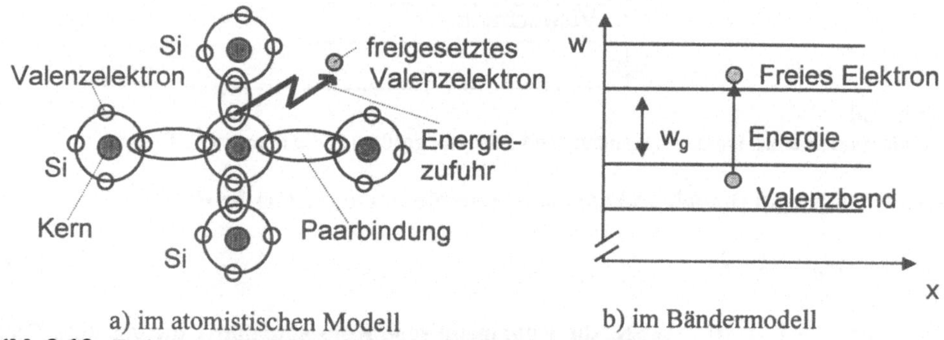

Bild 3.10   Freisetzen von Valenzelektronen durch Energiezufuhr

Bild 3.10 a) zeigt den Atomverband des Halbleiters, bei dem durch Energiezufuhr ein Valenzelektron aus seiner Bindung gerissen wird. Stellt man den gleichen Vorgang im Bändermodell dar, so ergibt sich Bild 3.10 b).

Zufuhr thermischer Energie
Im wesentlichen gibt es drei Arten, dem Halbleiter Energie zuzuführen. Die wichtigste und zugleich auch unvermeidbare Art ist die Zufuhr thermischer Energie w_{th} nach Gleichung (3.2). Unvermeidbar ist sie deshalb, weil sich kein Halbleiter auf der absoluten Temperatur Null befindet. Es läßt sich nun zeigen , daß auch bei sehr kleinen absoluten Temperaturen bereits eine endliche Wahrscheinlichkeit dafür besteht, daß Valenzelektronen in das Leitungsband angehoben werden. Diese Wahrscheinlichkeit wird durch die Fermi-Verteilung beschrieben. (Bild 3.11)

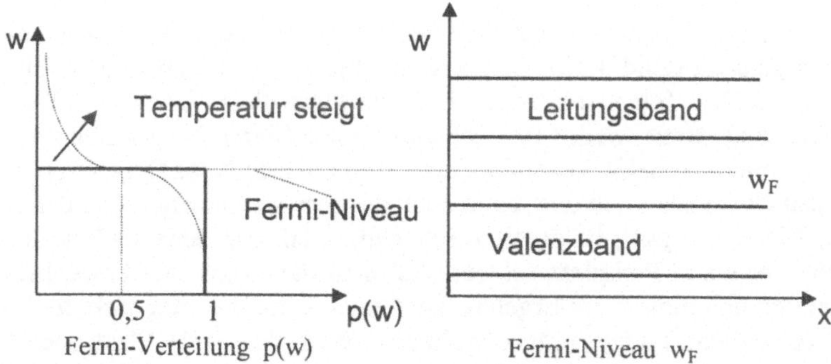

Bild 3.11   Fermi-Verteilung p(w)   Fermi-Niveau w_F

Die Fermi-Verteilung gibt die Energie eines Elektrons als Funktion der Wahrscheinlichkeit an. Die Energie, die der Wahrscheinlichkeit 0,5 entspricht, nennt man das Ferminiveau w_F. Die Wahrscheinlichkeit läßt sich auch angeben:

$$p(w) = \frac{1}{1 + e^{\frac{w - w_F}{kT}}} \tag{3.3}$$

Um die Leitfähigkeit berechnen zu können, braucht man nach Gleichung 3.1 die Dichte n der beweglichen Ladungsträger. Nach dem bisher Gesagten ist dies die Elektronendichte im Leitungsband, die eine Funktion der Temperatur ist. Man nennt sie die Eigenleitungsdichte n_i (intrinsic density). Sie ergibt sich (ohne Herleitung) zu

$$n_i(T) = N_0 e^{\frac{-w_g}{2kT}} \tag{3.4}$$

Die absolute Zustandsdichte für Silizium ist etwa $N_0 = 3 \cdot 10^{19}$ cm^{-3}. Damit ergibt sich die Eigenleitungdichte des Siliziums bei Raumtemperatur zu ca. $n_i = 1,5 \cdot 10^{10}$ cm^{-3}, was nach (2.7) mit $\mu_n = 1400$ cm^2/Vs einem spezifischen Widerstand von knapp $3 \cdot 10^5 \Omega$cm entspricht. Eigenleitendes Silizium ist also ein sehr schlechter Leiter.

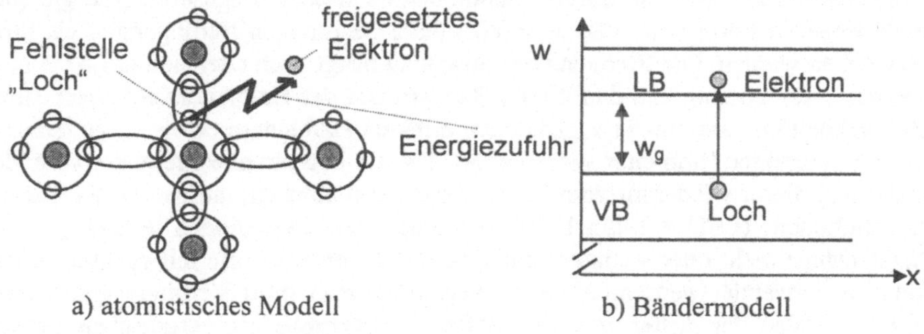

Bild 3.12   Entstehen von Fehlstellen oder Löchern

Mit den freien Elektronen entstehen Fehlstellen, auch **Löcher** (holes) oder **Defektelektronen** genannt (Bild 3.12). Da an diesen Stellen ein Elektron fehlt, sind diese Löcher positiv geladen. Irgend ein freies Elektron kann dieses Loch auffüllen, seine Energie abgeben und damit wieder fest gebunden sein. Dieses Zurückfallen der Elektronen in eine Paarbindung heißt Rekombination. Durch wiederholte Generation und Rekombination kann kann das Loch und damit auch die positive Ladung durch den Festkörper wandern. Dieser Vorgang ist damit vergleichbar, daß man eine Parklücke (das Loch) dadurch über einen Parkplatz schiebt, daß man die Autos (die beweglichen Elektronen) andauernd umrangiert. Im Ergebnis kann man feststellen, daß sich die Löcher wie positive, bewegliche Ladungsträger verhalten. Weil aber viele Elektronen bewegt werden müssen, um ein Loch zu verschieben, haben die Löcher im Valenzband eine kleinere Beweglichkeit als die Elektronen im Leitungsband.

Bewegliche Elektronen und Löcher entstehen nach dem Gesagten immer paarweise. Zu der Eigenleitungsdichte der Elektronen n_i kommt also eine gleich große Eigenleitungsdichte der Löcher p_i. Es gilt daher

$$n_i = p_i \qquad \text{oder} \qquad n_i \cdot p_i = n_i^2 \qquad\qquad (3.5)$$

Gleichung 3.5 heißt **Massenwirkungsgesetz** und gilt allgemein, auch für den noch zu besprechenden Fall der Dotierung.

Zufuhr von Strahlungsenergie
Die Energie w_r eines Strahlungsquants ist mit dem Planck'schen Wirkungsquantum h $= 6{,}63 \cdot 10^{-34}$ Js und der Strahlungsfrequenz f

$$w_r = h \cdot f \qquad\qquad (3.6)$$

Man kann Ladungsträgerpaare durch Strahlung freisetzen, wenn die Strahlungsenergie w_r größer als der Bandabstand w_g ist, besonders also dann, wenn die Strahlung kurzwellig, d.h. energiereich ist. Diesen Effekt nutzt man in Photodioden, Solarelementen und Strahlungsdetektoren aus.

Umgekehrt kann auch die durch Rekombination wieder freigesetzte Energie (die normalerweise in Form von Wärme anfällt) unter bestimmten Bedingungen als Strahlung abgegeben werden. Die Frequenz der Strahlung hängt nach Gleichung (3.6) vom freigesetzten Energiebetrag und damit vom Bandabstand des Halbleiters ab. Diese strahlende Rekombination kann nur in sogenannten direkten Halbleitern erfolgen, zu denen Silizium als indirekter Halbleiter nicht gehört. Da die abgestrahlte Frequenz vom Bandabstand und dieser wiederum vom Halbleitermaterial abhängt, müssen in der Technik der Leuchtdioden (LED = Light Emitting Diode) und Laserdioden je nach gewünschter Wellenlänge mehr oder weniger exotische Halbleiterwerkstoffe mit geeigneten Bandabständen verwendet werden. Meistens verwendet man dazu Verbindungshalbleiter, die aus Elementen der dritten und der fünften Hauptgruppe des perodischen Systems der Elemente zusammengesetzt sind, z.B. Galliumarsenid GaAs.

Zufuhr elektrischer Energie
Paare beweglicher Ladungsträger können auch durch Zufuhr elektrischer Energie w_{el}
freigesetzt werden:

$$w_{el} = e \cdot U \tag{3.7}$$

Dies ist in der Anwendung aber ein Katastrophenfall, denn eine große Zahl von beweglichen Ladungsträgern, die nach Anlegen einer Spannung frei werden, stellen den Fall
des elektrischen Durchschlags dar, der in aller Regel nicht erwünscht ist.

3.1.2 Dotierung

Wie wir gesehen haben, ist die thermisch erzeugte Leitfähigkeit des Siliziums, die Eigenleitung, klein und stark temperaturabhängig. Die Eigenschaften normaler Bauelemente sollen aber nicht von der Temperatur abhängen. Deshalb, und um Sperrschichten
herstellen zu können, erzeugt man den wesentlichen Teil der Leitfähigkeit durch Dotierung (doping). Dazu bringt man in das Kristallgitter des Siliziums andere Atome ein, die
nicht vier, sondern entweder 5 Valenzelektronen haben (für n-Dotierung, z.B. Phosphor
oder Arsen) oder nur drei (für p-Dotierung, in der Regel Bor).

n-Dotierung

Für den Fall der n- Dotierung werden Atome mit 5 Valenzelektronen in das Siliziumgit-
ter eingebaut. Bild 3.13 zeigt das entsprechende atomistische Modell. Das Fremdatom
wird in das Siliziumkristallgitter eingebunden, weil dies energetisch am günstigsten ist.

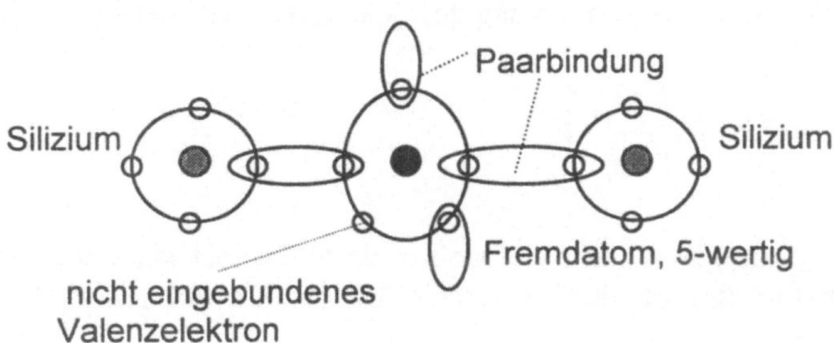

Bild 3.13   n-Dotierung, atomistisches Modell

Das fünfte Valenzelektron wird nicht für eine Bindung gebraucht, es bleibt nur locker an
das Fremdatom gebunden. Aus dieser Bindung kann es mit geringem Energieaufwand
herausgerissen und frei im Silizium beweglich werden. Bild 3.14 zeigt den gleichen

Sachverhalt im Bändermodell. Längs der Ortskoordinate x sind die Siliziumatome des Kristallgitters aufgereiht, nur an einer Stelle ist ein Fremdatom gezeichnet.

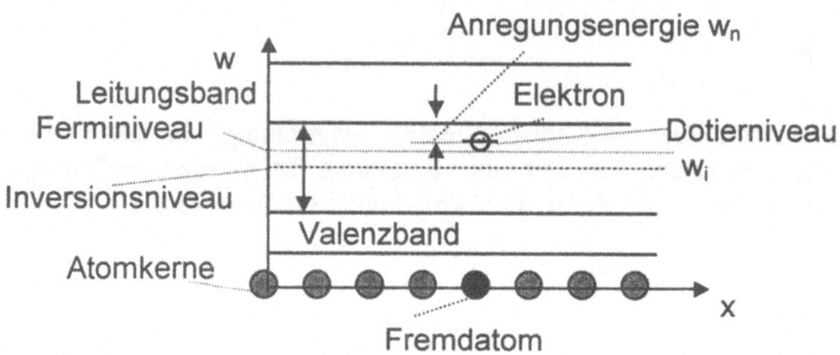

Bild 3.14   n- Dotierung im Bändermodell

Das fünfte Valenzelektron ist nicht in das Kristallgitter eingebunden, daher befindet es sich auf einem Energieniveau, das nicht in den Energiebändern des Siliziums vorkommt. Sucht man nun eine günstig passende Sorte von Fremdatomen aus, z.B. Phosphor oder Arsen, so sitzt dieses zusätzliche **Dotierniveau** dicht unter der Kante des Leitungsbandes. Es ist dann nur eine sehr kleine Energie, nämlich die **Anregungsenergie** oder **Ionisierungsenergie** w_n erforderlich, um dieses Elektron freizusetzen.
Ist N_D die Dichte der hineingebrachten Fremdatome (**Donatoratome**), so ist die Dichte der durch Dotierung erzeugten freien Elektronen (vgl. Gleichung 3.4)

$$n = N_D \cdot e^{\frac{-w_n}{2kT}} \tag{3.8}$$

Das Ferminiveau verschiebt sich dabei aus der Lage im undotierten Fall , die man auch das Inversionsniveau w_i nennt, in Richtung des Leitungsbandes um den Betrag

$$w_F - w_i = kT \cdot \ln\left(\frac{N_D}{n_i}\right) \tag{3.9}$$

Ist nun die Anregungsenergie w_n sehr viel kleiner als der Bandabstand w_g , so liegt die **Anregungstemperatur**, das ist die Temperatur, bei der mit technischer Genauigkeit aus Gleichung (3.8)

$$n = N_D \tag{3.10}$$

wird, in der Größenordnung 150K, d.h. weit unterhalb jeder denkbaren Betriebstemperatur. Im üblichen Betriebstemperaturbereich haben daher alle Dotieratome ihr fünftes

Valenzelektron als frei bewegliches Elektron an das Kristallgitter abgegeben und die Dotierung ist voll wirksam.

Auf der anderen Seite werden natürlich weiterhin nach dem Mechanismus der thermischen Eigenleitung (siehe 3.1.1) freie Elektronen der Dichte n_i erzeugt. Ist die Betriebstemperatur so groß, daß n_i nach (3.4) größer als n nach (3.8) wird, so überwiegt die Eigenleitung und die Dotierung wird zum untergeordneten Nebeneffekt, also unwirksam. Dadurch ist die obere Grenze der Betriebstemperatur gegeben, die bei Siliziumbauelementen je nach Art und Dotierung bei etwa 150 °C bis 200 °C liegt. Um diese Temperaturgrenze einzuhalten, sind oft Kühlmaßnahmen erforderlich (vergleiche Abschnitt 4.1.12).

Technische Dotierungsdichten oder Dotierkonzentrationen liegen zwischen $N_D = 10^{14}$ cm^{-3} für schwache Dotierung und $N_D = 10^{19}$ cm^{-3} für starke Dotierung. Im Betriebstemperaturbereich gilt nach (3.10) mit sehr guter Näherung $n = N_D$. Da das Massenwirkungsgesetz (3.5) weiterhin gilt, ist die Konzentration der beweglichen Löcher im n- dotierten Silizium

$$p_{n0} = \frac{n_i^2}{N_D} \tag{3.11}$$

Dies nennt man auch die **Minoritätsträgerkonzentration**, weil sie sehr viel kleiner als die durch die Dotierung erzeugte **Majoritätsträgerkonzentration** n nach Gleichung (3.10) ist.

Mit den genannten Werten für technische Dotierkonzentrationen , die ja gleich den Majoritätsträgerkonzentrationen sind, ergibt sich mit (3.11) ein Bereich für die Minoritätsträgerkonzentrationen von $p_{n0} = 2{,}25 \cdot 10^1$ cm^{-3} bis $p_{n0} = 2{,}25 \cdot 10^6$ cm^{-3}. Dabei wurde für die Eigenleitungsdichte $n_i = 1{,}5 \cdot 10^{10}$ cm^{-3} gesetzt.

Der zusätzliche Index 0 bedeutet, daß dies die Minoritätsträgerkonzentration im thermodynamischen Gleichgewicht ist, das durch äußere Spannungen nicht beeinflußt ist. Wir werden im folgenden noch sehen, daß man durch Spannungen an Sperrschichten die Minoritätsträgerdichten stark beeinflussen kann und daß dies der entscheidende Effekt für die fließenden Ströme ist.

p-Dotierung

Für die p-Dotierung gelten sinngemäß gleiche Beziehungen wie für die n-Dotierung. Hier verwendet man Fremdatome, die nur drei Valenzelektronen haben. Bild 3.15 zeigt das atomistische Modell. Auch dieses Fremdatom wird in das Kristallgitter eingebunden. Jetzt aber bleibt eine Bindung ungesättigt, weil das Fremdatom nur drei Valenzelektronen hat.

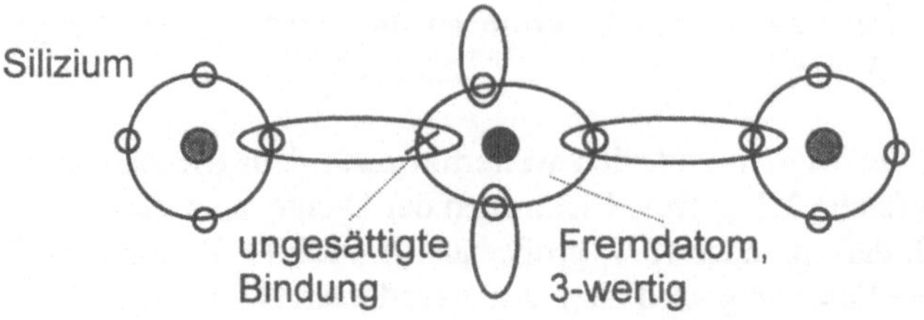

Bild 3.15   p-Dotierung, atomistisches Modell

Die ungesättigte Bindung nimmt begierig jedes zufällig vorbeikommende freie Elektron auf. Bild 3.16 zeigt das entsprechende Bändermodell.

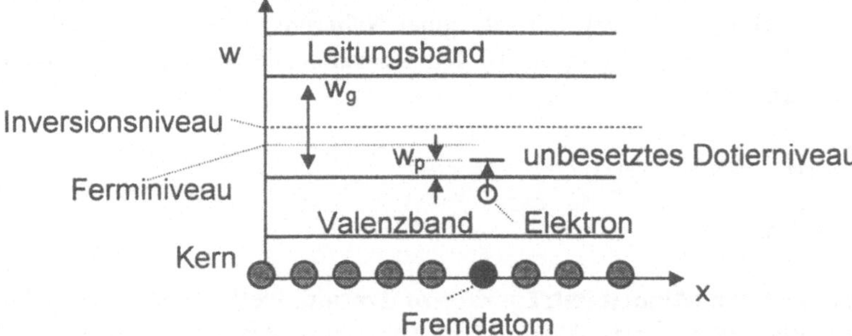

Das Fremdatom mit der ungesättigten Bindung stellt ein neues, allerdings nicht besetztes Energieniveau her. Um dieses Dotierniveau mit einem Elektron aus dem Valenzband zu besetzen, muß wiederum nur eine sehr kleine Anregungsenergie w_p aufgebracht werden. Das Elektron aber hinterläßt im Valenzband ein Loch. Für Silizium passende Dotieratome liefert das Element Bor. Die Dichte der so entstandenen beweglichen Löcher im Valenzband ist mit der Dotierkonzentration N_A **(Akzeptorenkonzentration)** oberhalb der Anregungstemperatur

$$p = N_A \qquad (3.12)$$

Das Ferminiveau verschiebt sich in Richtung Valenzbandkante um den Betrag

$$w_i - w_F = kT \cdot \ln\left(\frac{N_A}{n_i}\right) \qquad (3.13)$$

Mit dem Massenwirkungsgesetz (3.5) ergibt sich die Minoritätsträgerdichte zu

$$n_{p0} = \frac{n_i^2}{N_A} \tag{3.14}$$

Beispielswerte:
Silizium sei mit der Donatorenkonzentration $N_D = 10^{17}$ cm^{-3} dotiert. Dann ist die **Majoritätsträgerdichte** $n = N_D = 10^{17}$ cm^{-3}. Die **Minoritätsträgerdichte** ist mit dem bekannten Wert für die Eigenleitungsdichte $n_i = 1,5 \cdot 10^{10}$ cm^{-3} bei 300K
$p_{no} = n_i^2 / N_D = 2,25 \cdot 10^3$ cm^{-3}.

Die **Leitfähigkeit** ist

$$\kappa = e \cdot \left(\mu_n \cdot n + \mu_p \cdot p \right) \tag{3.15}$$

weil sich die durch Elektronen und durch Löcher erzeugten Leitfähigkeiten addieren.

Im einzelnen sind mit den obigen Beispielswerten und den Beweglichkeiten $\mu_n = 1400$cm^2/Vs und $\mu_p = 400$cm^2/Vs die

Elektronenleitfähigkeit	$\kappa_n = en\mu_n$	$= 22$ S/cm
und die **Löcherleitfähigkeit**	$\kappa_p = ep_{no}\mu_p$	$= 1,44 \cdot 10^{-13}$ S/cm

Man sieht, daß der Beitrag der Minoritätsträger zur Leitfähigkeit vernachlässigbar klein ist. Das bedeutet jedoch nicht, daß man die Minoritätsträger in allen Fällen vernachlässigen darf. So werden z.B. die Eigenschaften von Sperrschichten in Durchlaßrichtung in entscheidender Weise von den Minoritätsträgern bestimmt.

Nach dem Gesagten läßt sich das aufschlußreiche Diagramm Bild 3.17 zeichnen. Trägt man den spezifischen Widerstand $\rho = 1/\kappa$ über der absoluten Temperatur auf, so lassen sich drei Bereiche unterscheiden:

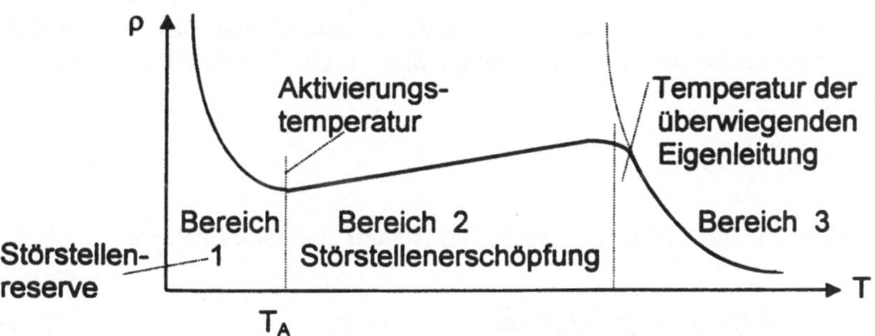

Bild 3.17 Verlauf des spezifischen Widerstandes eines dotierten Halbleiters über der absoluten Temperatur

Bereich 1 ist der Bereich der Störstellenreserve unterhalb der Aktivierungstemperatur, in dem die Temperatur nicht ausreicht, um alle Dotieratome zu ionisieren. Im Bereich 2, dem Bereich der Störstellenerschöpfung, sind alle Dotieratome ionisiert, so daß die Dichte der beweglichen Ladungsträger (bis auf die in diesem Breich vernachlässigbare Eigenleitungsdichte) nicht mehr zunehmen kann. Weil aber die Beweglichkeit mit steigender Temperatur leicht abnimmt, steigt der spezifische Widerstand geringfügig an. Dies ist der technisch sinnvolle Temperaturbereich. Nummer 3 ist der Bereich der überwiegenden Eigenleitung, in dem die Eigenleitung die Dotierung übertrifft und damit unwirksam werden läßt.

3.1.3 Stromfluß

Stromfluß bedeutet Bewegung von Ladungsträgern. Zwei Gründe kommen als Ursache für diese Bewegung in Frage, nämlich ein elektrisches Feld, das zu einem Feldstrom führt, oder eine räumliche Änderung der Ladungsträgerkonzentration, die einen Diffusionsstrom zur Folge hat.

Feldstrom

Der „normale" Strom, beispielsweise in einem metallischen Leiter, ist ein Feldstrom. Dieser Strom fließt deshalb, weil ein elektrisches Feld eine Kraft auf die beweglichen Ladungsträger ausübt und auf diese Weise der statistischen, ungerichteten Wärmebewegung eine gerichtete Komponente überlagert. Dann läßt sich eine mittlere Geschwindigkeit der Ladungsträger angeben (2.4). Für diesen Feldstrom gilt das Ohm'sche Gesetz.

$$I_F = A \cdot \kappa \cdot E \tag{3.16}$$

Dies ist das Ohm'sche Gesetz in seiner mikroskopischen Form, worin A die durchströmte Fläche, κ die Leitfähigkeit und E die elektrische Feldstärke bedeuten. Drückt man die Leitfähigkeit durch Gleichung (3.1) aus, so erkennt man, daß der Feldstrom proportional zur Feldstärke und daß die Beweglichkeit μ ein Teil der Proportionalitätskonstanten ist.

$$I_F = A \cdot e \cdot n \cdot \mu \cdot E \tag{3.17}$$

Im Halbleiter addieren sich Elektronen- und Löcheranteil zum Gesamtstrom

$$I_F = A \cdot e \cdot \left(n \cdot \mu_n + p \cdot \mu_p \right) \cdot E \tag{3.18}$$

mit den Beweglichkeiten μ_n und μ_p für Elektronen und für die Löcher.

Diffusionsstrom

Beim Diffusionsstrom werden die Ladungsträger durch ein Gefälle ihrer Konzentration getrieben. Die Diffusion ist ein grundlegender Vorgang zur Minimierung der Gesamtenergie eines Systems durch Ausgleich von Konzentrationsunterschieden und setzt immer dann ein, wenn in einem System die beweglichen Teilchen in unterschiedlicher Konzentration vorliegen. Der Diffusionsstrom ist proportional zum Konzentrationsgefälle dn/dx. Die Proportionalitätskonstanten sind die Elementarladung e, da es sich um geladene Teilchen handelt, die durchströmte Fläche A und die **Diffusionskonstante** D. Das ist eine Materialkonstante, die angibt, wie gut sich ein Teilchen auf Grund eines Konzentrationsgefälles durch den Festkörper bewegen kann.

$$I_D = A \cdot e \cdot D \cdot \frac{dn}{dx} \tag{3.19}$$

Dieser Diffusionsstrom spielt in metallischen Leitern keine Rolle, weil sich in Metallen keine nennenswerten Konzentrationsunterschiede aufbauen lassen. Dazu sind die Relaxationszeiten zu gering. In Halbleitern dagegen lassen sich durch unterschiedliche Dotierung erhebliche Konzentrationgradienten aufbauen, so daß der Diffusionsstrom hier eine tragende Funktion übernimmt.

Der gesamte Diffusionsstrom setzt sich wieder aus einem Elektronen- und einem Löcheranteil zusammen

$$I_D = A \cdot e \cdot \left(D_n \cdot \frac{dn}{dx} + D_p \cdot \frac{dp}{dx} \right) \tag{3.20}$$

Darin sind D_n und D_p die Diffusionskonstanten für Elektronen und Löcher. Ebenso müssen als treibende Ursachen die Konzentrationsgradienten dn/dx für die Elektronen und dp/dx für die Löcher unterschieden werden.

3.1.4 Strom-Spannungs-Gleichung

Wir stellen uns je ein n- und ein p- dotierters Stück Halbleiter nach Bild 3.18 vor. Im n-Gebiet herrscht eine hohe Dichte beweglicher Elektronen, im p- Gebiet eine hohe Dichte beweglicher Löcher. Die jeweiligen Minoritätsträgerdichten sind sehr klein, das sind die Löcherdichte p_{n0} im n- und die Elektronendichte n_{p0} im p- Gebiet. Neben diesen beweglichen Ladungsträgern sind noch die in das Kristallgitter eingebauten und oberhalb der Aktivierungstemperatur ionisierten Dotieratome als ortsfeste, nicht bewegliche Ladungsträger zu berücksichtigen.

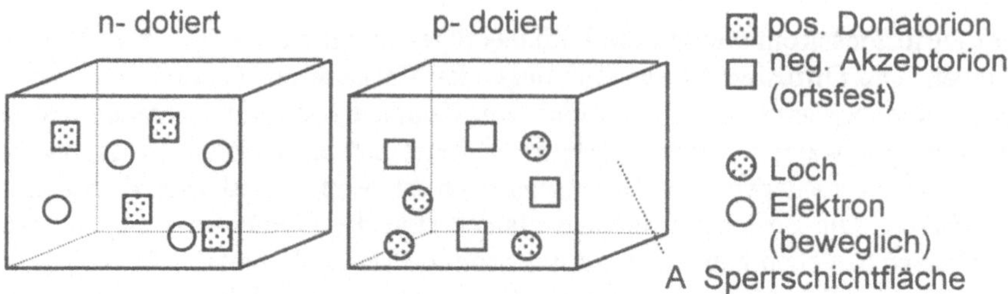

Bild 3.18 n- und p- dotierte Halbleiterstücke mit beweglichen und ortsfesten Ladungsträgern

Nun bringen wir diese Halbleiterstücke so zusammen, daß ein durchgehend einheitlicher Kristall entsteht. An der Grenzschicht entstehen sehr hohe Unterschiede in der Konzentration der Ladungsträger. Es werden demnach Diffusionsströme fließen, und zwar als Elektronenstrom vom n- in das p- Gebiet und als Löcherstrom vom p- in das n- Gebiet. Diese Umverteilung der beweglichen Ladungsträger hat eine örtliche Störung der elektrischen Neutralität zur Folge, denn die Ladung der ortsfesten Dotierionen wird nicht mehr durch entsprechende Gegenladungen neutralisiert. Bild 3.19 zeigt diese Umverteilung der Ladungen.

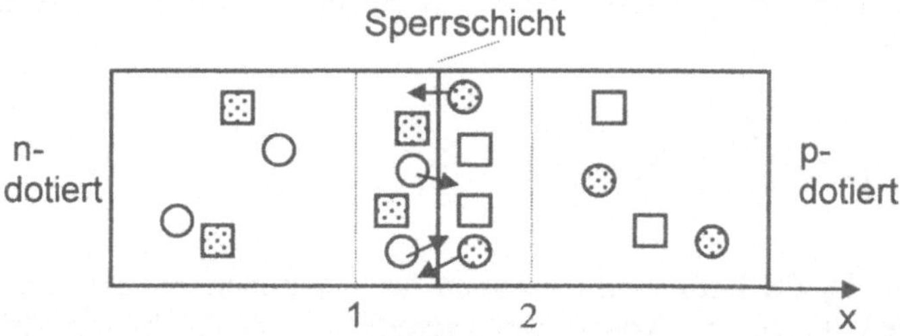

Bild 3.19 Diffusion der beweglichen Ladungsträger in der Sperrschicht

Die ortsfesten, nicht mehr neutralisierten Ladungen bilden eine Raumladung. Diese wiederum verursacht ein elektrisches Feld, das eine Kraft auf die beweglichen Ladungsträger ausübt und somit einen Feldstrom zur Folge hat, der dem Diffusionsstrom entgegengesetzt ist. Da kein äußerer Strom fließt, halten Feldstrom und Diffusionsstrom einander die Waage. Es stellt sich ein Gleichgewicht ein, das die Diffusionsvorgänge auf einen engen Bereich zwischen den Grenzen 1 und 2 beschränkt. Dieser Bereich ist die **Sperrschichtzone** oder **Verarmungszone** (depletion zone), und die Halbleiterabschnitte außerhalb dieses Bereiches sind die **Bahngebiete** (ohmic region).

Diffusionsspannung

Wir stellen uns die Sperrschicht ohne äußeren Stromkreis vor. Dann muß der Gesamtstrom Null sein. Daraus kann man schließen, daß die Summe aus Diffusionsstrom I_D und Feldstrom I_F Null sein muß, was bedeutet, daß im zeitlichen Mittel gleich viele Ladungsträger beider Sorten nach rechts wie nach links fließen.

$$I_F + I_D = 0 \tag{3.21}$$

Mit den Strömen aus 3.1.3 wird dann

$$A \cdot e \cdot \left(n \cdot \mu_n + p \cdot \mu_p\right) \cdot E + A \cdot e \cdot \left(D_n \frac{dn}{dx} + D_p \frac{dp}{dx}\right) = 0 \tag{3.22}$$

und schließlich

$$-\left(n \cdot \mu_n + p \cdot \mu_p\right) \cdot E = D_n \frac{dn}{dx} + D_p \frac{dp}{dx} \tag{3.23}$$

Dies ist eine lineare Differentialgleichung für den Verlauf der Elektronen- und Löcherdichte in der Sperrschicht. Diese Gleichung kann man in je eine Gleichung für die Elektronen- und für die Löcherdichte aufteilen. Da diese formal identisch sind, bestimmen wir nur die Lösung für den Elektronenanteil, später werden wir die Lösung für die Löcher hinzufügen. Es bleibt zunächst die Gleichung

$$-n \cdot \mu_n \cdot E = D_n \frac{dn}{dx} \tag{3.24}$$

Die Beweglichkeit μ_n und die Diffusionskonstante D_n beschreiben beide die Bewegung der Elektronen durch das Kristallgitter, einmal die Bewegung auf Grund eines elektrischen Feldes und zum anderen die Bewegung, die durch einen Konzentrationsgradienten getrieben wird. Diese Konstanten sind, wie zu vermuten ist, zueinander proportional, und der Proportionalitätsfaktor heißt **Temperaturspannung** U_T Es gilt

$$D_n = U_T \mu_n \qquad \text{und} \qquad D_p = U_T \mu_p \tag{3.25}$$

Diese Gleichungen heißen Einsteinbeziehungen. Die Temperaturspannung ist die Spannung, bei der thermische und elektrische Energie eines Teilchens gleich groß sind:

$$w_{el} = w_{th} = e \cdot U_T = k \cdot T \Rightarrow U_T = \frac{k \cdot T}{e} \tag{3.26}$$

Bei Raumtemperatur hat U_T einen Wert von etwa 26mV. Mit dieser Spannung läßt sich Gleichung (3.24) wie folgt schreiben:

$$-n \cdot E = U_T \frac{dn}{dx}$$

Wir trennen die Variablen

$$\frac{dn}{n} = -\frac{1}{U_T} E \cdot dx \tag{3.27}$$

und integrieren über die gesamte Sperrschichtzone, also vom Punkt 1 zum Punkt 2 aus Bild 3.19.

$$\int_1^2 \frac{dn}{n} = -\frac{1}{U_T} \int_1^2 E \cdot dx \tag{3..28}$$

und erhalten

$$\ln\left(\frac{n_2}{n_1}\right) = -\frac{1}{U_T} \int_1^2 E \cdot dx = -\frac{U_D}{U_T} \tag{3.29}$$

Das Integral der Feldstärke E über den Weg x ist eine Spannung U

$$\int_1^2 E \cdot dx = U_D \tag{3.30}$$

Man nennt diese Spannung die **Diffusionsspannung** (junction contact potential) U_D der Sperrschicht, weil sie durch die Diffusion der beweglichen Ladungsträger entstanden ist. Sie ist für eine gegebene Sperrschicht konstant und mit der Kontaktspannung vergleichbar, die an den Berührungsstellen unterschiedlicher Metalle auftritt.

Gleichung 3.29 läßt sich umformen

$$n_2 = n_1 \cdot e^{-\frac{U_D}{U_T}} \tag{3.31}$$

und nach der Diffusionsspannung auflösen

$$U_D = U_T \cdot \ln\left(\frac{n_2}{n_1}\right) \tag{3.32}$$

Die Elektronenkonzentrationen n_1 an der Stelle 1 und n_2 an der Stelle 2 sind bekannt. Die Konzentrationen in der Sperrschichtzone müssen nämlich stetig in die Konzentrationen der Bahngebiete übergehen. An den Stellen 1 und 2 haben wir daher die normalen Elektronenkonzentrationen der dotierten Bahngebiete. Das ist an der Stelle 1 im n- Gebiet die Majoritätsträgerkonzentration n nach Gleichung 3.10 und an der Stelle 2 im p-Gebiet die Minoritätsträgerkonzentration n_{po} nach Gleichung 3.14, also sind

$$n_1 = n = N_D \qquad \text{und} \qquad n_2 = n_{p0} = \frac{n_i^2}{N_A}$$

Damit können wir für gegebene Dotierkonzentrationen die Diffusionsspannung berechnen.

$$U_D = U_T \cdot \ln\left(\frac{N_A N_D}{n_i^2}\right) \tag{3.33}$$

Diese Diffusionsspannung beträgt z.B. für $N_D = 10^{18}\,cm^{-3}$ und $N_A = 10^{16}\,cm^{-3}$ $U_D = 0{,}817V$.

Strom bei äußerer Spannung

Die Diffusionsspannung war für den Fall berechnet, daß keine äußere Spannung U an der Sperrschicht liegt. Legen wir nun eine äußere Spannung an, so ändert sich Gleichung 3.31 in

$$n_2^* = n_1 \cdot e^{\frac{-U_D+U}{U_T}} \tag{3.34}$$

Die äußere Spannung U wird dann positiv gezählt, wenn sie der Diffusionsspannung entgegengesetzt ist. Die Summe im Exponenten von (3.34) läßt sich in das Produkt zweier Exponentialfunktionen aufspalten. Der eine Term ist nach Gleichung (3.31) gerade die Minoritätsträgerdichte im thermodynamischen Gleichgewicht, so daß sich schreiben läßt

$$n_2^* = n_1 \cdot e^{\frac{-U_D}{U_T}} \cdot e^{\frac{U}{U_T}} = n_{p0} \cdot e^{\frac{U}{U_T}} \tag{3.35}$$

Gleichung (3.35) besagt, daß die äußere Spannung U die Minoritätsträgerkonzentration, also die Dichte der beweglichen Elektronen im p- Gebiet, bei positivem Vorzeichen exponentiell erhöht und bei negativem Wert ebenso erniedrigt.

Bild 3.20 zeigt den Verlauf der Elektronendichte über dem Ort x. Diese Dichte muß stetig verlaufen, sie fällt am n-seitigen Sperrschichtrand allerdings sehr stark ab.

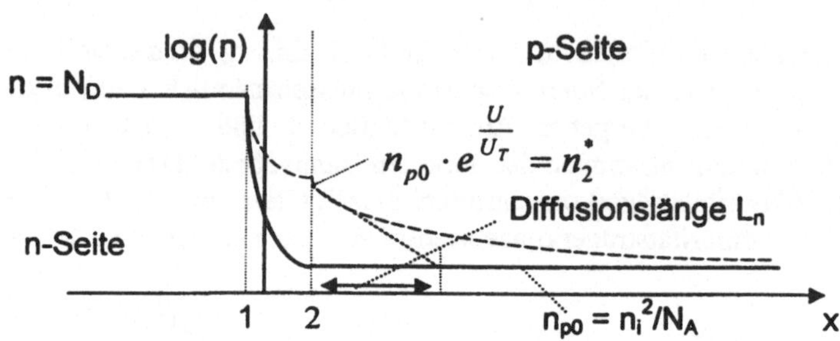

Bild 3.20   Verlauf der Dichte der beweglichen Elektronen in der Sperrschicht

Die durchgezogene Linie zeigt den Verlauf im thermodynamischen Gleichgewicht, d.h. ohne äußere Spannung. Die gestrichelte Linie zeigt den Fall positiver äußerer Spannung, das ist die **Durchlaßrichtung**. Diese liegt vor, wenn das p- Gebiet mit dem positiven Pol der äußeren Spannung verbunden ist.
Die erhöhte Minoritätskonzentration n_2^* stellt eine Störung des Gleichgewichts dar . Es muß sich also ein neues Gleichgewicht einstellen. Dies geschieht dadurch, daß die an der Stelle 2 in erhöhter Konzentration vorhandenen Elektronen in das p- dotierte Bahngebiet hinein diffundieren (Zur Plausibilisierung vergleiche auch Bild 4.7). Die Überschußkonzentration nimmt dabei exponentiell mit dem Ort ab, weil die Elektronen mit den als Majoritätsträgern reichlich vorhandenen Löchern rekombinieren. Die Konstante in dieser Exponentialfunktion ist die **Diffusionslänge** L_n (diffusion length), die in der Größenordnung von einigen zehn Mikrometern liegt. Sie ist die Strecke, nach der die Überschußkonzentration auf den 1/e -ten Teil abgesunken ist. Man kann auch eine **Trägerlebensdauer** τ (carrier life time) definieren, die mit der Diffusionslänge zusammenhängt:

$$L_n = \sqrt{D_n \cdot \tau_n} \quad \Rightarrow \quad \tau_n = \frac{L_n^2}{D_n} \tag{3.36}$$

Der oben beschriebene Diffusionsvorgang verursacht einen Diffusionsstrom. Dafür läßt sich allgemein nach Gleichung (3.19) mit der Sperrschichtfläche A schreiben:

$$I_D = A \cdot e \cdot D_n \cdot \frac{dn}{dx} \tag{3.37}$$

Dieser Strom ist auch der Strom über die Sperrschicht. Um ihn anzugeben, müssen wir den Gradienten der Überschußkonzentration $n_2(x) - n_{p0}$ angeben. Dazu setzen wir an, daß die Überschußkonzentration exponentiell abfällt:

$$n_2(x) - n_{p0} = const.\cdot e^{\frac{-x}{L_n}} \qquad (3.38)$$

Dann ist

$$n_2(x) = const.\cdot e^{\frac{-x}{L_n}} + n_{p0}$$

und der gesuchte Gradient

$$\frac{dn_2}{dx} = -\frac{1}{L_n} const.\cdot e^{\frac{-x}{L_n}} = -\frac{1}{L_n}\left(n_2(x) - n_{p0}\right) \qquad (3.39)$$

Diesen Gradienten setzen wir in den Ausdruck für den Diffusionsstrom (3.37) ein.

$$I_D = -A \cdot e \cdot D_n \cdot \frac{1}{L_n} \cdot \left(n_2(x) - n_{p0}\right) \qquad (3.40)$$

Da der Strom in einem unverzweigten Stromkreis nicht von x abhängt, brauchen wir ihn nur an einer Stelle zu bestimmen. An der Stelle 2 in Bild 3.20 besteht der Strom nur aus Elektronen, weil noch keine Rekombination stattgefunden hat. Daher setzen wir in Gleichung (3.40) die Elektronenkonzentration an dieser Stelle nach Gleichung (3.35) ein und erhalten schließlich für den Elektronenanteil des Stromes über die Sperrschicht

$$I_n = I_D = -A \cdot e \cdot D_n \cdot n_{p0} \cdot \frac{1}{L_n} \cdot \left(e^{\frac{U}{U_T}} - 1\right) \qquad (3.41)$$

Den bisher außer Acht gelassenen Löcherstrom bestimmt man auf die gleiche Weise. Als Gesamtstrom erhält man

$$I = I_n + I_p = A \cdot e \cdot \left(\frac{D_n \cdot n_{p0}}{L_n} + \frac{D_p \cdot p_{n0}}{L_p}\right) \cdot \left(e^{\frac{U}{U_T}} - 1\right) \qquad (3.42)$$

Dies ist die Gleichung für Strom und Spannung an der Sperrschicht, die auch Shockley-Gleichung genannt wird. Das Minuszeichen aus Gleichung (3.41) entfällt, weil die Elementarladung für den Elektronenanteil negativ und für den Löcheranteil positiv gezählt wird.

Den Faktor vor dem Exponentialterm nennt man den **Sättigungsstrom** I_S der Sperrschicht (saturation current):

$$I_S = Ae \cdot \left(\frac{D_n \cdot n_{p0}}{L_n} + \frac{D_p \cdot p_{n0}}{L_p} \right) = Ae \cdot n_i^2 \cdot \left(\frac{D_n}{N_A L_n} + \frac{D_p}{N_D L_P} \right) \qquad (3.43)$$

In aller Regel sind technische pn- Übergänge stark unsymmetrisch dotiert, so daß im Falle starker n- und schwacher p- Dotierung $(n^+ p)$ nur der Elektronenanteil, im anderen Fall $(n\,p^+)$ nur der Löcheranteil des Sättigungsstromes berücksichtigt werden muß.

Zahlenbeispiel:
Eine Sperrschicht in Silizium habe folgende Daten:

$N_D = 10^{18}\,cm^{-3}$ $\qquad$ $N_A = 10^{16}\,cm^{-3}$ $\qquad$ $D_n = 35 cm^2\,/s$

$n_i = 1{,}5 \cdot 10^{10}\,cm^{-3}$ $\qquad$ $L_n = 3 \cdot 10^{-3}\,cm$ $\qquad$ $A = 10^{-4}\,cm$

Die n- Seite ist stärker dotiert, so daß nur der Elektronenanteil berücksichtigt wird. Es ergibt sich nach (3.43) $I_S = 4{,}69 \cdot 10^{-15} A$, also ein sehr kleiner Wert, der typisch für Sättigungsströme von Sperrschichten ist.

Die Shockley-Gleichung wird meistens in der Form

$$I = I_S \cdot \left(e^{\frac{U}{U_T}} - 1 \right) \qquad (3.44)$$

angegeben. Für den Durchlaßbereich $(\exp(U/U_T) \gg 1)$ wird dann

$$I_F = I_S \cdot e^{\frac{U}{U_T}} \qquad (3.45)$$

und für den Sperrbereich $(\exp(U/U_T) \ll 1)$ gilt

$$I_R = -I_S \qquad (3.46)$$

Der Sperrstrom I_R ist nach der Shockley-Gleichung identisch mit dem sehr kleinen Sättigungsstrom I_S. Tatsächlich aber ist der Sperrstrom wegen der thermischen Generation von Ladungsträgern in der Sperrschichtzone erheblich größer und nimmt wegen der spannungsabhängigen Weite der Sperrschicht (siehe dort) mit wachsender Sperrspannung zu. Auch wächst er exponentiell mit der Temperatur. Als Faustregel gilt, daß sich der Sperrstrom je 10° Temperaturerhöhung verdoppelt.

Trotzdem bleibt er so klein gegen die Ströme im Durchlaßbereich, daß er in den meisten technischen Anwendungen von Siliziumdioden vernachlässigt werden kann.

Bild 3.21 zeigt die Kennlinie einer Sperrschicht. Im Durchlaßbereich steigt der Strom exponentiell mit der Spannung an. Im Sperrbereich wächst der Sperrstrom schwach mit der angelegten Sperrspannung, um bei Erreichen der Durchbruchsspannung schließlich stark anzusteigen.

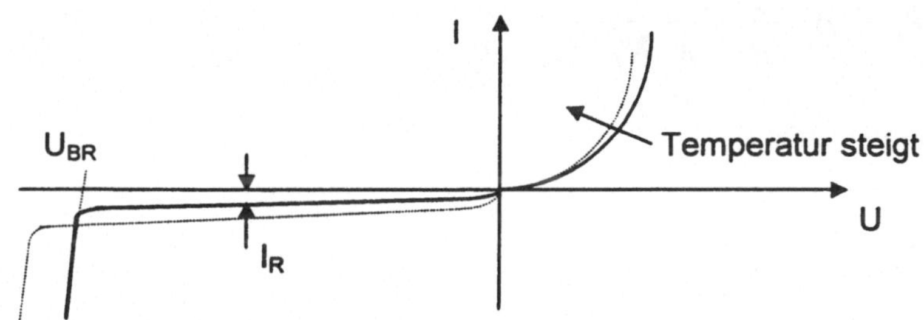

Bild 3.21   Kennlinie einer Sperrschicht

Mit steigender Temperatur nimmt die Durchlaßspannung ab (Temperaturkoeffizient etwa -2mV/Grad), Sperrstrom und Durchbruchsspannung nehmen zu. Aus Gleichung (3.45) läßt sich die für einen gegebenen Durchlaßstrom erforderliche Durchlaßspannung ermitteln.

$$U_F = U_T \cdot \ln\left(\frac{I_F}{I_S} + 1\right) \tag{3.47}$$

Bahnwiderstand und Ersatzschaltbild

Die Bahngebiete der Sperrschicht weisen noch einen ohm'schen Widerstandsanteil auf, nämlich die **Bahnwiderstände**. Damit kann man ein Ersatzschaltbild der Sperrschicht nach Bild 3.22 zeichnen.

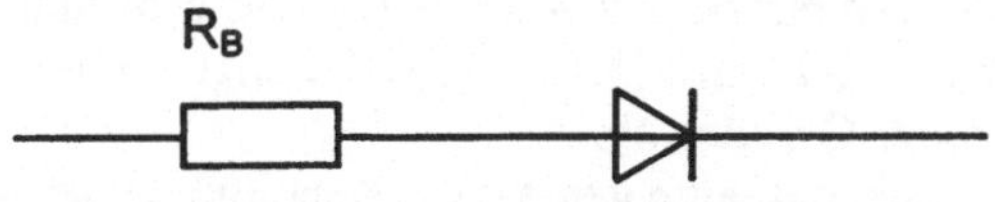

Bild 3.22

Ideale Sperrschicht und Bahnwiderstand

Im Bahnwiderstand R_B sind die Widerstandsanteile von n- und p- Gebiet enthalten. Diese Widerstände kann man wie folgt bestimmen:
Entnimmt man aus Bild 3.19 die Längen l_n und l_p der Bahngebiete, das sind im n- Gebiet die links von der Stelle 1 und im p- Gebiet die rechts von der Stelle 2 verbleibenden Längen der Halbleiterstücke, so kann man die ohm'schen Widerstände der Bahngebiete (bulk resistance) nach Gleichungen (2.7) und (3.1) ausrechnen.
Man erhält für das n- Gebiet

$$R_n = \rho_n \cdot \frac{l_n}{A} = \frac{1}{e \cdot N_D \cdot \mu_n} \cdot \frac{l_n}{A} \tag{3.48}$$

und für das p- Gebiet

$$R_p = \rho_p \cdot \frac{l_p}{A} = \frac{1}{e \cdot N_A \cdot \mu_p} \cdot \frac{l_p}{A} \tag{3.49}$$

Setzt man die Längen l_n und l_p beispielsweise zu je 100µm an, so werden $R_n = 0{,}44\Omega$ und $R_p = 156\Omega$, wenn man die bisher genannten Konstanten und Beispielswerte einsetzt.

Aus Bild 3.22 sieht man, daß die Durchlaßspannung noch den Spannungsabfall enthalten muß, den der Durchlaßstrom am Bahnwiderstand verursacht.

$$U_F = U_T \cdot \ln\frac{I_F}{I_S} + I_F \cdot R_B \tag{3.50}$$

Wenn man die Diodenkennlinie im Durchlaßbereich halblogarithmisch darstellt, lassen sich einige Feinheiten besser erkennen. Logarithmiert man Gleichung (3.45), so erhält man

$$\log I_F = \log I_S + \frac{1}{U_T} U_F \tag{3.51}$$

Zwischen dem Logarithmus des Stromes und der Durchlaßspannung besteht ein linearer Zusammenhang, der sich als Kennlinie zeichnen läßt. (Bild 3.23)
Wir erhalten eine Gerade mit der Steigung $1/U_T$ und dem Achsabschnitt $\log (I_S)$. Weil in (3.51) der Summand „-1" aus (3.44) vernachlässigt wurde, weicht die reale Kurve in Nullpunktsnähe von der Geraden ab.
Es stellt sich nun heraus, daß eine gemessene Kennlinie in der Regel deutlich von dieser Geraden abweicht. Das liegt daran, daß der Strom bei sehr kleinen Werten überwiegend durch Generation und Rekombination von Ladungsträgern in der Sperrschicht verursacht wird und nicht, wie in der Shockley-Gleichung unterstellt, ein Diffusionsstrom ist.

Bei höheren Strömen macht sich oft die Hochinjektion bemerkbar. Man spricht dann von Hochinjektion, wenn die Dichte der injizierten Minoritätsträger (z.B. n_2^* aus Gl. 3.35) in die Größenordnung der Majoritätsträger kommt (das wäre z.B. $p = N_A$).

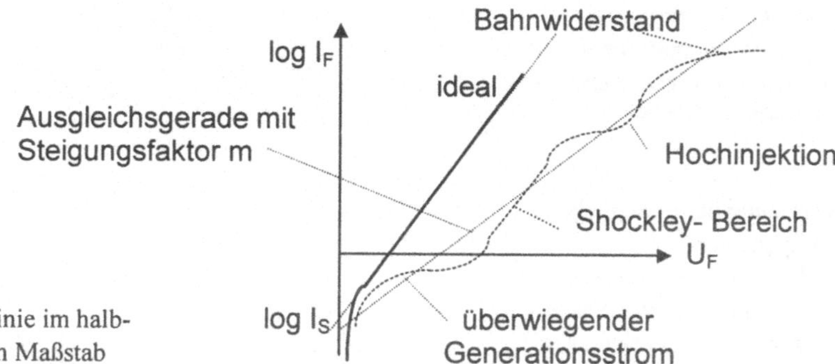

Bild 3.23
Durchlaßkennlinie im halblogarithmischen Maßstab

Schließlich verursacht auch der ohm'sche Spannungsabfall nach Gleichung (3.50) noch eine Abweichung von der Geraden.

Im Ergebnis stellt man fest, daß bei Sperrschichten in Silizium nur ein mehr oder weniger großer Mittelteil der Kennlinie genau durch die Shockley-Gleichung beschrieben wird.

Legt man durch diese gemessene reale Kennlinie eine Ausgleichsgerade, so ist deren Steigung kleiner als $1/U_T$. Dies berücksichtigt man durch einen **Steigungsfaktor** m , mit dem aus Gleichung (3.44)

$$I = I_S \cdot \left(e^{\frac{U}{m \cdot U_T}} - 1 \right) \tag{3.52}$$

wird. Der Faktor m kann prinzipiell zwischen 1 und 2 liegen. Für Siliziumdioden liegt er meist knapp unter 2.

3.1.5 Sperrschichtweite und -kapazität

Sperrschichtweite

Wir stellen uns noch einmal die Sperrschicht nach Bild 3.19 vor. Diese Sperrschicht soll abrupt sein, d.h. die Dotierungen gehen an der Stelle x = 0 schlagartig ineinander über. (Bild 3.24 a). Es sind als ortsfeste Ladungen die in das Kristallgitter eingebundenen Dotierionen und als bewegliche Ladungen die Elektronen und Löcher vorhanden.

Bild 3.24

a) abrupter pn-Übergang

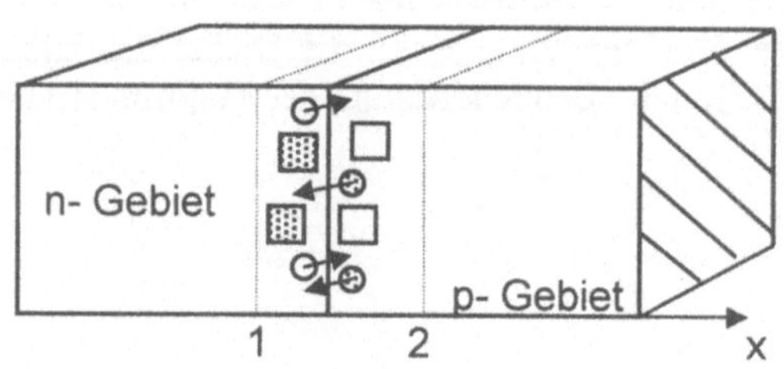

▦ ortsfeste Donatorionen
☐ ortsfeste Akzeptorionen
◯ bewegliche Elektronen
⊕ bewegliche Löcher

b) Verteilung der beweglichen
    Ladungsträger

Durch Diffusion der beweglichen
Ladungsträger verarmt die Sperrschichtzone in der gezeichneten
Weise und es entstehen die Verar-
mungszonen der Dicke x_n bzw. x_p

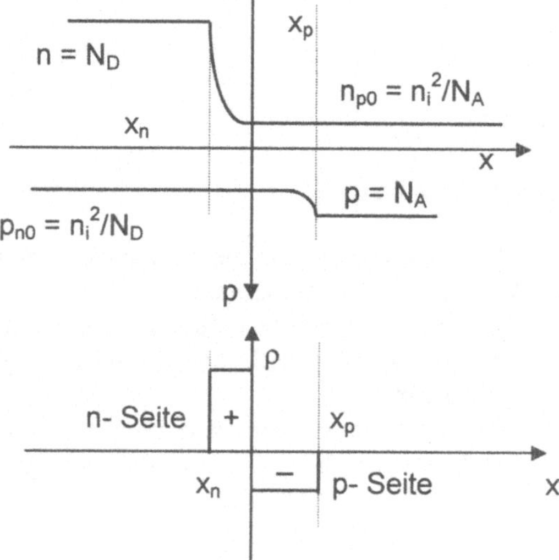

c) Raumladung

Die ortsfesten Dotierionen bleiben
zurück und bilden eine Raumladung. Wegen der Neutralität des
Gesamtkristalls müssen sich die
Raumladungen gegenseitig aufheben

Die Raumladungen lassen sich aus den Dotierkonzentrationen, der Elementarladung und
den Volumina bestimmen. Wegen der Neutralität des gesamten Kristalls gilt

$$Q_n + Q_p = 0 \Rightarrow A \cdot e \cdot x_n \cdot N_D = -A \cdot e \cdot x_p \cdot N_A \tag{3.53}$$

Die Sperrschichtweiten x_n und x_p verhalten sich umgekehrt wie die Dotierkonzentrationen

$$\frac{x_n}{x_p} = \frac{N_A}{N_D} \tag{3.54}$$

Um auch die Absolutwerte angeben zu können, müssen wir die in der Sperrschicht
wirksame Gesamtspannung kennen. Wir bestimmen sie aus der Poisson'schen
Gleichung, die die Feldstärke E mit der Raumladungsdichte ρ verknüpft:

$$div\vec{E} = \frac{d\vec{E}}{dx} + \frac{d\vec{E}}{dy} + \frac{s\vec{E}}{dz} = \frac{\rho}{\varepsilon} \tag{3.55}$$

Im eindimensionalen Fall wird daraus

$$div\vec{E} = \frac{dE}{dx} = \frac{\rho}{\varepsilon} = \frac{e \cdot N}{\varepsilon}$$

worin für die Raumladungsdichte ρ das Produkt aus Elementarladung und Dotier-konzentration gesetzt wurde. Die elektrische Feldstärke

$$E = \int dE = \int \frac{e \cdot N}{\varepsilon} dx = \frac{e \cdot N}{\varepsilon} x \tag{3.56}$$

ist eine lineare Funktion der Ortsvariablen x. Bild 3.25 zeigt den Verlauf der Feldstärke unter Berücksichtigung der Randbedingungen. Nur in der **Verarmungszone** (depletion layer) besteht das elektrische Feld, das stetig von der n- in die p- Seite übergeht.

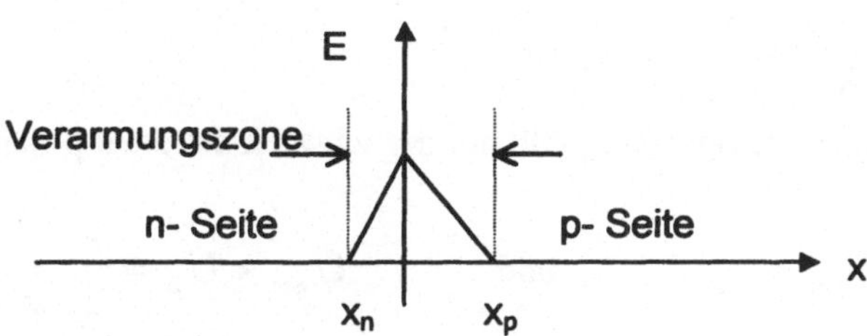

Bild 3.25
Verlauf der elektrischen Feldstärke in der Sperrschicht

Die an der Sperrschicht wirksame Spannung ist das Wegintegral über die Feldstärke.

$$U = \int E dx = \frac{e \cdot N}{\varepsilon} \cdot \int x dx = \frac{1}{2} \cdot \frac{e \cdot N}{\varepsilon} x^2 \tag{3..57}$$

Je nachdem, ob man die Spannung für die n- oder die p- Seite berechnen möchte, muß man für die Dotierung N_D und die Sperrschichtweite der n- Seite x_n einsetzen oder entsprechend N_A und x_p. Auch der Spannungsverlauf ist stetig, so daß man, wieder unter Berücksichtigung der Randbedingungen, das Bild 3.26 erhält.

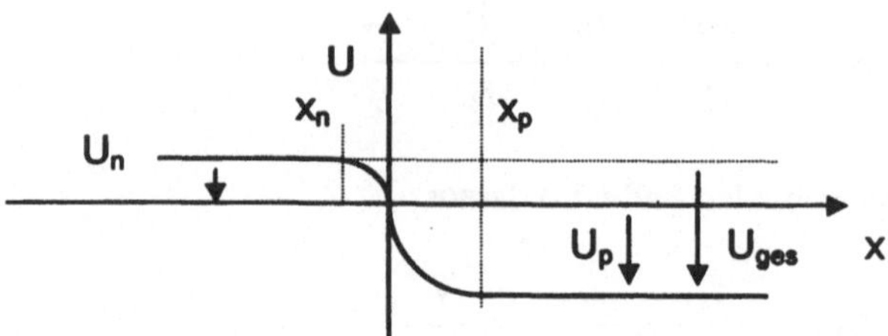

Bild 3.26
Verlauf der Spannung in der Sperrschicht

Die gesamte Spannung ist die Summe der Teilspannungen auf der n- und der p- Seite. Diese Spannung ist aber nach Gleichung (3.34) gleich der Differenz von äußerer Spannung U und der Diffusionsspannung U_D.

$$U_{ges} = U_n + U_p = \frac{1}{2} \cdot \frac{e}{\varepsilon} \left(N_D x_n^2 + N_A x_p^2 \right) = U_D - U \qquad (3.58)$$

Technische pn-Übergänge sind fast immer stark unsymmetrisch dotiert. In unserem Modellfall ($N_D \gg N_A$) gilt daher

$$\frac{N_A}{N_D} = \frac{x_n}{x_p} \Rightarrow x_n \ll x_p$$

Fast die gesamte Spannung fällt auf der schwach dotierten p-Seite ab und es gilt in guter Näherung

$$x_{ges} \approx x_p \qquad \text{und} \qquad U_{ges} \approx U_p = \frac{1}{2} \cdot \frac{e}{\varepsilon} N_A x_p^2$$

Die Sperrschichtweite schließlich ist damit

$$x_{ges} \approx x_p = \sqrt{\frac{2 \cdot \varepsilon \cdot U_{ges}}{e \cdot N_A}} \qquad (3.59)$$

oder allgemein

$$x_{ges} \approx \sqrt{\frac{2 \cdot \varepsilon \cdot U_{ges}}{e \cdot N}} \qquad (3.60)$$

worin die Dotierkonzentration N den Wert der **schwach dotierten Seite** darstellt. Die Gesamtspannung U_{ges} ist die Differenz von äußerer Spannung U und Diffusions- spannung U_D. Zählt man die äußere Spannung negativ, d.h. als Sperrspannung, so ist

U_{ges} die Summe von Diffusionsspannung und Sperrspannung U_R. Damit läßt sich der Verlauf der Sperrschichtweite über der Sperrspannung nach Bild 3.27 zeichnen.

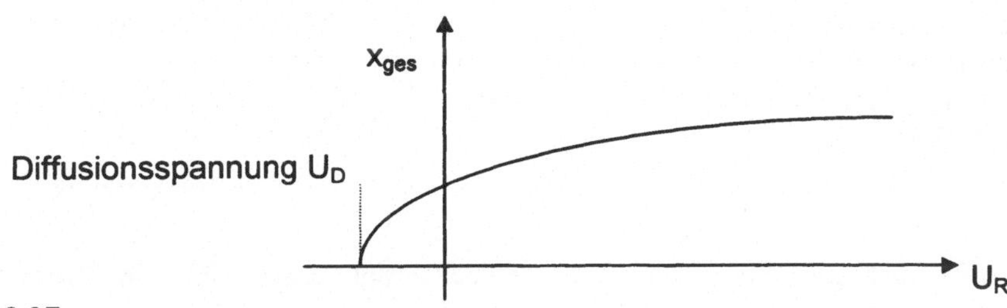

Bild 3.27
Verlauf der Sperrschichtweite über der Sperrspannung

Bei einer äußeren Spannung in Durchlaßrichtung wird die Sperrschichtweite sehr klein. Erreicht die Durchlaßspannung den Wert U_D , so wird die Gesamtspannung U_{ges} zu Null. Damit werden auch die Sperrschichtweite und die Feldstärke in der Sperrschicht zu Null.

Beispielswert:
Für unsere Modellsperrschicht war die Dotierkonzentration der schwach dotierten Seite $N_A = 10^{16}$ cm^{-3} . Die Diffusionsspannung betrug $U_D = 0{,}817$V. Mit der Dielektrizitätszahl $\varepsilon_r = 12$ für Silizium wird dann bei der Sperrspannung Null $x_{ges} \approx x_p = 0{,}326\mu$m

Die besprochene abrupte Sperrschicht ist nur ein Modellfall. In der Technik kommen verschiedene Formen des Überganges der Dotierungen („Dotierprofile") vor. Dann ist die Raumladungsdichte in Gleichung (3.56) eine Funktion des Ortes und die Lösung der Poisson'schen Gleichung führt dazu, daß die Sperrschichtweite von einer Wurzel mit höherem Wurzelexponenten aus der Sperrspannung abhängt. Durch geeignete Dotierprofile kann man diese Abhängigkeit einstellen und damit auch die Abhängigkeit der Sperrschichtkapazität (Gleichung 3.62) von der Sperrspannung den technischen Bedürfnissen anpassen.
Ein zweiter oft angegebener Modellfall ist die Sperrschicht mit linearem Übergang der Dotierungen (graded junction).

Sperrschichtkapazität

Die Sperrschicht besteht nach Bild 3.28 aus einer Verarmungszone der Dicke $x_p + x_n \approx x_p$, wenn die p-Seite die schwach dotierte ist. Diese Verarmungszone verhält sich im gesperrten Zustand wie ein Isolator, weil sie fast keine beweglichen Ladungsträger enthält. An diese Verarmungszone schließen sich die mehr oder weniger gut leitenden Bahngebiete der p- bzw. der n-Seite an.

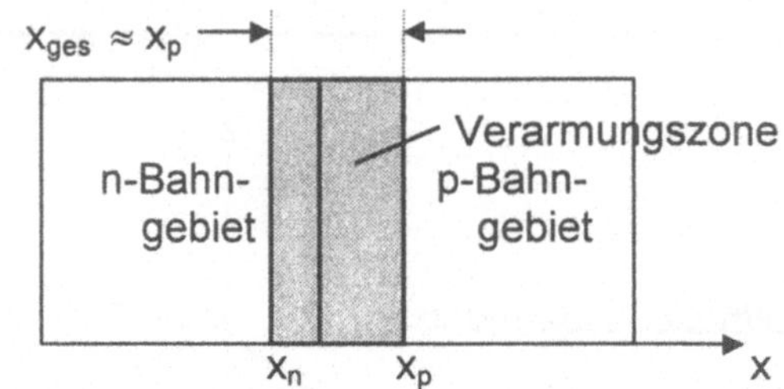

Bild 3.28
Sperrschichtkapazität mit den
Bahngebieten als Kondensator-
Platten und der Verarmungszone
als Dielektrikum

Wenn man auch hier die Randeffekte vernachlässigt, ergibt sich die Sperrschichtkapazität nach Gleichung (2.21) zu

$$C_s = \varepsilon \cdot \frac{A}{d} = \varepsilon \cdot \frac{A}{x_{ges}} \approx \varepsilon \cdot \frac{A}{x_p} \qquad (3.61)$$

oder mit dem Ausdruck (3.60) für die Sperrschichtweite

$$C_s = A \cdot \sqrt{\frac{\varepsilon \cdot e \cdot N}{2U_{ges}}} \qquad (3.62)$$

Unsere Beispielssperrschicht hat bei der äußeren Spannung Null die Sperrschichtkapazität C_{s0} =
3,22pF

Bild 3.29 zeigt den Verlauf der Sperrschichtkapazität über der angelegten Spannung.
Weil sie eine über die Sperrspannung elektrisch steuerbare Kapazität ist, wird sie gerne
dann benutzt, wenn eine einstellbare Kapazität erforderlich ist, z.B. für den
Senderabgleich in Empfängerschaltungen. Die dafür speziell gebauten **Kapazitäts-
dioden** (varicaps) sind weit verbreitete Bauelemente.

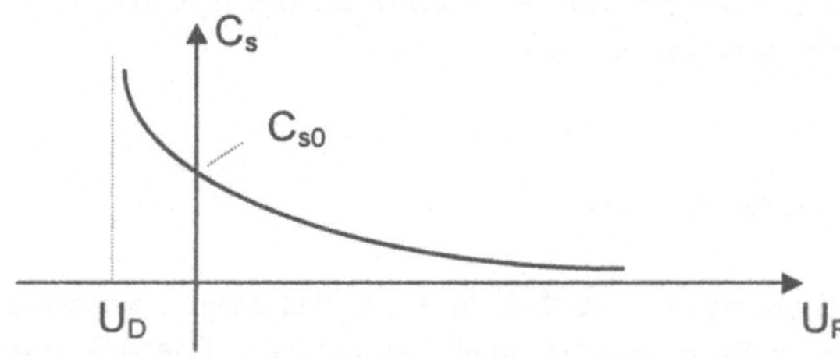

Bild 3.29
Verlauf der Sperrschichtkapazität über der angelegten Spannung

In Durchlaßrichtung steigt die Sperrschichtkapazität zwar auf hohe Werte an, ist aber wegen des parallelgeschalteten pn-Überganges nahezu kurzgeschlossen und daher technisch nicht brauchbar. Der bei U_D erreichte Kapazitätswert liegt etwa bei dem Vierfachen der Nullkapazität C_{s0}.

3.1.6 Diffusionskapazität

Diffusionsspeicherladung

An der Sperrschicht läßt sich auch in Durchlaßrichtung ein Speichereffekt beobachten. Bild 3.30 zeigt noch einmal, ähnlich Bild 3.20, die Verteilung der Minoroitätsträger. Ohne äußere Spannung, das heißt im thermodynamischen Gleichgewicht, ist die Dichte der Minoritätsträger im p-Bahngebiet nach Gleichung (3.11) $n_{po} = n_i^2/N_A$. Nach Anlegen einer Spannung in Durchlaßrichtung erhöht sich dieser Wert am Sperrschichtrand nach Gleichung (3.35) exponentiell, weil Minoritätsträger injiziert werden.

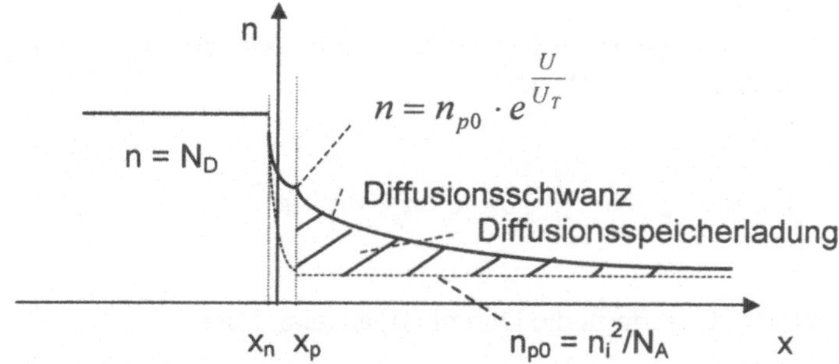

Bild 3.30
Verteilung der Minoritätsträger, Diffusionsschwanz und Diffusionsspeicherladung in Durchlaßrichtung

Diese erhöhte Konzentration hat, wie in Kap. 3.1.3 besprochen, einen Diffusionsvorgang zur Folge. Die in das Bahngebiet hineindiffundierenden Minoritätsträger stellen aber eine Ladung dar, die Diffusionsspeicherladung Q_D, die in Bild 3.30 schraffiert gezeichnet ist. Diese Ladung kann man berechnen, indem man die Überschußkonzentration der Minoritätsträger, das ist die Konzentration oberhalb des Gleichgewichtsniveaus n_{po}, mit der Querschnittsfläche der Sperrschicht multipliziert und über die Länge x des Bahngebietes integriert. Nimmt man ein unendlich langes Bahngebiet an, so wird

$$Q_D = \int\limits_0^\infty A \cdot e \cdot n_{p0} \cdot e^{\frac{U}{U_T}} \cdot e^{\frac{-x}{L_n}} \, dx \tag{3.63}$$

oder, anders geschrieben,

$$Q_D = A \cdot e \cdot n_{p0} \cdot e^{\frac{U}{U_T}} \cdot \int_0^\infty e^{\frac{-x}{L_n}} dx \tag{3.64}$$

Der Wert des Integrals ist gerade die Diffusionslänge L_n , so daß man schließlich erhält

$$Q_D = A \cdot e \cdot n_{p0} \cdot L_n \cdot e^{\frac{U}{U_T}} \tag{3.65}$$

In technischen pn- Übergängen sind die Bahngebiete natürlich von endlicher und oft sehr kleiner Länge. Dies hat keine grundsätzlichen Änderungen zur Folge; meist steht dann in den Gleichungen statt der Diffusionslänge die tatsächliche Länge des Bahngebietes („Kurzbahndiode").

Diffusionskapazität

Aus der Diffusionsspeicherladung nach Gleichung (3.65) kann man die Diffusionskapazität berechnen:

$$C_D = \frac{dQ_d}{dU} = \frac{d}{dU}\left(A \cdot e \cdot n_{p0} \cdot L_n \cdot e^{\frac{U}{U_T}} \right) \tag{3.66}$$

Die Spannung U ist darin die Durchlaßspannung. Man erhält

$$C_D = \frac{A \cdot e \cdot n_{p0} \cdot L_n}{U_T} \cdot e^{\frac{U}{U_T}} \tag{3.67}$$

Man kann die Diffusionskapazität auch als Funktion des Durchlaßstromes angeben. Der Elektronenanteil dieses Stromes ist nach Gleichung (3.41)

$$I_n = \frac{A \cdot e \cdot D_n \cdot n_{p0}}{L_n} \cdot e^{\frac{U}{U_T}} \tag{3.68}$$

wenn man den Summanden -1 in (3.41) vernachlässigt. Das Verhältnis von Diffusionskapazität zu Durchlaßstrom ist dann

$$\frac{C_D}{I} = \frac{L_n^2}{D_n \cdot U_T} \tag{3.69}$$

und die Diffusionskapazität als Funktion des Stromes

$$C_D = \frac{L_n^2}{D_n U_T} \cdot I \tag{3.70}$$

Zahlenbeispiel:
Für unsere Mustersperrschicht mit den bereits bekannten Daten ergibt sich für den Strom $I_F =$ 1mA eine Diffusionskapazität von $C_D = 8{,}42nF$

Diffusionskapazitäten nehmen im Vergleich mit Sperrschichtkapazitäten hohe Werte an!

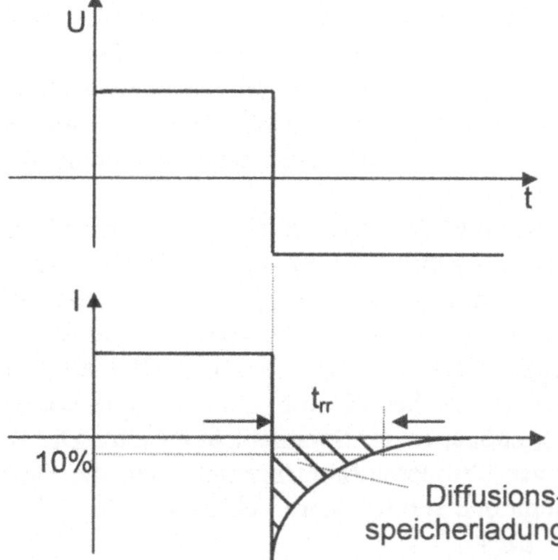

Bild 3.31
Stromverlauf im pn-Übergang
bei Umschalten von Durchlaß-
auf Sperrrichtung
t_{rr} Sperrverzögerungszeit

Wir fassen zusammen:
In den Bahngebieten eines pn-Überganges in Flußrichtung bildet sich eine Überschußladung von Minoritätsträgern, die Minoritätsträgerspeicherladung oder **Diffusionsspeicherladung**. Diese Ladungsspeicherung läßt sich in eine Kapazität, die **Diffusionskapazität**, umrechnen, die vergleichsweise hohe Werte annimmt. Die Diffusionskapazität bestimmt Grenzfrequenz und Schaltgeschwindigkeit der Bauelemente, bei denen die Minoritätsträgerinjektion an Sperrschichten der wesentliche Funktionsträger ist, also bei Dioden mit pn-Übergang und bei bipolaren Transistoren.

Für den pn-Übergang bedeutet dies, daß das Umschalten von Durchlaß- auf die Sperrichtung verzögert erfolgt, weil die Diffusionskapazität erst entladen werden muß. Die gespeicherten Ladungsträger diffundieren jetzt auf die Sperrschicht zu und fließen als stark erhöhter Sperrstrom ab. Die dadurch entstehende Verzögerungszeit heißt **Rückwärtserholungszeit** (reverse recovery time) oder **Sperrverzögerungszeit**. Bild 3.31 zeigt den Verlauf des Stromes durch den pn-Übergang nach Umschalten der Spannung von Durchlaß- auf Sperrichtung. Die schraffierte Fläche entspricht der Diffusionsspeicherladung.

3.1.7 Durchbruchsspannung

Es gibt im wesentlichen zwei Mechanismen, die die Sperrfähigkeit einer Sperrschicht begrenzen, nämlich den Zener- und den Lawineneffekt.

Beim **Zenereffekt** (innere Feldemission) werden durch hohe elektrische Feldstärke in der Sperrschicht Ladungsträger freigesetzt ($eU > w_g$), so daß ein nennenswerter Stromfluß einsetzen kann. Die dafür erforderlichen hohen Feldstärken treten nur bei sehr dünnen Sperrschichten auf, d.h. bei sehr hohen Dotierungen ab etwa $N > 10^{19}$ cm^{-3}.

Dabei liegen die Durchbruchsspannungen unter ca. 6V und haben einen negativen Temperaturkoeffizienten, weil die Elektronenenergie mit $w_{th} = kT$ zunimmt, so daß bereits geringere Feldstärken zur Überwindung des Bandabstandes ausreichen.

Meistens sind die Sperrschichten schwächer dotiert, so daß der Spannungsdurchbruch ein **Lawinendurchbruch** ist (avalanche breakdown). Hierbei werden die in der Sperrschichtzone in sehr geringer Konzentration stets vorhandenen beweglichen Ladungsträger durch die elektrische Feldstärke so stark beschleunigt, daß sie ihrerseits bewegliche Ladungsträger aus den Gitteratomen herausschlagen können. Auch diese werden wieder beschleunigt, so daß eine lawinenartige Vermehrung der beweglichen Ladungsträger in der Sperrschicht einsetzt. Die Lawinendurchbruchsspannung hat einen positiven Temperaturkoeffizienten, weil die Beweglichkeit mit steigender Temperatur abnimmt und somit höhere Feldstärken für gleiche Geschwindigkeiten erforderlich sind ($v = \mu E$).

Die kritische Feldstärke E_{krit} für den Lawinendurchbruch in Silizium liegt bei Raumtemperatur bei etwa $5 \cdot 10^5$ V/cm. Aus der Poisson'schen Gleichung

$$div\vec{E} = \frac{dE}{dx} = \frac{\rho}{\varepsilon} = \frac{e \cdot N_A}{\varepsilon} \qquad (3.71)$$

erhält man die Feldstärke

$$E = \frac{e \cdot N_A}{\varepsilon} \cdot \int_0^{x_p} dx = \frac{e \cdot N_A}{\varepsilon} x_p \qquad (3.72)$$

Die Spannung beträgt

$$U = \int\limits_0^{x_p} E\,dx = \frac{1}{2}\cdot\frac{e\cdot N_A}{\varepsilon}x_p^2 = \frac{1}{2}E\cdot x_p \qquad (3.73)$$

Bei der Spannung U_{krit} erreicht man die kritische Feldstärke E_{krit}

$$U_{krit} = \frac{1}{2}\cdot E_{krit}\cdot x_p \qquad (3.74)$$

U_{krit} nennt man auch die Durchbruchsspannung U_{BR}. Dabei ist die Sperrschichtausdehnung

$$x_p = \frac{2U_{krit}}{E_{krit}} \qquad (3.75)$$

Mit der Sperrschichtausdehnung nach (3.59) wird

$$x_p^2 = \frac{2\cdot\varepsilon\cdot U_{krit}}{e\cdot N_A} = \frac{4\cdot U_{krit}^2}{E_{krit}^2} \qquad (3.76)$$

Daraus ergibt sich für die Durchbruchsspannung

$$U_{krit} = U_{BR} = \frac{\varepsilon\cdot E_{krit}^2}{2\cdot e\cdot N_A} \qquad (3.77)$$

Für unsere Mustersperrschicht mit $N_A = 10^{16}$ cm^{-3} und den bekannten Eigenschaften ergibt sich beispielsweise die Durchbruchsspannung $U_{BR} = 82{,}8$V. Die kritische Sperrschichtweite ist dabei $x_{krit} = 3{,}31\,\mu$m .
Wird aber z.B. eine Sperrspannung von 1000V gefordert, so ergibt sich die Sperrschichtweite

$$x_{pkrit} = \frac{2\cdot 1000V\cdot cm}{5\cdot 10^5 V} = 40\,\mu m$$

Die Dotierung auf der schwach dotierten Seite der Sperrschicht darf dabei höchstens

$$N_A = \frac{\varepsilon\cdot E_{krit}^2}{2\cdot e\cdot U_{krit}} = 8{,}3\cdot 10^{14}\,cm^{-3}$$

betragen.

Trägt man den Temperaturkoeffizienten der Durchbruchsspannung über der Durchbruchsspannung (die ja proportional zu $1/N_{schwach}$ ist) auf, so ergibt sich Bild 3.32.

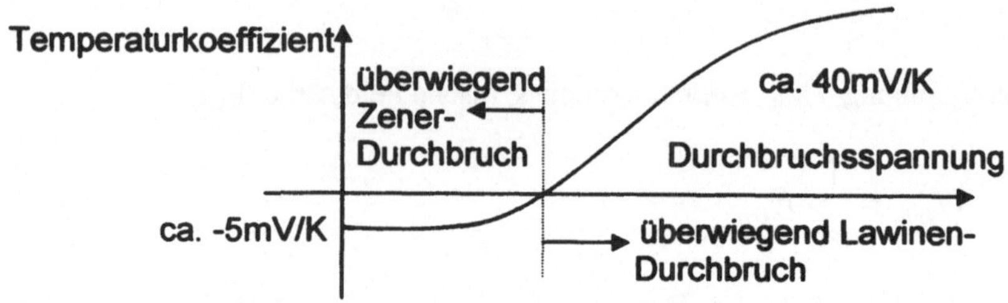

Bild 3.32
Temperaturkoeffizient der Durchbruchsspannung

Im Grenzbereich um etwa 6V herum ist der Temperaturkoeffizient fast Null, weil sich die Einflüsse von Lawinen- und Zenerdurchbruch kompensieren. Für diesen Bereich werden vorzugsweise die Z-Dioden gebaut, deren Durchbruchsspannung man als Referenzspannung benutzt.

3.1.8 Temperaturverhalten

Die Kennliniengleichung des pn- Überganges ist (3.44)

$$I = I_S \left(e^{\frac{U}{U_T}} - 1 \right)$$

mit dem Sättigungsstrom (3.43)

$$I_S = A \cdot e \cdot n_i^2 \left(\frac{D_n}{L_n \cdot N_A} + \frac{D_p}{L_p \cdot N_D} \right)$$

In diesen Gleichungen sind die Eigenleitungsdichte

$$n_i = N_0 \cdot e^{\frac{-w_g}{2kT}}$$

die Temperaturspannung

$$U_T = \frac{k \cdot T}{e}$$

und in geringerem Maße auch die Diffusions"konstanten" D_n und D_p temperatur-abhängig. Für den praktischen Gebrauch hat es sich nun als zweckmäßig erwiesen, für den Durchlaßbereich alle Temperatureinflüsse in einem Temperaturkoeffizienten der Durchlaßspannung

$$U_F = U_T \cdot \ln\left(\frac{I_F}{I_S} + 1\right)$$

zusammenzufassen. Für diesen Temperaturkoeffizienten TK erhält man nach einiger Rechnung den gerundeten Wert

$$TK = -2mV \ / \ K \tag{3.78}$$

Bei konstant gehaltenem Durchlaßstrom I_F nimmt die Durchlaßspannung pro Grad Temperaturerhöhung um 2mV ab. Dies erscheint zunächst nicht viel, hat aber erhebliche Folgen für die Schaltungstechnik.

Betrieb an einer Spannungsquelle

Betreibt man die Sperrschicht an einer Spannungsquelle (Bild 3.33), so geht die Durchlaßspannung nach (3.44) exponentiell in den Strom ein.

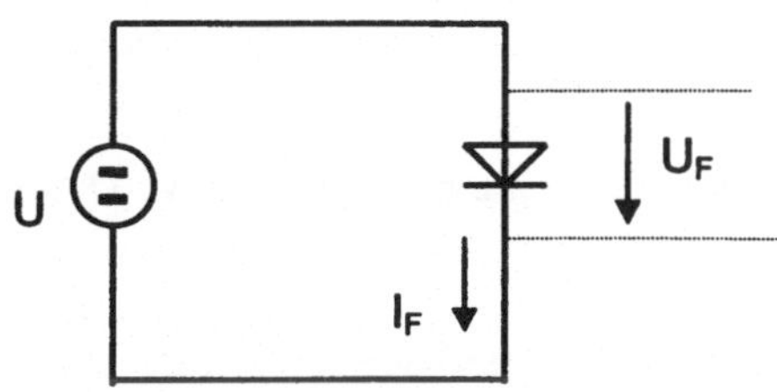

Bild 3.33
Betrieb der Diode
an einer Spannungs-
quelle

Erhöht sich nun die Temperatur der Diode um den Betrag $\Delta\vartheta$, so wird die für den gewüschten Strom erforderliche Durchlaßspannung um den Betrag

$$-\Delta U_F = \Delta\vartheta\left(-2mV \ / \ K\right)$$

kleiner. Da die äußere Spannung sich aber nicht geändert hat, erscheint sie der Diode um den gleichen Betrag größer. Der Durchlaßstrom beträgt jetzt

$$I_F = I_S \cdot e^{\frac{U + \Delta\vartheta \cdot 2mV/K}{U_T}} \qquad (3.79)$$

Er ist um den Faktor

$$e^{\frac{\Delta\vartheta \cdot 2mV/K}{U_T}} \qquad (3.80)$$

gestiegen, das heißt, der Strom ändert sich exponentiell mit der Temperatur!

Beispiel:
Eine Temperaturerhöhung um 50K, die auf Grund einer Eigenerwärmumg durchaus vorkommen kann, vergrößert den Durchlaßstrom um den Faktor

$$e^{\frac{50K \cdot 2mV/K}{26mV}} = 46 \;!!!$$

Der Betrieb einer Diode an einer Spannungsquelle ist daher unter allen Umständen zu vermeiden.

Auch das Parallelschalten von pn-Übergängen ist äußerst problematisch, denn eine Parallelschaltung entspricht dem Betrieb an einer Spannungsquelle. (Bild 3.34)

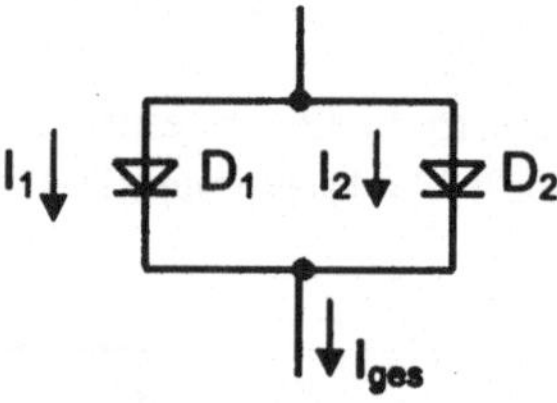

Bild 3.34
Parallelschaltung von Dioden

An beiden Dioden liegt die gleiche Spannung U. Durch die Diode D_1 fließt der Strom

$$I_1 = I_{S1} \cdot e^{\frac{U}{U_T}} \qquad \text{und durch } D_2 \text{ fließt} \qquad I_2 = I_{S2} \cdot e^{\frac{U}{U_T}}$$

Teilt man die Ströme durcheinander, so hebt sich der Exponentialterm wegen der gleichen Spannung U heraus und man erhält für das Verhältnis der Ströme

$$\frac{I_1}{I_2} = \frac{I_{S1}}{I_{S2}}$$

Sind beide Dioden identisch und haben die gleiche Temperatur, so verteilt sich der Gesamtstrom I_{ges} gleichmäßig auf die Dioden. Ist aber beispielsweise die Diode 2 zufällig um 10K wärmer, so verhalten sich die Ströme mit Gleichung (3.79) wie 1 zu 2,16 ! Die Folge ist, daß in Diode 2 mehr Verlustleitung entsteht, sie sich also noch stärker erwärmt und bald fast den gesamten Strom übernimmt, für den sie im Regelfall aber nicht bemessen wurde und somit überlastet wird.

Betrieb an einer Stromquelle

Den Betrieb an einer Stromquelle zeigt Bild 3.35.

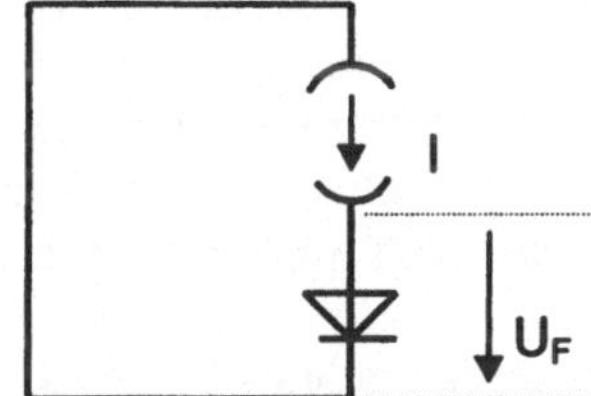

Bild 3.35
Betrieb an einer
Stromquelle

Dieser Betrieb ist weitgehend unproblematisch. Ändert sich nämlich die Temperatur der Diode, so bleibt der Strom konstant, es verändert sich lediglich der meist unerhebliche Spannungsabfall U_F an der Diode um den Betrag

$$\Delta U_F = -\Delta \vartheta \cdot 2mV / K$$

Sperrbereich

Für den Sperrstrom sei auf Bild 3.21 und die dortigen Ausführungen verwiesen. Der Sperrstrom hängt über die Eigenleitungsdichte exponentiell von der Temperatur ab. Als Daumenregel gilt, daß der Sperrstrom sich je zehn Grad Temperaturerhöhung verdoppelt. Erhöht sich beispielsweise die Temperatur um 100 Grad, so wird sich der Sperrstrom zehn mal verdoppeln, also um den Faktor 2^{10} = 1024 steigen. Dennoch bleibt der Sperrstrom bei Siliziumdioden meist vernachlässigbar klein.

3.1.9 Modellparameter

Um die Eigenschaften von Schaltungen mit Hilfe von Analyseprogrammen untersuchen zu können, muß man das Verhalten der Bauelemente kennen. Haben die Bauelemente lineare Strom- Spannungs- Kennlinien, so kann die Schaltung durch ein System linearer Gleichungen beschrieben und berechnet werden, z.B. nach dem Knotenpunkt-potentialverfahren. Aktive Bauelemente haben jedoch nichtlineare Kennlinien, so daß ein modifiziertes, **iterativ** arbeitendes Verfahren herangezogen werden muß, um die nunmehr nichtlinearen Netzwerkgleichungen zu lösen.

Dazu muß das Verhalten der Bauelemente möglichst genau beschrieben werden. Der hierfür notwendige Gleichungssatz wird üblicherweise mit „Modell" bezeichnet, und die Parameter in diesen Gleichungen sind die Modellparameter. Die Modelle, also die Gleichungssätze für Dioden, Transistoren usw., sollen allgemeingültig sein; die richtigen Parameter passen das Modell an das spezielle Bauelement an.

Die wesentlichen Modellparameter für die Diode wurden in den vorherigen Abschnitten besprochen, ohne besonders auf die Parametereigenschaft hinzuweisen. Im folgenden sollen sie noch einmal so benannt werden, wie sie im Diodenmodell für das Analyseprogramm „SPICE" (Simulation Program with Integrated Circuit Emphasis) der Universität Berkeley Verwendung finden. Dieses Programm hat sich seit seiner Entstehung im Jahre 1972 zu einem weltweiten Standard entwickelt.

Die **statischen** Parameter werden gebraucht, um das Strom- Spannungs- Verhalten (die „Kennlinie") zu beschreiben. Von besonderer Bedeutung sind die im folgenden benannten Parameter (Vergleiche Bild 3.23):

-Der **Sättigungsstrom** (saturation current) IS nach Gleichung (3.43)

$$IS = A \cdot e \cdot n_i^2 \left(\frac{D_n}{L_n \cdot N_A} + \frac{D_p}{L_p \cdot N_D} \right)$$

-Der **Bahnwiderstand** (ohmic resistance) RS nach Gleichungen (3.48) und (3.49)

$$RS = R_n + R_p = \frac{1}{e \cdot \mu_n \cdot N_D} \cdot \frac{l_n}{A} + \frac{1}{e \cdot \mu_p \cdot N_A} \cdot \frac{l_p}{A}$$

-Der **Emissionskoeffizient** (emission coefficient) N . Dies ist der Steigungsfaktor m nach Gleichung (3.52)

$$I = I_S \left(e^{\frac{U}{N \cdot U_T}} - 1 \right)$$

-Die **Durchbruchsspannung** (reverse breakdown voltage) BV und der **Durchbruchs-strom** (reverse breakdown current) IBV, die den Durchbruch in Sperrichtung beschreiben (vergl. Gleichung 3.77). Bild 3.36 zeigt die Bedeutung dieser Parameter.

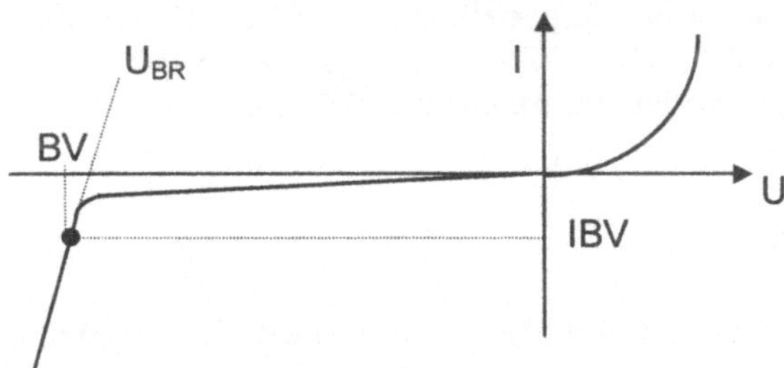

Bild 3.36
Bedeutung der Para-
meter BV und IBV

Nicht die Durchbruchsspannung U_{BR} nach Gleichung (3.77), sondern ein meßtechnisch eindeutig zu erfassender, frei wählbarer Punkt der Durchbruchskennlinie in der Nähe des Durchbruchs wurde als Parameter gewählt.

Die wichtigsten **dynamischen** Parameter sind

-die **Sperrschichtkapazität** bei der äußeren Spannung Null (zero bias junction capacity) CJO nach Gleichung (3.62)

$$CJO = A\sqrt{\frac{\varepsilon_0\varepsilon_r. \cdot e \cdot N_{schwach}}{2U_D}}$$

-und die **Transitzeit** (transit time) TT. Diese Zeit ergibt sich, wenn man die Diffusionsspeicherladung Q_D nach Gleichung (3.65) durch den Durchlaßstrom nach Gleichung (3.68) teilt:

$$TT = \frac{Q_D}{I} = \frac{L_n^2}{D_n} \tag{3.81}$$

Im übrigen ist SPICE so aufgebaut, daß man diese (und noch weitere) Parameter nicht notwendigerweise angeben muß. Gibt man nämlich einzelne oder alle Parameter nicht an, so werden automatisch **Ersatzwerte** (default values) eingesetzt, die eine idealisierte und weitgehend von Nebeneffekten freie Diode etwa der Bauart und Größe beschreiben, wie sie in integrierten Schaltungen verwendet wird.

3.1.10 Technologischer Aufbau

Dioden werden wie die meisten Bauelememente aus Silizium mit der Planartechnik hergestellt. Man verwendet einkristalline, runde Siliziumstäbe höchster Reinheit, die in

Durchmessern zwischen 100mm und 200mm (bis 300mm sind im Gespräch) und Längen bis zu 2m hergestellt werden. Die Stäbe werden in Scheiben von etwa 0,5mm Dicke gesägt. Diese Scheiben (wafer) werden geätzt und poliert und sind das Ausgangsmaterial, das sogenannte Substrat.

Epitaxie

Auf die Scheiben wird einseitig eine ebenfalls einkristalline Siliziumschicht aufgebracht, die je nach Art des zu fertigenden Bauelementes etwa 3µm bis 50µm dick ist und die beim späteren Bauelement die schwach dotierte Seite darstellt. Diese Schicht wird mit Hilfe der Epitaxie hergestellt.

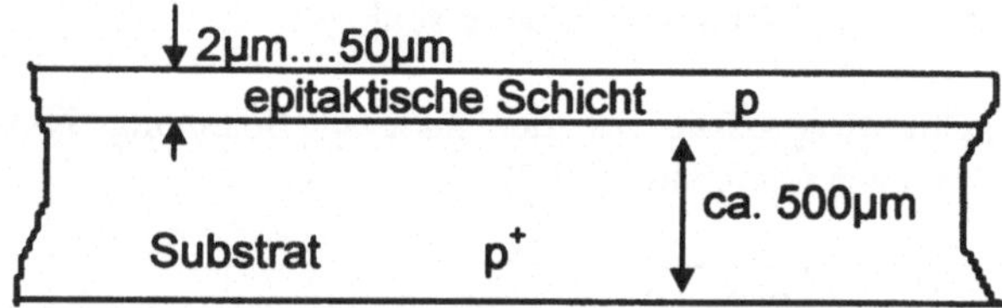

Bild 3.37
Ausschnitt aus einer Siliziumscheibe mit epitaktischer Schicht (Dotierungen als Beispiel)

Bei diesem Verfahren läßt man Siliziumatome aus einer Gas- oder Flüssigphase heraus bei hoher Temperatur sich auf dem Substrat anlagern. Nach dem Prinzip der minimalen Gesamtenergie wächst die Schicht der neuen Atome so auf, daß sich das Kristallgitter des Substrates fortsetzt, sie also ebenfalls einkristallin wird. Dies ist energetisch am günstigsten. Während des Aufwachsens lassen sich Dotieratome nach freier Wahl hinzufügen, so daß man die epitaktische Schicht nach Belieben gleichmäßig (homogen) oder auch mit vorgegebenem Profil dotieren kann. Bild 3.37 zeigt eine Scheibe mit epitaktischer Schicht.

Auf einer Scheibe lassen sich viele Bauelemente gleichzeitig herstellen, je nach Größe bis über 100000. Nachdem alle Fertigungsschritte durchlaufen sind, wird die Scheibe durch Sägen oder Ritzen und Brechen in die Bauelemente (Kristalle, engl. dies) aufgeteilt. Das Substrat hat dabei nur die Funktion eines mechanischen Trägers, der pn-Übergang besteht aus der epitaktischen Schicht als schwach dotierter Seite und einer weiteren dotierten Zone, die später eingebracht wird. Um dem nur als Träger dienenden Substrat möglichst wenig ohm'schen Widerstand zu geben, wird es sehr stark dotiert (n$^+$ oder p$^+$).

Dotieren durch Diffusion

Der pn-Übergang wird daduch erzeugt, daß man die epitaktische Schicht an den gewünschten Stellen umdotiert. Bei der Dotierung durch Diffusion erzeugt man auf der Scheibenoberfläche aus einer Gas- oder Flüssigphase heraus eine hohe Konzentration der gewünschten Dotieratome. Im Silizium ist die Konzentration dieser Atome Null oder sehr klein, so daß ein großer Konzentrationsgradient besteht. Daher setzt ein Diffusionsvorgang ein, um dieses Gefälle auszugleichen. Da es sich um Diffusion von großen Atomen in einem Festkörper handelt, sind die Diffusionskonstanten nur bei hinreichen hohen Temperaturen von etwa 1200 °C so groß, daß man die gewünschten Eindringtiefen in der Größenordnung von einigen Mikrometern in wirtschaftlich vertretbaren Zeiten erhält.

War die epitaktische Schicht z.B. p- dotiert, so müssen n- dotierend wirkende Atome, also Donatoren wie Phosphor oder Arsen, verwendet werden. Zunächst muß dabei die vorhandene p- Dotierung kompensiert werden. Wenn die Dichte der eindiffundieten Donatoren gleich der Dichte der vorhandenen Akzeptoren ist, verhält sich das Silizium wie undotiert. Erst wenn die Dichte der Donatoren weiter steigt, erhält man eine wirksame n- Dotierung. Weil die Dotierung über die Oberfläche erfolgt, ist die Dotierkonzentration an der Oberfläche am größten und nimmt mit der Eindringtiefe ab. Bild 3.38a zeigt einen Ausschnitt aus einer Scheibe mit einem so erzeugten pn- Übergang, Bild 3.38b zeigt den Verlauf der Dotierkonzentration über dem Abstand x von der Oberfläche, das sogenannte Dotierprofil.

In Bild 3.38a ist der Bereich durch gestrichelte Linien angedeutet, der dem modellhaften pn- Übergang der Bilder 3.19, 3.24 und 3.28 entspricht.

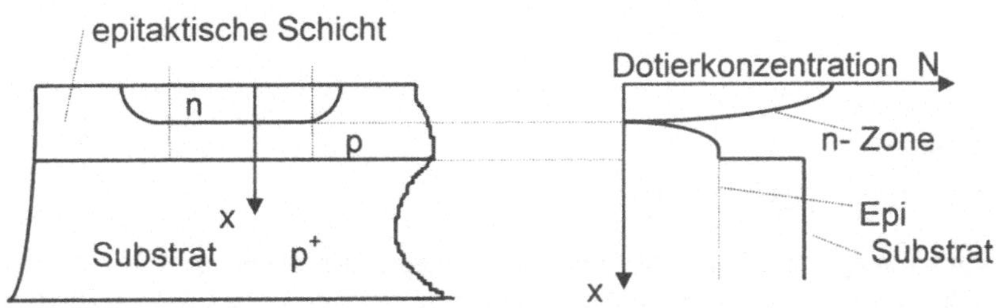

Bild 3.38

a) Scheibenausschnitt   b) Dotierprofil
   mit pn- Übergang

Die Diffusionskonstanten für die Diffusion von Dotieratomen in das Silizium sind stark von der Temperatur abhängig. Bei den technisch verwendeten Temperaturen von etwa 1200°C erreicht man die gewünschten Eindringtiefen von etwa 0,2 bis höchstens 20µm in Zeiten, die von Stunden bis zu Tagen reichen. Bei den Betriebstemperaturen der Bauelemente sind die Dotieratome praktisch unbeweglich.

Die Dotierung durch Diffusion läßt sich hauptsächlich über die Temperatur und die Zeit steuern. Man erreicht die gewünschten Dotierungen mit einer Abweichung von ca. 10%, so daß dieses Dotierverfahren zwar einfach, aber nicht sehr genau ist.

Dotierung durch Ionenimplantation

Kleinere Abweichungen bietet das Verfahren der Ionenimplantation. Dabei werden die Dotieratome ionisiert, d.h. elektrisch geladen, in einem elektrischen Feld stark beschleunigt und in das Siliziumkristallgitter hineingeschossen (implantiert). Bild 3.39 zeigt schematisch eine Ionenimplantationsanlage. Der Dotierstoff wird in einer Glimmentladung ionisiert und einer hohen Beschleunigungsspannung ausgesetzt. Diese Spannung beschleunigt die Dotierionen, die mit hoher Geschwindigkeit auf die zu dotierende Scheibe, das sog. Target, zufliegen

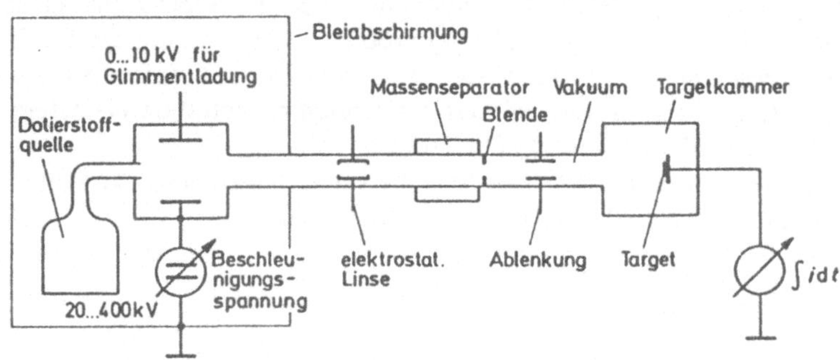

Bild 3.39
Ionenimplantationsanlage, schematisch

Auf seinem Weg durchläuft der Ionenstrahl einen Massenseparator. Hier wird der Strahl duch ein senkrecht zur Strahlrichtung stehendes magnetisches Feld seitlich abgelenkt. Der Ablenkradius hängt bei konstantem Magnetfeld von der Masse und der Geschwindigkeit des Ions ab. Eine Blende läßt nur die gewünschten Ionen passieren, alle anderen bleiben an der Blende hängen. Hinter dem Massenseparator folgt noch eine elektrostatische Ablenkung, mit der die vom Strahl der Dotierionen überstrichene Fläche auf der Siliziumscheibe bestimmt werden kann.

Die Anzahl der implantierten Ionen läßt sich über eine Strommessung sehr genau einstellen, weil die implantierte Ladung gleich dem Zeitintegral über den Strahlstrom ist. Die Ladung wiederum ist proportional zur Zahl der implantierten Ionen. Die Vorzüge der Dotierung durch Ionenimplantation sind

- gezielte Dotierung durch eine entsprechend gesteuerte Strahlablenkung
- geringe Streuung der eingestellten Dotierkonzentration durch exakte Messung des Strahlstromes (bis ca. 1%)
- Möglichkeit zur Herstellung von schwach dotierten Schichten, von steilen Dotierprofilen und solchen Profilen, deren Maximum nicht an der Kristalloberfläche liegt.

Der Beschuß mit schweren Ionen schädigt das Kristallgitter. Daher muß man die Scheibe nach der Implantation **ausheilen** lassen. Man erwärmt die Scheiben auf etwa 900°C, so daß die Gitteratome beweglicher werden und eine Rekristallisation einsetzen kann.

pn-Übergänge werden, wie wir gesehen haben, dadurch erzeugt, daß in einem bereits dotierten Gebiet ein Bereich gezielt umdotiert wird. Dies gelingt am besten reproduzierbar dann, wenn die neue Dotierkonzentration erheblich größer als die Grundkonzentration ist. Das ist ein Grund dafür, daß technische Sperrschichten meist **stark unsymmetrisch dotiert** sind.

Gehäuse

Nach Durchlaufen aller Prozeßschritte von der Epitaxie bis zur abschließenden Metallisierung wird die Scheibe in die einzelnen Bauelemente, die „Kristalle" (dies) getrennt. Diese Kristalle werden dann zum Teil direkt in Dickschichtschaltungen eingebondet, d. h. der Kristall wird durch dünne Drähte, die meist aus Gold bestehen, direkt mit den Schaltungsanschlüssen der in der Regel keramischen Platine verbunden. Überwiegend aber werden die Dioden in Gehäuse eingesetzt.

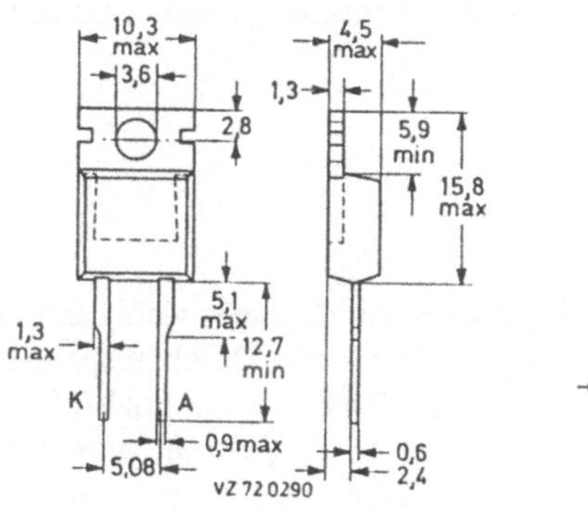

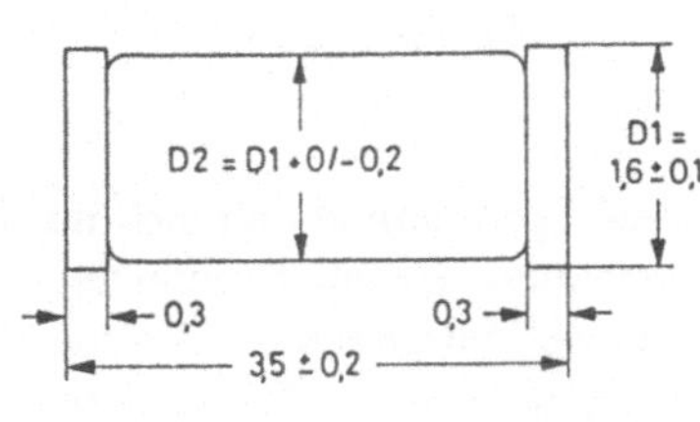

Bild 3.40
Beispiele für
Diodengehäuse

a) Leistungsgehäuse

b) Glasgehäuse für
Oberflächenmontage

Die Gehäuseformen sind sind sehr vielfältig. Sie werden von Gesichtspunkten wie Kapazitäten, Wärmeableitung, Montierbarkeit, Robustheit, Strombelastung oder Spannungsfestigkeit und nicht zuletzt durch den Preis bestimmt. Beispiele für Gehäuseformen zeigt Bild 3.40.

3.2 Diodenschaltungen

3.2.1 Elektrisches Verhalten der Diode

Das elektrische Verhalten der Diode in der Schaltung soll an drei Fallbeispielen aufgezeigt werden. Im ersten Fall ist die an die Schaltung angelegte Spannung sehr viel größer als die Durchlaßspannung der Diode. Dann verhält sich die Diode wie ein idealer Gleichrichter. Zum zweiten soll der Fall behandelt werden, daß die angelegte Wechselspannung sehr viel kleiner als die Durchlaßspannung ist. Für diesen Kleinsignalbetrieb ist die Diode ein differentieller, steuerbarer Widerstand. Drittens schließlich wird der allgemeine Fall besprochen, für den keine speziellen Annahmen getroffen werden.

Wechselspannung ist groß gegen die Durchlaßspannung

Die Durchlaßspannung der Diode ist bei vernachlässigtem ohm'schen Spannungsabfall nach Gleichung (3.47)

$$U_F = U_T \cdot \ln \frac{I_F}{I_S}$$

Diese Spannung ändert sich nur logarithmisch, d.h. sehr wenig mit dem Durchlaßstrom. Eine kurze Beispielsrechnung zeigt, daß sich die Durchlaßspannung im Bereich der technisch interessanten Ströme nur von ca. 0,4V bis maximal 0,9V ändert, obwohl der Strom über viele Zehnerpotenzen variiert wird. Betreibt man eine Diodenschaltung beispielsweise an der üblichen Netzwechselspannung von 230V, so ist die Voraussetzung

$$U \gg U_F = (0{,}4 \cdots 0{,}9)V$$

sicherlich gut erfüllt. Zeichnet man nach Bild 3.41 die Diodenkennlinie in ein Diagramm für große Spannungen und Ströme, so lassen sich Durchlaßspannung und Sperrstrom nicht mehr erkennen und die Diode wird zum idealen Gleichrichter.

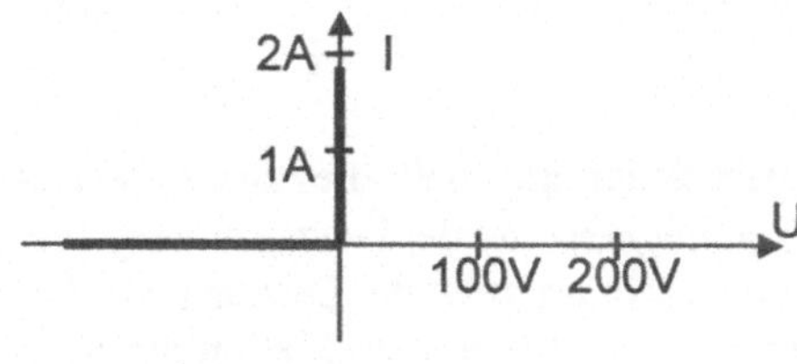

Bild 3.41
Diode als idealer Gleichrichter
$U \gg U_F$

In einer Schaltung nach Bild 3.42 ist der Durchlaßstrom

$$I_F = \frac{U_{RL}}{R_L} = \frac{\hat{u} \cdot \sin \omega t - U_F}{R_L} \approx \frac{\hat{u} \cdot \sin \omega t}{R_L} \tag{3.82}$$

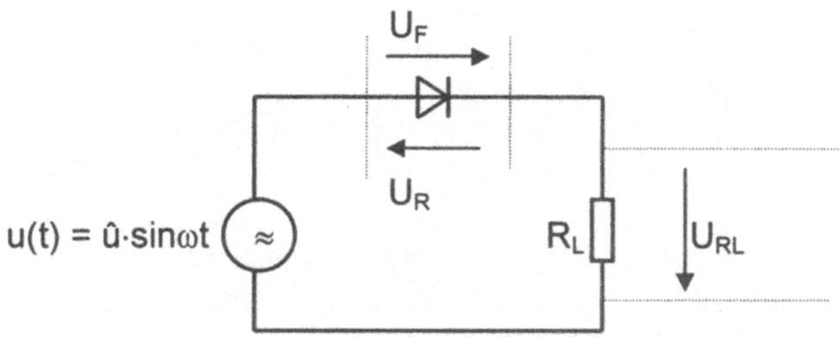

Bild 3.42
Einfache Gleich-
richterschaltung

Bei vernachlässigbar kleiner Durchlaßspannung hängt der Durchlaßstrom nur vom Lastkreis und nicht von der Diode ab! Die Spannung am Lastwiderstand R_L hat den in Bild 3.43 gezeigten zeitlichen Verlauf. Darin bedeutet $\hat{u}$ den Spitzenwert der Netzspannung und I_S den Sperrstrom der Diode.

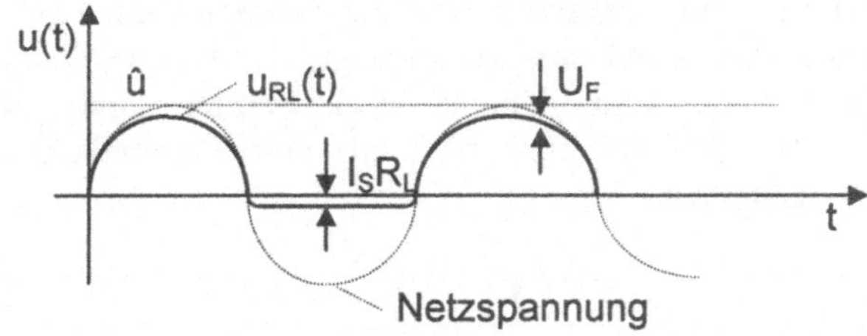

Bild 3.43
Zeitlicher Verlauf der Netzspannung und der Spannung U_{RL} am Lastwiderstand

Der Gleichrichtwert der Spannung U_{RL} ist der arithmetische Mittelwert der Spannung $u_{RL}(t)$, wobei die Durchlaßspannung U_F und der Spannungsabfall $I_S R_L$ vernachlässigt werden:

$$\overline{u_{RL}} = \frac{1}{T}\int_0^T u_{RL}(t)dt = \frac{1}{T}\int_0^{T/2} \hat{u}\cdot\sin\omega t\, dt = U_{AV} = \frac{\hat{u}}{\pi} \qquad (3.83)$$

Darin wurde berücksichtigt, daß die zweite Periodenhälfte nicht zum Integralwert beiträgt. Die Kreisfrequenz ω der Netzspannung wurde zu $\omega = 2\pi/T$ gesetzt.
Die im Lastwiderstand umgesetzte Leistung wird aus dem Effektivwert U, d.h. der Wurzel aus dem Mittelwert über das Quadrat der Spannung u_{RL} bestimmt:

$$\overline{U_{RL}^2} = \frac{1}{T}\int_0^T u_{RL}^2(t)dt = \frac{1}{T}\int_0^{T/2}\hat{u}^2\sin^2\omega t\, dt$$

mit $\qquad \sin^2\omega t = \frac{1}{2}\left(1 - \cos(2\omega t)\right) \qquad$ wird daraus

$$\overline{U_{RL}^2} = \frac{\hat{u}^2}{T}\int_0^{T/2}\frac{1}{2}dt - \frac{\hat{u}^2}{2T}\int_0^{T/2}\cos(2\omega t)dt = \frac{\hat{u}^2}{4}$$

Auch hier trägt die zweite Periodenhälfte nicht zum Wert des Integrals bei. Der zweite Summand verschwindet zudem, weil der lineare Mittelwert über eine ganze Periode des Kosinus mit der doppelten Frequenz Null ist.
Die Wurzel ist der Effektivwert:

$$U_{RL} = \frac{\hat{u}}{2} \qquad (3.84)$$

Der Effektivwert ist größer als der Gleichrichtwert!
Aus Bild 3.43 kann man erkennen, daß die Spannung am Lastwiderstand zwar keine negativen Anteile hat, wohl aber zeitabhängig ist. Da die Spannung eine periodische Funktion der Zeit ist, kann man sie nach Fourier durch die Summe aus einem Gleichanteil, der Grundschwingung und einer unendlichen Reihe von Oberschwingungen darstellen:

$$u_{RL}(t) = \frac{\hat{u}}{\pi} + \frac{\hat{u}}{2}\sin\omega t - \frac{2\hat{u}}{\pi}\left(\frac{1}{3}\cos 2\omega t + \frac{1}{3\cdot 5}\cos 4\omega t + \frac{1}{5\cdot 7}\cos 6\omega t + \cdots\right)$$

$$(3.85)$$

Will man eine möglichst reine Gleichspannung haben, so muß man die Wechselanteile durch einen Tiefpaß unterdrücken. Man kann aber auch, z.B. durch einen abgestimmten Parallelschwingkreis an Stelle des Lastwiderstandes, eine Oberschwingung herausfiltern und auf diese Weise einen Frequenzvervielfacher bauen.

Bemessung der Diode

Die Diode verhält sich in dieser Anwendung wie ein idealer Gleichrichter, **ihre speziellen Eigenschaften beeinflussen das Schaltungsverhalten nicht.** Dennoch muß die Diode so bemessen sein, daß sie der Beanspruchung in der Schaltung standhalten kann. Sie muß eine hinreichend hohe zulässige Sperrspannung U_{RM} haben und darf durch die in ihr entstehende Verlustleistung P_{tot} nicht thermisch überlastet werden. (Für eingehendere Betrachtungen zur thermischen Belastung von Bauelementen siehe Abschnitt 4.1.12)
Die nach Datenblatt zulässige Sperrspannung U_{RM} muß mindestens so groß wie die höchste im Betrieb vorkommende Spannung in Sperrichtung sein. Nach Bild 3.43 ist dies gerade der Spitzenwert $\hat{u}$ der Netzspannung. Man fügt noch einen Sicherheitsfaktor von z. B. 1,5 hinzu, so daß man schreiben kann

$$U_{RM} \geq 1{,}5 \cdot \hat{u} \qquad (3.86)$$

Die Verlustleistung P_{tot} der Diode setzt sich aus drei Anteilen zusammen: den Verlusten während der Durchlaß- (P_F) und der Sperrphase (P_R) und der Schaltverlustleistung (P_S). Die Verlustleistung der Durchlaßphase (conduction loss) ist der zeitliche Mittelwert des Produktes von Strom und Spannung an der Diode:

$$P_F = \frac{1}{T} \int_0^{T/2} u_F(t) \cdot i_F(t) \, dt$$

Mit der näherungsweise zulässigen Annahme, daß die Durchlaßspannung U_F eine Konstante ist, und mit Gleichung (3.83) ergibt sich die **Durchlaßverlustleistung** einfach zu

$$P_F = \frac{U_F}{R_L \cdot T} \int_0^T u_{RL}(t) \, dt = \frac{U_F}{R_L} \cdot \frac{\hat{u}}{\pi} = U_F \cdot I_{FAV} \qquad (3.87)$$

Der zulässige arithmetische Mittelwert des Durchlaßstromes I_{FAV} ist im Datenblatt angegeben und gilt als Maß für die zulässige Durchlaßverlustleistung, die bei niedrigen Betriebsfrequenzen im wesentlichen die Gesamtverlustleistung darstellt.

Die **Sperrverlustleistung** kann man auf ähnliche Weise berechnen,

$$P_R = \frac{1}{T}\int_0^T u_R(t)\cdot i_R(t)\,dt = I_R \cdot \overline{u_R} = I_R \cdot \frac{\hat{u}}{\pi} \qquad (3.88)$$

weil hier der Sperrstrom I_R als konstant angesehen werden kann. Da der Sperrstrom sehr klein ist, kann man die Sperrverlustleistung meistens vernachlässigen.

Die **Schaltverlustleistung** (switching loss) P_S ergibt sich aus folgender Überlegung: Die Diffusionskapazität C_D der Diode nach Gleichung (3.70) muß bei jedem Umschalten vom Sperr- in den Durchlaßbereich aufgeladen und beim Umschalten in den Sperrbereich wieder entladen werden. Dabei wird jedesmal die Energie

$$w_{el} = C_D \cdot U_F^2$$

umgesetzt, die zur Hälfte in der Kapazität C_D gespeichert, zur anderen Hälfte aber in den Bahnwiderständen verbraucht wird und somit einen Verlustbeitrag bedeutet. Dieser Vorgang wiederholt sich mit der Frequenz f der Wechselspannung, so daß in der Diode die Verlustleistung

$$P_S = \frac{2 \cdot \dfrac{1}{2} \cdot w_{el}}{T} = w_{el} \cdot f = C_D \cdot U_F^2 \cdot f \qquad (3.89)$$

entsteht. Die gesamte Verlustleistung ist die Summe der drei Anteile:

$$P_{ges} = P_F + P_R + P_S \qquad (3.90)$$

Ein Zahlenbeispiel dazu:
Eine Diode wird in der Schaltung nach Bild 3.42 an der Netzspannung 240V betrieben. Der Lastwiderstand beträgt 120Ω.
Der Spitzenwert der Spannung ist $\hat{u} = 338$V. Damit beträgt der arithmetische Mittelwert des Durchlaßstromes $I_{FAV} = \hat{u}/(\pi \cdot R_L) = 0{,}9$A, und die Durchlaßverlustleistung bei $U_F = 0{,}7$V ist $P_F = 0{,}63$W.

Der Sperrstrom betrage $I_R = 10^{-8}$ A (Die realen Sperrströme liegen oft erheblich über den Sättigungsströmen). Dennoch hat die Sperrverlustleistung den vernachlässigbar kleinen Wert von $P_R = I_R \cdot \hat{u}/\pi = 1{,}08 \cdot 10^{-6}$W.

Nimmt man den Beispielswert der Diffusionskapazität für unsere Mustersperrschicht von 8,4nF/mA (vergleiche Abschnitt 3.1.6) so ergibt sich die Schaltverlustleistung bei der Frequenz 50Hz zu $P_S = 8{,}4$nF/mA $\cdot U_F^2 \cdot f = 0{,}58$mW.
Bei der Frequenz 50kHz, wie sie in Stromrichtern bei Mittelfrequenzen durchaus vorkommen kann, erhöht sie sich auf $P_S = 0{,}58$W und hat damit die gleiche Größenordnung wie die Durchlaßverlustleistung!

Wechselspannung ist klein gegen die Durchlaßspannung

Betrachten wir nun den anderen Extremfall, daß nämlich die Wechselspannung u(t) klein gegen die Durchlaßspannung U_F ist. Das Diagramm Bild 3.44 soll die Spannungsverhältnisse verdeutlichen. Die Amplitude der Wechselspannung liegt jetzt in der Größenordnung der Temperaturspannung bis höchstens ca. 25mV, so daß man auch vom „Kleinsignalbetrieb" spricht.

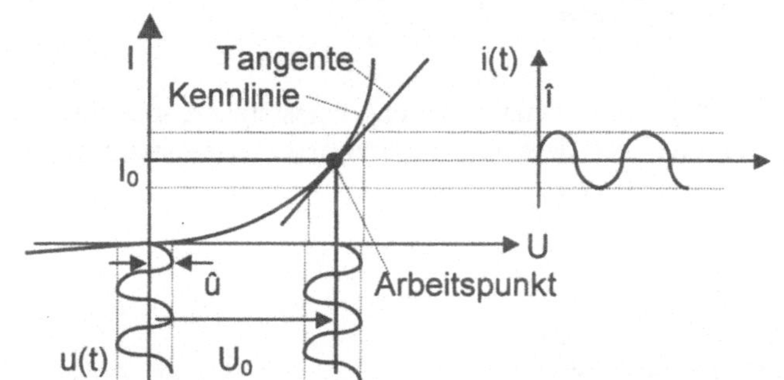

Bild 3.44
Diode im Kleinsignalbetrieb

Liegt der Mittelwert der Wechselspannung u(t) bei Null, so fließt kein technisch relevanter Strom. Schiebt man aber durch eine Gleichspannung U_0 den Mittelwert der Wechselspannung in den Durchlaßbereich, so wird -natürlich- ein Gleichstrom I_0, aber auch ein kleiner Wechselstrom i(t) fließen. Den durch U_0 und I_0 gekennzeichneten Punkt der Kennlinie nennt man den Arbeitspunkt.

Der von der Wechselspannung u(t) überstrichene Kennlinienbereich ist nun so klein, daß man die Kennlinie in sehr guter Näherung durch die Tangente im Arbeitspunkt ersetzen kann. Dann aber besteht ein linearer Zusammenhang zwischen Wechselspannung und -strom. Die Steigung S der Tangenten stellt einen Leitwert dar. Damit gilt

$$i(t) = S \cdot u(t) \tag{3.91}$$

Die Steigung der Tangenten ist die Ableitung der Kennlinienfunktion im Arbeitspunkt. Mit Gleichung (3.45) gilt

$$S = \frac{dI_F}{dU_F} = \frac{d}{dU_F}\left(I_S \cdot e^{\frac{U_F}{U_T}}\right) = \frac{1}{U_T} \cdot I_S \cdot e^{\frac{U_F}{U_T}} = \frac{I_F}{U_T} \tag{3.92}$$

Der Kehrwert der Steigung ist ein Widerstand r_D.

$$r_D = \frac{1}{S} = \frac{U_T}{I_F} = \frac{U_T}{I_0} \tag{3.93}$$

Man nennt ihn den **differentiellen Widerstand** (differential oder dynamic resistance) der Diode im Arbeitspunkt. Dieser Widerstand kann elektrisch verändert werden, indem man den Arbeitspunkt verschiebt. Die mit sehr kleinen Wechselspannungen betriebene Diode ist also kein Gleichrichter, sondern ein steuerbarer Widerstand.

Der Bahnwiderstand der Diode liegt nach Bild 3.22 in Reihe mit der Sperrschicht. Dieser Widerstand muß zum differentiellen Widerstand addiert werden:

$$r_{Dges} = r_{Dideal} + R_B = \frac{U_T}{I_0} + R_B \tag{3.94}$$

Bild 3.45 zeigt die Prinzipschaltung eines steuerbaren Spannungsteilers für die Signalspannung u(t), bei dem der differentielle Widerstand durch die Steuerspannung U_0 verändert werden kann.

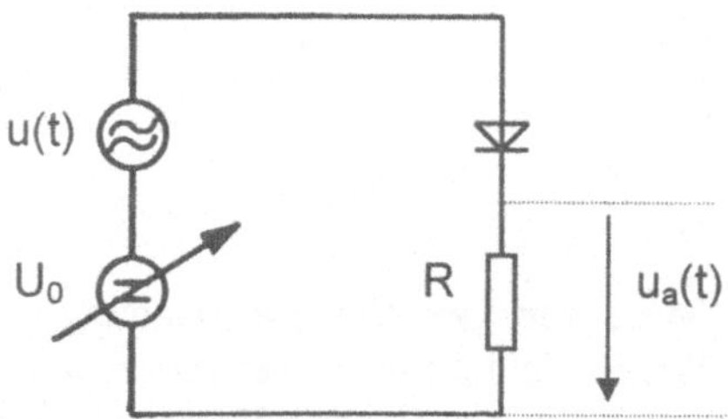

Bild 3.45
Prinzipschaltung eines steuerbaren Spannungsteilers

Allgemeiner Fall

Es bleibt noch der Fall zu besprechen, für den keine der getroffenen Voraussetzungen zutrifft. In diesem allgemeinen Fall muß man mit der Shockley-Gleichung (3.44) rechnen und als Spannung die Wechselspannung u(t) einsetzen.

$$i(t) = I_S \cdot e^{\frac{u(t)}{U_T}} \tag{3.95}$$

Qualitativ kann man den Strom ermitteln, indem man ihn nach Bild 3.46 aus der Kennlinie und der Spannung u(t) konstruiert

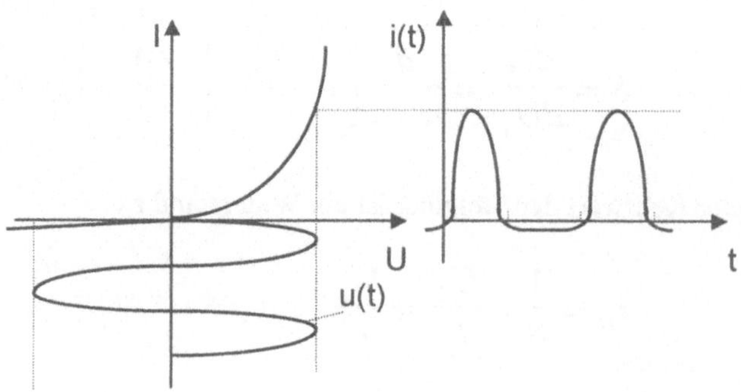

Bild 3.46
Graphische Ermittlung des Stromes aus der Kennlinie

Man erkennt, daß aus der sinusförmigen Eingangsspannung ein stark verzerrter Ausgangsstrom entstanden ist. Will man diesen Strom angeben, so schreibt man die Shockley-Gleichung zweckmäßig als Potenzreihe

$$i(t) = I_S \cdot \left(\frac{u}{U_T} + \frac{u^2}{2! \cdot U_T^2} + \frac{u^3}{3! \cdot U_t^3} + \cdots \right) = a_1 u + a_2 u^2 + a_3 u^3 + \cdots \qquad (3.96)$$

Darin wurde für die Exponentialfunktion

$$e^x - 1 = x + \frac{x^2}{2!} + \frac{x^3}{3!} + \cdots$$

eingesetzt. Die Koeffizienten a_n ergeben sich durch Vergleich aus (3.96) zu $a_1 = I_S / U_T$, $a_2 = I_S /(2! \cdot U_T^2)$ usw.

Nimmt man nun wieder eine sinusförmige Eingangsspannung $u\,(t) = \hat{u} \sin \omega t$ an, so ergibt sich der Diodenstrom zu

$$i(t) = a_1 \hat{u} \sin \omega t + a_2 \hat{u}^2 \sin^2 \omega t + a_3 \hat{u}^3 \sin^3 \omega t + \cdots \qquad (3.97)$$

also aus der Summe von linearem, quadratischem, kubischem Anteil usw. Der lineare Teil i_1

$$i_1 = a_1 \hat{u} \sin \omega t = \frac{I_S}{U_T} \hat{u} \sin \omega t \qquad (3.98)$$

ist die dem ohm'schen Gesetz entsprechende, lineare Abbildung der Spannung auf den Strom. Die Diode verhält sich also unter anderem wie ein Widerstand. Der quadratische Anteil i_2 ist

$$i_2 = a_2 \hat{u}^2 \sin^2 \omega t = \frac{a_2 \hat{u}^2}{2} (1 - \cos 2\omega t) \qquad (3.99)$$

Darin ist ein Gleichanteil $a_2 \cdot \hat{u}^2 /2$ und ein Wechselanteil $-(a_2 \cdot \hat{u}^2 /2) \cos (2\omega t)$ enthalten. Die Diode ist demnach immer noch ein Gleichrichter, aber auch ein Frequenzverdoppler, denn der Wechselanteil hat die doppelte Frequenz!
Die weitere Analyse des kubischen Anteils und der Anteile höherer Ordnung ergibt neben zusätzlichen Gleichanteilen im wesentlichen eine der Ordnungszahl des Anteils entsprechende Frequenzvervielfachung, also die dreifache, vierfache Frequenz usw. Die Diode ist demnach ein Gemischtwarenladen, der eine Vielzahl von Stromkomponenten im Angebot hat. (Siehe auch Gleichung 3.85) Es ist Aufgabe der Schaltungstechnik, die gewünschte Komponente herauszufiltern und die anderen zu unterdrücken.
Die Potenzreihe (3.97) ist ein allgemeiner Ausdruck für eine nichtlineare Kennlinie. Man sieht daraus, daß die **Eigenschaften „Gleichrichten" und „Frequenzvervielfach-**

ung" nicht nur der Diode, sondern jeder nichtlinearen Kennlinie zuzuschreiben sind. Bei entsprechender Übersteuerung ist jedes Bauelement ein Gleichrichter und Frequenzvervielfacher! Wenn diese Eigenschaften unerwünscht sind, nennt man sie „nichtlineare Verzerrungen".

3.2.2 Gleichrichterschaltungen

Einweggleichrichter mit Ladekondensator

Die Ausgangsspannung des Einweggleichrichters nach Bild 3.43 ähnelt einer Gleichspannung nur wenig. Baut man nach Bild 3.47 einen Ladekondensator ein, unterdrückt man also die verbliebenen Wechselkomponenten, so erhält man eine Ausgangsspannung, die einer Gleichspannung ähnlicher ist als die Ausgangsspannung der einfachen Einweggleichrichterschaltung.

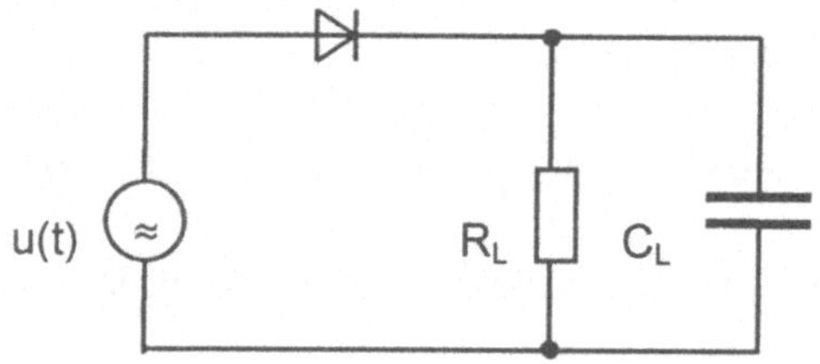

Bild 3.47
Einweggleichrichter
mit Ladekondensator

Geht man wieder davon aus, daß der Spitzenwert der gleichzurichtenden Wechselspannung groß gegen die Durchlaßspannung der Diode ist, so erhält man den in Bild 3.48 gezeichneten Verlauf der Spannungen und Ströme über der Zeit:

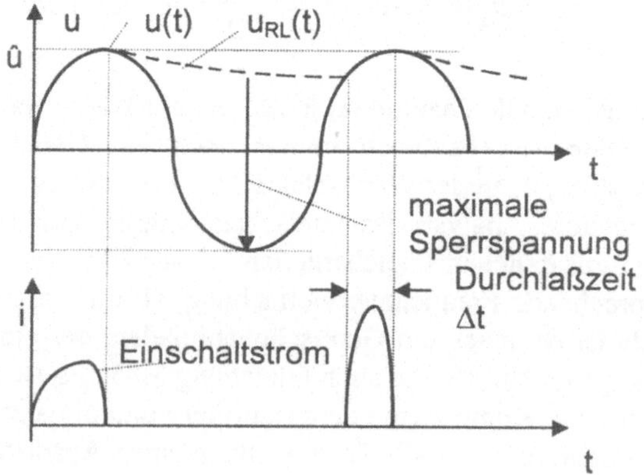

Bild 3.48
Verlauf der Spannungen
und Ströme des Einweg-
gleichrichters mit Lade-
kondensator

a) Netzspannung und Span-
nung am Lastwiderstand

b) Diodenstrom

Die Spannung am Lastwiderstand ist einer Gleichspannung ähnlicher geworden. Der Ladekondensator wird periodisch auf die Spitzenspannung aufgeladen und entlädt sich während des größeren Teils der Periode über den Lastwiderstand. Der Durchlaßstrom durch die Diode ist jedoch auf kurze Stromimpulse mit hoher Amplitude zusammengedrückt, denn wegen der Gegenspannung am Ladekondensator befindet sich die Diode nur für die in Bild 3.48 eingezeichneten kurzen Zeitabschnitte in Durchlaßrichtung. Bei üblichen Dimensionierungen kann das Verhältnis von Spitzenwert des Durchlaßstromes zum arithmetischen Mittelwert bis zu zehn betragen! Für diesen Betrieb sind die Gleichrichterdioden vom Hersteller ausgelegt.

Aus Bild 3.48 a) ist ersichtlich, daß die an der Diode liegende Sperrspannung im Maximum fast die doppelte Spitzenspannung erreicht. Die Diode muß also mit dem schon erwähnten Sicherheitsfaktor (Gl. 3.86) für folgende zulässige Sperrspannung bemessen werden:

$$U_{RM} \geq 1{,}5 \cdot 2 \cdot \hat{u} \tag{3.100}$$

Bei einer richtig dimensionierten Schaltung ist die Ausgangsspannung am Lastwiderstand sehr gleichspannungsähnlich und hat den Betrag $\hat{u}$. Der arithmetische Mittelwert des Stromes , für den die Diode ausgelegt sein muß, ist dann

$$I_{FAV} \geq \frac{\hat{u}}{R_L} \tag{3.101}$$

Die erforderliche Kapazität des Ladekondensators C_L kann man auf folgende Weise bestimmen: Der Kondensator wird periodisch über den Lastwiderstand um einen kleinen Betrag Δu entladen, wie Bild 3.49 noch einmal zeigt. Diese Entladung verläuft exponentiell über die Zeit und erreicht ihren tiefsten Punkt nach einer Zeit, die angenähert der Periodendauer entspricht, wenn die Stromflußzeit der Diode Δt klein gegen die Periodendauer ist.

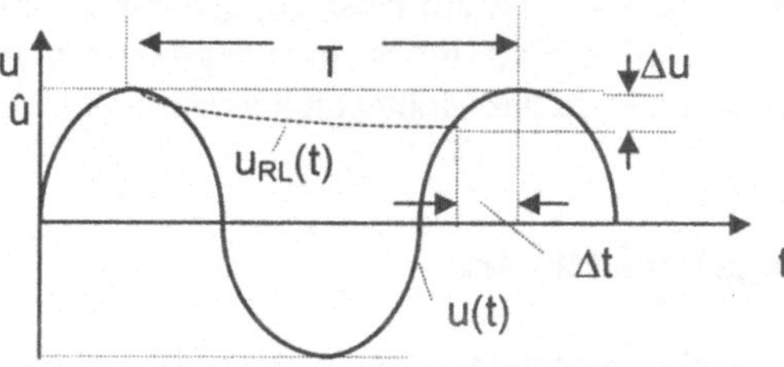

Bild 3.49
Verlauf der Spannung am Lastwiderstand zur Dimensionierung
des Ladekondensators

Die Spannungsdifferenz Δu ist mit der Zeitkonstanten $\tau = R_L \cdot C_L$

$$\Delta u = \hat{u} - \hat{u}e^{\frac{-t}{\tau}} = \hat{u} \cdot \left(1 - e^{\frac{t}{\tau}}\right)$$

Für den angenommenen Fall $\Delta u \ll \hat{u}$ ist $t \ll \tau$. Somit läßt sich die Exponentialfunktion linear annähern

$$e^{-x} = 1 - x + \frac{x^2}{2!} - \frac{x^3}{3!} + \cdots \approx 1 - x$$

und man erhält

$$\Delta u = \hat{u} \cdot \left(1 - (1 - \frac{t}{\tau})\right) = \hat{u} \cdot \frac{t}{\tau} \approx \hat{u} \cdot \frac{T}{\tau}$$

Führt man nun die „Welligkeit" $\Delta u / \hat{u}$ ein, so wird

$$\frac{\Delta u}{\hat{u}} = \frac{T}{\tau}$$

Für eine gegebene Welligkeit bei bekanntem Lastwiderstand R_L und bekannter Periodendauer T der Netzspannung ergibt sich die erforderliche Kapazität C_L des Ladekondensators zu

$$C_L = \frac{T}{R_L \cdot \Delta u / \hat{u}} = \frac{1}{f \cdot R_L \cdot \Delta u / \hat{u}} \tag{3.102}$$

Zahlenbeispiel:
Für die Netzfrequenz 50Hz und den Lastwiderstand 100Ω beträgt die für eine Welligkeit von 5% erforderliche Kapazität des Ladekondensators $C_L = 4000\mu F$.

Für den Fall $R_L \to \infty$ ist die Ausgangsspannung eine ideale Gleichspannung genau des Betrages $\hat{u}$. Diesen Fall nennt man **Spitzenwertgleichrichtung**. Spitzenwertgleichrichter werden z.B. in der Meßtechnik verwendet.

Zweiweggleichrichter

Zweiweggleichrichter nutzen beide Halbschwingungen der Wechselspannung aus. Man unterscheidet zwei Arten:

Die **Mittelpunktsschaltung** erfordert nach Bild 3.50 a) eine symmetrische Wechselspannungsquelle, die z.B. ein Transformator mit Mittelanzapfung sein kann. Den Spannungsverlauf am Lastwiderstand zeigt Bild 3.50 b).

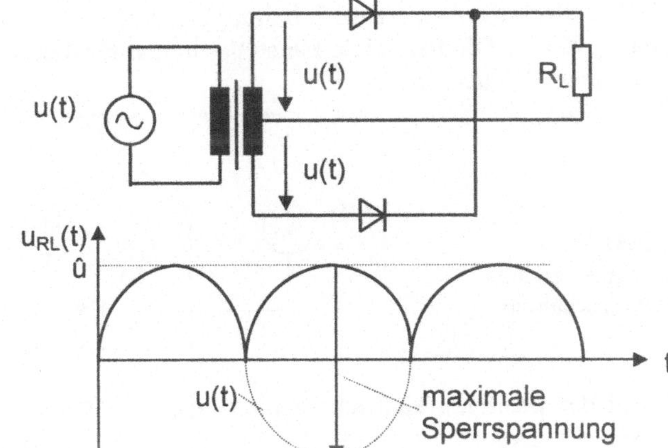

Bild 3.50

a) Zweiweggleichrichter
in Mittelpunktsschaltung

b) Verlauf der Spannung
am Lastwiderstand

Der arithmetische Mittelwert des Stromes durch den Lastwiderstand ist doppelt so groß wie beim Einweggleichrichter

$$I_{RLAV} = \frac{2\hat{u}}{\pi \cdot R_L} \qquad (3.103)$$

Der Effektivwert ist gleich dem des Wechselstromes

$$I = \frac{\hat{u}}{\sqrt{2} \cdot R_L} = \frac{\hat{i}}{\sqrt{2}} \qquad (3.104)$$

Die Verlustleistung jeder Diode ist gleich der in der Einwegschaltung, so daß die Dioden für den zulässigen arithmetischen Mittelwert des Stromes von

$$I_{FAV} \geq \frac{\hat{u}}{\pi \cdot R_L} \qquad (3.105)$$

bemessen werden müssen. Nach Bild 3.50 b) ist die höchste auftretende Sperrspannung gleich dem doppelten Spitzenwert, so daß die Diode mit Berücksichtigung des Sicherheitsfaktors für die zulässige Sperrspannung

$$U_{RM} \geq 1{,}5 \cdot 2 \cdot \hat{u} \qquad (3.106)$$

ausgesucht werden muß.

Die **Brückenschaltung** (Graetz-Schaltung) nach Bild 3.51 erfordert keine symmetrische Spannung, aber 4 Dioden. Viele Hersteller bieten für diesen Zweck 4 Dioden in einem gemeinsamen Gehäuse an.

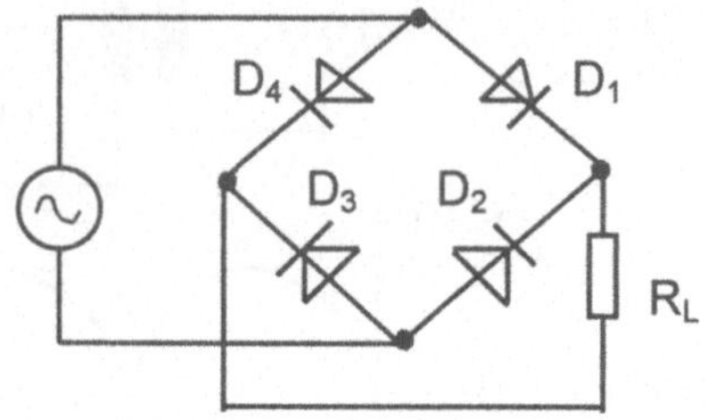

Bild 3.51
Zweiweggleichrichter
in Brückenschaltung

Während der positiven Halbschwingung leiten die Dioden 1 und 3 , während der negativen die Dioden 2 und 4 . Der Spannungsverlauf am Lastwiderstand ist im wesentlichen gleich dem der Mittelpuktsschaltung; allerdings sind zwei Besonderheiten zu beachten:

- Die tatsächliche Spannung an R_L ist $u(t) - 2U_F$, da jeweils zwei Dioden leiten. Die Annahme „idealer Gleichrichter" trifft also weniger gut zu.
- Wechsel- und Gleichspannungsseite haben keinen gemeinsamen Massepunkt. Dieser Umstand kann z.B. im Hinblick auf Störungen (Stichwort: Elektromagnetische Verträglichkeit) ungünstig sein.

Die je Diode geforderte Sperrspannung ist

$$U_{RM} \geq 1{,}5 \cdot \hat{u}$$

und für den zulässigen arithmetischen (3.107) Mittelwert des Stromes in den Dioden gilt

$$I_{FAV} \geq \frac{\hat{u}}{\pi \cdot R_L}$$

(3.108)

Spannungsvervielfacher

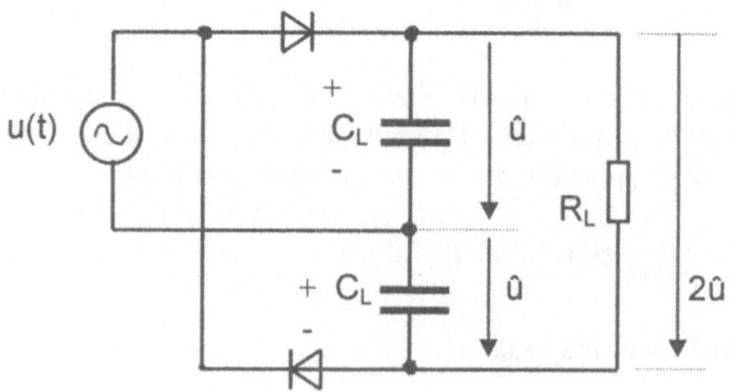

Bild 3.52
Spannungsverdopplerschal-
tung nach Greinacher

Der Einweggleichrichter mit Ladekondensator läßt sich zu spannungsvervielfachenden Gleichrichterschaltungen erweitern. Bild 3.52 zeigt die **Greinacher-Schaltung** zur Spannungsverdopplung. Sie besteht aus zwei Einweggleichrichterschaltungen mit Ladekondensator, deren Ausgangsspannungen in Serie geschaltet sind.

Die Ausgangsspannung der Schaltung ist $U_{RL} = 2\,\hat{u}$. Die Sperrspannung der Dioden muß für den doppelten Spitzenwert der Netzspannung und Sicherheitsfaktor bemessen sein. Der zulässige arithmetische Mittelwert des Stromes muß größer sein als

$$I_{FAV} \geq \frac{2\hat{u}}{R_L}$$

Will man noch höhere Gleichspannungen erreichen, so kann man **Vervielfacher-kaskaden** nach Bild 3.53 einsetzen.

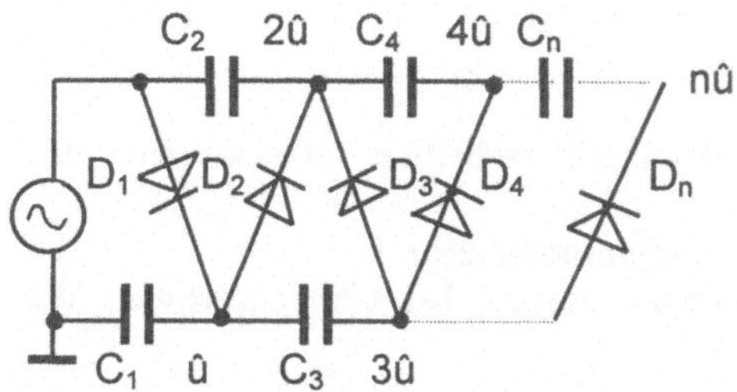

Bild 3.53
Gleichrichterkaskade zur Spannungsvervielfachung

An den in Bild 3.53 gezeichneten Stellen lassen sich die Gleichspannungen $\hat{u}$, $2\,\hat{u}$ usw. bis $n\,\hat{u}$ abnehmen, die durch fortgesetzte Addition der Teilspannungen der einzelnen Gleichrichter gewonnen werden. Auch hier müssen die Dioden jeweils für eine Sperrspannung bemessen sein, die dem doppelten Spitzenwert der Spannung mit Sicherheitsfaktor entspricht. Der zulässige arithmetische Mittelwert des Stromes muß größer sein als

$$I_{FAV} \geq \frac{n \cdot \hat{u}}{R_L} \tag{3.109}$$

Innenwiderstände von Gleichrichterschaltungen

Eine Gleichrichterschaltung transformiert den Lastwiderstand R_L auf den eingangsseitigen Widerstand R_{ein} , mit dem die Wechselspannungsquelle belastet wird (Bild 3.54a). Ebenso wird der Innenwiderstand der Wechselspannungsquelle R_i auf den Ausgangswiderstand R_{aus} der Gleichrichterschaltung abgebildet (Bild 3.54b).

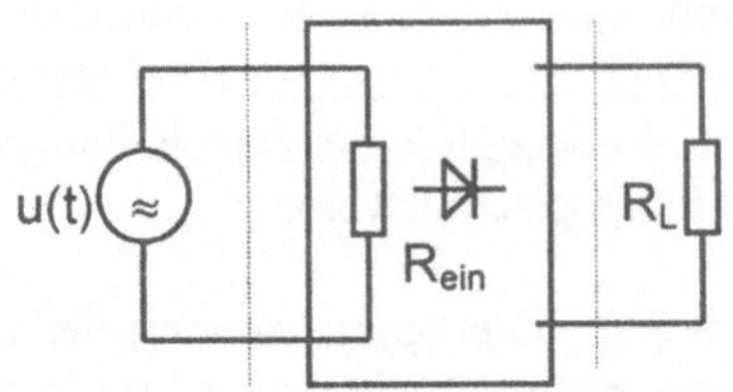

a) Transformation des Lastwiderstandes auf den Eingangswiderstand

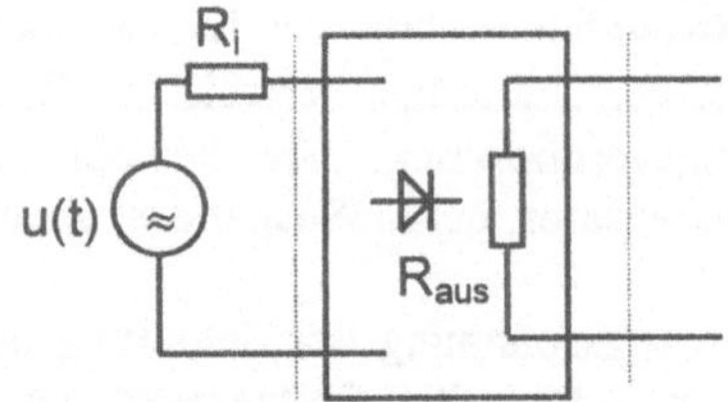

b) Transformation des Innenwiderstandes auf den Ausgangswiderstand

Bild 3.54   Widerstandstransformation an Gleichrichterschaltungen

Die Widerstandsverhältnisse

$$\frac{R_L}{R_{ein}} = \frac{R_{aus}}{R_i} \tag{3.110}$$

sind gleich, wenn man die Gleichrichterschaltung selbst als verlustfrei betrachtet.

Einweggleichrichter ohne Ladekondensator
Eingangs- und Ausgangsleistung müssen bei vernachlässigten Verlusten gleich sein.
Dann gilt mit Gleichung (3.84)

$$\frac{U_{eineff}^2}{R_{ein}} = \frac{\hat{u}^2}{2 \cdot R_{ein}} = \frac{U_{auseff}^2}{R_L} = \frac{\hat{u}^2}{4 \cdot R_L}$$

Für die Widerstände folgt schließlich

$$R_{ein} = 2 \cdot R_L \tag{3.111}$$

Die Belastung der Wechselspannungsquelle erfolgt mit dem doppelten Lastwiderstand -
(ist halb so groß) - oder: Der Ausgangswiderstand der Gleichrichterschaltung ist halb so
groß wie der Innenwiderstand der Wechselspannungsquelle.

Einweggleichrichter mit Ladekondensator
Hier ist die effektive Ausgangsspannung gleich dem Spitzenwert der Wechselspannung.
Da auch hier Eingangs- uns Ausgangsleistung gleich sein müssen, gilt

$$\frac{\hat{u}^2}{2 \cdot R_{ein}} = \frac{\hat{u}^2}{R_L}$$

und für die Widerstände ergibt sich

$$R_{ein} = \frac{R_L}{2} \tag{3.112}$$

Hier wird die Wechselspannungsquelle mit dem halben Lastwiderstand belastet, d.h. die Belastung ist doppelt so groß!

Für den **Zweiweggleichrichter mit Ladekondensator** ergibt sich das gleiche, denn auch hier ist die Ausgangsspannung gleich dem Spitzenwert der Wechselspannung.

Zweiweggleichrichter ohne Ladekondensator
Bei dieser Schaltung ist die effektive Ausgangsspannung identisch mit der effektiven Eingangsspannung, daher gilt für die Widerstände

$$R_{ein} = R_L \tag{3.113}$$

Beim **Spannungsvervielfacher** ist die effektive Ausgangsspannung $n\,\hat{u}$. Damit gilt für die Leistungen

$$\frac{\hat{u}^2}{2 \cdot R_{ein}} = \frac{n^2 \cdot \hat{u}^2}{R_L}$$

und für die Widerstände

$$R_L = 2 \cdot n^2 \cdot R_{ein} \tag{3.114}$$

Spannungsvervielfacher haben daher hohe Innenwiderstände!

3.2.3 Stabilisierungsschaltung

Mit Dioden lassen sich Stabilisierungsschaltungen aufbauen, wenn man sie im Bereich kleinen differentiellen Widerstandes betreibt. Dies kann auch der Durchlaßbereich sein. Meistens werden Stabilisierungsschaltungen aber mit sogenannten Z-Dioden aufgebaut, das sind Dioden, die im Bereich des Spannungsdurchbruchs (Gleichung 3.77) betrieben werden, in dem die Diode einen kleinen differentiellen Widerstand hat.
Um auf kleine Durchbruchsspannungen zu kommen, müssen diese Dioden vergleichsweise hoch dotiert sein (siehe Abschnitt 3.1.7). Für jede gewünschte Durchbruchsspannung ist eine andere Dotierung erforderlich. Bild 3.55 a) zeigt die

Kennlinie der Z- Diode im Durchbruchsgebiet, im Teilbild b) sieht man das einfache Ersatzschaltbild und Schaltzeichen.

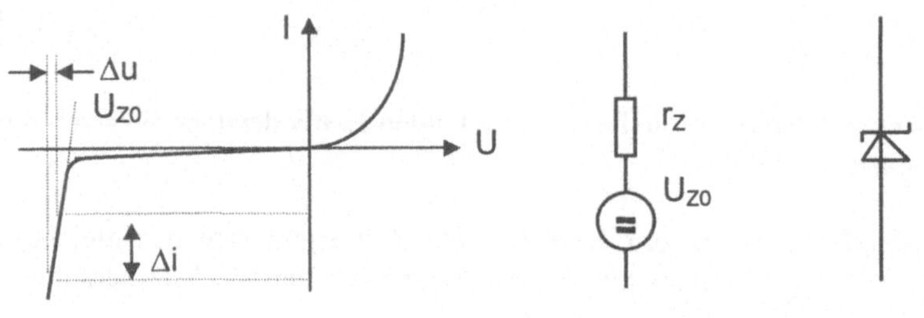

a) Kennlinie der Z- Diode   b) Ersatzschaltbild und Schaltzeichen

Bild 3.55 Z- Diode

Der differentielle Widerstand r_z im Durchbruchsgebiet ist mit den in Bild 3.55 a) eingezeichneten Größen

$$r_Z = \frac{\Delta u}{\Delta i} \tag{3.115}$$

Die Ersatzspannung U_{z0} ist die auf den Strom Null extrapolierte Durchbruchsspannung. Bei einem gegebenen Strom I_z ist die Spannung U_z an der Z-Diode

$$U_Z = U_{Z0} + I_Z \cdot r_Z \tag{3.116}$$

Die Betriebsschaltung zur Spannungsstabilisierung enthält neben der Z- Diode noch einen Vorwiderstand R_v. Die zu stabilisierende Spannung U_0 ist im allgemeinen eine gleichgerichtete Spannung, die um den Mittelwert U_{e0} herum um den Betrag ΔU_e schwanken kann. Die Schaltung liefert die Ausgangsspannung U_{a0}, deren Schwankungsbreite auf ΔU_a reduziert wurde. (Bild 3.56)

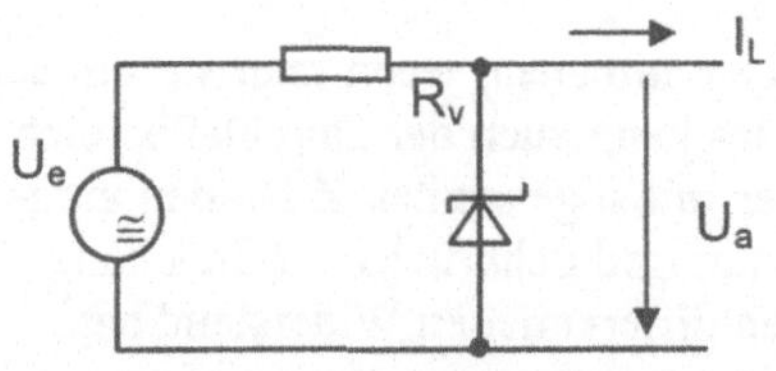

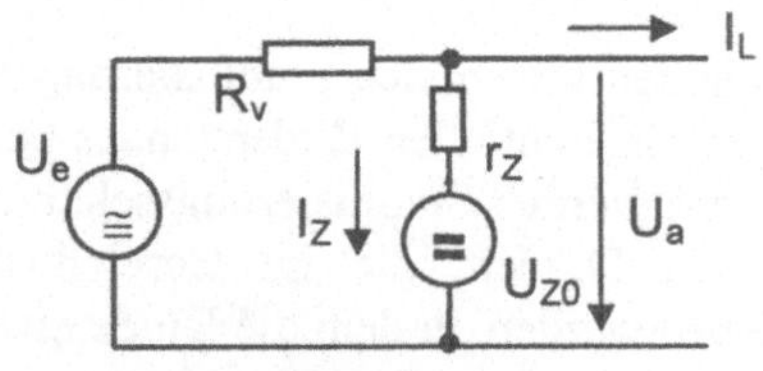

a) Stabilisierungsschaltung   b) Ersatzschaltung dazu

Bild 3.56   mit Z- Diode

Diese Schaltung liefert eine Ausgangsspannung, die gleich der Summe aus z- Spannung U_{z0} und der Spannung ist, die der Spannungsteiler aus Vorwiderstand R_v und differentiellem Widerstand r_z liefert. Nimmt man an, der Laststrom I_L sei Null, so gilt

$$U_a = U_{Z0} + I_Z \cdot r_Z = U_{Z0} + \frac{U_e - U_{Z0}}{R_v + r_Z} \cdot r_Z \qquad (3.117)$$

Mit den Spannungsänderungen ΔU_e und ΔU_a wird daraus

$$U_a = U_{a0} + \Delta U_a = U_{Z0} + \frac{U_{e0} + \Delta U_e - U_{Z0}}{R_v + r_Z} r_Z$$

Die Ausgangsspannung enthält einen konstanten Anteil U_{a0} und den Anteil ΔU_a, der die Schwankungen beinhaltet. Somit gilt für die Schwankungen

$$\Delta U_a = \Delta U_e \cdot \frac{r_Z}{R_v + r_Z}$$

Die Schwankung der Ausgangsspannung ist um den Glättungsfaktor

$$G = \frac{\Delta U_a}{\Delta U_e} = \frac{r_Z}{R_v + r_Z} \qquad (3.118)$$

kleiner geworden, die Ausgangsspannung wurde also stabilisiert. Der Kehrwert des Glättungsfaktors ist der Stabilisierungsfaktor S

$$S = \frac{1}{G} = \frac{R_v + r_Z}{r_Z} \qquad (3.119)$$

Der Stabilisierungsfaktor wird um so größer, je kleiner r_z und je größer R_v ist. Man kann R_v jedoch nicht beliebig vergrößern, da dann die Belastbarkeit der Schaltung sinkt.

Beispielswerte:
r_z liegt in der Größenordnungvon etwa 1Ω bis 100Ω, und erreichbare Stabilisierungsfaktoren liegen unter 50.

Das Verhältnis der Absolutwerte der Schwankungen U_a / U_e ist der Stabilisierungfaktor. Oft wird auch ein relativer Stabilisierungsfaktor angegeben:

$$S_{rel} = \frac{\Delta U_a / U_{a0}}{\Delta U_e / U_{e0}} = \frac{R_v + r_Z}{r_Z} \cdot \frac{U_{e0}}{U_{a0}} \qquad (3.120)$$

Der Innenwiderstand der durch die Stabilisierungsschaltung gegebenen Spannungsquelle ist der Innenwiderstand des Spannungsteilers, der von R_v und r_Z gebildet wird.

$$R_i = R_v \| r_Z \qquad (3.121)$$

Bei Belastung fällt die Ausgangsspannung ab

$$U_{a0} = U_{Z0} + r_Z \cdot \frac{U_{e0} - U_{Z0}}{R_v + r_Z} - I_L \cdot R_i$$

Wenn der Laststrom schließlich den Wert

$$I_L = \frac{U_{e0} - U_{Z0}}{R_v} = I_{max} \qquad (3.22)$$

erreicht, sinkt die Ausgangsspannung unter den Wert U_{z0}. Dann wird die Z-Diode nicht mehr im Durchbruch betrieben und wird wirkungslos, wie man aus der Belastungs- kennlinie Bild 3.57 ersehen kann.

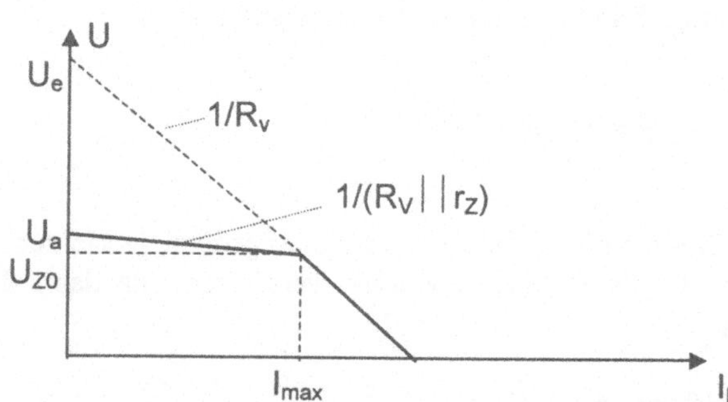

Bild 3.57
Belastungskennlinie der
Stabilisierungsschaltung

Das einfache Ersatzschaltbild der Z- Diode nach Bild 3.55 b) ist ein grobes Modell des Spannungsdurchbruchs, das bei sehr kleinen Strömen I_z durch die Diode nicht genau genug ist, weil r_z zu kleinen Strömen hin stark ansteigt.
Die Durchbruchsspannung U_{z0} unterliegt Exemplarstreuungen und ist von der Temperatur abhängig (vergleiche Bild 3.33), ferner ist der Rauschanteil relativ hoch. Bei hohen Anforderungen an die Spannungskonstanz und die Rauschfreiheit bevorzugt man daher die Stabilisierung mit der Band-Gap-Schaltung (siehe Abschnitt 4.2.7).

3.3 Photodioden und Solarzellen

Photodioden

Der Strom über eine Sperrschicht kann bei Bestrahlung einen zusätzlichen Anteil, den Photostrom I_{phot}, erhalten. Dieser Strom entsteht dadurch, daß innerhalb der Sperrschichtzone der Sperrschichtweite x_{ges} nach Gleichung (3.60) durch Zufuhr von Strahlungsenergie Paare beweglicher Ladungsträger freigesetzt werden (vergleiche Gl. (3.6)). Diese beweglichen Ladungsträger werden von dem elektrischen Feld innerhalb der Sperrschichtzone getrennt und bilden den Photostrom.

Die Zahl der je Zeiteinheit eingestrahlten Photonen dn/dt ist mit der Lichtleistung P und Gleichung (3.6)

$$\frac{dn}{dt} = \frac{P}{h \cdot v}$$

n Photonen erzeugen im Idealfall n Trägerpaare. Der Photostrom ist dann

$$I_{phot} = e \cdot \frac{dn}{dt} = \frac{e \cdot P}{h \cdot v} = P \cdot \frac{e \cdot \lambda}{h \cdot c} = P \cdot \gamma \tag{3.123}$$

Der Photostrom ist der Lichtleistung in einem viele Zehnerpotenzen umfassenden Bereich proportional. Der Proportionalitätsfaktor γ hängt von der Lichtwellenlänge λ und der Lichtgeschwindigkeit c ab und hat bei $\lambda = 600nm$ etwa den Wert 0,48A/W.

In der Realität setzen nicht alle Photonen ein Ladungsträgerpaar frei. Sie können z.B. in den Bahngebieten der Diode absorbiert werden. Ebenso tragen nicht alle in der Sperrschichtzone erzeugten Ladungsträgerpaare zum Photostrom bei, denn einige rekombinieren bereits in dieser Zone. Deshalb führt man einen Korrekturfaktor ein, den Quantenwirkungsgrad η. Damit wird der reale Photostrom

$$I_{phot} = P \cdot \gamma \cdot \eta \tag{3.124}$$

Der Quantenwirkungsgrad kann Werte über 0,7 erreichen. Bei guten Photodioden muß man darauf achten, daß möglichst viele Photonen in der felderfüllten Sperrschichtzone mit dem Halbleiter wechselwirken. Daher soll die Sperrschichtweite möglichst groß sein. Dies erreicht man nach Gleichung (3.60) dadurch, daß man die eine Seite der Sperrschicht sehr schwach dotiert oder dadurch, daß man eine extrem schwach dotierte zusätzliche Zone, eine sog. intrinsische Zone, hinzufügt. Auf diese Weise kommt man zu einer PIN- Diode nach Bild 3.58.

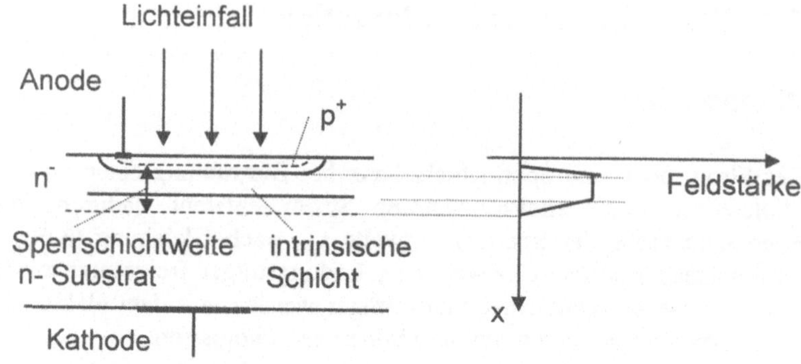

Bild 3.58   a) Schnittzeichnung   b) Feldstärkeverlauf
PIN- Diode,
Photodiode mit verbreiterter Sperrschichtzone

Die Kennliniengleichung der Diode unter Bestrahlung hat die Form

$$I = I_S \left(e^{\frac{U}{mU_T}} - 1 \right) - I_{phot} \tag{3.125}$$

Gegenüber Bild 3.21 hat sich die Kennlinie um den Photostrom nach unten verschoben, wie Bild 3.59 zeigt. Die Leerlaufspannung U_0 der bestrahlten Diode erhält man, wenn man in (3.125) den Gesamtstrom I zu Null setzt:

$$U_0 = U_T \cdot \ln\left(1 + \frac{I_{phot}}{I_S} \right) \tag{3.126}$$

Der Kurzschlußstrom I_K hat den Betrag des Photostromes:

$$I_K = -I_{phot} \tag{3.127}$$

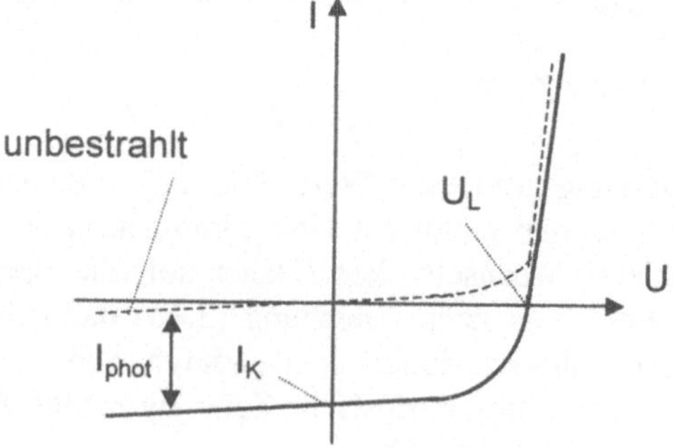

Bild 3.59
Kennlinie der Photodiode

Weil der Photostrom in weiten Grenzen proportional zur eingestrahlten Lichtleistung ist, kann man die Photodiode zur Lichtmessung oder zum Empfang optischer Signale benutzen, z.B. bei der Übertragung von Signalen über Lichtwellenleiter. Man benutzt die Diode überwiegend im Kurzschlußbetrieb, um den vollen Photostrom auszunutzen (Stromanpassung). Dazu muß der Lastwiderstand R_L idealerweise gegen Null gehen, wodurch die Ausgangsspannung jedoch sehr klein wird. Bild 3.60 zeigt die Prinzipschaltung und eine Schaltung mit einem Operationsverstärker, der als Transimpedanzverstärker geschaltet ist und daher den Eingangswiderstand Null hat.

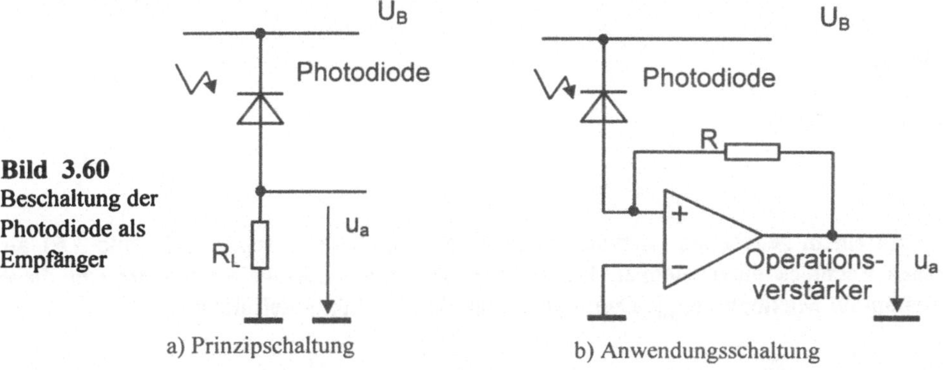

Die Signalausgangsspannung der Prinzipschaltung ist

$$u_a = I_{phot} \cdot R_L \tag{3.128}$$

Die Ausgangsspannung der Anwendungsschaltung mit dem als Transimpedanzverstärker benutzten Operationsverstärker ergibt sich mit der Knotengleichung

$$I_{phot} + \frac{u_a}{R} = 0$$

zu

$$u_a = -I_{phot} \cdot R \tag{3.129}$$

Der Vorteil des Transimpedanzverstärkers ist der, daß sein Eingangswiderstand, der ja der Lastwiderstand für die Photodiode ist, den Wert Null hat, so daß die Photodiode im idealen Kurzschluß betrieben wird. Der Widerstand R kann unabhängig davon große Werte erhalten, so daß auch die Ausgangsspannung groß wird.

Solarzellen

Jede Photodiode ist auch eine Solarzelle, wenn sie im Generatorbetrieb arbeitet. Das ist im vierten Quadranten der Kennlinie nach Bild 3.59 der Fall. Im Generatorbetrieb erhält der Strom eine andere Zählpfeilrichtung, so daß aus Bild 3.59 das Bild 3.61 wird:

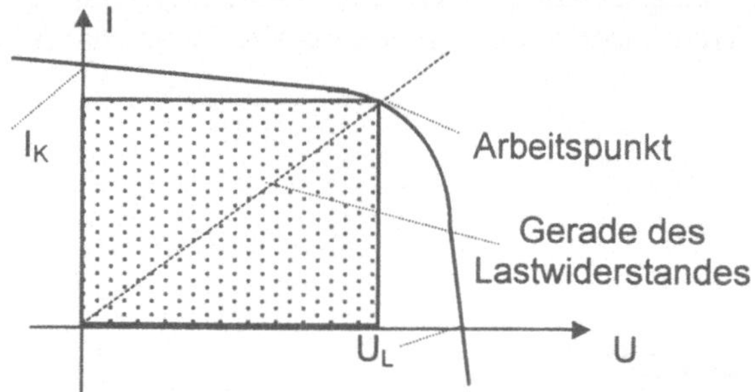

Bild 3.61
Kennlinie der Solarzelle
im Generatorbetrieb

Die bei einem gegebenen Lastwiderstand R_L entnehmbare Leistung ist in Bild 3.61 als graues Rechteck eingezeichnet. Bei optimal gewähltem Lastwiderstand erreicht diese Leistung ihr Maximum N_{max}. Damit kann man den Füllfaktor definieren:

$$F = \frac{N_{max}}{I_K \cdot U_L} \tag{3.130}$$

Die Leistungsdichte der Sonnenstrahlung, die sog Solarkonstante, beträgt außerhalb der Erdatmosphäre (bei Air Mass Zero oder AM0) 135mW/cm². Bei einfacher Atmosphärendicke und senkrechtem Sonnenstand gilt für Meereshöhe AM1 = 95mW/cm². Bei kleinerem Einfallswinkel wird die Leistungsdichte wesentlich kleiner. Um nennenswerte Leistungen umsetzen zu können, braucht man also großflächige Dioden, eben die Solarzellen. Hier liegt zur Zeit das wesentliche Problem, denn große Halbleiterfläche bedeutet einen hohen Preis. In der Technik der Solarzellen sucht man daher nach Technologien, die bei brauchbarem Wirkungsgrad möglichst kleine Flächenpreise haben. Man arbeitet trotz der schlechteren technischen Eigenschaften auch mit polykristallinem, bisweilen sogar mit amorphem, aufgedampftem Silizium oder anderen Halbleiterwerkstoffen.

Beim Leistungsumsatz spielen auch parasitäre Widerstände eine Rolle. In das Ersatzschaltbild der Solarzelle kann man den Bahnwiderstand R_B und einen Parallelwiderstand R_P einzeichnen. Mit diesen Widerständen wird aus Gleichung (3.125)

$$I = I_S \left(e^{\frac{U - I_{phot} \cdot R_B}{U_T}} - 1 \right) + \frac{U}{R_P} - I_{phot} \tag{3.131}$$

Um insbesondere den Bahnwiderstand klein zu halten, müßte man die Solarzelle möglichst großflächig anschließen. Weil die Anschlüsse aber den Lichteinfall abdecken, muß man auch hier einen Kompromiß finden, der darin besteht, daß man viele dünne Streifenkontakte auf der Oberfläche verteilt. Bild 3.62 zeigt den Querschnitt einer typischen einkristallinen Sperrschicht- Solarzelle.

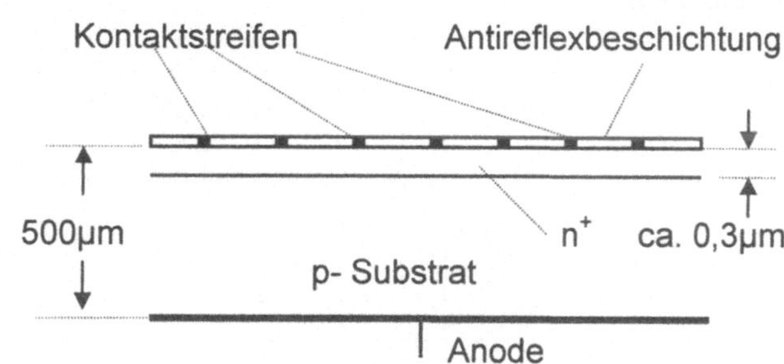

Bild 3.62
Schnittbild einer
Sperrschicht- Solarzelle

3.4 Aufgaben

3.4.1

Gegeben ist der gezeichnete pn-Übergang mit der Fläche A = 100µm · 200µm, der n-Dotierung $N_D = 10^{18} cm^{-3}$, der p-Dotierung $N_A = 10^{16} cm^{-3}$ und der starken p⁺-Dotierung $N_A = 10^{19} cm^{-3}$. Wie groß wird die Durchlaßspannung bei $I_F = 10mA$?

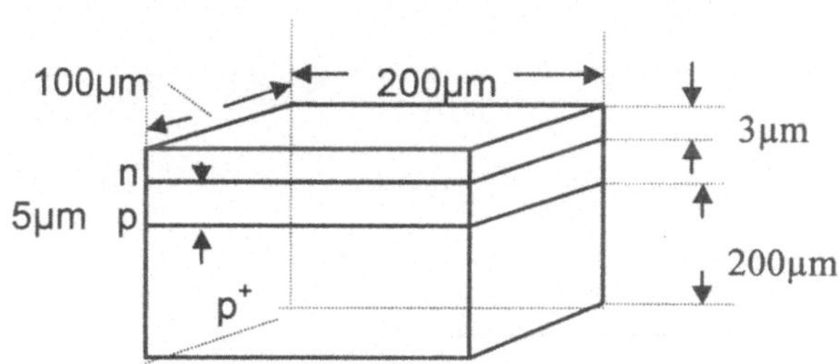

3.4.2

Es soll ein Einweggleichrichter ohne Ladekondensator für die Netzspannung 240V und die im Lastwiderstand umgesetzte Leistung P_{RL} = 200W gebaut werden. Wie ist die Gleichrichterdiode zu bemessen?

3.4.3

Es wurde die gezeichnete Diodenkennlinie gemessen. Bestimmen Sie daraus die SPICE-Parameter Sättigungsstrom I_S , Emissionskoeffizient (Steigungsfaktor) N und Bahnwiderstand RB.

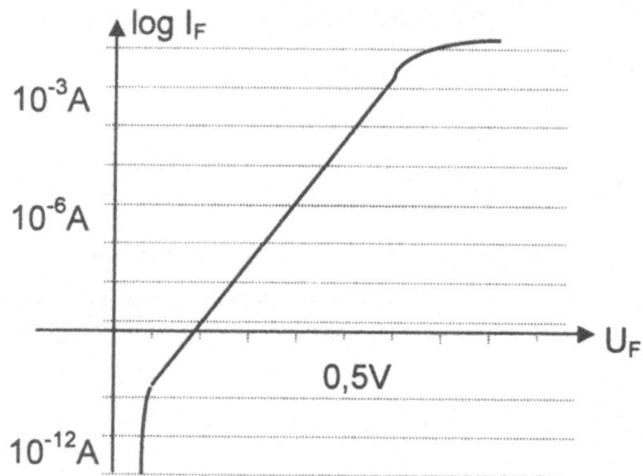

3.4.4

An einer Diode wurde der gezeichnete zeitliche Verlauf des Stromes beim Umschalten vom Durchlaß- auf den Sperrbereich gemessen. Bestimmen Sie daraus die Diffusionsspeicherladung Q_D und die Diffusionslänge L_n (Annahme: die n-Seite sei die stark dotierte Seite der Sperrschicht).

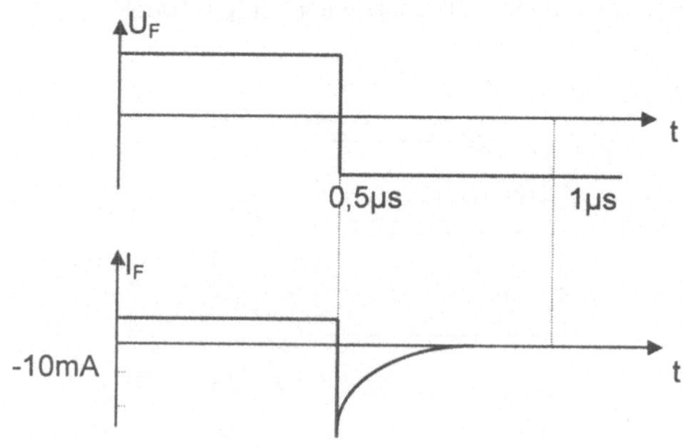

3.4.5

Es wurden drei Diodenkennlinien wie gezeichnet gemessen. Welche Kennlinie gehört zu
einer Z-Diode, welche zu einer Gleichrichterdiode, welche zu einer Universaldiode?

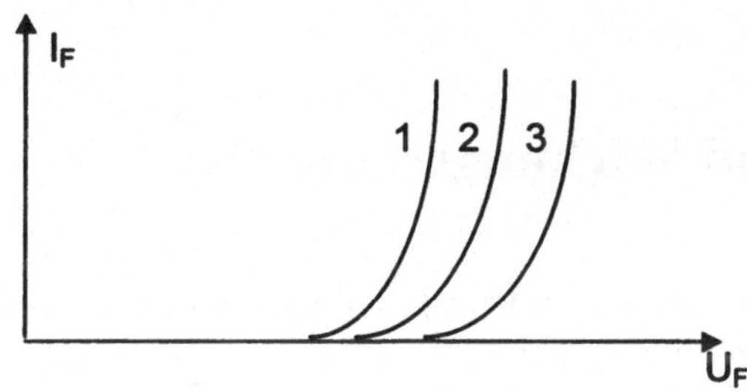

4 Bipolarer Transistor

4.1 Aufbau und Wirkungsweise

Der bipolare Transistor ist nach Bild 4.1 aus drei Zonen aufgebaut. Er kann die Zonenfolge n-dotiert, p-dotiert, n-dotiert, kurz npn, oder aber pnp haben. Wir besprechen als Beispielsfall den npn- Transistor, weil er die größere technische Bedeutung hat. Alle Beziehungen gelten jedoch auch für pnp- Transistoren, wenn man die entsprechenden Größen für Elektronen und Löcher sowie die Vorzeichen für Spannungen und Ströme sinngemäß vertauscht.

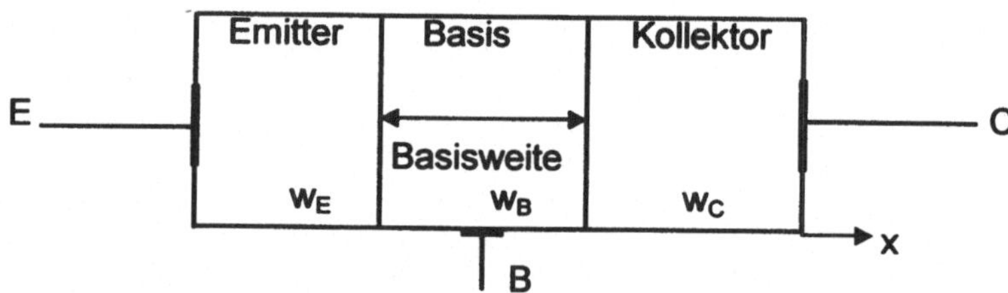

Bild 4.1
Modellhafter npn- Transistor

Das Bild zeigt den Transistor mit den drei Zonen n-Emitter, p-Basis und n-Kollektor mit den entsprechenden Längen w_E , w_B und w_C .Wie schon bei der Diode (vergleiche Bild 3.38) kann man sich diesen modellhaften Transistor mit nur einer Ortsvariablen x aus dem realen Bauelement herausgeschnitten denken.
Von besonderer Bedeutung ist die Basiszone, die im Regelfall die kleinste Länge, die Basisweite w_B , hat. Die Bezeichnung „Basis" ist nur historisch zu verstehen, denn bei den ersten Transistoren, den Spitzentransistoren und den Legierungstransistoren, war die „Basis" gleichzeitig das mechanische Fundament des Transistors.

Denkt man sich die Kollektorzone zunächst entfernt, so ist der np-Übergang Emitter-Basis eine normale Diode. Wird diese Diode in Durchlaßrichtung gepolt, so stellt sich die bereits in Bild 3.20 gezeigte örtliche Verteilung der beweglichen Elektronen ein, die in Bild 4.2 noch einmal für den Transistor gezeigt ist.

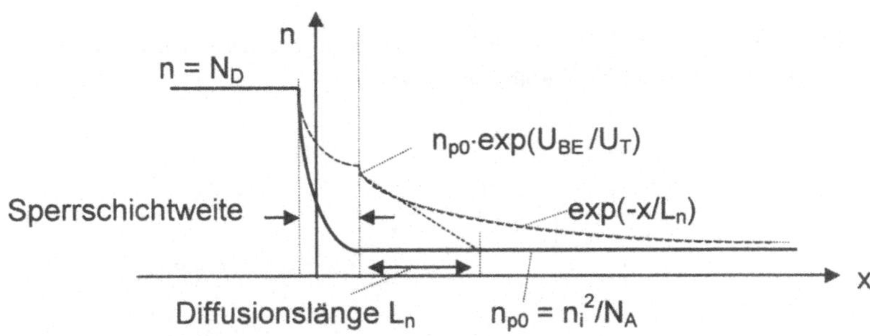

Bild 4.2
Örtliche Verteilung der beweglichen Elektronen der Emitter-Basis-Sperrschicht in Durchlaßrichtung

Im Emitter herrscht die Majoritätsträgerdichte $n = N_D$. In der p- Basis ist die
Minoritätsträgerdichte $n_{p0} = n_i^2/N_A$. Die Durchlaßspannung U_{BE} zwischen Basis und
Emitter hebt die Minoritätsträgerkonzentration am basisseitigen Sperrschichtrand bei x_{jB}
exponentiell auf den Wert

$$n_2^* = n_{po} \cdot e^{\frac{U_{BE}}{U_T}} \qquad (3.35)$$

an. Diese über das Gleichgewichtsniveau n_{p0} hinausgehende Überschußkonzentration
führt zu einem ausgleichenden Diffusionsvorgang der Elektronen in das p- Bahngebiet
hinein, so daß sich die Überschußkonzentration allmählich durch Rekombination mit
einem Verlauf nach $\exp(-x/L_n)$ dem Gleichgewichtswert n_{p0} annähert. L_n ist darin die
Diffusionslänge der Elektronen im p- Gebiet. (Vergleiche auch Kapitel 3.1.4)

Das „normale" Verhalten der Sperrschicht wird beim Transistor dadurch beeinflußt, daß
eine zweite Sperrschicht, nämlich die Kollektorsperrschicht, vorhanden ist. Diese
Sperrschicht ist im Normalbetrieb (**aktiver Bereich**) des Transistors gesperrt. Eine
wesentliche Eigenschaft des gesperrten pn-Überganges ist ein elektrisches Feld
(vergleiche Kapitel 3.1.5). Dieses Feld verändert die örtliche Verteilung der
beweglichen Elektronen nach Bild 4.2 ganz wesentlich. Es ist nämlich so gerichtet, daß
es die beweglichen Elektronen, die von der Emittersperrschicht stammen („injiziert
werden") und die sich per Diffusion durch den Basisraum bewegt haben, am Ort der
Kollektorsperrschicht erfaßt und als Feldstrom in Richtung Kollektor führt. Der
Kollektorstrom ist also ein Strom, der trotz Sperrichtung über die Kollektorsperrschicht
fließt. Dieser erhöhte Sperrstrom fließt, weil die Kollektorsperrschicht von außen durch
die eindiffundierenden Elektronen beeinflußt wird, die letztlich vom Emitter injiziert
werden.
Bild 4.3 zeigt noch einmal die Ortsvariable x mit der Verteilung der beweglichen
Elektronen. Zusätzlich ist jetzt das elektrische Feld der Kollektorsperrschicht

eingezeichnet. Dieses Feld erfaßt alle eindiffundierenden Elektronen, so daß die Überschußkonzentration zu Null abgebaut wird.

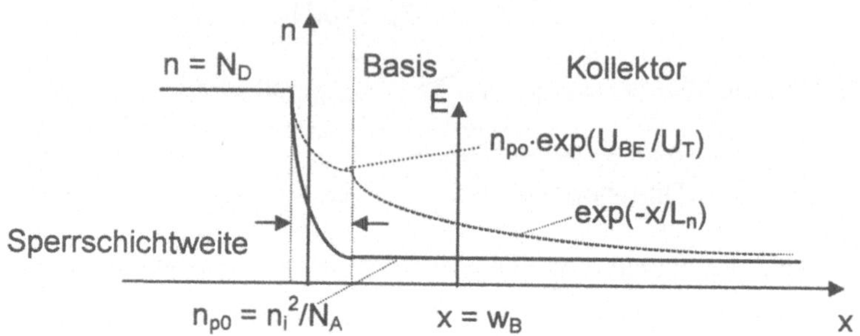

Bild 4.3
Verteilung der beweglichen Elektronen nach Bild 4.2 und Lage des elektrischen Feldes der Kollektorsperrschicht

Das Feld der Kollektorsperrschicht führt eine neue Randbedingung ein: Die Überschußkonzentration an der Stelle $x = w_B$ ist Null. Bild 4.4 zeigt noch einmal den Transistor mit in Durchlaßrichtung gepolter Basis- Emitter- Sperrschicht (Basis positiver als Emitter) und gesperrter Kollektorsperrschicht (Kollektor positver als Basis). Dieser Betrieb ist der Normalbetrieb.

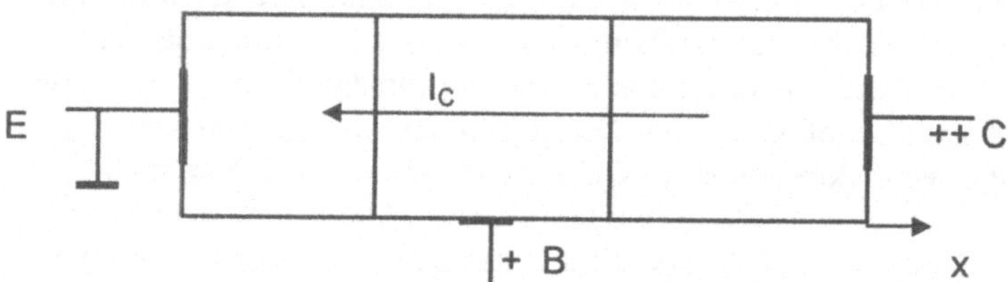

Bild 4.4
Spannungen und Kollektorstrom im Normalbetrieb

Wenn man annimmt, der Basisstrom sei Null (beim realen Transistor ist $I_B \ll I_C$, siehe 4.1.2), stellt der Transistor einen unverzweigten Stromkreis dar. Der Strom durch den Transistor ist daher überall gleich und keine Funktion des Ortes. Wenn es gelingt, den Strom an einer beliebigen Stelle zu berechnen, ist dieser Strom gleich dem Kollektorstrom.

Die Basiszone enthält kein elektrisches Feld. Die Elektronen in der Basis bewegen sich durch Diffusion in Richtung Kollektor. Der Strom im Basisraum ist also ein Diffusionsstrom, den wir nach Gleichung (3.19) wie folgt ansetzen können:

$$I = AeD_n \frac{d_n}{d_x} \tag{3.19}$$

Darin sind die Querschnittsfläche A (**Emitterfläche**), die Elementarladung e und die Diffusionskonstante D_n bekannt und konstant. Da der Strom I ebenfalls konstant ist, muß auch der Gradient d_n/d_x der Konzentration der beweglichen Elektronen konstant sein. Dies bedeutet aber, daß der Verlauf der Konzentration n(x) eine **lineare Funktion** des Ortes sein muß, denn nur dann ist die Ableitung eine Konstante.

Wenn wir zunächst die Sperrschichtausdehnungen als vernachlässigbar klein ansehen, ergibt sich folgendes Bild 4.5. Mit Gleichung (3.35) kennen wir die Elektronen-konzentration an der Stelle $x = 0$. Ferner wissen wir, daß die Überschuß-konzentration an der Stelle $x = w_B$ durch das Feld der Kollektorsperrschicht zu Null wird.

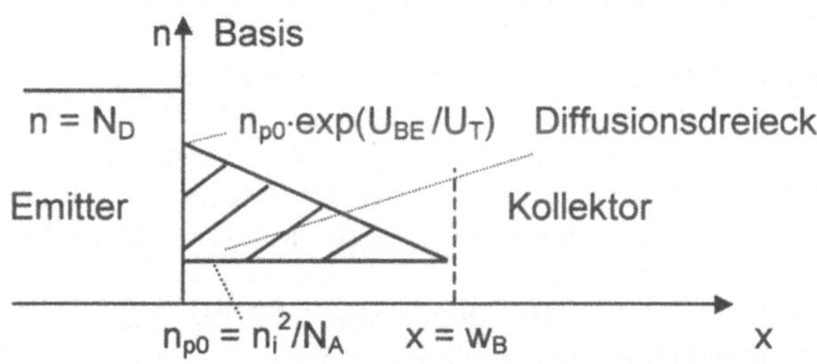

Bild 4.5
Verlauf der Elektronen-
konzentration im Basis-
raum: „Diffusionsdreieck"

Die Elektronenkonzentration nimmt im Basisraum linear vom Injektionswert auf die Gleichgewichtskonzentration $n_{po} = n_i^2/N_A$ ab. N_A ist darin die Konzentration der p-Dotierung in der Basis. Der gesuchte Konzentrationsgradient d_n/d_x kann dann durch den Differenzenqotienten $\Delta n/\Delta x$ ersetzt werden:

$$\frac{d_n}{d_x} = \frac{\Delta n}{\Delta x} = \frac{n_{po}e^{\frac{U_{BE}}{U_T}} - n_{po}}{w_B} = \frac{n_{po}}{w_B}\left(e^{\frac{U_{BE}}{U_T}} - 1\right) \tag{4.1}$$

Damit läßt sich der gesuchte Strom angeben:

$$I = I_C = AeD_n\frac{d_n}{d_x} = \frac{AeD_n n_{po}\left(e^{\frac{U_{BE}}{U_T}} - 1\right)}{w_B} = I_{ES}\left(e^{\frac{U_{BE}}{U_T}} - 1\right) \tag{4.2}$$

Gleichung (4.2) ist die Transistorgleichung. Die Größe I_{ES} ist darin der **Emitter-sättigungsstrom** (emitter saturation current). Dies ist der wichtigste Bestimmungs-parameter für den Transistor, denn er enthält die baulichen Abmessungen Querschnittsfläche (cross sectional area) A, Basisweite (base width) w_B sowie die Basisdotierung (base doping concentration) N_A:

$$I_{ES} = \frac{AeD_n n_{po}}{w_B} = \frac{AeD_n n_i^2}{w_B N_A} \tag{4.3}$$

Die Transistorgleichung $I_C = I_{ES}(\exp(U_{BE}/U_T) - 1)$ ähnelt der Shockley- Gleichung für die Diode. Sie ist aber die Gleichung einer spannungsgesteuerten Stromquelle mit exponentieller Steuercharakteristik, denn sie setzt den Kollektorstrom I_C mit der Steuerspannung U_{BE}, die an einer anderen Stelle anliegt, in Verbindung.

Beispielswert für den Emittersättigungsstrom:
Ein Transistor mit der Querschnittsfläche $A = 100\mu m \cdot 100\mu m = 10^{-4} cm^2$, der Basis-dotierung $N_A = 10^{16} cm^{-3}$ und der Basisweite $w_B = 1\mu m$ hat mit der Elementarladung $e = 1{,}602 \cdot 10^{-19} As$, der Diffusionskonstanten für Elektronen im Silizium $D_n = 35 cm^2/s$ und der Eigenleitungsdichte $n_i = 1{,}5 \cdot 10^{10} cm^{-3}$ den Emittersättigungsstrom $I_{ES} = 1{,}26 \cdot 10^{-13} A$.

Bild 4.6 a) zeigt den exponentiellen Verlauf des Kollektorstromes nach Gleichung (4.2), die sogenannte Übertragungskennlinie.

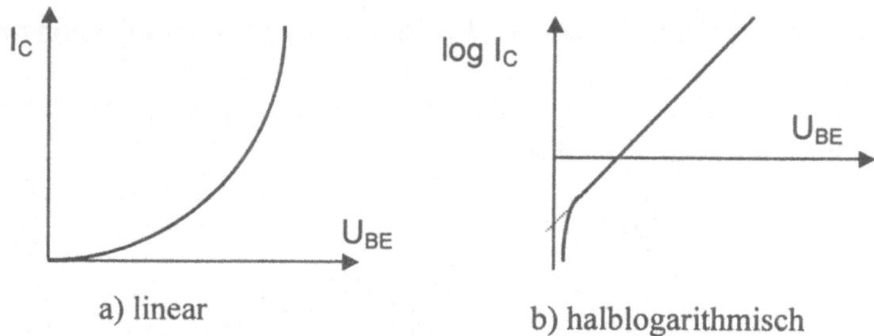

Bild 4.6
Übertragungskennlinie des Transistors

Logarithmiert man die Gleichung (4.2) und vernachlässigt man dabei die -1 in der Klammer, so erhält man eine lineare Beziehung zwischen dem Logarithmus des Kollektorstromes und der Basis- Emitter- Spannung.

$$\log I_C = \log I_{ES} + \frac{1}{U_T} U_{BE} \tag{4.4}$$

Diese Beziehung ist in Bild 4.6 b) aufgezeichnet. Sie entspricht dem Bild 3.23 für die Diode. Anders als bei der Diode besteht der Kollektorstrom aber nur aus der „richtigen"

Sorte beweglicher Ladungsträger, in unserem Fall des npn- Transistors aus den Elektronen, die vom Emitter injiziert wurden.

Gleichung (4.2) stimmt daher in einem großen Strombereich sehr genau, und man erhält in der halblogarithmischen Darstellung einen Verlauf, der über viele Zehnerpotenzen des Kollektorstromes linear ist. Aus diesem Grunde ist der Transistor ein guter **Logarithmierer.**

Die Basis- Emitter- Spannung ergibt sich durch Umstellen von Gleichung (4.2) zu

$$U_{BE} = U_T \ln\left(\frac{I_C}{I_{ES}} + 1\right) \qquad (4.5)$$

Kartoffelkistenmodell

Das Verhalten des bipolaren Transistors kann man sich am Modell einer Kartoffelkiste plausibel machen. Wir stellen uns einen Kartoffelkeller vor, der nach Bild 4.7 durch eine Bretterwand (Sperrschicht) in zunächst zwei Teile geteilt ist. Dann haben wir ein Diodenmodell. Der linke Teil (Emitter) sei mit Kartoffeln (beweglichen Ladungsträgern) angefüllt, der rechte Teil (Basis) ist zunächst leer, wie es sich für einen ordentlichen Keller gehört. Hier ist die Gleichgewichtskonzentration der Kartoffeln (Ladungsträger) Null.

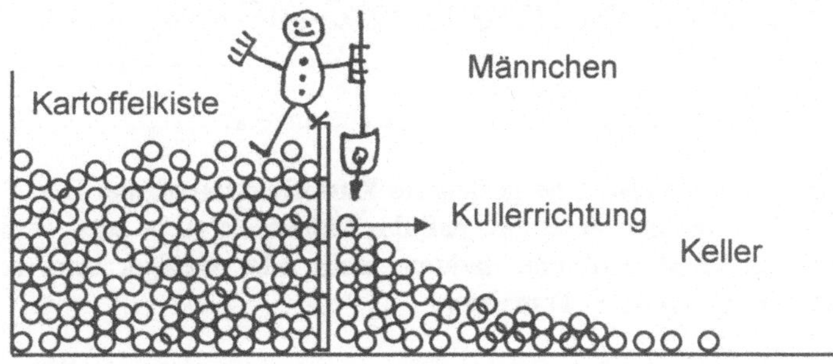

Bild 4.7
Kartoffelkistenmodell einer Diode

Jetzt beginnt das gezeichnete Männchen, Kartoffeln aus der Kiste in den Keller zu schaufeln (es injiziert bewegliche Minoritätsträger), d.h. die Bretterwand (Sperrschicht) wird in Durchlaßrichtung gebracht. Die Kartoffeln fallen dicht hinter der Bretterwand in den Keller und erhöhen dort die Kartoffelkonzentration stark über die Gleichgewichtskonzentration Null hinaus. Die Folge ist ein Konzentrationsgefälle, so daß die Kartoffeln weiter durch den Keller (die Basis) kullern (diffundieren) und die in Bild 4.7 gezeichnete Verteilung der Kartoffelüberschußkonzentration über dem Ort entsteht. Dieses Bild entspricht dem Bild 4.2, in dem die Verteilung der beweglichen Elektronen für die np- Diode in Durchlaßrichtung gezeigt wurde.

Wir erweitern die Diode zum Transistor. Dazu fügen wir nach Bild 4.8 eine zweite Bretterwand (die Kollektorsperrschicht) hinzu. Diese hat unten eine Öffnung, in der ein Förderband läuft (die elektrische Feldstärke). Das Förderband erfaßt nun alle Kartoffeln, die bis hierher (zur Kollektorsperrschicht) gekullert (diffundiert) sind und befördert sie als Kartoffelstrom (Kollektorstrom) durch den dritten Abschnitt (den Kollektor) ins Freie (den äußeren Stromkreis). An dieser Stelle wird die Kartoffelüberschußkonzentration zu Null. Da es sich bei unserem Keller um einen unverzweigten Kartoffelstromkreis handelt (die geringe Rate, mit der die Kartoffeln mit Mäusen rekombinieren, wollen wir vernachlässigen) erhalten wir wie in Bild 4.5 ein Kullerdreieck (Diffusionsdreieck) für die Kartoffelkonzentration.

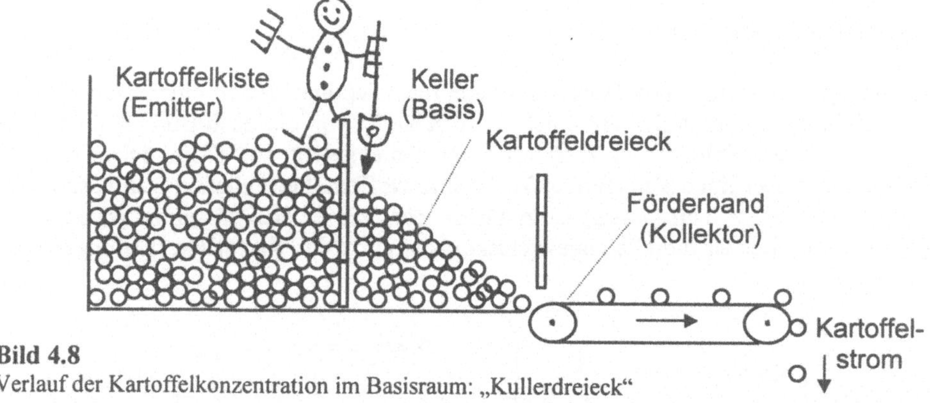

Bild 4.8
Verlauf der Kartoffelkonzentration im Basisraum: „Kullerdreieck"

Unser Kartoffelkeller ist also eine gesteuerte Kartoffelstromquelle. Der Kartoffelstrom wird in diesem Fall dadurch gesteuert, daß das Männchen mehr oder weniger stark mit Steuerspannung gefüttert wird und dadurch mehr oder weniger stark schaufelt. Das Modell hat das Verhalten eines Transistors.

Bisher wurde das Modell für den Normalbetrieb vorgestellt. Die Emitter-Basis-Sperrschicht wurde in Durchlaßrichtung gepolt (das Männchen gefüttert, so daß es schaufeln konnte), und die Kollektorsperrschicht war gesperrt, so daß die elektrische Feldstärke ausreichte, alle eindiffundierenden Ladungsträger zu erfassen (das Förderband lief schnell genug, um alle Kartoffeln abzutransportieren).
Wenn nun zwar das Männchen schaufelt, aber das Förderband nicht oder nicht schnell genug läuft, so bleiben die Kartoffeln ganz oder teilweise im Basisraum zurück und bilden dort die Sättigungsspeicherladung. Dieser Fall der Sättigung liegt beim „richtigen" Transistor dann vor, wenn Basis-Emitter-Sperrschicht und Kollektorsperrschicht in Durchlaßrichtung gepolt sind. (vergleiche Kapitel 4.1.9)

4.1.1 Transistorgleichung

Gleichung (4.2) war unter vereinfachenden Voraussetzungen hergeleitet worden. Wir hatten angenommen, der Transistor befinde sich im Normalbetrieb, d.h. die Basis-Emittersperrschicht war in Durchlaß- und die Kollektorsperrschicht in Sperrichtung gepolt. Zum zweiten waren wir davon ausgegangen, daß der Transistor ein unverzweigter Stromkreis sei, daß also kein Basisstrom fließe. Läßt man diese Annahmen fallen, so muß man erstens die Kollektorsperrschicht auch für die Durchlaßrichtung berücksichtigen, so daß ein weiterer Exponentialterm für diese Sperrschicht hinzukommt.

Um zweitens den Basisstrom zu berücksichtigen, definiert man eine Stromverstärkung (siehe Kapitel 4.1.2). Mit der Stromverstärkung A für die Basisschaltung, die für einen guten Transistor nur unwesentlich kleiner als eins ist, kommt man zu der Form der Transistorgleichung, die auf EBERS und MOLL zurückgeht:

$$I_C = I_{ES} \cdot A \cdot \left(e^{\frac{U_{BE}}{U_T}} - 1 \right) + I_{CS} \left(e^{\frac{U_{BC}}{U_T}} - 1 \right) \tag{4.6}$$

I_{CS} ist darin der Kollektorsättigungsstrom. Die Sättigungsströme stehen über die Stromverstärkungen A_N in Vorwärtsrichtung (Normalrichtung) und A_i in Rückwärtsrichtung (inverse Richtung) in Beziehung:

$$I_{CS} = \frac{A_N}{A_i} I_{ES} \tag{4.7}$$

Diese Stromverstärkungen werden im folgenden Kapitel erläutert. Die in Kapitel 4.1 hergeleitete Gleichung (4.2) ist für den Normalbetrieb des Transistors eine sehr gute Näherung, denn die Stromverstärkung A hat für einen guten Transistor fast den Wert eins. Die Kollektorsperrschicht ist im Normalbetrieb gesperrt, so daß die Spannung U_{BC} negativ wird. Damit wird in Gleichung (4.6) der zweite Summand etwa gleich dem Kollektorsättigungsstrom und folglich sehr klein. Dieser Summand kann dann vernachlässigt werden und man erhält wieder die Gleichung (4.2).

4.1.2 Stromverstärkung

Definitionen

Der Transistor kann in drei Grundschaltungen betrieben werden, so daß man unterschiedliche Stromverstärkungen (current gain) definiert. Die meistverwendete Grundschaltung ist die

Emitterschaltung

Bei dieser Grundschaltung nach Bild 4.9 ist die Basis die Eingangs- und der Kollektor die Ausgangselektrode. Die Bezugselektrode für Ein- und Ausgang ist der Emitter, nach dem diese Schaltung dann benannt wird.

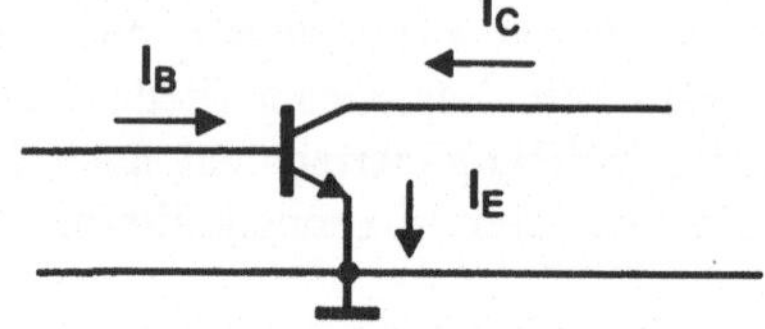

Bild 4.9
Emitterschaltung

Die Stromverstärkung B für die Emitterschaltung (common emitter current gain) ist das Verhältnis von Ausgangsstrom I_C zu Eingangsstrom I_B .

$$B = \frac{I_C}{I_B} \tag{4.8}$$

Für einen guten Transistor gilt B>>1

Kollektorschaltung

Für die Kollektorschaltung (Bild 4.10) ist der Kollektor die Bezugselektrode für Ein- und Ausgang. Die positive Betriebsspannung ist für Signale (=Spannungsänderungen) identisch mit der Masse, wenn die Betriebsspannung einer guten Spannungsquelle entnommen wird, die einen verschwindend kleinen Innenwiderstand hat.

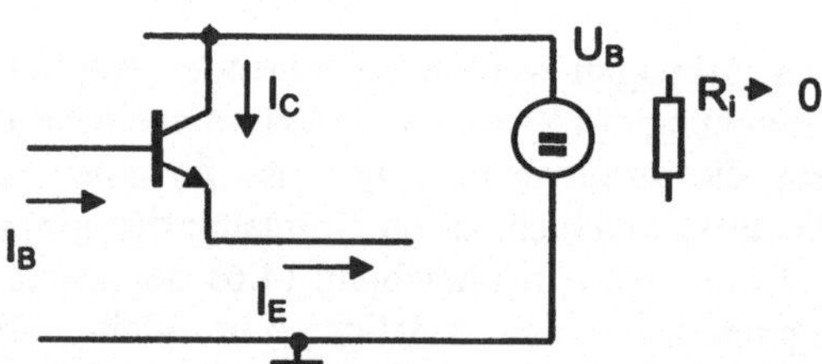

Bild 4.10
Kollektorschaltung

Die Eingangselektrode ist wieder die Basis, und der Emitter bildet den Ausgang. Als Stromverstärkung müßte man wieder das Verhältnis von Ausgangsstrom I_E zu Eingangsstrom I_B bezeichnen. Da aber für den Transistor die Knotengleichung gilt

$$I_E = I_C + I_B \tag{4.9}$$

und der Basisstrom sehr viel kleiner ist als der Kollektorstrom, gilt mit guter Näherung $I_C \approx I_E$. Die Stromverstärkung für die Kollektorschaltung wäre dann I_E/I_B und damit fast gleich der Stromverstärkung B. Deshalb wird für die Kollektorschaltung keine besondere Stromverstärkung definiert.

Basisschaltung
In dieser Schaltung (Bild 4.11) ist die Basis die Bezugselektrode. Der Emitter ist die Eingangs- und der Kollektor die Ausgangselektrode.

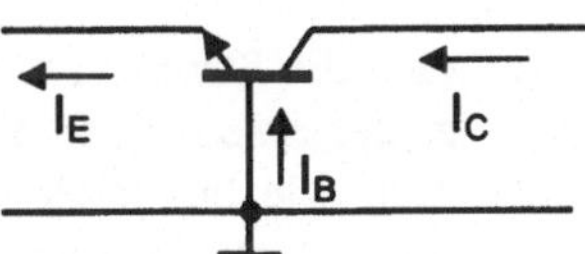

Bild 4.11
Basisschaltung

Die Stromverstärkung A für die Basisschaltung (common base current gain) ist wieder das Verhältnis von Ausgangs- zu Eingangsstrom

$$A = \frac{I_C}{I_E} \tag{4.10}$$

Mit Hilfe der Knotengleichung (4.10) lassen sich die Stromverstärkungen ineinander umrechnen:

$$A = \frac{B}{B+1} \tag{4.11}$$

und

$$B = \frac{A}{1-A} \tag{4.12}$$

Weil die Stromverstärkung A bei einem guten Transistor fast den Betrag 1 hat, steht im Nenner von (4.12) die Differenz zweier fast gleicher Größen. Das führt dazu, daß kleine Unsicherheiten bei der Bestimmung von A zu großen Abweichungen der Stromverstärkung B führen. Der Streubereich der Stromverstärkung B eines FFM-Transistors (FFM = Field, Forest and Meadow = Feld, Wald und Wiese) ist daher sehr groß. Es kommen Abweichungen bis zu einem Faktor zwei vom Nennwert vor!

Die **Normalrichtung** oder Vorwärtsrichtung eines Transistors liegt dann vor, wenn der Emitter als Emitter und der Kollektor als Kollektor benutzt wird. Wegen der symmetrischen Zonenfolge npn oder pnp kann man den Transistor prinzipiell auch in **inverser Richtung** oder Rückwärtsrichtung betreiben. Weil Kollektor und Emitter aber aus guten Gründen (siehe Stichworte „Emitterwirkungsgrad" und „Early-Effekt") stark unterschiedlich dotiert sind, hat der Transistor in Normal- und Inversrichtung unterschiedliche Eigenschaften.

Um Verwechslungen zu vermeiden, unterscheidet man deshalb oft die Stromverstärkungen A_N bzw. B_N für die Normalrichtung von den inversen Stromverstärkungen A_i bzw. B_i. Für das Analyseprogramm SPICE werden die Stromverstärkungen BF (Forward = Vorwärtsrichtung) und BR (Reverse = Rückwärtsrichtung) angegeben.

Emitterwirkungsgrad

Die Größe des Basisstroms und damit auch die Stromverstärkung wird im wesentlichen von zwei Effekten bestimmt. Erstens ist der Strom über die Basis- Emitterdiode kein reiner Elektronenstrom, sondern setzt sich wie bei jeder Diode aus Elektronen- und Löcheranteil zusammen. Für die Transistorwirkung ist aber nur ein Teil von Bedeutung, im Falle des npn- Transistors der Elektronenstrom. Der Löcheranteil ist für den npn- Transistor nur Ballast, er bildet einen Teil des Basisstroms.
Um diesen Effekt zu beschreiben, definiert man den Emitterwirkungsgrad (emitter efficiency) γ. Ist I_n der Elektronen- und I_p der Löcheranteil des Stromes über die Basis- Emitter- Diode, so ist

$$\gamma = \frac{I_n}{I_n + I_p} \tag{4.13}$$

Der Elektronenanteil ist der Kollektorstrom. Vernachlässigt man die -1 in der Klammer von Gleichung (4.2), so ist

$$I_C = I_n = \frac{AeD_n n_{po}}{w_B} e^{\frac{U_{BE}}{U_T}}$$

Für den Löcherstrom gilt entsprechend Gleichung (3.41), wenn man auch hier die -1 in der Klammer unberücksichtigt läßt.

$$I_p = \frac{AeD_p p_{no}}{L_p} e^{\frac{U_{BE}}{U_T}}$$

Die -1 in der Klammer der Gleichungen darf man immer dann vernachlässigen, wenn der Exponentialterm groß gegen 1 ist. Nimmt man für die Temperaturspannung U_T den Wert 26mV an, so ist diese Bedingung bei Basis- Emitterspannungen oberhalb von ca. 200mV gut erfüllt. Die für den Normalbetrieb erforderlichen Werte von U_{BE} liegen zwischen etwa 500mV und 800mV.
Mit den Strömen I_n und I_p ist der Emitterwirkungsgrad

$$\gamma = \cfrac{1}{1 + \cfrac{D_p p_{no} w_B}{D_n n_{po} L_p}} \qquad (4.14)$$

Es gilt weiterhin $n_{po} = n_i^2/N_A$ und $p_{no} = n_i^2/N_D$. Setzt man nun allgemein statt N_A und N_D die Basisdotierung N_B und die Emitterdotierung N_E, so erhält man schließlich

$$\gamma = \cfrac{1}{1 + \cfrac{N_B w_B D_p}{N_E L_P D_N}} \qquad (4.15)$$

Um eine hohe Stromverstärkung zu errreichen, muß der Emitterwirkungsgrad möglichst nahe eins sein. Das erreicht man nach Gleichung (4.15) dadurch, daß man den Emitter stark gegenüber der Basis dotiert und eine Basisweite wählt, die klein gegen die Diffusionslänge L_p der Löcher im Emitter ist.

Transportfaktor

Die zweite wichtige Ursache für den Basistrom ist die Rekombination im Basisraum. Der Kollektorstrom wird im Falle des npn- Transistors von den Elektronen getragen, die durch den Basisraum diffundieren (vergleiche Bilder 4.2 und 4.5). Nun erreichen aber nicht alle vom Emitter injizierten Elektronen die Kollektorsperrschicht. Einige Elektronen rekombinieren auf ihrem Weg durch die Basis mit den dort als Majoritätsträgern reichlich vorhandenen Löchern. Dadurch nimmt die Elektronenkonzentration in Richtung Kollektor exponentiell mit $\exp(-x/L_n)$ ab. Die durch die Rekombination verbrauchten Löcher müssen aber der Basis nachgeliefert werden. Dazu werden ihr von außen Elektronen entzogen, die wiederum einen Teil des Basisstroms darstellen.

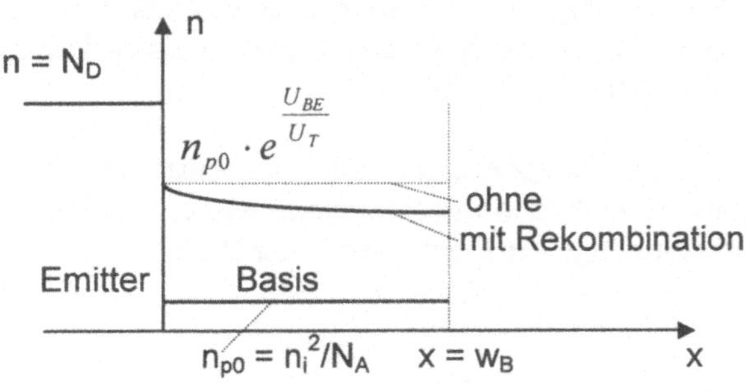

Bild 4.12
Verlauf der Elektronen-
konzentration im Basis-
raum des npn- Transistors
zur Erklärung des Trans-
portfaktors

Um diesen Effekt zu beschreiben, definiert man den Transportfaktor β^*. Bild 4.12 soll die Verhältnisse im Basisraum noch einmal verdeutlichen. In diesem Bild ist die Tatsache, daß das elektrische Feld der Kollektorsperrschicht die Überschußkonzentration bei $x = w_B$ auf Null absenkt, nicht berücksichtigt. Der Transportfaktor ist das Verhältnis der bei $x = w_B$ ankommenden Elektronenkonzentration zu der bei $x = 0$ emittierten Konzentration.

$$\beta^* = \frac{n(w_B)}{n(0)} \tag{4.16}$$

Rechnet man nun mit den bisher gewonnenen Beziehungen, so erhält man

$$\beta^* = \frac{n(w_B)}{n(0)} = \frac{n_{po}\,e^{\frac{U_{BE}}{U_T}} \cdot e^{\frac{-w_B}{L_n}}}{n_{po}\,e^{\frac{U_{BE}}{U_T}}} = e^{\frac{-w_B}{L_n}}$$

Diese Berechnung ist zwar anschaulich, aber nicht genau genug. Rechnet man z.B mit den Werten $L_n = 25\,\mu m$ und $w_B = 1\,\mu m$, so erhält man $\beta^* = 0{,}96$. Die genaue Rechnung (ohne Herleitung) liefert für den Transportfaktor die Beziehung

$$\beta^* = \frac{1}{\cosh\left(\dfrac{w_B}{L_n}\right)} \tag{4.17}$$

Setzt man die obigen Werte ein, so ergibt sich der Transportfaktor $\beta^* = 0{,}999$.

Die Abweichung von etwa 4% zwischen den beiden Werten erscheint nicht groß, sie führt aber zu erheblichen Abweichungen bei der Berechnung der Stromverstärkung B nach Gleichung (4.13). Setzt man vereinfachend die Stromverstärkung A mit dem Transportfaktor gleich, so erhält man im ersten Fall die Stromverstärkung $B = 24$, im zweiten Fall aber $B = 999$!!

Auch der Transportfaktor soll möglichst nahe an 1 heranreichen. Um dieses zu erreichen, muß also die Basisweite wiederum klein sein, und zwar diesmal gegen die Diffusionslänge der Elektronen in der Basis.

Zusammengefaßt ergibt sich folgendes Bild:
Die Stromverstärkung eines Transistors wird im wesentlichen von Emitterwirkungsgrad und Transportfaktor bestimmt, die beide möglichst nah an 1 liegen sollen. Die Stromverstärkung A bestimmt man zu

$$A = \gamma \cdot \beta^{*} \tag{4.18}$$

und die Stromverstärkung B nach Gleichung (4.13) zu B = A/(1-A) . Die so errechneten Stromverstärkungen sind durch die Bauweise des Transistors, insbesondere durch das Verhältnis von Emitter- zu Basisdotierung und die Basisweite festgelegt.

Auf Grund von Oberflächeneffekten nimmt die Stromverstärkung zu kleinen Strömen hin ab. Ebenso wird sie zu großen Strömen hin kleiner. Der Grund dafür ist die Hochinjektion. Man spricht dann von Hochinjektion, wenn die Dichte der injizierten Minoritätsträger (für den npn- Transistor die in die Basis injizierten Elektronen) in die Größenordnung der Dichte der Majoritätsträger kommt (für den npn- Transistor die Löcher in der Basis). Insgesamt ergibt sich der in Bild 4.13 gezeigte Verlauf der Stromverstärkung B über dem Kollektorstrom.

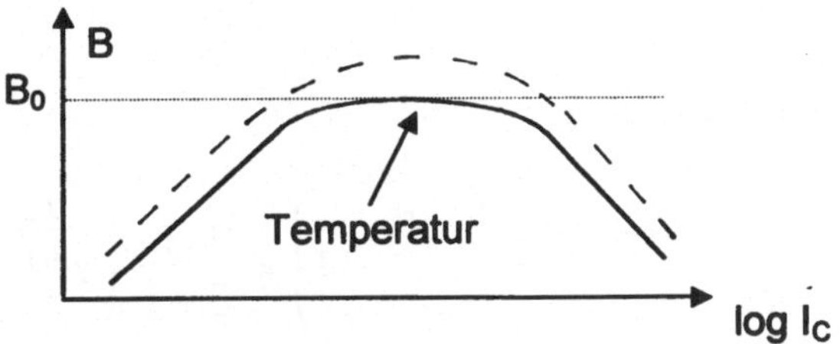

Bild 4.13
Verlauf der Stromverstärkung B über dem Kollektorstrom

Zudem ist die Stromverstärkung noch eine Funktion der Temperatur. Im technisch interessanten Temperaturbereich von etwa -20°C bis +100°C steigt sie um bis zu 50%.

Die Stromverstärkung B ist also eine strom- und temperaturabhängige Größe, die zudem noch sehr großen Streuungen unterworfen ist. Das bedeutet, daß eine gute Schaltung so entworfen werden muß, daß die Stromverstärkung nur unwesentlich in die Schaltungseigenschaften eingeht. Für eine gute Schaltung darf nur gefordert werden, daß **die Stromverstärkung B groß gegen 1** ist!

Es wird auch eine Kleinsignalstromverstärkung β definiert, die die Abhängigkeit vom Arbeitspunkt (das ist der Kollektorstrom) berücksichtigt:

$$\beta = \frac{dI_C}{dI_B} \tag{4.19}$$

Der Unterschied zwischen der Gleichstromverstärkung B und der Kleinsignalstromverstärkung β ist aber in der Regel kleiner als der Streubereich von B, so daß man
die Stromverstärkungen im praktischen Einsatz fast immer gleichsetzen kann:

$$\beta \cong B$$

Nach Gleichung (4.2) ist der Transistor eine spannungsgesteuerte Stromquelle mit
exponentieller Charakteristik:

$$I_C = I_{ES}\left(e^{\frac{U_{BE}}{U_T}} - 1 \right)$$

Mit Hilfe der Stromverstärkung können wir ihn jetzt auch als stromgesteuerte
Stromquelle mit mit annähernd linearer Steuercharakteristik auffassen:

$$I_C = B \cdot I_B \tag{4.20}$$

Der Basistrom I_B ist darin

$$I_B = \frac{I_C}{I_B} = \frac{I_{ES} \cdot A_N}{B}\left(e^{\frac{U_{BE}}{U_T}} - 1 \right) = \frac{I_{ES}}{B+1} \cdot \left(e^{\frac{U_{BE}}{U_T}} - 1 \right) \tag{4.21}$$

In diesem Ausdruck wurden die Transistorgleichung (4.6) und die Beziehung (4.12)
zwischen den Stromverstärkungen A und B verwendet.

4.1.3 Steilheit und Eingangswiderstände

Steilheit

Der Transistor ist nach Gleichung (4.2) eine spannungsgesteuerte Stromquelle mit
exponentieller Steuercharakteristik oder nach Gleichung (4.20) eine stromgesteuerte
Stromquelle mit annähernd linearer Charakteristik. Eine solche Quelle kann man als
Schalter benutzen, indem man den Strom von Null auf einen beliebigen Wert schaltet.
Diese Anwendung wird im Abschnitt 4.1.9 über Schalter und Inverter, die in der
Digitaltechnik verwendet werden, besprochen. Wenn man aber die Quelle stetig steuert,

kann man sie für Verstärkerzwecke nutzen. Diese Anwendung soll im folgenden untersucht werden.

Verstärker mit idealer Stromquelle

Ein Verstärker ist eine Schaltung, bei der die Ausgangsspannung u_a das lineare Produkt der Eingangsspannung u_e mit einem konstanten Faktor größer als eins ist. Dieser Faktor ist die Spannungsverstärkung v. Zunächst nehmen wir eine ideale, d.h. linear spannungsgesteuerte Stromquelle an. Bild 4.14 a) zeigt die Übertragungskennlinie einer solchen Stromquelle. Ihre charakteristische Größe ist die **Steilheit** S (mutual conductance g_m). Sie ist das Verhältnis von gesteuertem Strom I_a zur Steuerspannung u_e.

$$S = \frac{I_a}{u_e} \tag{4.22}$$

Bild 4.14 b) zeigt den damit gebauten Verstärker. Er besteht aus der gesteuerten Stromquelle und dem Arbeitswiderstand R. Die Stromquelle liefert mit Gl. (4.22) den gesteuerten Ausgangsstrom $I_a = S{\cdot}u_e$. Dieser Strom verursacht am Arbeitswiderstand R den Spannungsabfall $u_R = S{\cdot}u_e{\cdot}R$.

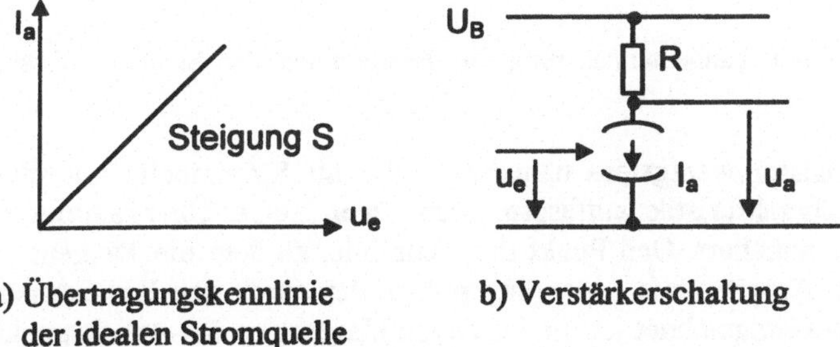

a) Übertragungskennlinie   b) Verstärkerschaltung
   der idealen Stromquelle

Bild 4.14
Verstärker mit idealer, linear spannungsgesteuerter Stromquelle

Als Ausgangsspannung liefert der Verstärker die Differenz von Betriebsspannung und Spannungabfall am Widerstand:

$$U_a = U_B - u_e \cdot S \cdot R$$

Als nutzbringende Ausgangsspannung betrachtet man nur den gesteuerten Teil der Ausgangsspannung, so daß man für die Spannungsverstärkung erhält

$$v = \frac{u_a}{u_e} = \frac{-u_e \cdot S \cdot R}{u_e} = -S \cdot R \qquad (4.23)$$

Gleichung (4.23) ist die grundlegende Beziehung für die Spannungsverstärkung v und gilt für alle Verstärker, die mit gesteuerten Stromquellen arbeiten.

Verstärker mit Transistor als Stromquelle
Nun ist der Transistor aber keine ideale, linear spannungsgesteuerte Stromquelle. Er ist eine exponentiell spannungsgesteuerte Stromquelle, deren Übertragungskennlinie in Bild 4.15 noch einmal gezeigt ist.

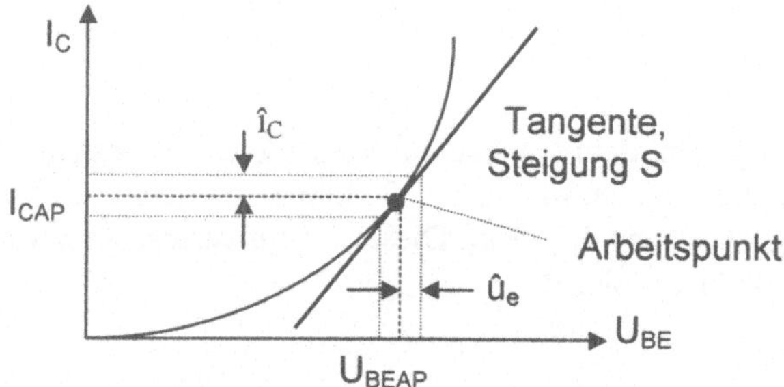

Bild 4.15
Übertragungskennlinie mit Tangentennäherung zur Bestimmung der Steilheit: „**Kleinsignalnäherung**"

Man kann den Transistor wenigstens näherungsweise als Stromquelle mit stückweise linearer Steuerungscharakteristik auffassen, wenn man seine Übertragungskennlinie durch eine Tangente annähert. Den Punkt der Kennlinie, an dem die Tangente anliegt, nennt man auch den Arbeitspunkt (operating point), der durch den Kollektorstrom im Arbeitspunkt I_{CAP} gekennzeichnet ist. In der engen Umgebung des Arbeitspunktes läßt sich die Kennlinie mit hinreichend kleinem Fehler durch die Tangente darstellen. Die Steigung dieser Tangenten ist die Steilheit des Transistors im Arbeitspunkt. Sie läßt sich durch Ableiten der Kennliniengleichung berechnen:

$$I_C = I_{ES}\left(e^{\frac{U_{BE}}{U_T}} - 1 \right) \approx I_{ES} e^{\frac{U_{BE}}{U_T}} \qquad (4.24)$$

Die -1 in der Klammer der Kennliniengleichung ist im Normalbetrieb des Transistors immer zu vernachlässigen, so daß sich für die Steilheit ergibt

$$S = \frac{dI_C}{dU_{BE}} = \frac{d}{dU_{BE}}\left(I_{ES} e^{\frac{U_{BE}}{U_T}} \right) = \frac{1}{U_T} I_{ES} e^{\frac{U_{BE}}{U_T}} \doteq \frac{I_C}{U_T} \qquad (4.25)$$

Ist z.B. der Strom I_C im Arbeitspunkt 1mA, so ist die Steilheit einfach S = 1mA/26mV = 38,5mS, wenn man für die Temperaturspannung U_T den Wert 26mV einsetzt.

→Es ist eine Besonderheit der exponentiellen Übertragungskennlinie des bipolaren Transistors, daß seine **Steilheit nur vom Strom im Arbeitspunkt** und nicht von den Eigenschaften des Transistors wie z.B. Emittersättigungsstrom oder Stromverstärkung abhängt. Da die Temperaturspannung nur von der absoluten Temperatur bestimmt wird, ist die Steilheit völlig unabhängig vom Transistorexemplar. Bei anderen Bauelementen, z.B. den Feldeffekttransistoren (Abschnitt 5), dagegen hängt die Steilheit nicht nur vom Strom im Arbeitspunkt, sondern auch von der Bauform ab.

Man kann also auch mit dem Transistor einen Verstärker bauen, wenn man sich damit abfindet, daß man nur kleine Kennlinienbereiche aussteuern darf (Kleinsignalbetrieb oder small signal solution). Als Daumenwert kann man sich merken, daß die Amplitude der steuernden Eingangsspannung u_e unter der Temperaturspannung, d.h. ca. 26mV, bleiben soll. Außerdem muß man für einen gesicherten Betrieb den Arbeitpunkt auf der Kennlinie durch eine Schaltungsmaßnahme (siehe 4.2.1) festlegen, weil die Steilheit sich mit dem Arbeitspunkt ändert.
Zwischen der steuernden Eingangsspannung u_e und dem gesteuerten Strom i_c aus Bild 4.16 besteht im Kleinsignalbetrieb die lineare Beziehung

$$i_C = S \cdot u_e = u_e \cdot \frac{I_{CAP}}{U_T} \tag{4.26}$$

Die Prinzipschaltung eines Transistorverstärkers zeigt Bild 4.16. Nach dem Gesagten muß sie sowohl eine Signalverstärkerschaltung sein als auch die Möglichkeit bieten, den Arbeitspunkt einzustellen.

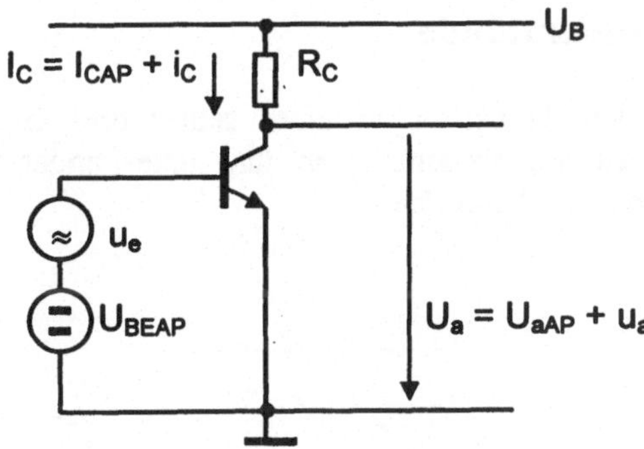

Bild 4.16
Prinzipschaltung des
Transistorverstärkers
für Kleinsignalbetrieb

In dieser Schaltung wird der Arbeitspunkt über eine Basisgleichspannung eingestellt (das ist die einfachste, aber auch die schlechteste Methode, vergleiche Abschnitt 4.2.1).

Für den gewünschten Strom I_{CAP} ist nach Gleichung (4.5) folgende Basisgleichspannung U_{BEAP} erforderlich:

$$U_{BEAP} = U_T \ln\left(\frac{I_{CAP}}{I_{ES}} + 1\right) \approx U_T \ln\left(\frac{I_{CAP}}{I_{ES}}\right) \tag{4.27}$$

Im Kollektor fließt der Strom

$$I_C = I_{CAP} + i_C = I_{CAP} + S \cdot u_e$$

Dieser Strom verursacht am Arbeitswiderstand einen Spannungsabfall. Zieht man diesen Spannungsabfall von der Betriebsspannung ab, so erhält man die Ausgangsspannung

$$U_a = U_B - R\left(I_{CAP} + S \cdot u_e\right) = U_B - R \cdot I_{CAP} - u_e \cdot S \cdot R$$

Die Ausgangsspannung enthält statische Größen - nämlich Betriebsspannung U_B und den Spannungsabfall im Arbeitspunkt - und den in der Hauptsache interessanten gesteuerten Teil u_a. Mit diesem gesteuerten Teil ergibt sich die Spannungsverstärkung zu

$$v = \frac{u_a}{u_e} = \frac{-u_e \cdot S \cdot R}{u_e} = -S \cdot R$$

Man erhält wieder den Ausdruck (4.23), den wir schon bei dem Verstärker mit idealer Stromquelle gefunden hatten. Der reale Verstärker unterscheidet sich vom idealen also nur dadurch, daß man die Kleinsignalbedingung einhalten muß.

Eingangswiderstände

Sieht man den Transistor in einer seiner drei Grundschaltungen von außen als Funktionsblock an, so kann man ihm unter anderem einen Eingangs- und einen Ausgangswiderstand zuordnen.

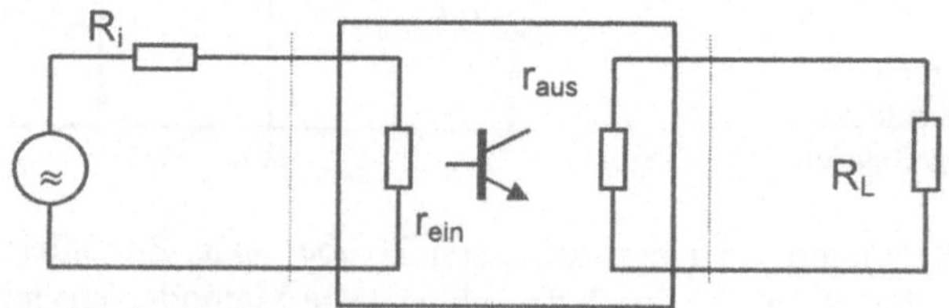

Bild 4.17
Blockschaltbild zur Anpassung des Transistors

Die Kenntnis dieser Widerstände ist wichtig, wenn man den Transistor an andere Funktionsblöcke anpassen will. Bild 4.17 zeigt den Transistor zwischen einer steuernden Quelle mit dem Innenwiderstand R_i und einer angeschlossenen Last R_L.

Man kann drei Arten der Anpassung unterscheiden: Spannungs,- Strom- und Leistungsanpassung.

Spannungsanpassung:
Für sie gilt mit dem Bezeichnungen aus Bild 4.17 $R_i \ll r_{ein}$ und $r_{aus} \ll R_L$
Steuernde Quelle und Transistorausgang wirken wie Spannungsquellen, so daß ein Maximum an Spannung übertragen wird. Dies ist der Fall, der in der Schaltungstechnik am häufigsten gewünscht wird.

Stromanpassung:
Dieser Fall ist relativ selten. Es muß gelten $R_i \gg r_{ein}$ und $r_{aus} \gg R_L$. Steuernde Quelle und Transistorausgang wirken wie Stromquellen, so daß ein Maximum an Strom übertragen wird.

Leistungsanpassung:
Für die Leistungsanpassung müssen bekanntlich die Widerstände gleich sein: $R_i = r_{ein}$ und $r_{aus} = R_L$. Unter diesen Bedingungen wird ein Maximum an Leistung übertragen.

In jedem Fall müssen Ein- und Ausgangswiderstand des Transistors bekannt sein, wenn man richtig anpassen will. Diese Widerstände werden als **differentielle Widerstände** definiert, weil sie durch Tangentennäherungen im Arbeitspunkt gewonnen werden. Sie sind nur für die Signale, d.h. die Änderungen von Strom und Spannung, von Bedeutung und dürfen **nicht zur Berechnung des Arbeitspunktes verwendet werden!**

Eingangswiderstand in Basisschaltung:
In der Basisschaltung nach Bild 4.18 liegt der Eingang zwischen Emitter und der Basis, die als Masse dient. Der Eingangswiderstand ist also das differentielle Verhältnis von Basis-Emitterspannung zu Emitterstrom, die in diesem Fall Eingangsspannung und Eingangsstrom bilden.

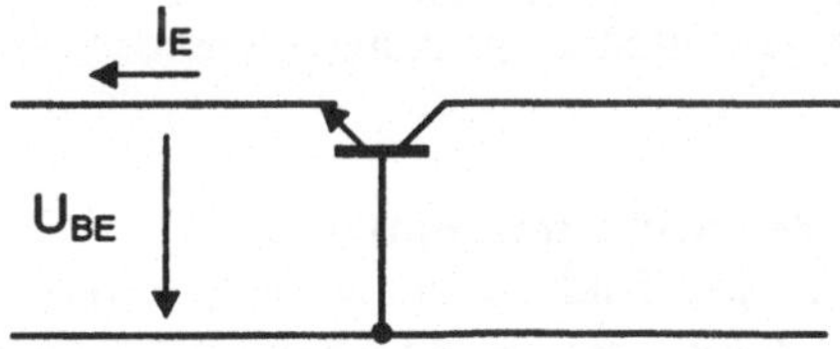

Bild 4.18
Zum Eingangswiderstand der Basisschaltung

Der Eingangswiderstand ist

$$r_E = \frac{dU_{BE}}{dI_E} = \frac{1}{\dfrac{dI_E}{dU_{BE}}} \approx \frac{1}{\dfrac{dI_C}{dU_{BE}}} = \frac{1}{S} = \frac{U_T}{I_{CAP}} \tag{4.28}$$

In diesem Ausdruck wurde die Steilheit nach Gleichung (4.24) benutzt. Der Eingangswiderstand der Basisschaltung ist recht klein und vorzugsweise für Strom- oder Leistungsanpassung zu verwenden.

Für den Strom $I_{CAP} = 1\text{mA}$ ergibt sich z.B. der Widerstand $r_E = 26\text{mV}/1\text{mA} = 26\Omega$.

Eingangswiderstand der Emitterschaltung:
Bei der meistens benutzten Emitterschaltung nach Bild 4.19 sind Basis-Emitter-Spannung und Basisstrom die Eingangsgrößen.

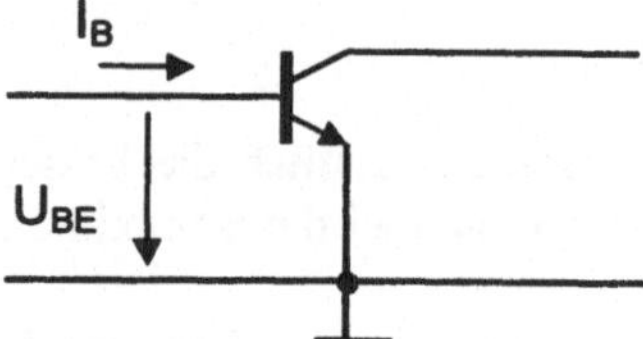

Bild 4.19
Zum Eingangswiderstand der Emitterschaltung

Hier ist der Eingangswiderstand

$$r_e = \frac{dU_{BE}}{dI_B} = \frac{dU_{BE}}{\dfrac{dI_C}{B}} = \frac{B}{S} = B\,\frac{U_T}{I_{CAP}} \tag{4.29}$$

Dieser Eingangswiderstand ist um den Faktor Stromverstärkung größer als der der Basisschaltung. Nimmt man für die Stromverstärkung B beispielsweise den Wert 300 an, so ist der Eingangswiderstand bei $I_{CAP} = 1\text{mA}$ $r_e = 300 \cdot 26\text{mV}/1\text{mA} = 7{,}8\text{k}\Omega$. Dieser Wert ist für die meist gewünschte Spannungsanpassung etwas günstiger, reicht aber oft noch nicht aus.

Eingangswiderstand der Kollektorschaltung:
Diese Schaltung ist in Bild 4.20 gezeigt. Eine genaue Berechnung des Eingangswiderstandes kann erst in Abschnitt 4.2.3 erfolgen, weil der Eingangswiderstand wesentlich durch eine Gegenkopplung mitbestimmt wird. Die Kollektorschaltung dient als Widerstandstransformator.

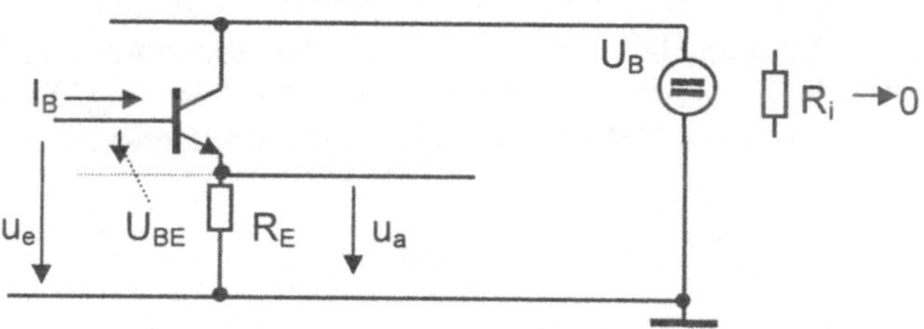

Bild 4.20
zum Eingangswiderstand der Kollektorschaltung

Der Eingangswiderstand ist angenähert $r_{ein} \approx B \cdot R_E$

Beispiel:
Der Widerstand R_E habe den Wert 2kΩ. Mit der Stromverstärkung B = 300 ergibt sich der Eingangswiderstand r_{ein} = 300·2kΩ = 600kΩ. Dies ist ein für Spannungsanpassung meist ausreichend hoher Wert.

4.1.4 Early-Effekt

Bisher haben wir den Transistor als gesteuerte Stromquelle kennengelernt. Eine ideale Stromquelle hat einen unendlich großen Innenwiderstand R_i. Bild 4.21a) zeigt die Ausgangskennlinie des Transistors als idealer Stromquelle.

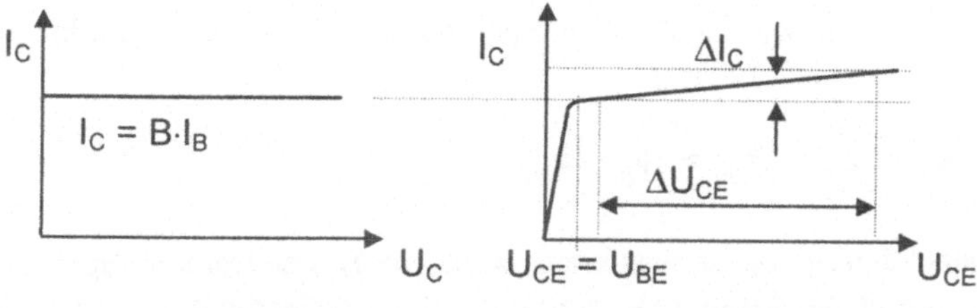

a) ideale Stromquelle   b) realer Transistor

Bild 4.21 Ausgangskennlinie des Transistors

Die ideale Stromquelle führt einen Strom, der von der Ausgangsspannung U_{CE} völlig unabhängig ist und nur von der Steuerseite, d.h. von der Basis-Emitter-Spannung oder vom Basisstrom abhängt. Der reale Transistor zeigt dagegen die Ausgangskennlinie nach Bild 4.21b). Im Bereich sehr kleiner Kollektorspannung reicht das elektrische Feld in der Kollektorsperrschicht nicht aus, um alle durch die Basis diffundierten Ladungsträger zu erfassen. Der Transistor befindet sich in Sättigung (Abschnitt 4.1.9).

Erst wenn die Kollektorsperrschicht gesperrt ist, d.h. bei $U_{CE} > U_{BE}$, arbeitet der Transistor als Stromquelle. Diese Stromquelle hat aber einen endlichen Innenwiderstand r_C , denn der Kollektorstrom steigt mit wachsender Spannung U_{CE} an.

Dieser Innenwiderstand läßt sich aus der Kennlinie entnehmen:

$$r_C = \frac{\Delta U_{CE}}{\Delta I_C} \qquad (4.30)$$

Die Zunahme des Kollektorstroms mit steigender Spannung wird durch den EARLY-Effekt erklärt, das ist die Tatsache, daß die effektive Basisweite von den Betriebs-spannungen, besonders von der Kollektorspannung abhängt. Zur Erläuterung zeigt Bild 4.22 die Basis des Transistors mit den angrenzenden Sperrschichtzonen.

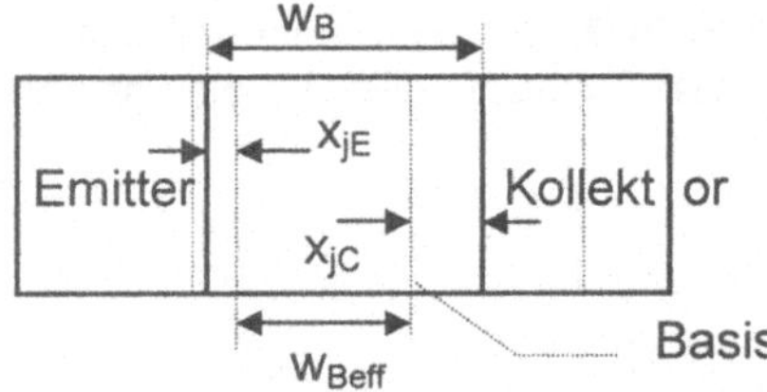

Bild 4.22
Einfluß der Sperrschichtausdehnungen auf die effektive Basisweite, „Early-Effekt"

Die effektive Basisweite w_{Beff} ist die Weite der feldfreien Zone. Sie wird aus der metallurgischen Basisweite w_B errechnet, indem man die Sperrschichtausdehnungen x_{jE} der Emittersperrschicht und x_{jC} der Kollektorsperrschicht, die in die Basis hineinragen, von w_B abzieht.

$$w_{Beff} = w_B - x_{jC} - x_{jE} \approx w_B - x_{jC} \qquad (4.31)$$

Die Sperrschichtausdehnung x_{jE} ist sehr klein, wenn die Basis- Emitter- Sperrschicht in Durchlaßrichtung gepolt ist. Dann kann sie gegen die Ausdehnung x_{jC} vernachlässigt werden.

Nach Abschnitt 3.1.5 steigt die Sperrschichtausdehnung mit der angelegten Sperrspannung. Im Falle der Kollektorsperrschicht des Transistors ist dies die Kollektorspannung. Damit wird die effektive Basisweite eine Funktion der Kollektorspannung! Dies bedeutet, daß alle Größen, die von der Basisweite abhängen, wie z.B. Emittersättigungsstrom und Stromverstärkung, aber auch die Transitfrequenz (Abschnitt 4.1.8), Funktionen der Kollektorspannung sind.

Je größer der Einfluß der Sperrschichtausdehnung auf die effektive Basisweite ist, desto größer ist auch der Early-Effekt. Dies ist nach (4.31) besonders bei kleinen metallurgischen Basisweiten der Fall.

Early-Spannung

Man beschreibt den Early-Effekt durch die Earlyspannung U_A . Diese Spannung ergibt
sich auf die in Bild 4.23 gezeichnete Weise.

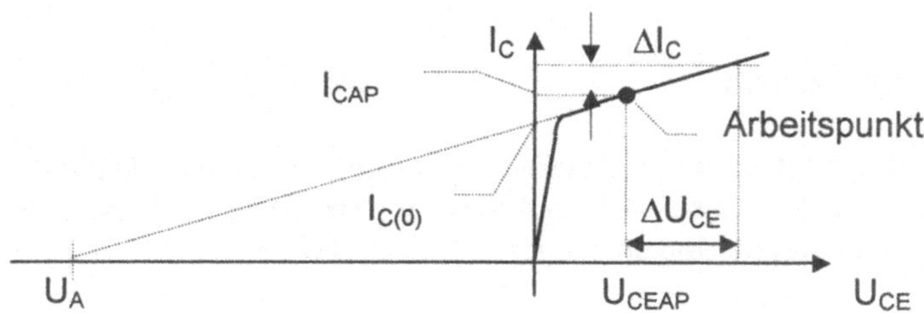

Bild 4.23
Zur Definition der Early- Spannung U_A

Bild 4.23 zeigt die Ausgangskennlinie, die in den zweiten Quadranten hinein so weit
verlängert ist, daß der Schnittpunkt mit der negativen Spannungsachse erreicht wird.
Dieser Schnittpunkt markiert eine negative Spannung, deren Betrag die Early- Spannung
ist. Der Innenwiderstand r_C des Transistors nach Gleichung (4.30) läßt sich damit
folgendermaßen ausdrücken:

$$r_C = \frac{\Delta U_{CE}}{\Delta I_C} = \frac{U_A}{I_{C(0)}} = \frac{U_A + U_{CEAP}}{I_{CAP}} \approx \frac{U_A}{I_{CAP}} \qquad (4.32)$$

Die Kollektorspannung U_{CEAP} darf man dann vernachlässigen, wenn sie klein gegen die
Earlyspannung ist. Für einen Standardtransistor liegt die Earlyspannung in der
Größenordnung 100V. Aus Gleichung (4.32) kann man mit dem nach (4.30) durch
Messung bestimmten Innenwiderstand r_C die Spannung U_A ermitteln.
Für einen Transistor, dessen metallurgische Basisweite groß gegen die Sperrschicht-
ausdehnung ist, läßt sich die Early- Spannung angenähert angeben zu (ohne Herleitung)

$$U_A = \frac{e N_B w_B^2}{\varepsilon}$$

Darin sind e die Elementarladung, N_B die Dotierkonzentration in der Basis und ε die
Dielektrizitätskonstante $\varepsilon_0 \cdot \varepsilon_r$. Die Dielektrizitätszahl ε_r des Siliziums ist etwa 12.

Bei einem guten Transistor soll die Early- Spannung möglichst groß sein. Dazu muß die
Ausdehnung der Kollektorsperrschicht in die Basis hinein möglichst klein sein. Dieses
erreicht man dadurch, daß man die gesamte Ausdehnung der Kollektorsperrschicht so
verteilt, daß sie sich überwiegend in das Kollektorgebiet hinein erstreckt. Nach
Abschnitt 3.1.5 muß also der Kollektor gegenüber der Basis schwach dotiert sein. Für

einen Standardtransistor, der einen guten Emitterwirkungsgrad und eine hohe Early-Spannung haben soll, ergibt sich die Forderung nach einem stark dotierten Emitter, einer mittelstark dotierten Basis und einem schwach dotierten Kollektor:

$$N_E > N_B > N_C \tag{4.33}$$

Ausgangswiderstand

Nach dem oben gesagten ist der Transistor eine Stromquelle mit dem endlichen Innenwiderstand r_C . Man kann sich nach Bild 4.24 den Transistor als Parallelschaltung eines idealen Transistors und des Innenwiderstandes r_C denken.

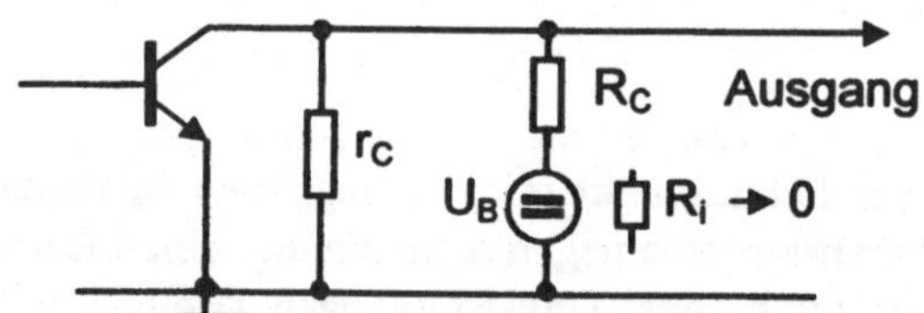

Bild 4.24
„Ideale" Stromquelle Transistor mit parallelgeschaltetem Innenwiderstand r_C und Arbeitswiderstand R_C

Der Ausgangswiderstand r_{aus} dieser Schaltung ist die Parallelschaltung der Widerstände. Dieser Wert ist gleichzeitig der effektive Arbeitswiderstand R_{Ceff} , denn der Innenwiderstand r_C liegt dem Arbeitswiderstand R_C parallel, wenn der Innenwiderstand der Betriebsspannungsquelle U_B hinreichend klein ist.

$$r_{aus} = R_{Ceff} = R_C \| r_C \tag{4.34}$$

Verstärkungs- und Rückwirkungsfaktor

Mit dem effektiven Arbeitswiderstand nach (4.34) ist der Betrag der Spannungsverstärkung nach Abschnitt 4.1.3

$$v = S R_{Ceff} = \frac{I_{CAP}}{U_T} R_C \| r_C = \frac{I_{CAP}}{U_T} R_C \| \frac{U_A}{I_{CAP}}$$

Die Verstärkung wird dann sehr groß, wenn man R_C beliebig groß werden läßt (dies ist nur ein Gedankenexperiment, denn um dabei den Strom I_{CAP} konstant zu halten, müßte man auch die Betriebsspannung beliebig erhöhen). Dann wird der effektive Arbeitswiderstand $R_{ceff} \rightarrow r_C$ und es gilt für die Spannungsverstärkung

$$v = \frac{I_{CAP}}{U_T} \cdot \frac{U_A}{I_{CAP}} = \frac{U_A}{U_T} = \mu \tag{4.35}$$

Die Größe μ heißt **Verstärkungsfaktor** und ist die höchste denkbare Spannungsverstärkung einer einzelnen Transistorverstärkerstufe.

Mit dem **Beispielswert**
100V für die Early- Spannung und dem Wert 26mV für die Temperaturspannung ergibt sich der Wert $\mu = 3846$.

Der Kehrwert des Verstärkungsfaktors ist der **Rückwirkungsfaktor** η. Es gilt

$$\eta = \frac{1}{\mu} = \frac{U_T}{U_A} \tag{4.36}$$

Dieser Rückwirkungsfaktor beschreibt die Rückwirkung des Transistorausgangs auf den Eingang, also vom Kollektor auf die Basis. Eine Änderung der Kollektorspannung von beispielsweise 1V hat bei unserem Beispieltransistor eine Änderung der Basisspannung von $1V \cdot \eta = 1V/3846 = 0,26mV$ zur Folge. Die Rückwirkung ist also ein kleiner Effekt, der meistens unberücksichtigt bleiben kann. In einigen Fällen aber, zum Beispiel bei Problemen mit Störstrahlung in Empfängerschaltungen (Elektromagnetische Verträglichkeit EMV) muß sie jedoch berücksichtigt werden. Von größerer praktischer Bedeutung ist die kapazitive Rückwirkung über die Kapazität der Kollektor-Basis-Sperrschicht, die sog. MILLER-Kapazität, deren effektiver Wert in vielen schaltungstechnischen Anwendungen um den Faktor Spannungsverstärkung vergrößert erscheint (vergleiche Aufgabe 4.4.5).

4.1.5 Bahnwiderstände

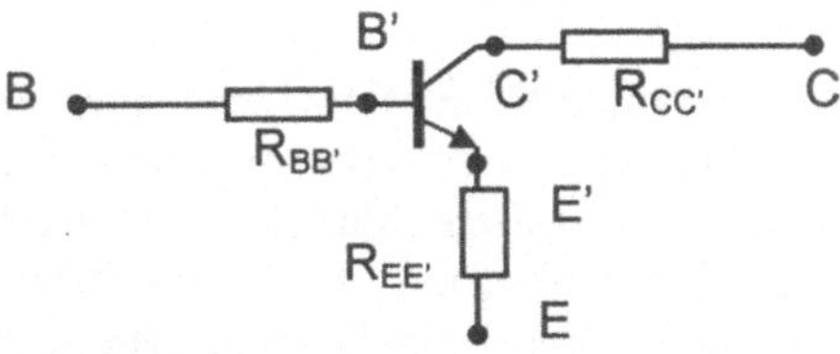

Bild 4.25
Innerer Transistor mit Bahnwiderständen

Den idealen Transistor denkt man sich frei von Bahnwiderständen. Der reale Transistor jedoch hat ohm'sche Widerstände in den Bahngebieten zwischen den äußeren Anschlüssen und den Sperrschichten. Zur Definiton der Bahnwiderstände denkt man sich nach Bild 4.25 den Transistor in einen widerstandsfreien inneren Transistor mit den Anschlüssen E', B' und C' für Emitter, Basis und Kollektor, den Emitterbahnwiderstand $R_{EE'}$, den Basisbahnwiderstand $R_{BB'}$ sowie den Kollektorbahnwiderstand $R_{CC'}$ und die äußeren Anschlüsse E, B und C aufgeteilt.

Bild 4.26 zeigt den prinzipiellen Aufbau des realen Transistors. Der hochdotierte (Abschnitt 4.1.2) und damit niederohmige Emitter ist direkt kontaktiert. Der **Emitterbahnwiderstand** ist demzufolge klein, er liegt für einen FFM-Transistor in der Größenordnung 1Ω.

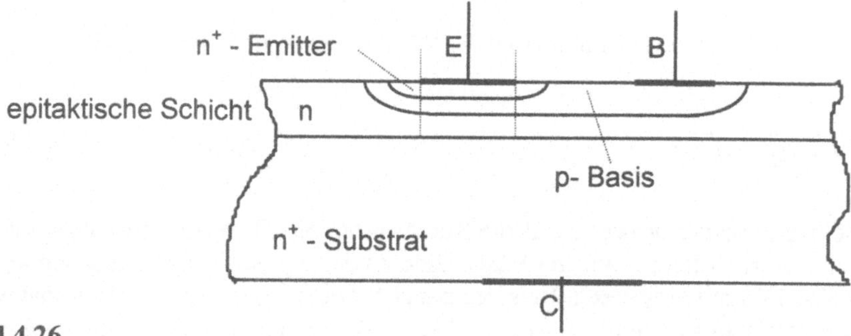

Bild 4.26

Grundsätzlicher Aufbau des realen Transistors; der Abschnitt zwischen den gestrichelten Linien ist der Modelltransistor nach Bild 4.1

Die Basis ist nach dem bisher Gesagten mittelstark dotiert, also hochohmiger als der Emitter. Ihr Schichtwiderstand (Abschnitt 2.1) liegt typisch bei ca. $200\Omega/\square$. Die Basis ist für den Basiskontakt seitwärts herausgezogen, so daß sich ein längerer Stromweg ergibt. Der Schichtwiderstand der inneren Basis zwischen Emitter und Kollektor ist wesentlich größer, weil die gut leitende Oberflächenzone durch den Emitter abgedeckt ist, und liegt bei etwa $4k\Omega/\square$. Die genaue Berechnung des Basisbahnwiderstandes ist schwierig, weil er von der aktuellen Stromverteilung und diese wiederum von den Spannungen und Strömen abhängt. Für den FFM-Transistor schwankt der **Basisbahnwiderstand** zwischen ca. 500Ω bei kleinen und 200Ω bei großen Kollektorströmen.

Infolge des räumlich verteilten Basisbahnwiderstandes verteilt sich der Kollektorstrom nicht gleichmäßig über die Emitterfläche, weil die örtlich wirksame Basis-Emitterspannung an der dem Basisanschluß zugewandten Kante des Emitters am größten ist (Bild 4.27). Dies geht so weit, daß der Emitterstrom bei höheren Werten fast nur noch an dieser Kante fließt. Diesen Effekt nennt man die Stromverdrängung unter dem

Emitter (emitter crowding). Um ihn herabzumildern, benutzt man gerne streifenförmige Emitter mit großen Kantenlängen, sog. Fingerstrukturen (vergleiche Bild 4.57), die gleichzeitig den Basisbahnwiderstand herabsetzen. Ein kleiner Basisbahnwiderstand ist ebenfalls für rauscharme und für Hochfrequenz- Transistoren von Vorteil.

Bild 4.27

a) Aufteilung des Basisbahnwiderstandes in einen festen Anteil R_B und einen räumlich verteilten Anteil R_{BX}

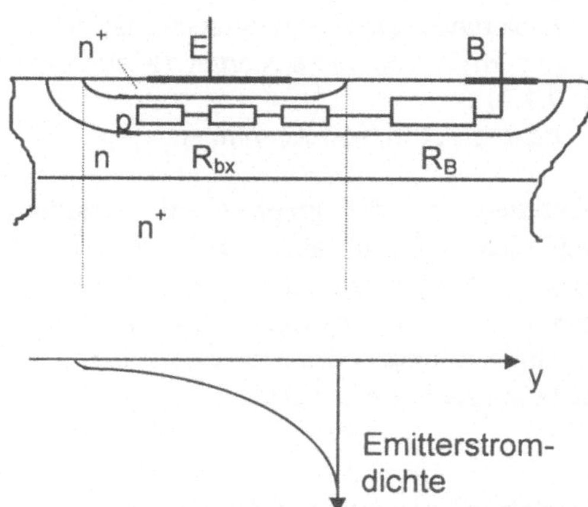

b) Abhängigkeit der Emitterstromdichte vom Ort, verursacht durch den Basisspannungsabfall innerhalb von R_{BX}

Der **Kollektorbahnwiderstand** schließlich wird zum Teil durch die schwach dotierte (Abschnitt 4.1.4) Kollektorzone und zum Teil durch das Substrat gebildet, das nur als Träger dient und stark dotiert ist. Ein typischer Wert ist 50Ω.

Der Kollektorbahnwiderstand $R_{CC'}$ liegt in Reihe zum hohen Innenwiderstand der durch den Transistor gebildeten Stromquelle. Daher hat er in den meisten Fällen keinen großen Einfluß. Im Falle der Sättigung aber (Abschnitt 4.1.9) , der für den Schalterbetrieb von Bedeutung ist, arbeitet der Transistor nicht als Stromquelle. Hier ist der Kollektorbahnwiderstand äußerst störend, weil er in Serie zum Schalter liegt.

Emitter- und Basisbahnwiderstand haben deshalb große Auswirkung, weil die an ihnen abfallende Spannung die Steuerspannung $U_{B'E'}$ an der inneren Basis beeinflußt:

$$U_{B'E'} = U_{BE} - R_{BB'} \cdot I_B - R_{EE'} \cdot I_E \approx U_{BE} - I_B\left(R_{BB'} + BR_{EE'}\right) \qquad (4.37)$$

Der Emitterbahnwiderstand läßt sich gemäß (4.37) mit Hilfe der Stromverstärkung in den Basiskreis umrechnen. Der Basisbahnwiderstand ist darüber hinaus noch eine der wichtigen Rauschquellen im Transistor (siehe Abschnitt 4.1.10).

Die Bahnwiderstände (bulk resistance) sind auch Parameter für die Transistormodelle, die für Schaltungsanalyseprogramme verwendet werden. Sie werden hier mit RE, RB und RC bezeichnet.

4.1.6 Kennlinien

Man kann das Verhalten der Transistoren auf mindestens drei Arten beschreiben:

- analytisch mit Hilfe der nichtlinearen Netzwerkgleichungen, wie es z.B. in den Schaltungsanalyseprogrammen geschieht,
- mit Hilfe von linearisierten (Kleinsignal-) Vierpolgleichungen, (siehe Abschnitt 4.1.7)
- oder mit Hilfe von Kennlinien.

Kennlinien sind die graphischen Darstellungen der funktionalen Zusammenhänge. Kennlinien können aber auch die Darstellung von meßtechnisch ermittelten Zusammenhängen sein. Unter der Annahme, daß richtig gemessen wurde, stellen diese Kennlinien die physikalische Wirklichkeit dar, während die analytischen Verfahren auf Modellvorstellungen des Transistors, den Gleichungen, beruhen. Kennlinien sind daher eine bewährte Form der Darstellung.

Ausgangskennlinienfeld

Die Ausgangskennlinie Bild 4.28 zeigt den Zusammenhang zwischen den Ausgangsgrößen Kollektorstrom I_C und Kollektor- Emitterspannung U_{CE}. Sie ist dort im Teilbild a) nach der Transistorgleichung (4.2) als ideale Stromquelle, im Teilbild b) unter Berücksichtigung des Innenwiderstandes r_C und schließlich in c) als reales Kennlinienfeld für mehrere Steuerparameter I_B dargestellt.

Bild 4.28

Ausgangskennlinie

a) idealisiert nach Gl. (4.2)

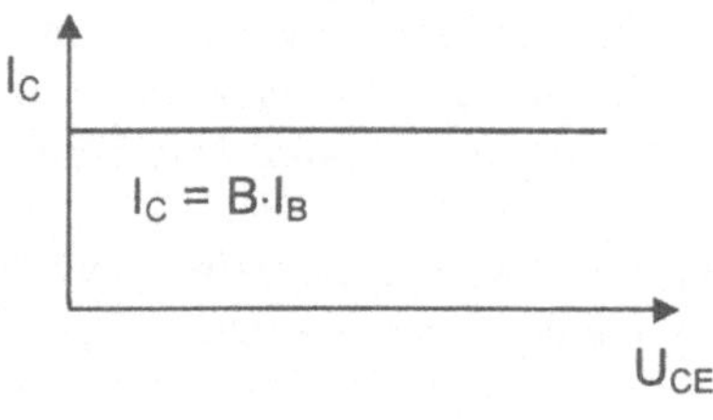

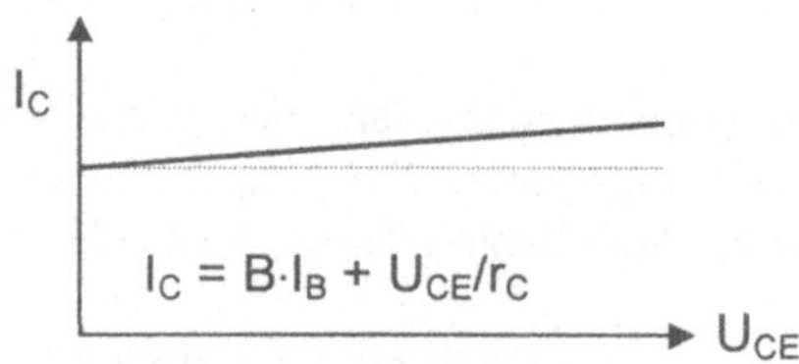

b) Early- Effekt berücksichtigt

Bild 4.28

c) gemessenes Kennlinienfeld

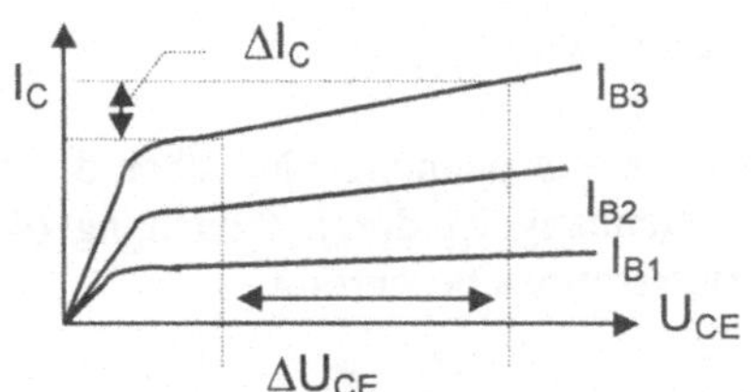

Aus diesem Kennlinienfeld kann man den Innenwiderstand r_C der durch den Transistor gebildeten Stromquelle mit Gleichung (4.29) und die Early-Spannung mit Gl. (4.31) ermitteln:

$$r_C = \frac{\Delta U_{CE}}{\Delta I_C} \tag{4.29}$$

und

$$U_A = r_C \cdot I_{CAP} \tag{4.31}$$

Ebenso kann man die Stromverstärkung bestimmen, wenn man den Kollektorstrom I_{CAP} durch den zugehörigen Basistrom teilt. Liegt also z. B. I_{CAP} auf der zweiten Kennlinie in Bild 4.29 c), so gilt

$$B = \frac{I_{CAP}}{I_{B2}}$$

Stromverstärkungskennlinie

Die Stromverstärkungskennlinie nach Bild 4.29 stellt den Zusammenhang zwischen dem Kollektorstrom I_C und dem Basistrom I_B dar.

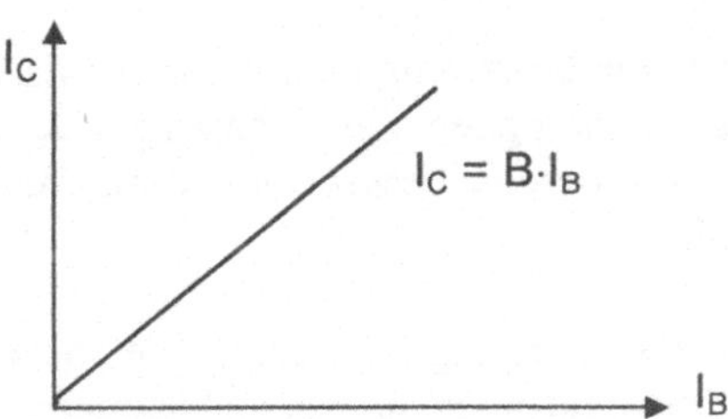

Bild 4.29
Stromverstärkungskennlinie

Da die Stromverstärkung nur wenig vom Strom abhängt (vergleiche Abschnitt 4.1.2) , ist diese Kennlinie näherungsweise eine Gerade.

Eingangskennlinie

Basisstrom und Basisspannung sind über die Eingangskennlinie Bild 4.30 verknüpft. Dieser Zusammenhang ist durch Gleichung (4.22) gegeben, die einen exponentiellen Verlauf des Basistromes beschreibt.

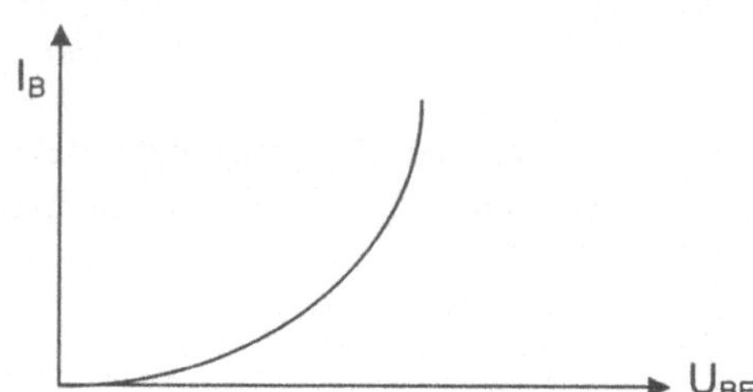

Bild 4.30
Eingangskennlinie

Die **Übertragungskennlinie** wurde bereits in Bild 4.16 gezeigt. Sie stellt den exponentiellen Zusammenhang zwischen Eingangsspannung U_{BE} und Kollektorstrom I_C her .

Rückwirkungskennlinie

Schließlich stellt die Rückwirkungskennlinie (Bild 4.31) die Abhängigkeit der Eingangsspannung U_{BE} von der Ausgangsspannung U_{CE} dar, die durch den Rückwirkungsfaktor η nach Gleichung (4.36) gegeben ist.

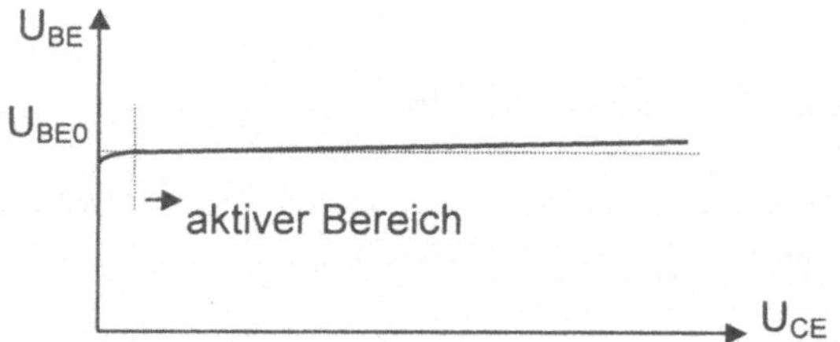

Bild 4.31
Rückwirkungskennlinie

U_{BE0} ist darin die basisseitig eingestellte Basis-Emitter-Spannung. Diese Kennlinie zeigt die geringe Abhängigkeit der Spannung U_{BE} von der Spannung U_{CE} , die ja, wie in Abschnitt 4.1.4 bereits besprochen, dazu führt, daß man die Rückwirkung meistens vernachlässigt.

Man kann die Eingangskennlinie, die Stromverstärkungskennlinie und das Ausgangskennlinienfeld auch in einem Diagramm zusammenfassen. Dann erhält man die „Vierquadrantendarstellung" nach Bild 4.32. Mit ihrer Hilfe kann man den Verstärkungsvorgang im Transistor, wie er im Abschnitt 4.1.3 bereits besprochen wurde, graphisch nachvollziehen. Dabei wird auch der Begriff des effektiven Arbeitswiderstandes nach Gleichung (4.34) durch die Steigung der Ausgangskennlinien verdeutlicht.

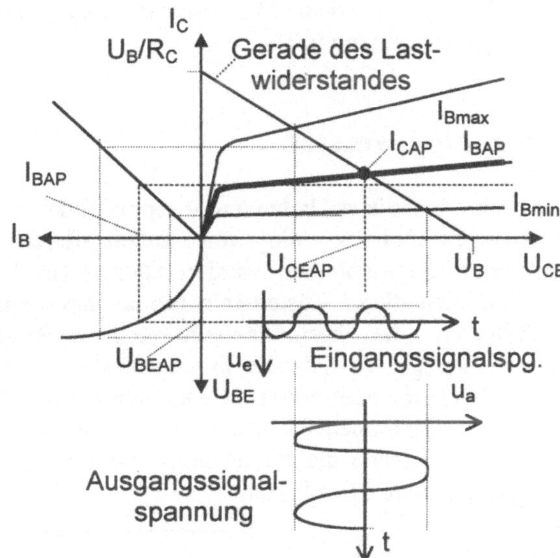

Bild 4.32
Kennlinien in Vierquadrantendarstellung zur Erläuterung
des Verstärkungsvorganges

Das Bild zeigt die Kennlinien mit dem hervorgehobenen Arbeitspunkt. Die Basis-Emitter-Spannung im Arbeitspunkt ist U_{BEAP}. Der Basisstrom im Arbeitspunkt ist I_{BAP}, er bestimmt die Ausgangskennlinie für den Basistrom I_{BAP}.

Der Spannung U_{BEAP} ist die zu verstärkende Eingangssignalspannung $u_e(t) = \hat{u}_e \sin(\omega t)$ überlagert. Es ergibt sich ein Bereich der Basis-Emitter-Spannung zwischen den Werten $U_{BEmax} = U_{BEAP} + \hat{u}_e$ und $U_{BEmin} = U_{BEAP} - \hat{u}_e$, in dem sich die gesamte Basis-Emitter-Spannung bewegt. Folglich gibt es auch einen Bereich für den Basistrom zwischen den Werten I_{bmax} und I_{bmin}, die auch jeweils eine Kennlinie des Ausgangskennlinienfeldes bestimmen.

Der Transistorverstärker nach Bild 4.17 enthält auch den Arbeitswiderstand R_C, an dem der Kollektorstrom I_C einen Spannungsabfall erzeugt. Für die Kollektor-Emitter-spannung U_{CE} gilt dann $U_{CE} = U_B - I_C{\cdot}R_C$ oder für den Kollektorstrom

$$I_C = \frac{U_B}{R_C} - \frac{1}{R_C}U_{CE} \tag{4.38}$$

U_B ist darin die Betriebsspannung. Gleichung (4.38) stellt in einem I_C/U_{CE} - Diagramm eine fallende Gerade mit dem Achsabschnitt U_B/R_C dar. Diese Gerade ist die Gerade des Arbeitswiderstandes oder kurz die Arbeitsgerade und kann in das Ausgangs-kennlinienfeld hineingezeichnet werden. Da der Widerstand R_C und der Transistor in Serie liegen und daher vom selben Strom durchflossen werden, geben die Schnittpunkte der Arbeitsgeraden mit den Ausgangskennlinien die aktuellen Werte der Spannung U_{CE} und des Stromes I_C an. Die Spannung U_{CE} in Bild 4.32 ändert sich also zwischen dem

Maximalwert U_{CEmax} und dem Minimalwert U_{CEmin}. Dieser Wechselanteil ist die verstärkte Ausgangsspannung $u_a(t)$.

4.1.7 Vierpolparameter

Die in der Elektrotechnik so beliebten Vierpole (oder auch Zweitore) sind schwarze Kästen beliebigen Inhalts, die von außen durch je zwei Eingangs- und Ausgangsklemmen angeschlossen werden können (Bild 4.33). Man beschreibt das elektrische Verhalten dieser Kästen rein formal durch einen Gleichungssatz, und das spezielle Verhalten eines bestimmten Kastens ist durch die Parameter in diesen Gleichungen festgelegt. Ob sich also in dem Kasten ein Schwingkreis, eine matschige Kartoffel, ein Transistor oder etwas anderes befindet, ist ohne Bedeutung, solange man nur die Parameter bestimmen kann, die das elektrische Verhalten richtig beschreiben. Die Gleichungssätze geben die Beziehungen zwischen den Eingangsgrößen u_1 und i_1 und den Ausgangsgrößen u_2 und i_2 an.

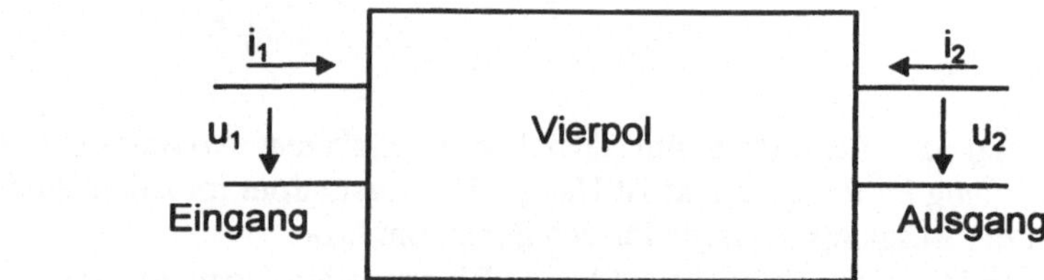

Bild 4.33
Vierpol

Im Laufe der Zeit sind viele Gleichungssätze definiert worden. Die bekanntesten und im Zusammenhang mit Transistoren am meisten gebrauchten Gleichungen sind die Hybridgleichungen (4.39). Die Bezeichnung „hybrid" wurde gewählt, weil die Parameter der Gleichungen unterschiedliche Dimensionen haben, wie unten noch gezeigt wird.

$$u_1 = h_{11}i_1 + h_{12}u_2 \qquad\qquad (4.39\,a)$$

$$i_2 = h_{21}i_1 + h_{22}u_2 \qquad\qquad (4.39\,b)$$

Die Koeffizienten h_{11} bis h_{22} sind die Parameter dieser Gleichungen, die **Vierpolparameter**. Für die Hybridgleichungen werden sie **h- Parameter** genannt.

Wenn man diese Parameter meßtechnisch bestimmen will, so hat man das Problem, daß man vier Parameter bestimmen muß, aber nur zwei Gleichungen zur Verfügung stehen. Man führt daher zusätzliche Bedingungen ein:

1. Man schließt den Ausgang kurz. Dann wird u_2 zu Null und man erhält aus Gleichung (4.39 a) den **Kurzschlußeingangswiderstand** des Vierpols

$$h_{11} = \frac{u_1}{i_1}$$

Aus (4.39 b) ergibt sich die **Kurzschlußstromverstärkung**

$$h_{21} = \frac{i_2}{i_1}$$

2. Man sorgt für eingangsseitigen Leerlauf. Damit verschwindet i_1 und Gleichung (4.39 a) liefert die **Leerlaufspannungsrückwirkung**

$$h_{12} = \frac{u_1}{u_2}$$

Gleichung (4.39 b) schließlich führt auf den **Leerlaufausgangsleitwert**

$$h_{22} = \frac{i_2}{u_2}$$

Diese Betrachtungen sind rein formal und allgemeingültig. Man kann sie aber speziell für den Fall deuten, daß der schwarze Kasten einen Transistor enthält. Betrachtet man nämlich die Größen i_1 , i_2 , u_1 und u_2 als **Kleinsignalgrößen** im Sinne von Abschnitt 4.1.3, so zeigt sich, daß man diese Vierpolparameter mit Bedeutung belegen kann.

Für die Emitterschaltung ergibt sich folgendes:

Mit dem **Eingangswiderstand** nach Gleichung (4.28) wird

$$h_{11} = \frac{u_1}{i_1} = \frac{dU_{BE}}{dI_B} = r_e = B\frac{U_T}{I_{CAP}} \tag{4.40}$$

Für die **Stromverstärkung** gilt mit Gleichung (4.20)

$$h_{21} = \frac{i_2}{i_1} = \frac{dI_C}{dI_B} = \beta \approx B \tag{4.41}$$

Da die Stromverstärkung B sehr stark streut (vergleiche Abschnitt 4.1.2), ist die Unterscheidung von Gleich- und Kleinsignalstromverstärkung praktisch nicht von großer Bedeutung.

Mit Gleichung (4.36) ergibt sich die **Spannungsrückwirkung** zu

$$h_{12} = \frac{u_1}{u_2} = \frac{dU_{BE}}{dU_{CE}} = \eta = \frac{U_T}{U_A} \tag{4.42}$$

Für den **Ausgangsleitwert** folgt schließlich mit Gleichung (4.31)

$$h_{22} = \frac{i_2}{u_2} = \frac{dI_C}{dU_{CE}} = \frac{1}{r_C} = \frac{I_{CAP}}{U_A} \tag{4.43}$$

Die h- Parameter sind also Größen, die wir bereits in den vorigen Abschnitten besprochen haben. Sie sind nur Beträge und liefern keine Aussage über Blindanteile, insbesondere die im Transistor vorhandenen Kapazitäten.

Für die Hybridgleichungen läßt sich ein Kleinsignalersatzschaltbild 4.34 des Transistors zeichnen, das die genannten Größen enthält. Kleinsignalersatzschaltbild heißt es deshalb, weil nur die differentiellen Kleinsinalgrößen enthalten sind und die Einstellung des Arbeitspunktes unberücksichtigt bleibt.

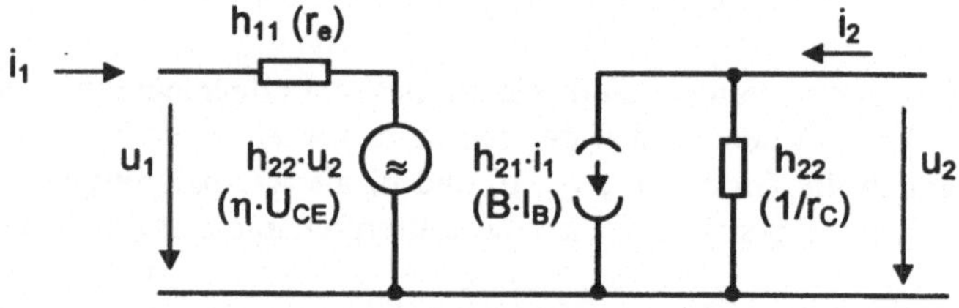

Bild 4.34
Kleinsignalersatzschaltbild
für die h- Parameter
in Emitterschaltung

Dieses Ersatzschaltbild enthält die vier genannten Größen und ist eine formale Beschreibung des Kleinsignalverhaltens eines bipolaren Transistors.

Neben den h- Parametern haben die **y- oder Leitwertparameter** Bedeutung erlangt. Für sie wird in den Datenblättern oft auch der (meist kapazitive) Blindanteil angegeben, so daß man mit ihnen auch Einflüsse der Frequenz berücksichtigen kann.

Die Berechnung des Transistorverhaltens über Vierpolgleichungen z.B. der h- oder y- Matrix ist durch die Schaltungsanalyseprogramme stark in den Hintergrund getreten.

Streuparameter
Von derzeit großer meßtechnischer Bedeutung für Bauelemente sind jedoch die Parameter der Streumatrix, die s- oder Streuparameter (scatter parameters). Diese Streu-

parameter lassen sich auch bei sehr hohen Frequenzen (bis weit in den Ghz- Bereich hinein) zuverlässig messen und werden gerne zur Bestimmung von Modellparametern für Schaltungsanalyseprogramme benutzt.
Die zugehörigen Gleichungen haben die Form

$$b_1 = s_{11}a_1 + s_{12}a_2$$

$$b_2 = s_{21}a_1 + s_{22}a_2$$

(4.44)

Die Größen a und b sind darin mit dem Wellenwiderstand normierte Wellengrößen, wobei a die zum Vierpol hinlaufende und b die rücklaufende Welle ist. Die Indizes 1 und 2 beziehen sich auf Eingang und Ausgang des Vierpols. Mit dem Wellenwiderstand Z_w und den Amplituden U und I ergeben sich diese Größen zu

$$a = I_{hin}\sqrt{Z_w} = \frac{U_{hin}}{\sqrt{Z_w}}$$

$$b = I_{rück}\sqrt{Z_w} = \frac{U_{rück}}{\sqrt{Z_w}}$$

a^2 bzw. b^2 stellen somit Leistungen dar. Schließt man den Ausgang mit dem Wellenwiderstand ab, so wird $a_2 = 0$, bei abgeschlossenem Eingang wird $a_1 = 0$. Entsprechend den Gleichungen (4.40) bis (4.43) kann man dann die Parameter s_{11} bis s_{22} meßtechnisch nach Betrag und Phase bestimmen, in dem man die Ströme bzw. Spannungen mißt und daraus die Größen a und b ermittelt. So wird z. B der Eingangsreflexionsfaktor bei angepaßt abgeschlossenem Ausgang s_{11} bei $a_2 = 0$:

$$s_{11} = \frac{b_1}{a_1}$$

Der Reflexionsfaktor ist bekanntlich

$$r = s_{11} = \frac{Z_{ein} - Z_w}{Z_{ein} + Z_w}$$

so daß sich der Eingangswiderstand des Transistors angeben läßt:

$$Z_{ein} = Z_w \frac{1 + s_{11}}{1 - s_{11}} = B(f)\frac{I_{CAP}}{u_T}$$

So läßt sich beispielsweise die Stromverstärkung bei hohen Frequenzen nach Betrag und Phase messen, denn Z_w und s_{11} sind komplexe Größen. Aus dieser Messung kann auch die Transistfrequenz ermittelt werden, wenn man die Frequenz aufsucht, bei der der Betrag der Stromverstärkung Eins wird (vergleiche Bild 4.37).

4.1.8 Grenzfrequenzen

Die durch den Transistor gebildete Stromquelle wird nicht beliebig schnell gesteuert. Um das Zeitverhalten zu untersuchen, betrachten wir noch einmal das Diffusionsdreieck aus Bild 4.5. Das Diffusionsdreieck beschreibt den Verlauf der Konzentration der vom Emitter injizierten Minoritätsträger in der Basis. Diese Minoritätsträger stellen in der Basis eine Überschußkonzentration dar, der wir eine Basisladung Q_B zuordnen können. Bild 4.35 zeigt das Diffusionsdreieck, in das die Basisladung eingetragen ist.

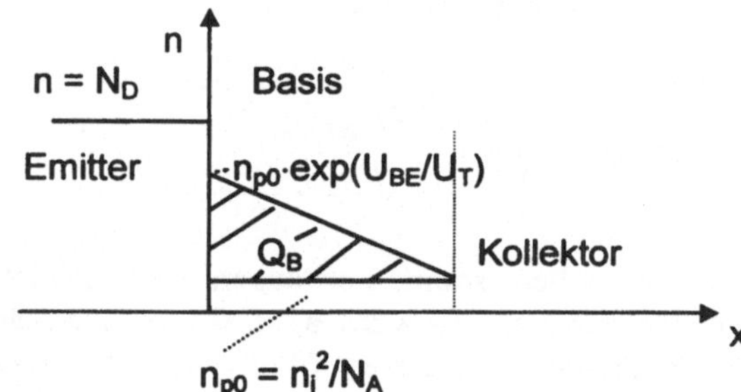

Bild 4.35
Diffusionsdreieck
und Basisladung Q_B

Transitfrequenz

Die Basisladung Q_B kann man bestimmen, indem man die Überschußkonzentration in der Basis über das Basisvolumen integriert. Im vorliegenden Fall ist das nicht schwierig, denn die Konzentration fällt von ihrem Anfangswert linear auf Null ab, so daß die mittlere Konzentration gleich dem halben Anfangswert ist. Diese mittlere Konzentration wird dann einfach mit dem Basisvolumen multipliziert, um die Basisladung zu erhalten. Das Basisvolumen ist das Produkt von Querschnittsfläche A des Transistors mit der Basisweite w_B. Der Anfangwert der injizierten Überschußkonzentration ist nach Gleichung (3.35) und Abschnitt 4.1

$$n(0) = n_{po}\, e^{\frac{U_{BE}}{U_T}}$$

Damit wird die Basisladung Q_B

$$Q_B = \frac{1}{2} Aen_{po} w_B e^{\frac{U_{BE}}{U_T}} \tag{4.45}$$

Der Kollektorstrom des Transistors ist nach Gleichung (4.2), wenn man die (-1) in der Klammer vernachlässigt

$$I_C = \frac{AeD_n n_{po}}{w_B} e^{\frac{U_{BE}}{U_T}}$$

Das Verhältnis Q_B/I_C ist die Durchlaufzeit t_B der Minoritätsträger durch die Basis (transit time)

$$t_B = \frac{Q_B}{I_C} = \frac{Aen_{po} w_B^2 e^{\frac{U_{BE}}{U_T}}}{2 AeD_n n_{po} e^{\frac{U_{BE}}{U_T}}} = \frac{w_B^2}{2D_n} \tag{4.46}$$

Der Kehrwert dieser **Transitzeit** t_B ist die **Transitkreisfrequenz** ω_T

$$\omega_T = \frac{1}{t_B} = \frac{2D_n}{w_B^2}$$

Die **Transitfrequenz** f_T

$$f_T = \frac{\omega_T}{2\pi} = \frac{2D_n}{2\pi w_B^2} = \frac{D_n}{\pi w_B^2} = \frac{U_T \mu_n}{\pi w_B^2} \tag{4.47}$$

ist für den Standardtransistor das meistgebrauchte Geschwindigkeitsmerkmal. Auch hier wird deutlich, daß die Basisweite ein entscheidender Bauparameter des Transistors ist, denn die Transitfrequenz fällt mit dem Quadrat der Basisweite. Ferner ist ersichtlich, daß die Ladungsträgerbewglichkeit μ von Bedeutung ist. Je größer die Ladungsträgerbeweglichkeit in einem Halbleitermaterial ist, desto höher wird die Transitfrequenz.

Ein Vergleich von Ladungsträgerbeweglichkeiten:

		Germanium (Ge)	Silizium (Si)	Galliumarsenid (GaAs)
Beweglichkeit der Löcher	μ_p	1800	480	400 cm^2/Vs
dto. der Elektronen	μ_n	3800	1400	8000 cm^2/Vs

Seine überragende Rolle hat das Silizium nicht seiner Ladungsträgerbeweglichkeit zu verdanken, sondern der guten technischen Beherrschbarkeit, die besonders kleine Basisweiten ermöglicht. Dennoch verwendet man für extrem schnelle Transistoren Galliumarsenid. (Es werden auch solche Höchstfrequenztransitoren gebaut, die die extrem hohe Ladungsträgerbeweglichkeit in sehr dünnen Schichten ausnutzen. Dies sind dann z.B. „High Electron Mobility Transistors, abgekürzt HEMT" oder „Hetero Bipolar Transistors, abgekürzt HBT".)

Stromverstärkung und Grenzfrequenz

Man kann auch Grenzfrequenzen für die Stromverstärkung angeben. Mit Gleichung (4.45) wird der Kollektorstrom

$$I_C = \frac{Q_B}{t_B}$$

Definiert man mit der Diffusionslänge L_n und der Diffusionskonstanten D_n die Trägerlebensdauer τ_n (vergleiche Gl. 3.36)

$$\tau_n = \frac{L_n^2}{D_n}$$

so kann man unter der Annahme, der Emitterwirkungsgrad sei gleich eins, den Basisstrom ausdrücken:

$$I_B = \frac{Q_B}{\tau_n}$$

Die Stromverstärkung in Emitterschaltung ist damit

$$B = \frac{I_C}{I_B} = \frac{Q_B / t_B}{Q_B / \tau_n} = \frac{\tau_n}{t_B} \tag{4.48}$$

Läßt man nun auch zeitliche Änderungen des Basisstroms zu, so wird der Basisstrom

$$I_B = \frac{Q_B}{\tau_n} + \frac{dQ_B}{dt}$$

Mit $Q_B = t_B \cdot I_C$ folgt

$$I_B = \frac{t_B}{\tau_n} I_C + t_B \frac{dI_C}{dt} = I_{BAP} + i_B \tag{4.49}$$

Der Basisstrom besteht aus dem Gleichanteil I_{BAP} und dem Wechselanteil i_B. Die Gleichung enthält die Ableitung des Kollektorstromes nach der Zeit. Wir beschränken uns auf den technisch besonders wichtigen Spezialfall zeitlich sinusförmigen Kollektorstromes

$$I_C = I_{CAP} + i_C = I_{CAP} + \hat{i}e^{j\omega t} \quad \text{mit} \quad i_C = \hat{i} \cdot e^{j\omega t}$$

Die Ableitung nach der Zeit ist

$$\frac{dI_C}{dt} = j\omega\hat{i}e^{j\omega t} = j\omega i_C$$

Setzt man dies in (4.49) ein, so erhält man für den Basisstrom

$$I_B = \frac{t_B}{\tau_n}\left(I_{CAP} + i_C\right) + j\omega t_B i_C = I_{BAP} + i_B$$

Diese Gleichung enthält die statischen Anteile für den Arbeitspunkt und die zeitlich veränderlichen Teile i_C und i_B. Berücksichtigt man nur die veränderlichen Anteile, so erhält man

$$i_B = i_C \cdot \left(\frac{t_B}{\tau_n} + j\omega t_B\right)$$

Daraus läßt sich die Stromverstärkung gewinnen:

$$B \approx \beta = \frac{i_C}{i_B} = \frac{1}{\left(\dfrac{t_B}{\tau_n} + j\omega t_B\right)}$$

Mit der statischen Stromverstärkung $B_0 = \tau_n/t_B$ nach (4.48) und $t_B = 1/\omega_T$ wird daraus

$$B(f) = \frac{B_0}{1 + jB_0\dfrac{\omega}{\omega_T}} = \frac{B_0}{1 + jB_0\dfrac{f}{f_T}} \tag{4.50}$$

Die Stromverstärkung wird demnach frequenzabhängig und hat den gleichen Verlauf über der Frequenz wie ein einpoliger Tiefpaß, also wie z. B. ein RC-Glied. Bild 4.36 zeigt den Verlauf der Stromverstärkung über der Frequenz.

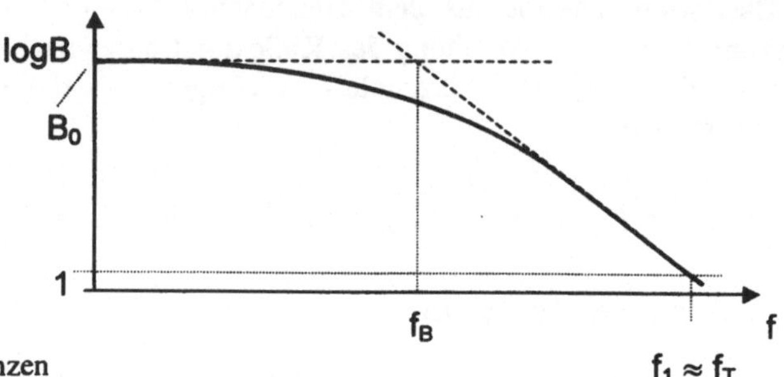

Bild 4.36
Verlauf der Stromverstärkung über der Frequenz mit
eingezeichneten Grenzfrequenzen

Die Frequenz f_1 ist die Frequenz, bei der der Betrag der Stromverstärkung B auf den Wert Eins herabgesunken ist. Die Transitfrequenz liegt nach Gleichung (4.50) nur ganz knapp darüber, so daß man meistens die Grenzfrequenzen f_1 und f_T gleichsetzt. Auch die 3dB-Grenzfrequenz der Stromverstärkung A in Basisschaltung f_A liegt sehr genau an dieser Stelle. Daher gilt

$$f_1 = f_T = f_A \tag{4.51}$$

Die 3dB-Grenzfrequenz der Stromverstärkung B in Emitterschaltung f_B liegt wesentlich tiefer. Da diese Stromverstärkung oberhalb der Grenzfrequenz f_B mit $1/\omega$ abfällt und bei der Transitfrequenz den Betrag Eins hat, gilt

$$f_B = \frac{f_T}{B_0} \tag{4.52}$$

Beispielswert
Für einen Standardtransistor liegt die Transitfrequenz bei etwa 500MHz. Seine Stromverstärkung B_0 in Emitterschaltung beträgt z.B. 400. Dann liegt die Grenzfrequenz f_B der Stromverstärkung B bei $f_B = 500\text{MHz}/400 = 1{,}25\text{MHz}$. Das ist ein recht niedriger Wert!

Nach Gleichung (4.50) hat die Stromverstärkung B oberhalb der Grenzfrequenz f_B den Phasenwinkel -90°. Diese Phasendrehung muß bei Stabilitätsbetrachtungen berücksichtigt werden. So kann z.B. ein einfacher Emitterfolger (siehe Abschnitt 4.2.3) bei kapazitiver Belastung einen negativen, d.h. entdämpfenden Wert des Eingangswiderstandes haben. Im übrigen kann die Phasendrehung bei einem realen Transistor auch Werte über -90° annehmen (excess phase).

Steilheitsgrenzfrequenz

Die Steilheit (vergleiche Abschnitt 4.1.3) ist die für die Spannungsverstärkung maßgebende Größe. Es gilt

$$S = \frac{I_C}{U_T} = \frac{I_{ES}}{U_T}\frac{B}{B+1}e^{\frac{U_{BE}}{U_T}} \tag{4.26}$$

Da hierin zunächst nur die Stromverstärkung frequenzabhängig ist, ist die 3dB-Grenzfrequenz der Steilheit durch die Frequenz gegeben, bei der $A = B/(B+1) = 0{,}707$ ist, also den 3dB- Punkt hat. Dies ist der Fall, wenn der Betrag der Stromverstärkung B = 2,41 ist, das entspricht der Frequenz $0{,}64 f_T$.
Praktisch ist die Steilheitsgrenzfrequenz f_S kleiner, weil der Basisbahnwiderstand mit den Transistorkapazitäten noch einen frequenzabhängigen Spannungsteiler bildet, der die wirksame Steuerspannung am inneren Transistor (vergleiche Bild 4.25) mit steigender Frequenz kleiner werden läßt. Daher gilt für die Größenordnungen

$$f_B < f_S < f_T$$

Emitterdiffusionskapazität

Aus der im Basisraum gespeicherten Ladung der injizierten Minoritätsträger Q_B (Gleichung (4.44)) kann man die Emitterdiffusionskapazität C_{ED} berechnen:

$$C_{ED} = \frac{dQ_B}{dU_{BE}} = \frac{Aen_{po}w_B}{2U_T}e^{\frac{U_{BE}}{U_T}} \tag{4.53}$$

Mit dem Kollektorstrom

$$I_C = \frac{Aen_{po}D_n}{w_B}e^{\frac{U_{BE}}{U_T}}$$

läßt sich schreiben

$$\frac{C_{ED}}{I_C} = \frac{w_B^2}{2D_n U_T}$$

Die Emitterdiffusionskapazität ist eine Kapazität, die dem Kollektorstrom proportional ist, ganz ähnlich wie die Diffusionskapaziät der Diode (Gleichung (3.70)), die dem Durchlaßstrom proportional ist.

$$C_{ED} = \frac{w_B^2}{2 D_n U_T} I_C = \frac{w_B^2}{2 D_n} \cdot \frac{I_C}{U_T} = t_B \cdot S \qquad (4.54)$$

Darin wurden die Transitzeit t_B nach Gleichung (4.46) und die Steilheit nach Gleichung (4.26) benutzt. Mit $\omega_T = 1/t_B$ und $S = 1/r_E$ läßt sich auch schreiben

$$\frac{1}{\omega_T} = t_B = r_E \cdot C_{ED} \qquad (4.55)$$

Auch hieraus wird deutlich, daß der Transistor sich wie ein RC- Tiefpaß verhält, denn die „Zeitkonstante" t_B läßt sich als Produkt des differentiellen Eingangswiderstandes des Emitters r_E und der Emitterdiffusionskapazität C_{ED} darstellen.

Beim realen Transistor ist der Emitterdiffusionskapazität C_{ED} die „normale" Sperrschichtkapazität nach Gleichung (3.62) der Basis- Emitter- Sperrschicht C_{ES} parallelgeschaltet. Die resultierende Zeitkonstante t_{Beff} ist

$$t_{Beff} = r_E \left(C_{ED} + C_{ES} \right) = \frac{1}{\omega_T} + \frac{U_T}{I_{CAP}} C_{ES} \qquad (4.56)$$

Bei kleinem Kollektorstrom ist t_{Beff} sehr viel größer als t_B , weil der zweite Summand in (4.56) sehr groß ist. Die Transitfrequenz ist also klein. Bei großen Kollektorströmen aber wird der zweite Summand immer kleiner, so daß $t_{Beff} \to t_B$ läuft und die Transitfrequenz bis auf den Wert nach (4.47) ansteigt. Bild 4.37 zeigt den Verlauf der Transistfrequenz über dem Kollektorstrom.

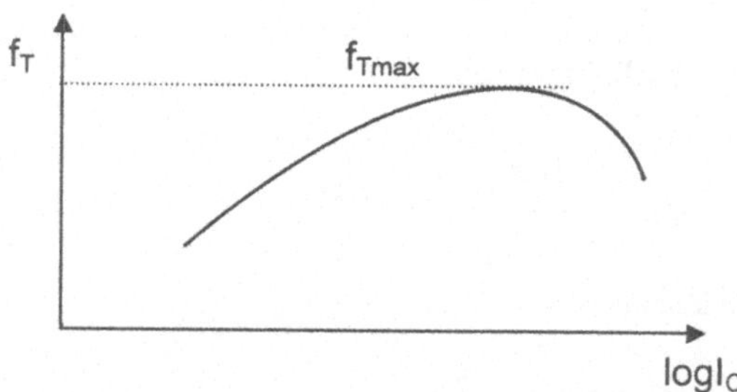

Bild 4.37
Verlauf der Transitfrequenz
über dem Kollektorstrom

Der Abfall der Transitfrequenz zu sehr hohen Strömen hin ist auf Hochinjektion und den KIRK-Effekt (das ist die Vergrößerung der effektiven Basisweite bei großen Strömen) zurückzuführen.

4.1.9 Sättigung und Schalterbetrieb

Transistor als Schalter

Bisher wurde der Transistor im aktiven Bereich betrachtet, in dem er sich wie eine gesteuerte Stromquelle verhält. Nun wollen wir uns den Sättigungsbereich ansehen. Bild 4.38 zeigt noch einmal des Ausgangskennlinienfeld, in das die Trennungslinie zwischen dem aktiven- und dem Sättigungsbereich eingezeichnet ist. (In manchen Fällen muß noch ein kleiner Bereich zwischen dem Sättigungs- und dem aktiven Bereich, der Quasisättigungsbereich, berücksichtigt werden, der hier aber nicht betrachtet werden soll)

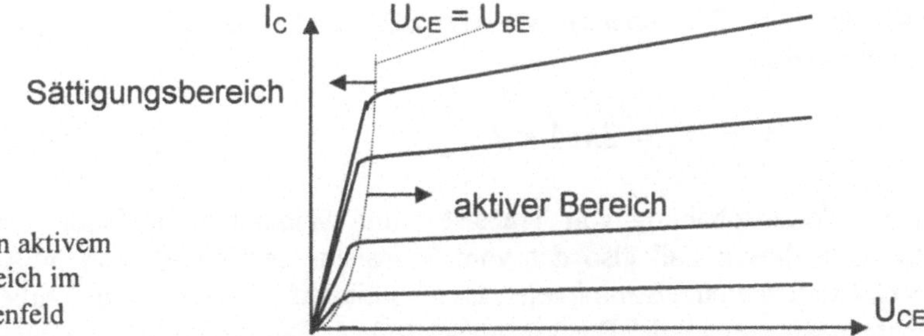

Bild 4.38
Trennung zwischen aktivem
und Sättigungsbereich im
Ausgangskennlinienfeld

Für den aktiven Bereich muß die Kollektor- Basis- Sperrschicht gesperrt sein, d.h. es muß gelten $U_{CE} > U_{BE}$. Die Trennungslinie zwischen den Bereichen liegt bei $U_{CB} = 0$ oder $U_{CE} = U_{BE}$.
Im aktiven Bereich ist der Transistor eine gesteuerte Stromquelle und es gilt

$$I_C = B \cdot I_B$$

Bild 4.39
Zur Erläuterung
der Sättigung:

a) Schaltbild

b) Ausgangskennlinienfeld
mit Arbeitsgerade

Wenn man durch Maßnahmen im äußeren Stromkreis den Kollektorstrom auf einen kleineren Wert begrenzt,

$$I_C < B \cdot I_B \qquad\qquad (4.57)$$

so ist die Stromquellenfunktion des Transistors außer Kraft gesetzt , d..h. der Transistor befindet sich in Sättigung. Als Beispiel sei die Schaltung nach Bild 4.39 gezeigt
Die Schaltung ist so dimensioniert, daß der Kollektorstrom den Wert

$$I_{C\,max} = \frac{U_B}{R} = \frac{10V}{1k\Omega} = 10mA$$

in keinem Fall überschreiten kann. Nehmen wir an, der Transistor habe die Stromverstärkung B = 300 . Speisen wir jetzt z.B. den Basisstrom I_B = 10µA ein, so wird der Kollektorstrom

$$I_C = B \cdot I_B = 3mA < I_{C\,max}$$

In der Serienschaltung von Transistor und Widerstand R fließt immer der kleinere Strom, in diesen Fall also der vom Transistor bestimmte Wert 3mA. Der Transistor verhält sich wie eine Stromquelle; im Kennlinienfeld stellt sich der Arbeitspunkt A ein. Nehmen wir nun an, der Basisstrom sei 100µA. Der Kollektorstrom wäre damit

$$I_C = B \cdot I_B = 30mA > I_{C\,max}$$

Dieser Strom kann aber nicht fließen, weil der Strom auf den Wert I_{cmax} = 10mA begrenzt ist. Der Transistor ist keine Stromquelle mehr! Er befindet sich in Sättigung, und es stellt sich im Kennlinienfeld der Arbeitspunkt B ein.
Ein Vergrößern des Widerstandes R auf z. B. 10kΩ (gestrichelt in Bild 4.39b) hätte den Transistor ebenfalls in Sättigung bringen können.

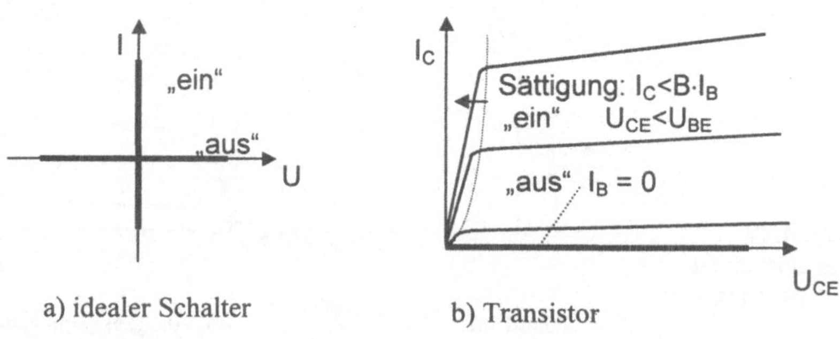

a) idealer Schalter   b) Transistor

Bild 4.40
Vergleich des Transistors mit dem idealen Schalter

Durch Schalten entweder in den Sperrzustand ($I_B = 0$) oder in den Sättigungsbereich ($I_B > I_C/B$) kann man den Transistor als Schalter verwenden. (Bild 4.40 a) Der Sperrzustand entspricht dem Zustand „aus" eines idealen Schalters, der Sättigungsbereich entspricht dem Zustand „ein".

Sättigungsspeicherladung und Speicherzeit

Zur weiteren Betrachtung zeichnen wir noch einmal des Diffusionsdreieck des Transistors. Bild 4.41a) zeigt den bekannten Fall des Transistors im aktiven Bereich, und das Teilbild b) stellt den Sättigungsfall dar.

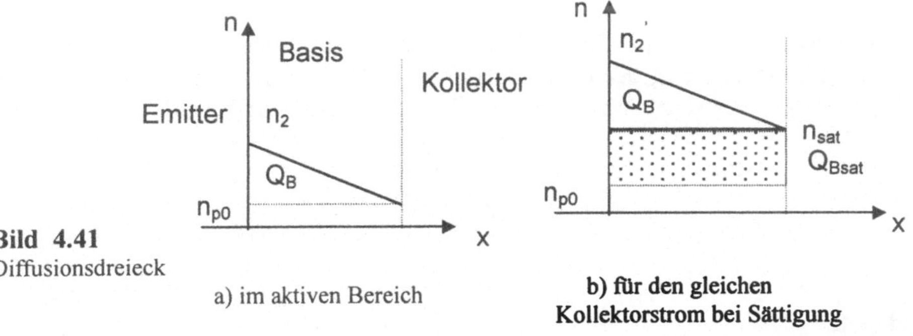

Bild 4.41
Diffusionsdreieck

a) im aktiven Bereich

b) für den gleichen
Kollektorstrom bei Sättigung

Im aktiven Bereich ist der Kollektorstrom durch Gleichung (4.2) gegeben. Vernachlässigt man dort die -1 in der Klammer, so gilt

$$I_C = \frac{AeD_n n_{po}}{w_B} e^{\frac{U_{BE}}{U_T}} \tag{4.58}$$

Die Steigung der Hypothenuse des Diffusionsdreiecks

$$\frac{\Delta n}{\Delta x} = \frac{n_{po} e^{\frac{U_{BE}}{U_T}} - n_{po}}{w_B}$$

ist das Maß für den Strom (vergleiche Abschnitt 4.1) Wird dieser Strom durch den äußeren Lastkreis konstant gehalten, so muß auch die Steigung konstant bleiben. Dies gilt sogar dann, wenn der Transistor stärker angesteuert wird. Die höhere Steuerspannung $U_{BE} + \Delta U_{BE}$ hat, wie Bild 4.41 b) zeigt, einen höheren Anfangswert der Elektronenkonzentration zur Folge:

$$n_2' = n_{po}\, e^{\frac{U_{BE} + \Delta U_{BE}}{U_T}}$$

Da die Steigung aber konstant bleibt, geht die Konzentration an der Kollektor-
sperrschicht nicht auf den Gleichgewichtswert n_{po} zurück. Es verbleibt eine
Restkonzentration n_{sat}, die eine zusätzliche Sättigungsspeicherladung Q_{bsat} verursacht.
Wird die Basis- Emitterspannung jetzt schlagartig zu Null gesetzt, so fließt der
Kollektorstrom für eine Speicherzeit t_s (storage time) in voller Höhe weiter, bis die
Sättigungsspeicherladung verbraucht ist.

$$t_s = \frac{Q_{Bsat}}{I_C} \tag{4.59}$$

Erst dann wird die „normale" Basisladung Q_B verbraucht. Während der Abfallzeit t_f (fall
time) nimmt die Steigung der Hypothenuse des Diffusionsdreiecks und damit auch der
Kollektorstrom bis auf den Wert Null ab, wie in Bild 4.42 gezeigt wird.

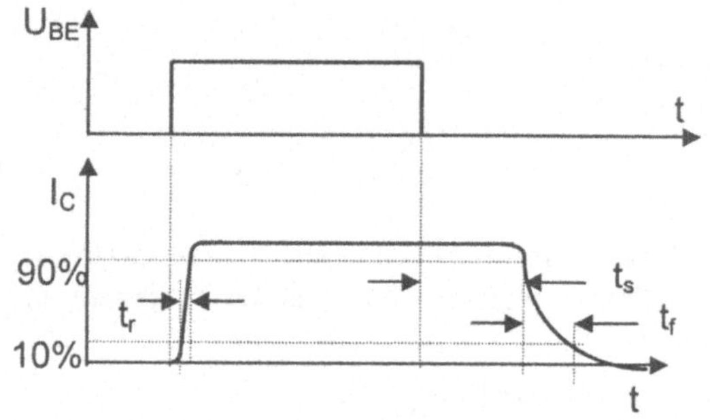

Bild 4.42
Zeitverhalten des Transistors
als Schalter
t_r Anstiegszeit (rise time)
t_s Speicherzeit (storage time)
t_f Abfallzeit (fall time)

Diese Zeiten sind, wie allgemein üblich, als die Zeiten definiert, die zwischen dem 10%-
und dem 90%-Wert vergehen.

Zur Berechnung der Speicherzeit drücken wir den Anfangswert der Elektronenkonzentration des Diffusionsdreiecks nach Bild 4.41 a) durch den Kollektorstrom nach
Gleichung (4.57) aus:

$$n_{po}\, e^{\frac{U_{BE}}{U_T}} = \frac{w_B}{AeD_N} I_C = \frac{Bw_B}{AeD_n} I_B \tag{4.60}$$

B ist darin die Stromverstärkung des Transistors. Somit lassen sich die Elektronenkonzentrationen des Diffusionsdreiecks auch durch die Ströme beschreiben.

Bild 4.43 zeigt das Diffusionsdreieck für die Ströme, und zwar im Teilbild a) für den aktiven Bereich und im Teilbild b) für den Fall der Sättigung.

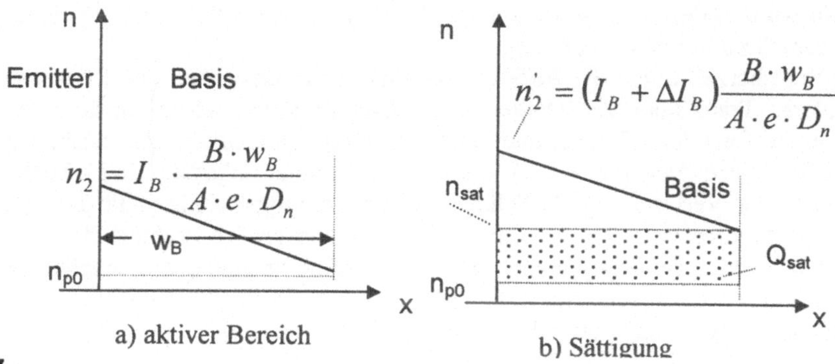

Bild 4.43
Diffusionsdreieck mit durch den Basisstrom beschriebener Elektronenkonzentration

Im Falle der Übersteuerung oder Sättigung ist der Anfangswert n(0) der Elektronenkonzentration

$$n(0) = \frac{Bw_B}{AeD_n}\left(I_B + \Delta I_B\right) \tag{4.61}$$

Darin ist

$$\Delta I_B = I_{Bges} - \frac{I_C}{B}$$

der Übersteuerungsanteil des Basisstroms, der zur Sättigung führt. Wie Bild 4.43b) zeigt, bleibt am kollektorseitigen Basisende die Sättigungskonzentration n_{sat}

$$n_{sat} = \frac{Bw_B}{AeD_n}\Delta I_B$$

übrig. Mit dem Volumen des Basisraumes läßt sich damit die Sättigungsspeicherladung Q_{sat} bestimmen:

$$Q_{sat} = Aew_B n_{sat} = \frac{bw_B^2}{D_n}\Delta I_B \tag{4.62}$$

Sie ist dem Übersteuerungsanteil des Basisstromes direkt proportional. Aus der Sättigungsspeicherladung läßt sich die Speicherzeit nach Gleichung (4.58) berechnen:

$$t_s = \frac{Q_{sat}}{I_C} = \frac{\Delta I_B}{I_C} B \frac{w_B^2}{D_n} = \frac{\Delta I_B}{I_C} B \frac{1}{\pi f_T} \qquad (4.63)$$

Darin wurde Gleichung (4.46) für die Transitfrequenz benutzt. Die Speicherzeit steigt mit dem Grad der Übersteuerung.

Die Speicherzeit t_s und die Abfallzeit t_f sind das Hautproblem bei der Anwendung des bipolaren Transistors als Schalter in der Digitaltechnik, wo es auf kurze Schaltzeiten ankommt. Eine Abhilfe kann man durch Schottky- Dioden als Anti- Sättigungs- Dioden schaffen (siehe Abschnitt 4.2.8), die zur sogenannten Schottky- TTL- Technik führen. Auch in der Verwendung als Schalter in der Leistungstechnik stellt die Ausschaltzeit, d.h. die Summe von Speicher- und Abfallzeit, ein großes Problem dar. Während des Ausschaltens ist der Strom noch nicht Null, und die Spannung am Schalter ist schon auf beträchtliche Werte angestiegen. Daher ist die Verlustleistung im Schalttransistor während der Ausschaltphasen besonders groß.

Sättigungsspannung

Die Sättigungsspannung ist die im Sättigungsbetrieb am Transistor abfallende Spannung U_{CEsat}. Sie ist die Summe aus der inneren Sättigungsspannung U_{CEsati}, die am inneren Transistor (vergleiche Bild 4.26) abfällt, und dem Spannungsabfall am Kollektorbahnwiderstand

$$U_{CEsat} = U_{CEsati} + I_C \cdot R_{CC'} \qquad (4.64)$$

Die innere Sättigungsspannung ist (ohne Herleitung)

$$U_{CEsati} = U_T \ln\left(\frac{A_i\left(1 - \frac{I_C}{I_B} \cdot \frac{1 - A_N}{A_N}\right)}{1 + \frac{I_C}{I_B}\left(1 - A_i\right)} \right) \qquad (4.65)$$

Die Sättigungsspannungen sind üblicherweise recht klein. Typische Werte reichen von einigen zehn Millivolt bis zu einigen hundert Millivolt. Je größer der Basisstrom ist, je mehr also übersteuert wird, desto kleiner wird die innere Sättigungsspannung. Allerdings erhöht sich dabei die Speicherzeit!

So muß man in der Anwendung immer einen Kompromiß suchen zwischen der **tiefen Sättigung** (z.B. $I_C/I_B = 10$), die zu einer kleinen Sättigungsspannung und damit zu einer kleinen Verlustleistung im eingeschalteten Zustand, aber zu einer langen Ausschaltzeit führt, und der **flachen Sättigung**, die eine kleinere Speicherzeit, aber eine höhere Sättigungsspannung zur Folge hat. Die flache Sättigung hat zudem das Problem, daß die

Bedingung (4.57) $I_C < B \cdot I_B$ infolge der starken Streuung der Stromverstärkung B nicht sicher eingehalten werden kann. Man kann sich auch hier mit einer Antisättigungsdiode helfen (siehe Abschnitt 4.2.8).

4.1.10 Rauschen

Rauschursachen

Infolge der Quantisierung der Ladung sind Ströme und Spannungen eigentlich nur statistisch zu beschreiben. Praktisch geht man so vor, daß man Strom oder Spannung als rauschfreien zeitlichen Mittelwert angibt und dazu den Mittelwert über das Quadrat des Rauschanteiles addiert. Drei Rauschquellen bestimmen das Rauschverhalten des bipolaren Transistors:

Das **Schrotrauschen** (shot noise) ist das Rauschen des Stromes. Es wird z. B. für den Kollektorstrom wie folgt beschrieben:

$$\overline{i_C^2} = 2eI_C\Delta f \tag{4.66}$$

Für den Basisstrom gilt dieser Ausdruck entsprechend:

$$\overline{i_B^2} = 2eI_B\Delta f$$

e ist darin die Elementarladung. Δf ist die jeweilige Frequenzbandbreite; je breiter das betrachtete Frequenzband ist, desto größer wird der Rauschanteil, und zwar unabhängig von der absoluten Lage des Frequenzbandes. Ein solches Rauschen nennt man weißes Rauschen.

Das **Widerstandsrauschen**, auch thermisches Rauschen oder Nyquist- Rauschen genannt (Johnson noise), ist das allgegenwärtige Rauschen. Es hat seine Ursache in der thermischen Bewegung der Ladungsträger und ergibt sich wie folgt:

$$\overline{U_R^2} = 4kTR\Delta f \tag{4.67}$$

k ist darin die Boltzmann'sche Konstante, T die absolute Temperatur, R der Widerstand, an dem das Rauschen auftritt und Δf wiederum die Frequenzbandbreite. Auch das Widerstandsrauschen ist ein weißes Rauschen.

Das **Funkelrauschen oder 1/f - Rauschen** (flicker noise) ist ein farbiges Rauschen, denn es hängt von der Frequenz ab. Wie die Bezeichnung 1/f andeutet, fällt es mit stei-

gender Frequenz und ist daher nur im Niederfrequenzbereich von Bedeutung. Die
Ursache liegt in Verunreinigungen und Kristalldefekten. Es kann wie folgt angegeben
werden:

$$\overline{i_{1/f}^2} = KF \cdot I_B^{AF} \cdot \frac{\Delta f}{f} \tag{4.68}$$

KF und AF sind darin Konstanten, die auch als Modellparameter dienen. Δf ist ein
kleiner Frequenzbereich um die betrachtete Frequenz f herum. Bisweilen spielt neben
dem Funkelrauschen noch ein weiteres niederfrequentes Rauschen, das **Burst-
Rauschen** (popcorn noise) eine Rolle. Dieses wird meist dem 1/f- Rauschen
zugeschlagen.

Mit diesen Rauschquellen läßt sich ein Rauschersatzschaltbild für den Transistor nach
Bild 4.44 zeichnen. Es enthält die genannten Rauschquellen, wobei als rauschende
Widerstände der Basisbahnwiderstand R_B und der Generatorinnenwiderstand R_G der
steuernden Quelle zu berücksichtigen sind.

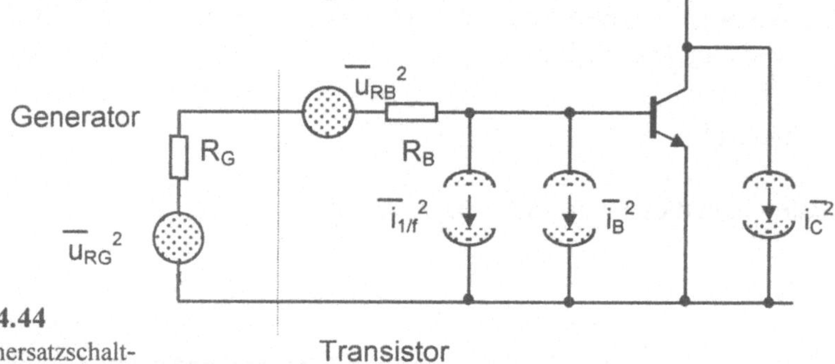

Bild 4.44
Rauschersatzschalt-
bild des Transistors

Ein rauscharmer Transistor muß einen möglichst kleinen Basisbahnwiderstand haben,
um das Widerstandsrauschen klein zu halten. Das 1/f- Rauschen läßt sich dadurch
vermindern, daß man entweder Transistoren parallelschaltet oder großflächige
Transistoren benutzt. Schaltet man z. B. zwei Transistoren parallel, so fließt in jedem
Transistor nur der halbe Strom. Das gesamte 1/f-Rauschen ergibt sich durch Addition
der Anteile pro Transistor nach Gleichung (4.68)

$$\overline{i_{1/f}^2} = 2KF \cdot \left(\frac{I_B}{2}\right)^{AF} \cdot \frac{\Delta f}{f} = \frac{1}{2^{AF-1}} KF \cdot I_B^{AF} \cdot \frac{\Delta f}{f}$$

Der 1/f-Rauschanteil hat sich also bei Flächenverdopplung gegenüber Gleichung (4.68)
um den Faktor $1/(2^{AF-1})$ verringert. Vergrößert man die Fläche um den Faktor N, so
verringert sich das 1/f- Rauschen um den Faktor $(1/N^{AF-1})$.

Das Schrotrauschen i_R des Kollektorstromes kann man mit Hilfe der Steilheit S in eine Rauschspannung U_R an der Basis umrechnen. Nach Gleichung (4.27) gilt für die Kleinsignalanteile, also auch für die Rauschanteile $i_C = SU_R$. Mit Gleichung (4.66) kann man schreiben

$$\overline{U_R^2} \cdot S^2 = \overline{i_R^2} = 2e \cdot I_C \cdot \Delta f$$

Die Steilheit ist $S = I_C/U_T$:

$$\overline{U_R^2} = 2e \cdot \frac{U_T}{I_C} \cdot U_T \cdot \Delta f$$

Benutzt man noch die Ausdrücke für den differentiellen Eingangswiderstand des Emitters $r_E = U_T/I_C$ und für die Temperaturspannung $U_T = (kT)/e$, so wird schließlich

$$\overline{U_R^2} = 4kT \frac{r_E}{2} \Delta f \tag{4.69}$$

Rauschzahl

Für den Frequenzbereich oberhalb des Einflusses des 1/f- Rauschens, d.h. für das weiße Rauschen, läßt sich eine Rauschzahl F definieren. Diese Rauschzahl ist das Verhältnis der gesamten basisseitigen Rauschleistung P_{rges} zur Rauschleistung P_{RG} , die vom steuernden Generator erzeugt wird.

$$F = \frac{P_{Rges}}{P_{RG}} = \frac{\sum \overline{U_R^2}}{\overline{U_{RG}^2}} \tag{4.70}$$

Der gemeinsame Widerstand R in der Beziehung $P = U^2/R$ wurde darin herausgekürzt. Die Summe über die mittleren Quadrate der Rauschspannungen setzt sich zusammen aus dem Generatorrauschen, dem Rauschen des Basisbahnwiderstandes, dem auf die Basisseite umgerechneten Kollektorschrotrauschen und dem Spannungsabfall, den der Schrotrauschanteil des Basisstroms an den Widerständen des Ersatzschaltbildes Bild 4.44 erzeugt, also an dem resultierenden Widerstand $(R_G + R_B)||r_e$. r_e ist darin der differentielle Eingangswiderstand der Basis $r_e = (BU_T)/I_C$.

$$\sum \overline{U_R^2} = 4kTR_G\Delta f + 4kTR_B\Delta f + 4kT\frac{r_E}{2}\Delta f + 2eI_B\Delta f \left(\left[R_G + R_B \right] //r_e \right)^2$$

Mit den vereinfachenden Annahmen $r_e \gg R_G + R_B$ und $R_B \ll R_G$ wird dann die Rauschzahl mit (4.70)

$$F = 1 + \frac{R_B}{R_G} + \frac{r_E}{2R_G} + \frac{R_G}{2r_e}$$
(4.71)

Weil r_e mit B steigt, fällt die Rauschzahl mit wachsender Stromverstärkung B.

Die differentiellen Widerstände r_E und r_e sind jeweils umgekehrt proportional zum Kollektorstrom. Daher ist auch die Rauschzahl F eine Funktion des Kollektorstromes im Arbeitspunkt. Bild 4.45 zeigt den prinzipiellen Verlauf der Rauschzahl über dem Kollektorstrom.

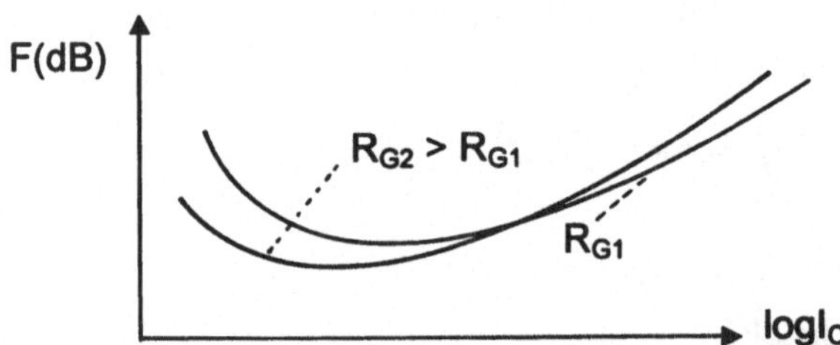

Bild 4.45
Verlauf der Rauschzahl F
über dem Kollektorstrom

Mit Hilfe von Gleichung (4.71) und der Stromabhängigkeit von r_e und r_E läßt sich für einen gegebenen Generatorwiderstand R_G der steuernden Quelle ein Kollektorstrom finden, für den die Rauschzahl ein Minimum hat („Rauschanpassung").

Oft wird die Rauschzahl auch im logarithmischen Maß Dezibel angegeben:

$$F_{(dB)} = 10 \log (F)$$

4.1.11   Grenzwerte

Durchbruchsspannungen

Zwischen je zwei Anschlüssen des Transistors darf die anliegende Spannung bestimmte Werte nicht überschreiten, weil es sonst zum Spannungsdurchbruch kommt (vergleiche Abschnitt 3.1.7). Da der Transistor drei Anschlüsse hat, können drei Durchbruchsspannungen (break down voltage) angegeben werden:

Durchbruchsspannung der Basis- Emitter- Diode U_{EBO}
Der Index 0 soll andeuten, daß der dritte Anschluß, in diesem Fall also der Kollektor, offen bleibt. Die Durchbruchsspannung einer Diode war (3.77)

$$U_{BR} = \frac{\varepsilon E_{krit}^2}{2 e N_{schwach}}$$

ε ist darin die gesamte Dielektrizitätskonstante, E_{krit} die kritische Durchbruchsfeldstärke, e die Elementarladung und $N_{schwach}$ die Dotierkonzentrtaion auf der schwach dotierten Seite des pn- Überganges. Da die Emitter-Basis-Sperrschicht vom hoch dotierten Emitter und der immerhin mittelstark dotierten Basis gebildet wird (vergleiche (4.33)), bildet die Basis die schwach dotierte Seite. Die Durchbruchsspannungen sind daher relativ klein und liegen für normale Transistoren bei etwa 6V.
Die Basis-Emitter-Strecke ist üblicherweise in Durchlaßrichtung gepolt. Deshalb ist ihre Durchbruchsspannung nur in wenigen Fällen von Interesse, z.B. beim Differenzverstärker oder in der TTL- Technik (siehe Abschnitt 4.2.8).

Durchbruchsspannung der Kollektor- Basis- Diode U_{CBO}
Die Kollektor- Basis- Sperrschicht ist im Normalbetrieb gesperrt, so daß die Spannung U_{CBO} ein Maß für die zulässige Betriebsspannung ist. Hier bildet der ohnehin schwach dotierte Kollektor die schwach dotierte Seite der Sperrschicht, so daß diese Spannung sehr hoch werden kann. Die Spannungen reichen von ca. 5V für Transistoren mit extrem hoher Stromverstärkung bis zu einigen Kilovolt für Hochspannungstransistoren.

Durchbruchsspannung zwischen Kollektor und Emitter U_{CEO}
Die Spannung U_{CEO} liegt zwischen Kollektor und Emitter, also über zwei Sperrschichten hinweg. Die Kollektorsperrschicht ist dabei gesperrt; ihr Sperrstrom I_{CBO} fließt über die Emittersperrschicht ab, die sich in Durchlaßrichtung befindet. Wie Bild 4.46 zeigt, ist dieser Sperrstrom gleichzeitig ein Basisstrom, denn weil die Basis offen ist,

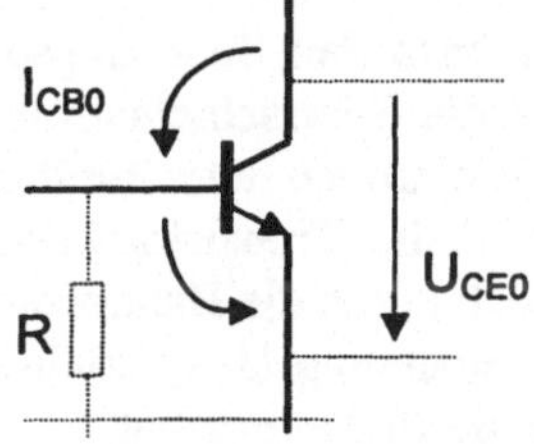

Bild 4.46
Transistor mit offener Basis zur
Erläuterung der Spannung U_{CEO}

bleibt dem Sperrstrom nur der Weg über die Basis- Emitter- Sperrschicht. Anders ausgedrückt: Der Sperrstrom der Kollektorsperrschicht wird durch die Transistorwirkung verstärkt. Aus diesem Grunde ist die Spannung U_{CEO} deutlich kleiner als die Spannung U_{CBO} und kann näherungsweise durch folgenden empirischen Ausdruck angegeben werden:

$$U_{CE0} = \frac{U_{CB0}}{\sqrt[n]{B+1}} \tag{4.72}$$

Der Wurzelexponent kann dabei zwischen 2 und 6 liegen.

Wenn man, wie in Bild 4.46 gestrichelt angedeutet, einen Widerstand zwischen Basis und Emitter legt, kann der Sperrstrom I_{CBO} wenigstens teilweise über diesen Widerstand abfließen. Dadurch erhöht sich die Durchbruchsspannung auf den Wert U_{CER} und es gilt $U_{CEO} < U_{CER} < U_{CBO}$.

Durchgreifspannung U_{pt} (pinch through voltage)
Es ist auch denkbar, daß die Ausdehnung der Kollektorsperrschicht x_{jC} in die Basis hinein so groß wird, daß die effektive Basiseite w_{Beff} zu Null wird. Das ist nach Gleichung (4.30) dann der Fall, wenn die Sperschichtausdehnung gleich der metallurgischen Basisweite w_B ist. (Vergleiche Abschnitt 4.1.4). Dann ist, wie in Bild 4.47 gezeichnet, die Basiszone nicht mehr feldfrei, sondern ganz vom elektrischen Feld der Kollektorsperrschicht erfüllt.

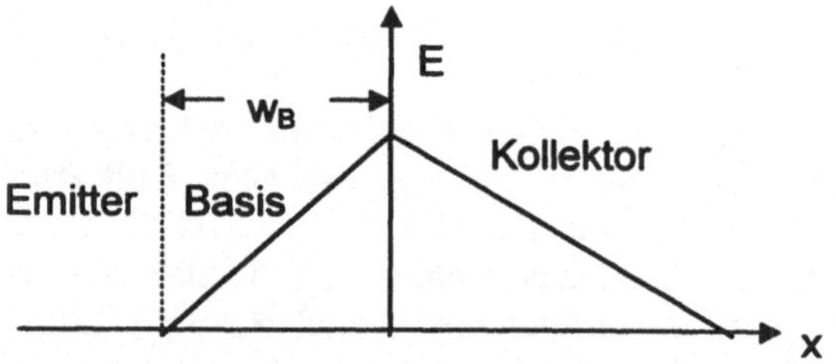

Bild 4.47
Feldverteilung im Basisraum im
Falle des Spannungsdurchgriffs

Diesen Zustand nennt man den Spannungsdurchgriff. Er stellt sich für die Kollektorspannung ein, bei der die Sperrschichtausdehnung $x_{jC} = w_B$ erreicht ist. Ist dies der Fall, so können die Elektronen vom Emitter direkt über das elektrische Feld in den Kollektor gelangen und die Transistorwirkung ist aufgehoben. Der Strom durch den Transistor wird nur noch durch die Bahnwiderstände begrenzt.
Meistens ist aber die Spannung U_{CEO} kleiner als die Durchgreifspannung U_{pt}, so daß dieser Effekt keine große Bedeutung hat.

Der zulässige Kollektorstrom
ist auf einen Wert begrenzt, der in der Regel durch die zulässige Stromdichte in den Anschlüssen gegeben ist. Ebenso wird ein maximal zulässiger Wert des Basisstroms angegeben.

Sicheres Betriebsgebiet (SOAR, Safe Operational Area)

Die Verlustleistung P_{tot} im Transistor ergibt sich aus der Kollektorverlustleistung und der Basisverlustleistung:

$$P_{tot} = I_C \cdot U_{CE} + I_B \cdot U_{BE} \approx I_C \cdot U_{CE}$$

Die Basisverlustleistung kann - außer evtl. im Fall der tiefen Sättigung - gegen die Kollektorverlustleistung vernachlässigt werden. Die zulässige Verlustleistung ist als Maximalwert vorgegeben (vergleiche Abschnitt 4.1.12). Somit kann man im Strom-Spannungsdiagramm Bild 4.48 bei gegebener Verlustleistung eine Hyperbel einzeichnen, die **Verlusthyperbel** genannt wird:

$$I_C = \frac{1}{U_{CE}} \cdot P_{tot} \tag{4.73}$$

Ebenso lassen sich in das Diagramm die zulässigen Maximalwerte von Kollektorstrom I_{cmax} und Kollektorspannung U_{CEmax} einzeichnen.

Nach erstem Verständnis würden die Verlusthyperbel und die Maximalwerte für Strom und Spannung das sichere Betriebsgebiet eingrenzen. Es besteht aber noch eine weitere Einschränkung durch den Effekt des **zweiten Durchbruchs** (second breakdown). Der zweite Durchbruch (im Gegensatz zum ersten Durchbruch, dem normalen, reversiblen Spannungsdurchbruch nach Gl. (3.77)) hat eine bleibende Schädigung des Kristalls durch punktuelle thermische Überlastung zur Folge. Sie wird dadurch hervorgerufen, daß die Stromverteilung infolge von Inhomogenitäten im Kristall einzelne Spitzen aufweisen kann, die bei hoher Betriebsspannung zu örtlicher Überhitzung führen. Dieser zweite Durchbruch führt in der Regel zum Ausfall des Transistors. Der Bereich, in dem dieser Durchbruch auftreten kann, ist in Bild 4.48 eng schraffiert angegeben.

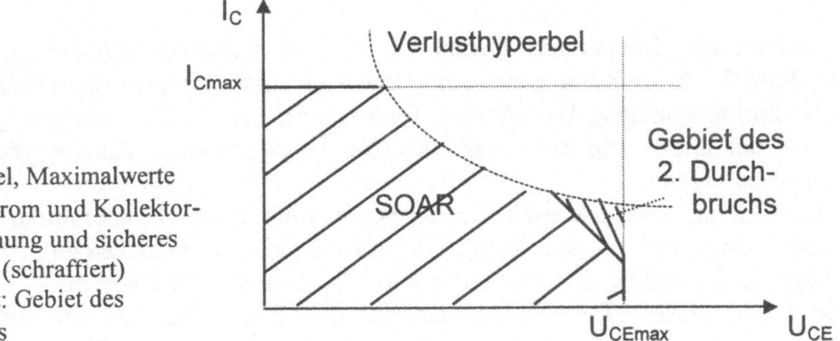

Bild 4.48
Verlusthyperbel, Maximalwerte
für Kollektorstrom und Kollektor-
Emitter- Spannung und sicheres
Betriebsgebiet (schraffiert)
Eng schraffiert: Gebiet des
2. Durchbruchs

4.1.12   Temperaturverhalten

Temperaturkoeffizient der Basis-Emitter-Spannung

Der Kollektorstrom ergibt sich aus der Transistorgleichung (4.2) zu

$$I_C = I_{ES} \cdot \left(e^{\frac{U_{BE}}{U_T}} - 1 \right) \approx I_{ES} \cdot e^{\frac{U_{BE}}{U_T}}$$

Wie schon mehrfach erwähnt, kann man die -1 in der Klammer immer dann vernachlässigen, wenn der Exponentialterm groß gegen Eins ist. Das ist fast immer der Fall, denn im Normal- und im Sättigungsbetrieb ist die Basis- Emitter- Strecke in Durchlaßrichtung gepolt. In der Transistorgleichung sind die Temperaturspannung U_T

$$U_T = \frac{kT}{e} \tag{3.26}$$

und der Emittersättigungsstrom I_{ES} temperaturabhängig,

$$I_{ES} = \frac{AeD_n n_i^2}{w_B N_A} \tag{4.3}$$

denn in diesem Ausdruck sind die Diffusions"konstante" D_n und die Eigenleitungsdichte n_i

$$n_i = N_O \cdot e^{\frac{-w_g}{2kT}} \tag{3.4}$$

Funktionen der Temperatur. Genau wie für die Durchlaßspannung U_F der Diode (Abschnitt 3.1.8) definiert man beim Transistor einen Temperaturkoeffizienten für die Basis- Emitterspannung U_{BE}. Dieser Temperaturkoeffizient TK hat den gleichen Wert wie bei der Diode von etwa -2mV/K, weil er die gleichen Abhängigkeiten von der Temperatur enthält.

Es hat sich als sehr praktisch herausgestellt, mit diesem Temperaturkoeffizienten zu arbeiten. Da dieser TK alle Temperatureffekte pauschal berücksichtigt, kann man die Größen U_T, I_{ES} und D_n als unabhängig von der Temperatur betrachten.

Eine Folge dieser Übereinstimmung mit der Diode ist, daß die Einstellung des Kollektorstromes über eine konstante äußere Spannung U_{BE} (Bild 4.49) ebenfalls sehr ungünstig ist.

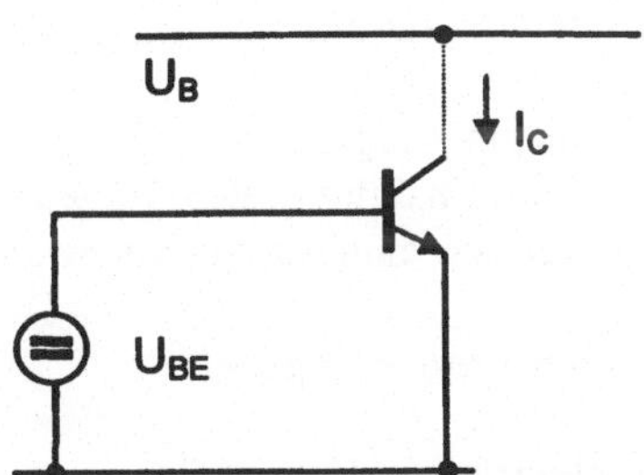

Bild 4.49
Einstellung des Kollektorstromes
über eine äußere Spannung U_{BE}

Mit jedem Grad Temperaturerhöhung sinkt die für den gewünschten Kollektorstrom I_{C1} erforderliche Basis-Emitter- Spannung um 2mV. Da die äußere Spannung aber konstant gehalten wird, wirkt die Temperaturerhöhung auf den Transistor genau wie eine Vergrößerung von U_{BE} um 2mV pro Grad. Es fließt daher nach der Erwärmung um den Temperaturbetrag $\Delta\vartheta$ der neue Kollektorstrom

$$I_C = I_{ES} \cdot e^{\frac{U_{BE}+\Delta\vartheta \cdot 2mV/K}{U_T}} = I_{ES} \cdot e^{\frac{U_{BE}}{U_T}} \cdot e^{\frac{\Delta\vartheta \cdot 2mV/K}{U_T}} = I_{C1} \cdot e^{\frac{\Delta\vartheta \cdot 2mV/K}{U_T}} \qquad (4.74)$$

Nimmt man beispielsweise eine durchaus realistische Erhöhung der Temperatur um 50K an, wie sie durch eigene Verlustleistung des Transistors erzeugt werden kann, so steigt der Kollektorstrom auf

$$I_C = I_{C1} \cdot e^{\frac{50K \cdot 2mV/K}{26mV}} = I_{C1} \cdot 46{,}8 \;\;\text{!!!}$$

Man muß es daher tunlichst vermeiden, den Kollektorstrom im Arbeitspunkt durch eine konstante Spannung einzustellen.
Wir stellen fest: **Es ist Aufgabe der Schaltungstechnik, die Auswirkungen des Temperaturkoeffizienten der Basis-Emitter-Spannung zu begrenzen** (vergleiche Abschnitt 4.2.1).

Kühlung

Ein weiterer Temperatureffekt von fundamentaler Bedeutung liegt darin, daß von einer bestimmten Temperatur an, nämlich der Temperatur der überwiegenden Eigenleitung, die Eigenleitungsdichte größer wird als die durch Dotierung erzeugte Dichte der beweglichen Ladungsträger (vergleiche Bild 3.17). Von dieser Temperatur an ist die Dotierung nur noch ein untergeordneter Effekt.
Die Folge ist, daß das Silizium sich wie undotiert verhält und das Bauelement, hier der Transistor, seine Funktion völlig verliert. Dieses ist ein Katastrophenfall, der auf alle Fälle verhindert werden muß. Für jedes Bauelement gibt es also, abhängig vom Bandab-

stand des Halbleitermaterials und der Dotierung, eine obere Grenze für die Betriebstemperatur.

Diese Betriebstemperaturgrenze muß unbedingt eingehalten werden. Das technische Mittel dazu ist die Kühlung des Bauelements. Um das Problem der Kühlung zu besprechen, stellen wir eine Energiebilanz auf. Es gilt

Wärmemenge = Energie

Die durch die elektrische Verlustleistung erzeugte Wärmemenge Q_{el} ist

$$Q_{el} = P_{tot} \cdot t$$

P_{tot} ist die gesamte Verlustleistung (total dissipation) und t die Zeit, während der diese Verlustleistung erzeugt wird. Der Einfachheit halber nehmen wir an, die Verlustleistung sei zeitlich konstant.

Diese elektrisch erzeugte Wärmemenge steht im Gleichgewicht mit erstens der Wärmemenge Q_ϑ , die in der Wärmespeicherung durch die Erwärmung des Bauelements über die Umgebungstemperatur hinaus enthalten ist.

$$Q_\vartheta = m \cdot c \cdot \Delta \vartheta$$

m ist darin die erwärmte Masse, c die spezifische Wärme des Materials und $\Delta\vartheta$ der Betrag der Temperaturerhöhung.

Zum Zweiten muß noch die abfließende Wärmemenge Q_{ab} berücksichtigt werden. Da sich das Bauelement ja über die Umgebungstemperatur hinaus erwärmt hat, fließt Wärmeenergie in die Umgebung ab. Die Mechanismen dieses Abflusses sind Wärmeleitung und Wärmestrahlung. Beide hängen sehr stark von den jeweiligen konstruktiven Randbedingungen ab. Praktisch behilft man sich damit, daß man den Wärmeabfluß pauschal mit einer Größe beschreibt, die man „Wärmewiderstand" R_{th} nennt. Diesen Wärmewiderstand zu ermitteln ist im Einzelfalle oft schwierig; der Bauelementeanwender verlagert dieses Problem auf den Kühlmittelhersteller. Mit dem Wärmewiderstand ist die abfließende Wärmemenge

$$Q_{ab} = \frac{\Delta\vartheta}{R_{th}} t$$

Diese drei Größen stehen im Gleichgewicht, so daß sich folgende Wärmebilanz aufstellen läßt:

$$Q_{el} = Q_\vartheta + Q_{ab} \tag{4.75}$$

Diese Wärmebilanz kann je nach Anwendungsfall gedeutet werden.

Impulsbetrieb:
Impulse sind kurzzeitige elektrische Vorgänge. Die üblichen Impulszeiten sind so kurz, daß kein nennenswerter Wärmeausgleich erfolgen kann, denn Wärmeausgleichsvorgänge haben vergleichsweise große Zeitkonstanten. Wir setzen also an, daß die abgeführte Wärmemenge verschwindet: $Q_{ab} = 0$. Gleichung (4.75) wird dann zu

$$Q_{el} = Q_{\vartheta} \;\Rightarrow\; P_{tot} \cdot t = m \cdot c \cdot \Delta\vartheta \qquad (4.76)$$

Aus (4.76) kann man z.B. die Pulsdauer t bestimmen, nach der sich bei gegebener Leistung P_{tot} während des Impulses die Kristalltemperatur um einen bestimmten Wert $\Delta\vartheta$ erhöht hat.

$$t = \Delta\vartheta \cdot \frac{m \cdot c}{P_{tot}}$$

Beispiel
Wir nehmen die Masse des Kristalls zu 1mg an und die Verlustleistung während des Impulses sei $P_{tot} = 100mW$. Die spezifische Wärme für Silizium ist $c = 0,711Ws/gK$ (Zum Vergleich: Eisen : $c = 0,46$, Wasser: $c = 4,18Ws/gK$). Die Temperaturerhöhung soll 100K betragen. Die zugehörige Pulsdauer ist

$$t = 100K \cdot \frac{1mg \cdot 0,711Ws}{100mW \cdot g \cdot K} = 0,71s$$

Der Transistor ist also schneller heiß, als man hinsehen kann!

Oft hat man in der Praxis den Fall, daß sich der Transistor in der kurzen Impulspause nicht auf die Umgebungstemperatur abkühlen kann. Für diesen Fall geben die Hersteller einen **Impulswärmewiderstand** an.

Stationärer Betrieb
Der stationäre Betrieb ist der häufigere Fall. Die Verlustleistung steht dauernd an, so daß gilt $Q_{ab} \gg Q_{\vartheta}$. Die Wärmebilanz (4.75) lautet dann

$$Q_{el} = Q_{ab} \;\Rightarrow\; P_{tot} \cdot t = \frac{1}{R_{th}}\Delta\vartheta \cdot t \qquad \text{oder}$$

$$P_{tot} = \frac{\Delta\vartheta}{R_{th}} \qquad (4.77)$$

Dies ist eine einfache Beziehung zwischen Verlustleistung, (bekanntem) Wärmewiderstand und der Erhöhung der Temperatur über die Umgebungstemperatur. Die häufigste praktische Fragestellung ist die, wie groß der Wärmewiderstand einer

Kühleinrichtung höchstens sein darf, damit bei einer gegebenen elektrischen Verlustleistung die höchste zulässige Betriebstemperatur nicht überschritten wird. Aus der Umgebungstemperatur ϑ_u und der dem Datenblatt des Bauelements entnommenen höchsten zulässigen Betriebstemperatur ϑ_{jmax} läßt sich die zulässige Temperaturerhöhung bestimmen:

$$\Delta\vartheta = \vartheta_{j\,max} - \vartheta_u$$

Damit ergibt sich der höchste zulässige Wärmewiderstand zu

$$R_{th} = \frac{\Delta\vartheta}{P_{tot}}$$

Dies ist der gesamte höchstzulässige Wärmewiderstand R_{thges} , den die im Transistorkristall erzeugte Wärme überwinden muß, um vollständig in die Umgebung abzufließen. Bei üblichen Aufbauten (Bild 4.50) setzt sich dieser gesamte Wärmewiderstand aus drei in Reihe geschalteten Teilen zusammen.

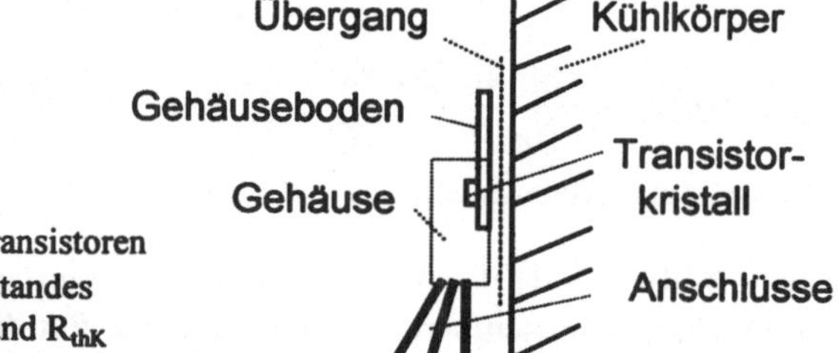

Bild 4.50
Übliche Montage von Leistungstransistoren
und Aufteilung des Wärmewiderstandes
in die Komponenten R_{thjC} , $R_{thü}$ und R_{thK}

$$R_{thges} = R_{thjc} + R_{thü} + R_{thK} \tag{4.78}$$

Darin ist R_{thjc} der Wärmewiderstand zwischen Transistorkristall (junction) und dem Gehäuseboden (case), der dem Datenblatt des Transistors zu entnehmen ist. $R_{thü}$ ist der Übergangswärmewiderstand, der sich durch die Montage des Gehäuses auf den Kühlkörper ergibt. Er hängt von der Art des Transistorgehäuses und von den Montagebedingungen ab, z.B. ob eine isolierende Zwischenlage oder Wärmeleitpaste verwendet wird, und wird ebenfalls vom Transistorhersteller angegeben. R_{thK} ist schließlich der Wärmewiderstand des Kühlkörpers.
Der gesuchte höchstzulässige Wärmewiderstand des Kühlkörpers ergibt sich somit zu

$$R_{thK} = \frac{\Delta\vartheta_{zul}}{P_{tot}} - R_{thjc} - R_{thü} \tag{4.79}$$

Für den Fall, daß der Transistor ohne Kühlkörper montiert wird, gibt der Hersteller den Wärmewiderstand R_{thja} an. Dies ist der Wärmewiderstand zwischen dem Kristall und der Umgebung (ambient), er stellt jetzt den gesamten Wärmewiderstand dar.

Kühlkörper, meist in Form von Aluminiumprofilen mit Rippen und Oberflächenschwärzung zur besseren Wärmeabstrahlung, werden mit Wärmewiderständen bis herab zu etwa 1K/W angeboten. Will man noch kleinere Werte erreichen, so arbeitet man mit Gebläse- oder bei sehr hohen Verlustleistungen auch mit Flüssigkeitskühlung.

Beispiel:
Ein Transistor verarbeitet eine Verlustleistung von 30W. Die Wärmewiderstände sind R_{thjc} = 2K/W und $R_{thü}$ = 1K/W. Die höchstzulässige Sperrschichttemperatur sei 180°C und die Umgebungstemperatur (z.B. innerhalb eines Gerätes) sei 50°C. Gesucht ist der höchstzulässige Wert des Wärmewiderstandes eines Kühlkörpers.

Die zulässige Temperaturerhöhung ist $\Delta \vartheta$ = 180°C - 50°C = 130°C = 130K. Mit (4.79) ist der gesuchte Wärmewiderstand

$$R_{thK} = \frac{130K}{30W} - 2K/W - 1K/W = 1,33K/W$$

Der Wärmewiderstand R_{thja} des gleichen Transistors betrage 40K/W. Montiert man den Transistor ohne Kühlkörper, so kann er unter sonst gleichen Bedingungen nur noch die Verlustleistung

$$P_{tot} = \frac{130K}{40K/W} = 3,25W$$

verarbeiten.

4.1.13 Transistormodelle

Das Bauelement „Transistor" wird in den Schaltungsanalyseprogrammen durch einen Satz von Gleichungen beschrieben, den man **Transistormodell** nennt. Die Konstanten in diesen Gleichungen sind die **Bauelementeparameter**. Es haben sich im Laufe der Zeit verschiedene Gleichungssätze, also verschiedene Modelle, herausgebildet, die das Verhalten des Transistors zunehmend genau beschreiben.

EBERS-MOLL-Modell

Dieser nach EBERS und MOLL benannte Gleichungssatz ist das klassische Modell des bipolaren Transistors. Es baut auf den Ebers-Moll-Gleichungen auf, die auch in diesem Buch zugrunde gelegt wurden, weil sie relativ anschaulich sind. Das grundlegende Großsignalersatzschaltbild 4.51a) zeigt den Transistor mit der gesteuerten Quelle I_C und der Diode, die die Spannung U_{BE} nachbildet. Weil das Modell auch für die inverse Richtung gültig sein soll, wird es nach Bild 4.51 b) erweitert.

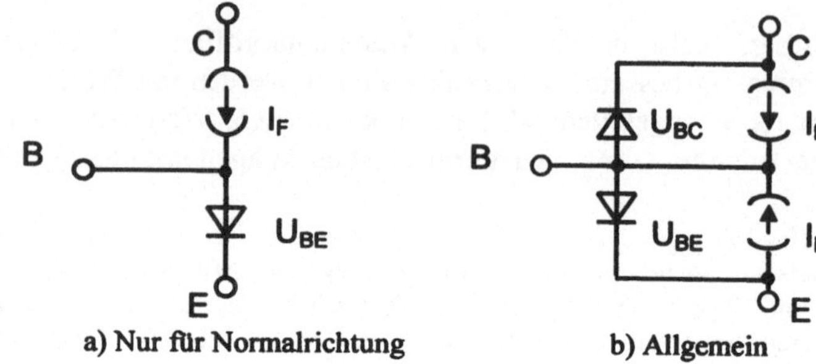

Bild 4.51
Großsignalersatzschalt-
bild des Transistors   a) Nur für Normalrichtung   b) Allgemein

Für den Kollektorstrom in Normalrichtung gilt

$$I_F = I_{ES} \cdot \left(e^{\frac{U_{BE}}{U_T}} - 1 \right) \tag{4.80}$$

und für die inverse Richtung

$$I_R = I_{CS} \cdot \left(e^{\frac{U_{BC}}{U_T}} - 1 \right) \tag{4.81}$$

Als Parameter werden der **Transportsättigungsstrom** I_S

$$I_S = A_N \cdot I_{ES} = A_i \cdot I_{CS} \tag{4.82}$$

und die Stromverstärkungen in Emitterschaltung für Vorwärts- und Inversrichtung nach Abschnitt 4.1.2 benutzt.

Die Transistorgleichungen sind nichtlinear, also werden auch die Netzwerkgleichungen für die Transistorschaltung nichtlinear. Sie werden mit iterativen Verfahren gelöst, um die Gleichströme und -spannungen für den Arbeitspunkt zu bestimmen. Dies ist die Gleichstrom- oder **DC-Analyse.**

Ist der Arbeitspunkt bekannt, so kann ein Kleinsignalersatzschaltbild mit linearisierten Elementen (vergleiche Abschnitt 4.1.3) erzeugt werden. Bild 4.52 zeigt ein solches Kleinsignalersatzschaltbild, das sinngemäß dem Bild 4.51a) zugeordnet werden kann. Damit kann eine Kleinsignal-Wechselspannungs- oder **AC-Analyse** durchgeführt werden. Die Größen g_e und g_c sind die Kehrwerte der bekannten Widerstände r_e und r_C, μ ist der Verstärkungsfaktor (4.35) und g_m ist die Steilheit S nach (4.25).

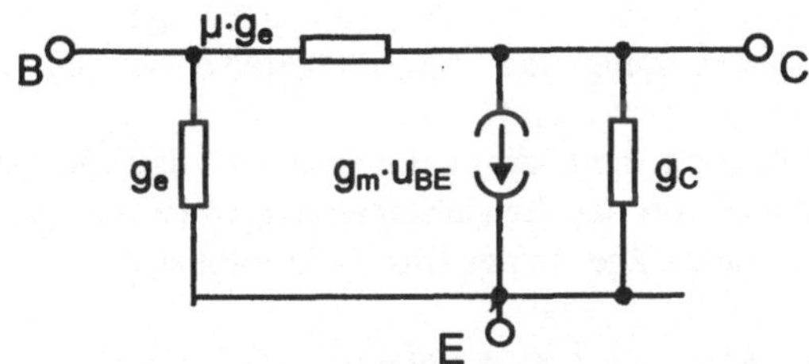

Bild 4.52
Kleinsignalersatzschaltbild
mit linearisierten Elementen
für die AC-Analyse
(nur Normalrichtung)

Für die **Transienten-Analyse** werden wieder die nichtlinearen Netzwerkgleichungen gelöst, aber jetzt unter Einschluß der Kapazitäten und eventuell vorhandener Induktivitäten. Das Ergebnis sind Ströme und Spannungen als Funktion der Zeit. Bild 4.53 zeigt, wieder nur für die Normalrichtung, das Ersatzschaltbild für die Transientenanalyse einschließlich der Bahnwiderstände.

C_{ED} Emitterdiffusionskapazität
C_{ES} Emittersperrschichtkapazität
C_{CS} Kollektorsperrschichtkapazität

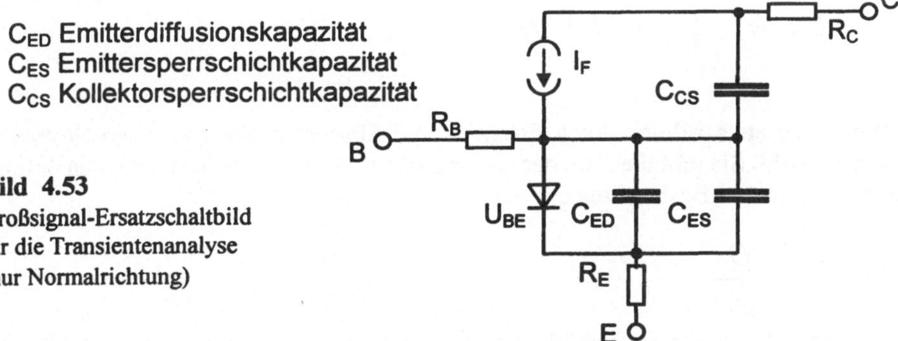

Bild 4.53
Großsignal-Ersatzschaltbild
für die Transientenanalyse
(nur Normalrichtung)

Kapazitäten und evtl. Induktivitäten fließen natürlich auch in die AC-Analyse mit ein, obwohl sie in Bild 4.52 der Einfachheit halber nicht eingezeichnet wurden.
Das Ebers-Moll-Modell ist vergleichsweise anschaulich, zeigt aber für die Verwendung in Analyseprogrammen einige Nachteile, wenn auch Feinheiten berücksichtigt werden sollen. Diese können im Gummel-Poon-Modell besser dargestellt werden.

GUMMEL-POON-Modell

Zur besseren Beschreibung vieler Feinheiten hat sich das Ladungssteuermodell nach Gummel und Poon durchgesetzt. Zunächst ist es nur eine andere Darstellung der Ebers-Moll-Gleichungen. Nach Gleichung 4.3 war der Emittersättigungsstrom I_{ES} eine Konstante

$$I_{ES} = \frac{A e D_n n_i^2}{w_B N_A}$$

In der Basis ist die Dichte der Majoritätsträger $p = N_A$. Der Ausdruck $Q_B = Aew_Bp$ ist somit die Ladung der Majoritätsträger in der Basis, wenn man vereinfachende Bedingungen annimmt. Dazu gehören z. B. die Annahme einer konstanten Basisdotierung und die Unterstellung, daß die effektive Basisweite konstant und unabhängig von den Betriebsspannungen ist. Im allgemeinen Fall muß man die Ladung der Majoritätsträger in der Basis wie folgt angeben:

$$Q_B = \int\limits_{x_{jE}}^{x_{jC}} A \cdot e \cdot p(x)dx$$

Dieser Ausdruck gilt für alle Vorspannungen. Die Grenzen des Integrals sind die Sperrschichtausdehnungen x_{jE} der Emittersperrschicht und x_{jC} der Kollektorsperrschicht jeweils in die Basis hinein. (siehe Bild 4.23) Setzt man die Vorspannungen zu Null, so läßt sich eine Ladung Q_{BO} angeben:

$$Q_{B0} = \int\limits_{x_{jE0}}^{x_{jC0}} A \cdot e \cdot N_A(x)dx$$

Teilt man diesen Ausdruck durch Fläche A und Elementarladung e, so erhält man die **Gummel- Zahl.** Sie gibt die Zahl der Ladungsträger pro Flächeneinhat an. Man definiert jetzt eine normierte Basisladung q_B

$$q_B = \frac{Q_B}{Q_{B0}} \tag{4.83}$$

Diese normierte Ladung q_B enthält jetzt die arbeitspunktabhängigen Einflüsse. Mit ihrer Hilfe läßt sich die Transistorgleichung neu schreiben:

$$I_C = \frac{I_{SS}}{q_B}\left(e^{\frac{U_{BE}}{U_T}} - 1\right) \tag{4.84}$$

I_{SS} ist darin der konstante Teil des Sättigungsstromes.

$$I_{SS} = \frac{AeD_n n_i^2}{\int\limits_{x_{jE0}}^{x_{jC0}} N_A(x)dx}$$

Mit der normierten Ladung lassen sich viele Feinheiten des Transistorverhaltens ausdrücken. Es ist

$$q_B = 1 + \frac{C_{SC}}{Q_{B0}}U_{BC} + \frac{t_B}{Q_{B0}}I_C + \cdots \tag{4.85}$$

Das Verhältnis der Basisladung Q_{B0} zur Kollektorsperrschichtkapazität C_{SC} ist beispielsweise die Earlyspannung:

$$U_A = \frac{Q_{B0}}{C_{SC}}$$
(4.86)

Durch weitere Summanden in (4.85) lassen sich viele Effekte, z.B. auch die Hochinjektion, in das Gummel- Poon- Modell einfügen. Das Gummel- Poon- Modell ist also eine Weiterentwicklung des Ebers- Moll- Modells mit dem Vorteil, daß sich viele Effekte zweiter Ordnung entweder besser oder einheitlicher darstellen lassen. Die prinzipiellen Ersatzschaltungen bleiben die gleichen.

4.1.14 Bauformen

Kristallaufbau

Fast alle Transistoren werden derzeit als Planartransistoren hergestellt. Das Ausgangsmaterial ist eine einkristalline Siliziumscheibe von ca. 100 bis 150mm Durchmesser (Bei integrierten Schaltungen bis 200mm, Durchmesser bis 300mm sind in Planung). Diese Scheibe besteht nach Bild 4.54 aus dem hochdotierten Substrat, das eine Dicke von ca. 300 bis 500 µm hat und einer schwach dotierten epitaktischen Schicht von je nach Transistorart ca. 3 bis 50µm Dicke, die man ebenfalls einkristallin auf der Oberfläche hat aufwachsen lassen.

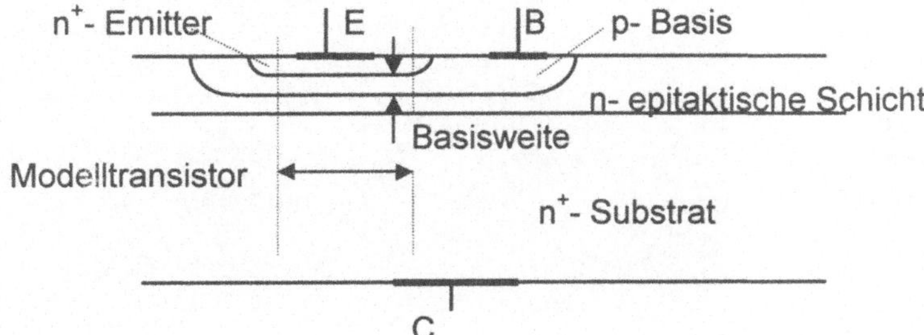

Bild 4.54
Ausschnitt aus einer Siliziumscheibe mit epitaktischer Schicht und eingebrachten Dotierungen für Basis und Emitter

Die Dotierungen werden, wie in Abschnitt 3.1.10 beschrieben, durch Diffusion oder Implantation von Dotieratomen über die Oberfläche eingebracht. Die epitaktische Schicht weist üblicherweise eine konstante Dotierung auf, so daß der Transistor ein Dotierprofil erhält, wie es in Bild 4.55 gezeichnet ist.

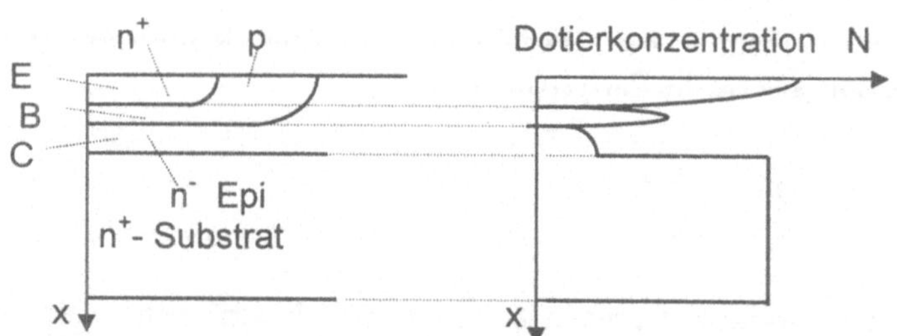

Bild 4.55
Dotierprofil eines
Planartransistors

Dieses Dotierprofil erfüllt die Forderung (4.33), nach der der Emitter stärker als die
Basis und diese wiederum stärker als der Kollektor dotiert sein soll. Das Substrat ist zur
Verminderung des Kollektorbahnwiderstandes sehr stark dotiert.

Ein kleiner FFM-Transistor (FFM = Field, Forest and Meadow) wie z. B. der Typ BC
549 besteht in der Aufsicht Bild 4.56 aus einer in die epitaktische Schicht eingebrachten
Basiszone, die für die Kontaktierung seitlich herausgezogen ist, und einem in die Basis
eingesetzten Emitter, der direkt kontaktiert wird.

Bild 4.56
Aufsicht auf
einen Klein-
signaltransistor

Wie schon in den vorhergehenden Abschnitten begründet, gibt es einige Anwendungen,
die einen kleinen Basisbahnwiderstand erfordern. Dieses gilt z. B. für rauscharme
Transistoren, die dazu noch große Emitterflächen haben sollen, für Hochfrequenz-
transistoren, bei denen die Zeitkonstante aus Basisbahnwiderstand und Basis-Emitter-
Kapazität möglichst klein sein soll oder für Leistungstransistoren, die sehr lange
Emitterkanten brauchen.

Alle diese Forderungen werden am besten dadurch erfüllt, daß man mehrere streifenförmige Emitterzonen in einem gemeinsamen Basisgebiet vorsieht und die Basis
mehrfach streifenförmig kontaktiert. Auf diese Weise kommt man zu der in Bild 4.57
gezeigten Fingerstrukur.

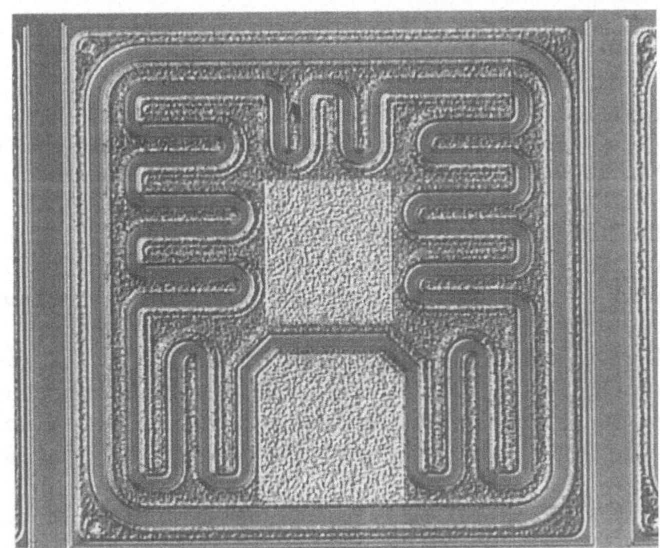

Bild 4.57
Fingerstruktur von
Emitter und Basis
zur Verringerung des
Basisbahnwiderstandes

Bei preiswerten Leistungstransistoren mit niedriger Grenzfrequenz von der Art des Typs
2N3055 weicht man aus Kostengründen von der Planartechnik ab und erzeugt Emitter
und Kollektor durch Diffusion von Dotieratomen, im einfachsten Fall von beiden Seiten
der Scheibe gleichzeitig. Auch bei diesen Transistoren werden die Emitterzonen und die
Basiskontakte streifenförmig angelegt.

Soll der Transistor in einer integrierten Schaltung verwendet werden, so muß der planare
Aufbau etwas modifiziert werden. Weil der Kristall einer integrierten Schaltung viele
Bauelemente enthält, müssen diese voneinander isoliert werden. Das erreicht man im
einfachsten Fall dadurch, daß man das Substrat p-dotiert und an das niedrigste Potential
der gesamten Schaltung legt (meist Masse). Auf diese Weise ist die Sperrschicht
Substrat - Kollektor sicher gesperrt und der Kollektor damit gegen das Substrat isoliert.
(Bild 4.58)

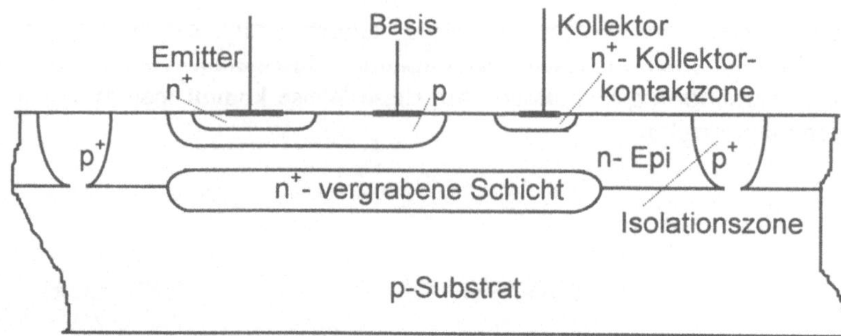

Bild 4.58
Aufbau eines integrierten Transistors mit vergrabener Schicht zur Verminderung des
Kollektorbahnwiderstandes

Der Kollektor wird an der Oberfläche der epitaktischen Schicht angeschlossen. Um trotz
der niedigen n- Dotierung dieser Schicht einen sperrfreien Kontakt zu gewährleisten,
wird diesem Anschluß eine stark dotierte n+-Kontaktzone unterlegt, für die man
denselben Herstellungsschritt wie für den Emitter benutzt.
Der Kollektorbahnwiderstand würde durch diese Art des Anschlusses sehr groß werden,
weil jetzt große Teile des Strompfades über die niedrig dotierte und damit hochohmige
epitaktische Schicht führen. Um ihn zu verringern, sieht man meist eine hoch dotierte,
unter der epitaktischen Schicht vergrabene Schicht (buried layer) vor.

Für die seitliche Isolation gegen die anderen Bauelemente kann man im einfachsten Fall
eine Sperrschichtisolation anwenden. Sie besteht, wie in Bild 4.58 gezeichnet, aus einer
mit dem Substrat verbundenen p- dotierten Zone, die den Transistor nach allen Seiten
umgibt. Eine andere Möglichkeit besteht darin, den Transistor rings herum mit einer bis
in das Substrat reichenden Zone aus Siliziumdioxid zu isolieren. Diese Methode ist
kapazitätsärmer und raumsparender, dafür allerdings technisch aufwendiger.

Gehäuseformen

Es gibt eine Vielzahl genormter Transistorgehäuse. Bild 4.60 zeigt eine Auswahl davon.
Bei Leistungstransistoren hat das Gehäuse eine Wärmeübergabefläche (den
Gehäuseboden) der in den meisten Fällen gleichzeitig der Kollektoranschluß ist oder
aber wenigstens mit dem Kollektor in leitender Verbindung steht.

Für Hochfrequenztransistoren sind induktivitäts- und kapazitätsarme Anschlüsse
wichtig. Ebenso ist es von Bedeutung, die Gehäuse so auszulegen, daß sie zu den in der
Hochfrequenztechnik üblichen Aufbautechniken passen. Viele dieser Gehäuse haben
daher Streifenleitungsanschlüsse.

Transistoren für Oberflächenmontage erfordern sehr kleine Abmessungen, und obendrein sollen die Gehäuse möglichst preiswert sein. Als Gehäusematerial verwendet man meistens Epoxydharz. Die Anschlußteile bestehen aus einem gestanzten Metallraster (Bild 4.59). Der Transistorkristall wird auf das Kollektoranschlußteil dieses Rasters aufgelötet oder mit leitfähigem Kleber aufgeklebt („Kristallbonden" oder „die bonding") und die Anschlüsse für Basis und Emitter werden mit feinen Golddrähten vom Kristall auf die entsprechenden Anschlüsse geführt („Drahtbonden" oder „wire bonding"). Die mit Transistorkristallen und Anschlüssen versehenen Metallraster werden in einer Presse bei hoher Temperatur und hohem Druck mit dem Harz umhüllt. Auf diese Weise lassen sich viele Transistorgehäuse gleichzeitig herstellen. Das Epoxydharz ist allerdings nicht hermetisch dicht und schützt nur bedingt gegen Umwelteinflüsse wie z.B. Wasserdampf. Deshalb baut man auch hermetisch dichte Metall-Keramik-Gehäuse, die allerdings wesentlich teurer sind.

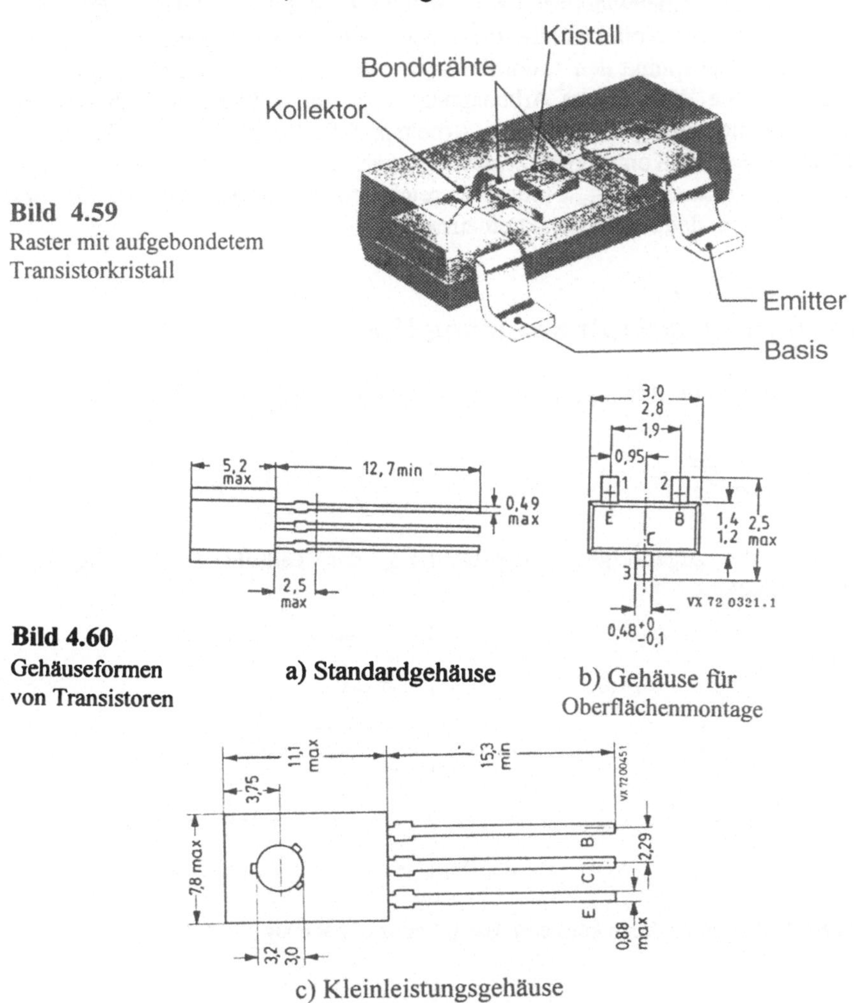

Bild 4.59
Raster mit aufgebondetem Transistorkristall

Bild 4.60
Gehäuseformen von Transistoren

a) Standardgehäuse

b) Gehäuse für Oberflächenmontage

c) Kleinleistungsgehäuse

4.2 Grundschaltungen

4.2.1 Arbeitspunkt

Wir haben in Kapitel 4.1 gesehen, daß der Kollektorstrom in sehr viele Größen eingeht, die das Verhalten des Transistors kennzeichnen, wie z. B. den Eingangswiderstand r_e, die Steilheit S oder den Innenwiderstand r_C. Daher ist es außerordentlich wichtig, den statischen Kollektorstrom, Kollektorruhestrom oder, wie er meist genannt wird, den Kollektorstrom im Arbeitspunkt den Anforderungen entsprechend einzustellen und auch konstant zu halten. Die Wahl dieses Arbeitspunktes ist rein willkürlich, insbesondere gibt es keinen allgemeingültigen „optimalen Arbeitspunkt". Praktisch ist die Wahl des Arbeitspunktes immer ein Kompromiß zwischen verschieden Anforderungen wie z.B. Betriebsspannung, Verlustleistung, Frequenzbereich, Aussteuerbereich usw. Es gibt mehrere Möglichkeiten, den Arbeitspunkt einzustellen:

Einstellung durch konstante Spannung U_{BE}

Der Kollektorstrom I_{CAP} im Arbeitspunkt ist im wesentlichen gegeben durch (4.24)

$$I_{CAP} = I_{ES} e^{\frac{U_{BEAP}}{U_T}}$$

Bild 4.61a zeigt die zugehörige Prinzipschaltung, das Teilbild 4.61b zeigt eine Realisierungsmöglichkeit.

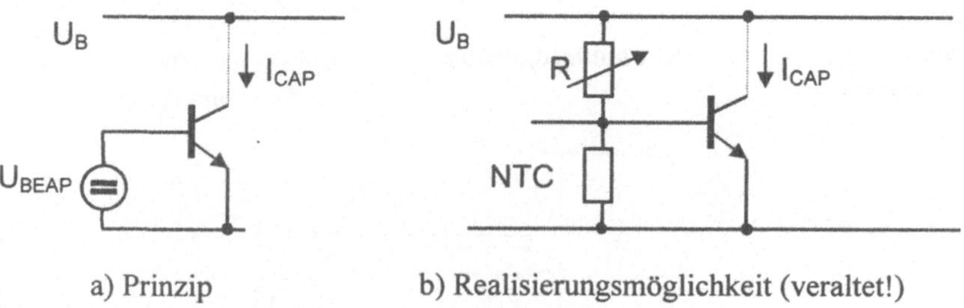

a) Prinzip   b) Realisierungsmöglichkeit (veraltet!)

Bild 4.61
Einstellen des Kollektorstroms durch konstante Basis-Emitter-Spannung

Wie bereits im Abschnitt 4.1.12 besprochen, ist diese Art der Stromeinstellung wegen der Temperaturabhängigkeit der Basis-Emitter-Spannung sehr ungünstig. Früher hat man sich dadurch beholfen, daß man diese Spannung durch einen temperaturabhängigen Spannungsteiler mit einem NTC-Widerstand aus der Betriebsspannung U_B abgeleitet hat. Zur genauen Stromeinstellung mußte dieser Teiler zudem noch einstellbar sein, so daß ein zusätzlicher Trimmwiderstand und ein Einstellvorgang erforderlich und demzufolge sowohl Bauelemente- als auch Arbeitskosten recht hoch waren.

Einstellung durch konstanten Basisstrom I_B

Für den Kollektorstrom gilt die Gleichung (4.20)

$$I_{CAP} = B \cdot I_{BAP}$$

Man kann den Kollektorstrom also auch dadurch einstellen, daß man den Basistrom vorgibt. Bild 4.62a) zeigt die Prinzipschaltung und das Teilbild b) wiederum zeigt eine Realisierungsmöglichkeit.

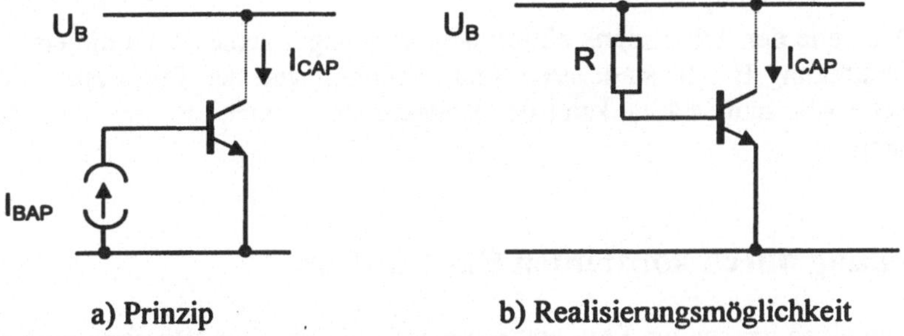

Bild 4.62
Einstellen des Kollektorstroms durch konstanten Basisstrom

Der Basisstrom in der Schaltung nach Bild 4.63b) ist gleich dem Strom durch den Widerstand:

$$I_{BAP} = \frac{U_B - U_{BEAP}}{R} \approx \frac{U_B - 0{,}7V}{R} \tag{4.87}$$

Die Basis- Emitter- Spannung im Arbeitspunkt U_{BEAP} ist nach Gleichung (4.27)

$$U_{BEAP} = U_T \ln\frac{I_{CAP}}{I_{ES}}$$

Da der Logarithmus eine schwache Funktion ist, hängt diese Spannung nur wenig vom Arbeitspunkt ab. Auch wenn sich Sättigungsstrom I_{ES} und Kollektorstrom I_{CAP} über viele

Zehnerpotenzen ändern, ändert sich die Basis-Emitter-Spannung im technischen Wertebereich nur von ca. 0,4V bis 0,9V. Wenn also U_{BE} wie in Gleichung (4.87) in einer Summe oder Differenz steht, liegt der durch die willkürliche Annahme des festen Wertes von 0,6V oder 0,7V verursachte Fehler in der mittleren Größenordnung von höchstens 100mV. Dieser Fehler ist für die praktische Schaltungsberechnung meist zu vernachlässigen. Falls eine genauere Berechnung erforderlich sein sollte, wird man sich ohnehin eines Schaltungsanalyseprogramms bedienen (Die so erzielten Ergebnisse sind aber nur dann besser, wenn die Bauelementeparameter hinreichend genau bekannt sind!).

Wir merken uns:
Wenn die Basis-Emitter-Spannung in einer Summe oder Differenz steht, darf man sie in brauchbarer Näherung durch einen festen Wert von 0,6V oder 0,7V ersetzen.

Der Kollektorstrom ergibt sich zu

$$I_{CAP} = B\frac{U_B - U_{BEAP}}{R_B} \approx B\frac{U_B - 0,6V}{R_B} \qquad (4.88)$$

Diese Methode der Arbeitspunkteinstellung ist weniger schlecht als die erste. Weil die Stromverstärkung B sehr stark streut und obendrein von der Temperatur abhängig ist (vergleiche Abschnitt 4.1.2), kann der Kollektorstrom noch um etwa den Faktor zwei schwanken.

Einstellung durch konstanten Emitterstrom

Stellt man einen konstanten Emitterstrom ein, so gilt in guter Näherung nach Gleichung (4.9)

$$I_{CAP} \approx I_E$$

Der Kollektorstrom ist demnach genauso konstant wie der Emitterstrom, und wir haben ihn damit sehr gut eingestellt. Bild 4.63a) zeigt die Prinzipschaltung dazu.
Die Stromquelle I_E in Bild 4.63a) stellt den Emitter- und damit auch den Kollektorstrom ein. Zwischen Emitter und Masse liegt eine Spannung U_E. Ihr Wert ist ohne Bedeutung, denn eine ideale Stromquelle führt unabhängig von der Spannung den kontanten Strom I_E. Die Spannung U_1 zwischen Basis und Masse liegt um die Basis-Emitter-Spannung U_{BEAP} höher und es gilt

$$U_E = U_1 - U_{BEAP}$$

Man kann also die Spannung U_1 in weiten Grenzen willkürlich festlegen.

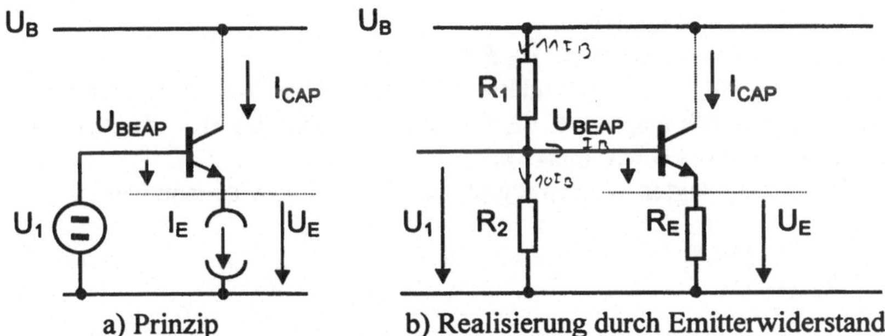

Bild 4.63
Einstellung des Kollektorstroms durch konstanten Emitterstrom

Die untere Grenze ist praktisch dadurch gegeben, daß die Emitterstromquelle einen Mindestwert an Spannung U_E braucht, um richtig arbeiten zu können. Die obere Grenze wird durch die Sättigung des Transistors bestimmt (siehe Abschnitt 4.1.9). Sofern der Transistor nicht als Schalter arbeiten soll, muß die Sättigung unbedingt vermieden werden, es muß also für die Kollektor-Basis-Spannung gelten

$$U_{CB} \geq 0$$

Um dieses zu gewährleisten, darf die Spannung U_1 höchstens den Wert der Betriebsspannung annehmen. (Praktisch muß U_1 unter der Betriebsspannung bleiben, weil der Transistor sonst keinen Aussteuerbereich mehr hat)

Bild 4.63b) zeigt die übliche schaltungstechnische Realisierung. Die Stromquelle wird einfach durch einen Widerstand R_E gebildet. Für Emitter- und Kollektorstrom gilt dann

$$I_{CAP} \approx I_E = \frac{U_1 - U_{BE}}{R_E} \approx \frac{U_1 - 0{,}6V}{R_E} \tag{4.89}$$

Die Spannung U_1 wird üblicherweise über einen Spannungsteiler aus der Betriebsspannung U_B abgeleitet. Dieser Spannungsteiler besteht aus den Widerständen R_1 und R_2 und liefert die Spannung

$$U_1 = U_B \frac{R_2}{R_1 + R_2} - I_{BAP} \frac{R_1 \cdot R_2}{R_1 + R_2}$$

Der zweite Term in der Gleichung ist der Spannungsabfall, den der Basisstrom als Belastung am Innenwiderstand des Teilers verursacht.

Um diese Schaltung praktisch zu dimensionieren, kann man wie folgt vorgehen:

a) Der Strom I_{CAP} ist vorgegeben.

b) Man legt die Betriebsspannung U_B fest.

c) Die Spannung U_E am Emitterwiderstand R_E wird ebenfalls willkürlich bestimmt. (Als Dimensionierungshilfe mag dabei die Regel dienen, daß U_E etwa das 0,1- bis 0,3-fache der Betriebsspannung U_B betragen soll)

d) Aus diesen festgelegten Werten ergibt sich der Emitterwiderstand zu

$$R_E = \frac{U_E}{I_{CAP}} \tag{4.90}$$

e) Die Spannung am Teilerwiderstand R_2 ist $U_{R2} = U_E + U_{BE} \approx U_E + 0{,}6V$. Nimmt man an, daß der Teiler relativ niederohmig sein und durch R_2 der 10-fache Basisstrom fließen soll, so bestimmt sich R_2 zu

$$R_2 = \frac{U_{R2}}{I_{R2}} = \frac{U_E + U_{BE}}{10 \cdot I_B} = B \frac{U_E + 0{,}6V}{10 \cdot I_{CAP}} \tag{4.91}$$

f) Am Widerstand R_1 liegt die Spannung $U_{R1} = U_B - U_{R2}$. Er wird vom 11fachen Basisstrom durchflossen. Sein Wert ist daher

$$R_1 = \frac{U_{R1}}{I_{R1}} = B \frac{U_B - U_{R2}}{11 \cdot I_{CAP}} \tag{4.92}$$

An diesem einfachen Beispiel erkennt man folgenden Grundsatz:

Eine Schaltungsdimensionierung ist immer eine Aufgabe, bei der mehr Größen bestimmt werden müssen, als Gleichungen oder Bestimmungsstücke (hier nur der vorgegebene Strom I_{CAP}) vorhanden sind. Es gibt also immer unendlich viele „richtige" Lösungen, aus denen man durch geschicktes Festlegen der freien Parameter (hier U_B und U_E , Wahl eines Transistors mit geeigneter Stromverstärkung und des Stroms durch R_1) eine „gute" Lösung auswählen muß.

4.2.2   Verstärker in Emitterschaltung

Spannungsverstärkung

Wir gehen davon aus, daß der Arbeitspunkt des Transistors durch eine konstanten Emitterstrom nach Bild 4.63b) eingestellt wurde. Um einen Spannungsverstärker zu erhalten, müssen wir der Schaltung einen Arbeitswiderstand hinzufügen (vergleiche Bilder 4.17, 4.25 und 4.33) und die steuernde Signalquelle anschließen. Damit erhalten wir eine Schaltung nach Bild 4.64. Der Koppelkondensator C_K ist erforderlich, damit der Innenwiderstand R_i der steuernden Quelle die vom Eingangsspannungsteiler gelieferte Gleichspannung nicht beeinflußt. Allerdings erhält der Eingangskreis der Schaltung dadurch einen Hochpaßcharakter. Näheres zur Dimensionierung des Koppelkondensators wird in einem Beispiel weiter unten gezeigt. Der Verstärker in Emitterschaltung ist daher <u>kein Gleichspannungsverstärker!</u>

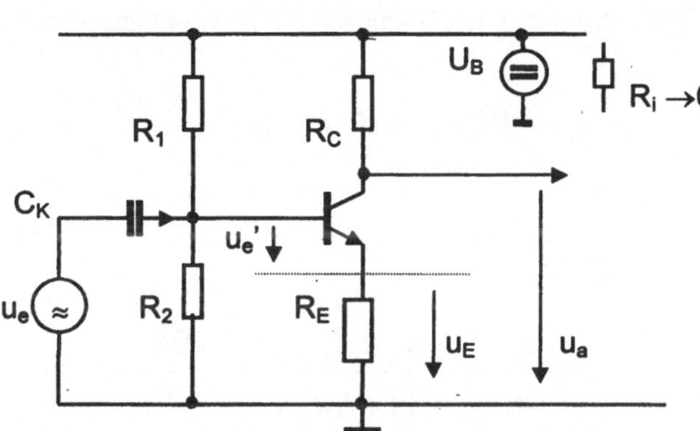

Bild 4.64
Verstärker in Emitterschaltung mit üblicher Arbeitspunkteinstellung durch einen Emitterwiderstand

Die zu verstärkende Signalspannung u_e liegt am Eingang des Verstärkers. Sie teilt sich auf in einen Anteil u_e', der als wirksame Steuerspannung an der Basis-Emitter-Strecke des Transistors liegt, und den Anteil u_E , der am Emitterwiderstand R_E abfällt. u_E ist der Spannungsabfall, den der gesteuerte Teil des Emittersstromes i_E an R_E verursacht. Nach Gleichung (4.26) ist

$$i_E \approx i_C = S \cdot u_e' = u_e' \frac{I_{CAP}}{U_T}$$

S ist darin die Steilheit des Transistors nach Gleichung (4.25). Es gilt also für die Eingangsmasche

$$u_e = u_e' + i_E R_E = u_e' + S \cdot u_e' \cdot R_E = u_e'\left(1 + SR_E\right)$$

oder

$$u_e' = u_e \frac{1}{1 + SR_E} \tag{4.93}$$

Die Ausgangsspannung des Verstärkers erhält man, indem man den Spannungsabfall am Kollektorwiderstand von der Betriebsspannung abzieht:

$$U_a = U_B - R_C\left(I_{CAP} + i_C\right) \tag{4.94}$$

Für die Signalspannungsverstärkung ist nur der Signalanteil in (4.94) maßgebend. Der durch das Signal gesteuerte Teil i_C des Kollektorstromes ist mit (4.26) und der wirksamen Steuerspannung u_e' nach (4.93)

$$i_C = S \cdot u'_e = S \cdot \frac{u_e}{1 + SR_E}$$

Damit ergibt sich der Signalanteil der Ausgangsspannung zu

$$u_a = R_C \cdot i_C = S \cdot R_C \cdot u'_e = \frac{S \cdot R_C \cdot u_e}{1 + SR_E} \tag{4.95}$$

Die Spannungsverstärkung schließlich ist das Verhältnis von Signalausgangs- zu Signaleingangsspannung:

$$v = \frac{u_a}{u_e} = \frac{-S \cdot R_C \cdot u_e}{u_e \left(1 + SR_E\right)} = \frac{-SR_C}{1 + SR_E} \tag{4.96}$$

Diese Verstärkung ist um den Gegenkopplungsfaktor $(1+SR_E)$ kleiner als die Verstärkung $v = SR_C$ nach Gleichung (4.23), die ohne Gegenkopplung berechnet wurde. Wir sprechen von einer **Signalgegenkopplung** oder negativen Signalrückführung (negative feedback) durch den Wechselspannungsabfall am Emitterwiderstand.
Also: Der erwünschte Gleichspannungsabfall, den der Emitterstrom im Arbeitspunkt am Emitterwiderstand erzeugt, dient in der besprochenen Weise der Stabilisierung des Arbeitspunktes. Der Emitterwiderstand bewirkt aber gleichzeitig auch eine Signalgegenkopplung, die erwünscht oder auch unerwüscht sein kann.

Mit den Ausdrücken $r_E = U_T/I_{CAP}$ (4.28) und $S = I_{CAP}/U_T$ (4.25) gilt

$$S \cdot r_E = 1$$

Damit wird aus (4.96)

$$v = \frac{SR_C}{S\left(r_E + R_E\right)} \approx \frac{SR_C}{SR_E} = \frac{R_C}{R_E} \tag{4.97}$$

Dies ist eine sehr gute Näherung, weil der differentielle Widerstand r_E bei üblichen Dimensionierungen immer sehr klein gegen den „eingelöteten" Widerstand R_E ist. Gleichung (4.97) besagt, daß bei Vorliegen einer Signalgegenkopplung die Spannungsverstärkung gleich dem Verhältnis von Kollektorwiderstand zu Emitterwider-

stand ist. Dieser Wert ist bei vernünftiger Dimensionierung recht klein, Verstärkungen über 10 werden nicht erreicht. Die Gegenkopplung bewirkt also, daß die Spannungsverstärkung sehr klein wird.
Auf der anderen Seite ergibt sich die Spannungsverstärkung aus einem Widerstandsverhältnis. Widerstände haben aber von allen Bauelementen die kleinsten Exemplarstreuungen und Temperaturkoeffizienten. Die Gegenkopplung sorgt also auch dafür, daß der Verstärkungsfaktor sehr genau eingehalten werden kann und nahezu unabhängig von Temperatur und Arbeitspunkt ist.

Nach Abschnitt 4.1.4 ist der Transistor eine reale Stromquelle mit endlichem Innewiderstand. Daher wurde mit (4.34) der Begriff des effektiven Arbeitswiderstandes eingeführt; das war die Parallelschaltung des „eingelöteten" Kollektorwiderstandes mit dem Innenwiderstand r_C der durch den Transistor gebildeten Stromquelle. Auch eventuell angeschlossene Lastwiderstände sind noch der Parallelschaltung hinzuzufügen.

Der Innenwiderstand der durch den Transistor gebildeten Stromquelle ist durch Gleichung (4.32) gegeben und ergibt sich für den dort besprochenen einfachen Fall aus Earlyspannung und Kollektorstrom im Arbeitspunkt zu $r_C = U_A / I_{CAP}$. Dieser Innenwiderstand wird durch die Signalgegenkopplung am Emitterwiderstand in folgender Weise auf den Wert r_C^* erhöht (Bild 4.65):

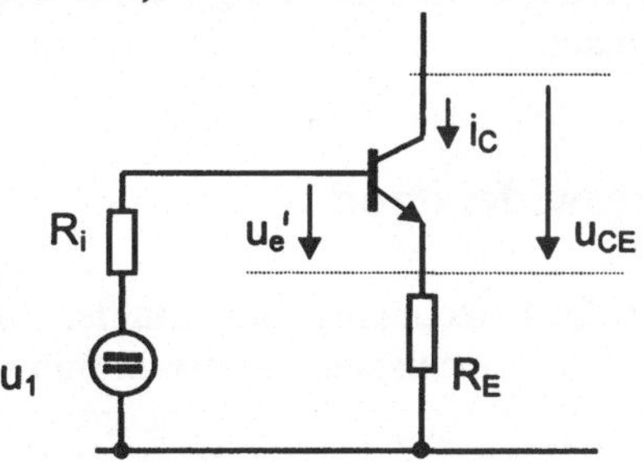

Bild 4.65
Zur Erläuterung des Innenwiderstandes
r_C^* mit Signalgegenkopplung

Wir bezeichnen mit u_e' die wirksame Steuerspannung, mit i_C die Änderung des Kollektorstromes und mit u_{CE} die Änderung der Kollektorspannung. Die Änderung des Kollektorstromes auf Gund einer Änderung der Kollektorspannung ist

$$i_C = -Su_e' + \frac{u_{CE}}{r_C}$$

Setzt man vereinfachend den Innenwiderstand R_i der steuernden Quelle zu Null, so wird u_e' = $i_C \cdot R_E$ und

$$i_C\left(1 + SR_E\right) = \frac{u_{CE}}{r_C}$$

so daß sich ergibt

$$r_C^* = \frac{u_{CE}}{i_C} = r_C\left(1 + SR_E\right) \tag{4.98}$$

Der Innenwiderstand der durch den Transistor gebildeten Stromquelle wird um den Gegenkopplungsfaktor größer.

Der effektive Arbeitswiderstand R_{ceff} ist

$$R_{Ceff} = R_C\|r_C^*\|R_L \tag{4.99}$$

Läßt man R_L unberücksichtigt, so ist

$$R_{Ceff} = R_C\|r_C^* \approx R_C \tag{4.100}$$

weil r_C^* bei allen realistischen Dimensionierungen in der Parallelschaltung vernachlässigbar groß gegen den „eingelöteten" Widerstand R_C ist. Gleichung (4.97) hat daher unverändert Gültigkeit. R_{ceff} aus (4.100) ist gleichzeitig der **Ausgangswiderstand** der Schaltung.

Eingangswiderstand

Die Signalgegenkopplung am Emitterwiderstand vergrößert auch den Eingangswiderstand des Transistors. Mit den in Bild 4.66 eingezeichneten Größen gilt

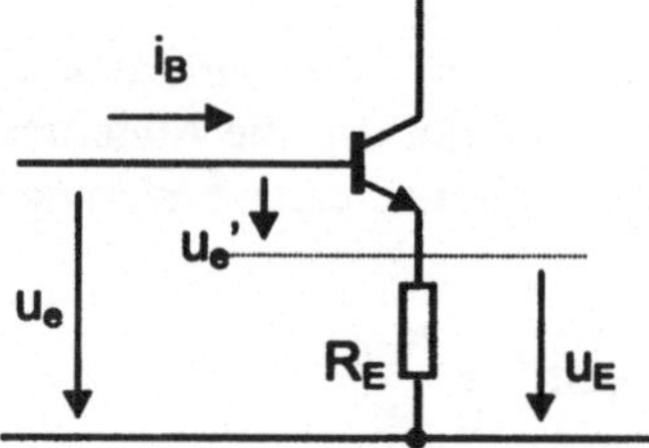

Bild 4.66
Zum Eingangswiderstand des Transistors bei Signalgegenkoplung

$$r_e^* = \frac{du_e}{di_B} = \frac{du_e'\left(1 + SR_E\right)}{\dfrac{du_e'S}{B}} = \frac{B}{S}\left(1 + SR_E\right) = r_e\left(1 + SR_E\right) \tag{4.101}$$

Darin wurden Gleichung (4.93) für u_e' und Gleichung (4.29) für r_e benutzt. Man sieht also: Die Signalgegenkopplung erhöht den Eingangswiderstand um den Gegen- kopplungsfaktor auf beträchtliche Werte.

Beispiel
Nimmt man die Werte I_{CAP} = 1mA, B = 300 und R_E = 2kΩ an, so ergibt sich im Falle ohne Gegenkopplung der Eingangswiderstand r_e = 300(26mV/1mA) = 7,8kΩ und im Fall mit Gegenkopplung wird r_e* = 7,6kΩ(1+2kΩ(1mA/26mV)) = 592kΩ.

Wünscht man nun weiter die Spannungsverstärkung Fünf, so muß nach (4.97) der Kollektorwiderstand R_C = 5·2kΩ = 10 kΩ betragen. Der Strom I_{CAP} = 1mA läßt an Emitter- und Kollektorwiderstand die Spannungen 2V und 10V abfallen. Die Spannung U_{CE} am Transistor darf nach Abschnitt 4.1.9 nicht unter die Basis- Emitter- Spannung, also ca. 0,6V, fallen, damit der Transistor nicht in die Sättigung kommt. Will man z.B. noch mindestens 2,4V als Aussteuerreserve behalten, muß die Spannung U_{CE} wenigstens 3V betragen. Die Betriebs- spannung muß also zu 15V gewählt werden.

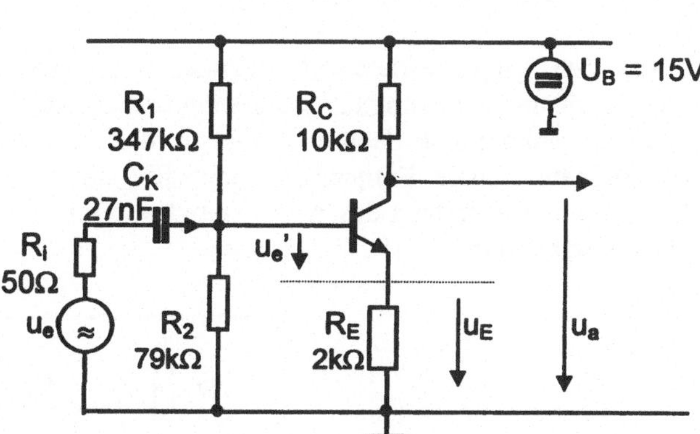

Bild 4.68
Dimensionierungsbeispiel
für einen Verstärker in
Emitterschaltung mit
Signalgegenkopplung

Die Widerstände R_1 und R_2 für den Basisspannungsteiler werden so dimensioniert, wie es in Abschnitt 4.2.1 besprochen wurde:

$$R_2 = \frac{U_{RE} + U_{BE}}{10 \cdot I_B} = \frac{2,6V}{33\mu A} = 79k\Omega$$

und

$$R_1 = \frac{U_B - U_{R2}}{11 \cdot I_B} = \frac{12,6V}{36,3\mu A} = 347k\Omega$$

Der Eingangswiderstand der gesamten Schaltung ist jetzt

$$r_{ein} = R_1 \| R_2 \| r_e^* = 347k\Omega \| 79k\Omega \| 592k\Omega = 58k\Omega$$

Der Eingangswiderstand des Transistors ist so groß, daß der Gesamteingangswiderstand der Schaltung im wesentlichen vom Spannungsteiler bestimmt wird.

Der Koppelkondensator wird so bemessen, daß die Eingangsmasche einen Hochpaß mit der gewünschten unteren Grenzfrequenz f_g bildet:

$$C_K = \frac{1}{2\pi \cdot f_g \left(R_i + r_{ein} \right)} = 27,4nF \qquad (4.102)$$

Hierin wurde f_g zu 100Hz und der Generatorinnenwiderstand zu 50Ω gesetzt. Der Ausgangswiderstand der Schaltung ist schließlich

$$r_{aus} = R_{Ceff} = R_C \| r_C^* \approx R_C = 10k\Omega$$

Verstärker ohne Gegenkopplung

Die durch den Emitterwiderstand erzeugte Signalgegenkopplung ist nicht immer erwünscht, weil sie die Spannungsverstärkung herabsetzt. Wie in Bild 4.68 gezeigt, kann man diese Gegenkopplung dadurch aufheben, daß man den Emitterwiderstand für die Signale, also für höhere Frequenzen, kapazitiv durch einen Emitterkondensator C_E kurzschließt. Die Einstellung des Arbeitspunktes, die ja eine Gleichstromeinstellung ist, bleibt davon unberührt.

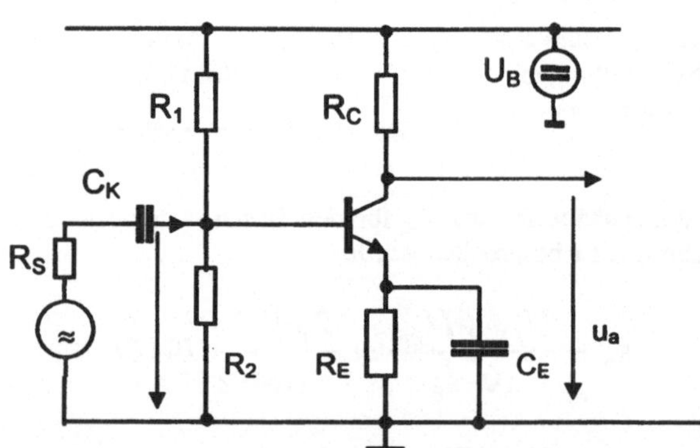

Bild 4.68
Verstärker in Emitterschaltung, bei dem die Signalgegenkopplung durch den Emitterkondensator C_E aufgehoben wurde.

Der Kondensator C_E hat ebenfalls eine Hochpaßwirkung der Schaltung zur Folge. Man dimensioniert ihn wieder mit einer vorgegebenen Grenzfrequenz:

$$C_E = \frac{1}{2\pi \cdot f_g \cdot R}$$

Der Widerstand R ist darin der Widerstand, den man am Emitterknoten der Schaltung gegen Masse messen kann. Er setzt sich aus der Parallelschaltung von R_E und dem differentiellen Eingangswiderstand des Emitters zusammen. Dieser differentielle Widerstand ist die Summe von r_E nach Gleichung (4.28) und dem durch die Stromverstärkung geteilten Innenwiderstand R_i der Basisspannungsquelle. Damit wird

$$C_E = \frac{1}{2\pi \cdot f_g \cdot \left[\left(r_E + \dfrac{R_i}{B}\right) \| R_E\right]} \tag{4.103}$$

Die Summe in der Klammer ist bei normaler Dimensionierung so klein, daß sie in der Parallelschaltung den Gesamtwert bestimmt. Der Innenwiderstand R_i der Basisspannungsquelle wird für die Schaltung nach Bild 4.69 durch folgende Parallelschaltung gebildet:

$$R_i = R_1 \| R_2 \| R_S$$

Wenn die Signalgegenkopplung unwirksam geworden ist, gelten alle Beziehungen so, als wäre kein Emitterwiderstand R_E vorhanden:

Die Spannungsverstärkung ist dann nach (4.23)

$$v = -SR_{Ceff} \tag{4.104}$$

Darin ist jetzt der effektive Arbeitswiderstand $R_{ceff} = R_C \| r_C$, worin r_C der Innenwiderstand der durch den Transistor gebildeten Stromquelle $r_C = U_A / I_{CAP}$ nach (4.32) ist. Die Näherung $R_{ceff} \approx R_C$ ist jetzt nicht mehr so gut wie im gegengekoppelten Fall, weil r_C kleiner als r_C^* ist.

Beispiel
Mit den oben genannten Werten und der Earlyspannung $U_A = 100V$ ergibt sich die Spannungsverstärkung zu

$$v = -\frac{1mA}{26mV}\left(10k\Omega \left\| \frac{100V}{1mA}\right.\right) = -350$$

Der Eingangswiderstand des Transistors hat nur noch den Wert nach (4.29)

$$r_e = B\frac{U_T}{I_{CAP}}$$

Für die gesamte Schaltung ist der Eingangswiderstand r_{ein} wieder die Parallelschaltung der Widerstände am Eingangsknoten (der Widerstand R_1 liegt über den verschwindend kleinen Innenwiderstand der Betriebsspannungsquelle an Masse) :

$$r_{ein} = R_1 \| R_2 \| r_e$$

Mit den oben genannten Beispielswerten ist der Eingangswiderstand jetzt

$$r_{ein} = 347k\Omega \| 79k\Omega \| 300\frac{26mV}{1mA} = 6{,}96k\Omega$$

Man sieht, daß der gesamte Eingangswiderstand jetzt im wesentlichen vom Transistor bestimmt wird, während er im gegengekoppelten Fall hauptsächlich vom Eingangs- spannungsteiler bestimmt wurde.

Der Ausgangswiderstand der Schaltung ist gleich dem effektiven Arbeitswiderstand, wie er eben besprochen wurde.

4.2.3 Emitterfolger

Einstellung des Arbeitspunktes

Der Emitterfolger nach Bild 4.69 ist ein Transistor in Kollektorschaltung. Sein Kollektor liegt über den Innenwiderstand Null der Betriebsspannungsquelle an Masse.

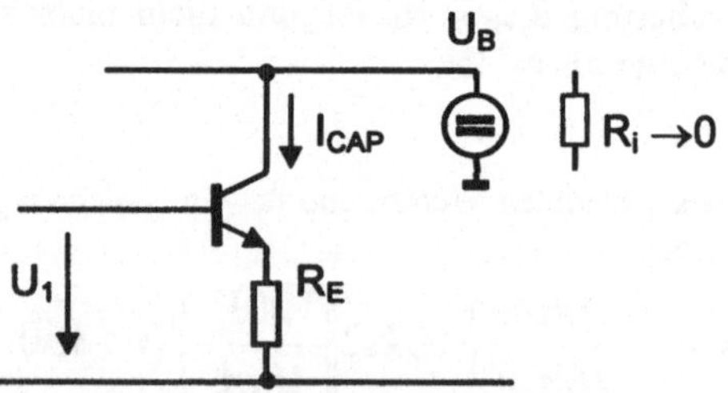

Bild 4.69
Emitterfolger

Der Strom im Arbeitspunkt wird nach (4.89) durch die Gleichspannung U_1 an der Basis und den Emitterwiderstand R_E bestimmt:

$$I_{CAP} = \frac{U_1 - U_{BE}}{R_E} \approx \frac{U_1 - 0{,}6V}{R_E}$$

Die Gleichspannung U_1 kann man, wie in Bild 4.63b) gezeigt, über einen Spannungsteiler aus der Betriebsspannung ableiten. Oft aber wird der Emitterfolger direkt mit anderen Schaltungen verbunden, so daß U_1 meistens aus diesen Schaltungen entnommen wird.

Spannungsverstärkung

Die Spannungsverstärkung berechnen wir mit den Bezeichnungen aus Bild 4.71.

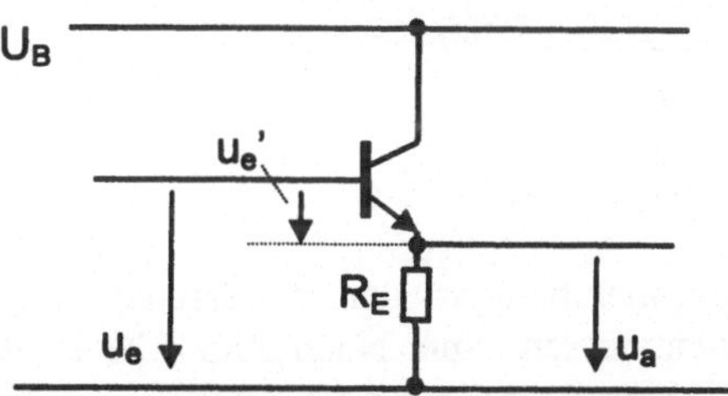

Bild 4.71
Zur Berechnung der
Spannungsverstärkung
des Emitterfolgers

Die Ausgangsspannung des Emitterfolgers wird am Emitterwiderstand abgenommen. Sie ist gleich dem Spannungsabfall, den der Emitterstrom an diesem Widerstand verursacht:

$$u_a = i_E \cdot R_E \approx i_C \cdot R_E = u_e' \cdot S \cdot R_E$$

u_e' ist darin die wirksame Steuerspannung, die wir schon in (4.93) kennengelernt haben. Die Spannungsverstärkung ist das Verhältnis von Signalausgangs- zu Signaleingangsspannung:

$$v = \frac{u_a}{u_e} = \frac{u_e' \cdot S \cdot R_E}{u_e' \cdot (1 + SR_E)} = \frac{SR_E}{1 + SR_E} \leq 1 \tag{4.105}$$

Der Emitterfolger hat eine Spannungsverstärkung, die mit guter Näherung gleich Eins ist. Der Name Emitterfolger kommt daher, daß die Emitter- oder Ausgangsspannung der Basis- oder Eingangsspannung phasen- und nahezu betragsgleich folgt. Allerdings ist die Emittergleichspannung um die Basis-Emitter-Spannung U_{BE} kleiner als die Eingangsgleichspannung.

Eingangswiderstand

Der Emitterfolger hat den gleichen Eingangswiderstand wie der Transistor bei Signalgegenkopplung in Emitterschaltung nach (4.101):

$$r_{ein} = r_e\left(1 + SR_E\right)$$

Mit $r_e = B(U_T/I_{CAP}) = B \cdot r_E$ und $S = 1/r_E$ wird daraus

$$r_{ein} = B \cdot r_E \cdot \left(1 + \frac{1}{r_E} R_E\right) = B \cdot \left(r_E + R_E\right) \approx BR_E \qquad (4.106)$$

Der Eingangswiderstand des Emitterfolgers ist mit guter Näherung um den Faktor Stromverstärkung größer als der eingelötete Emitterwiderstand. Hieraus ergibt sich die Bedeutung als Impedanzwandler.

Ausgangswiderstand

Der Ausgangswiderstand ist der Widerstand, den man in den Ausgangsknoten der Schaltung hineinmessen kann. Nach Bild 4.71 ist dies genau der Widerstand, den wir schon in (4.102) zur Berechnung der Emitterzeitkonstanten benutzt haben.

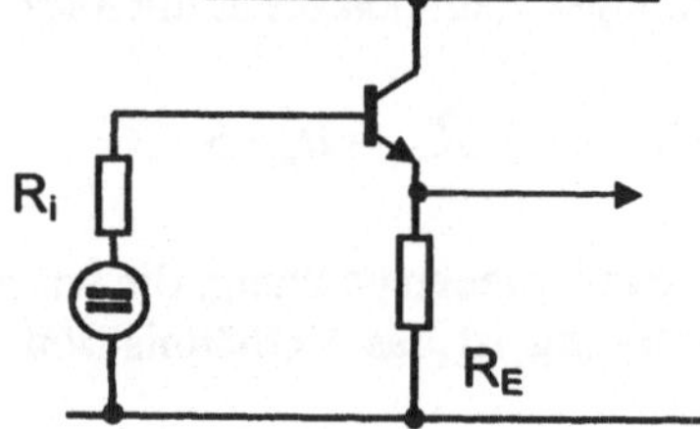

Bild 4.71
Zum Ausgangswiderstand
des Emitterfolgers

Mit dem Innenwiderstand R_i der Basisspannungsquelle wird der Ausgangswiderstand

$$r_{aus} = \left(r_E + \frac{R_i}{B}\right) \| R_E \qquad (4.107)$$

Der Wert der Klammer ist bei üblichen Dimensionierungen meist deutlich kleiner als der eingelötete Widerstand R_E , der somit in der Parallelschaltung keine große Bedeutung hat. Oft ist auch noch der durch die Stromverstärkung geteilte Innenwiderstand der Basisspannungsquelle viel größer als der differentielle Anteil r_E. Somit gilt in (bisweilen etwas grober) Näherung

$$r_{aus} = \frac{R_i}{B}$$

Der Ausgangswiderstand ist der durch die Stromverstärkung geteilte Eingangs-widerstand.

Darlington- Schaltung

Die Stromverstärkung üblicher Kleinsignaltransistoren liegt in der Größenordnung einige Hundert. Bei Leistungstransistoren ist sie deutlich kleiner und meist unter Hundert. Oft stellt sich die praktische Aufgabe, daß man vom Stromniveau einige Milliampere, also von der Kleinsignalverarbeitung, auf das Niveau von etlichen Ampere übergehen muß, beispielsweise bei Leistungsstufen. Ein dafür geeigneter Emitterfolger-transistor müßte die Stromverstärkung von mindestens 1000 haben. So hohe Stromverstärkungen erhält man, wenn man zwei (manchmal auch drei) Transistoren zu einer Darlington- Schaltung nach Bild 4.72 zusammenfaßt.

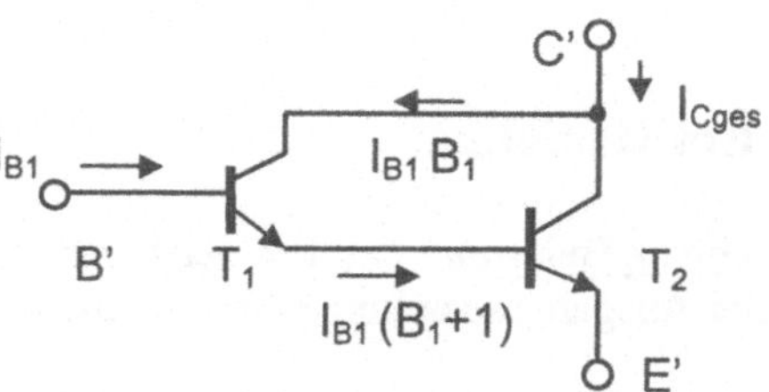

Bild 4.72
Darlingtonschaltung

Diese Schaltung besteht aus zwei hintereinandergeschalteten Emitterfolgern. Wie sich dem Bild entnehmen läßt, kann man die Schaltung als einen Transistor mit den Anschlüssen B', E' und C' auffassen, der folgende gesamte Stromverstärkung hat:

$$
B_{ges} = \frac{I_{Cges}}{I_{B1}} = \frac{I_{B1}\left(B_2\left[B_1+1\right]+B_1\right)}{I_{B1}} = B_2\left(B_1+1\right)+B_1 \approx B_1 \cdot B_2 \qquad (4.108)
$$

Die gesamte Stromverstärkung ist also das Produkt der Einzelstromverstärkungen. Dieser Darlington"transistor" hat allerdings eine näherungsweise doppelt so große Basis-Emitter-Spannung wie ein Einzeltransistor.

Es gibt auch eine **komplementäre Darlingtonschaltung**, oft LIN- Kombination genannt. Sie wandelt die Steuercharakteristik eines npn- in die eines pnp-Transistors um (Bild 4.73) und hat eine hohe Gesamtstromverstärkung. Sie wird oft benutzt, um in einem komplementären Emitterfolger (siehe unten) einen npn-Leistungstransistor mit der erforderlichen pnp-Charakterisik zu versehen.

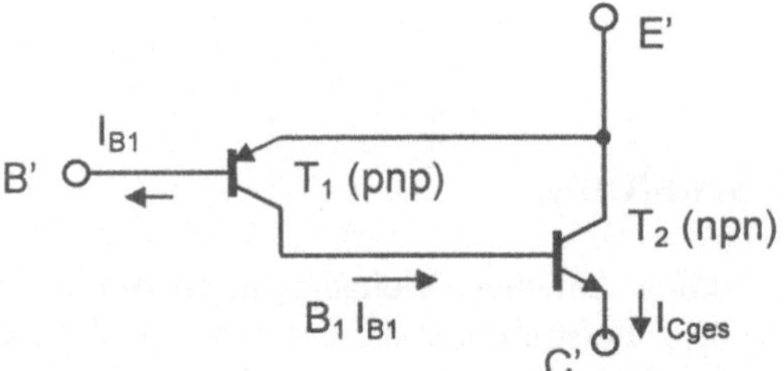

Bild 4.73
Komplementäre
Darlingtonschaltung

Auch diese Schaltung kann man als einen Transistor mit den Anschlüssen E', B' und C' und einer Gesamtstromverstärkung B_{ges} auffassen.

$$B_{ges} = \frac{I_{Cges}}{I_{B1}} = \frac{I_{B1} \cdot B_1 \cdot (B_2 + 1)}{I_{B1}} \approx B_1 \cdot B_2 \qquad (4.109)$$

Komplementärer Emitterfolger

Bei überwiegend kapazitiver Belastung des Emitterfolgers (oft bei hohen Frequenzen) kann eine Verzerrung der Ausgangsspannung auftreten, die in Bild 4.74 gezeigt wird.

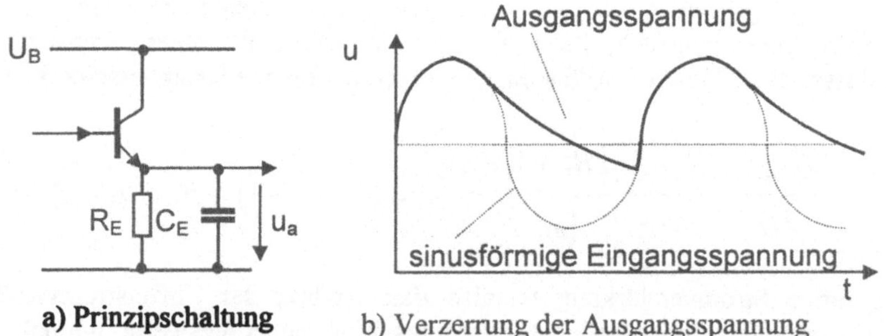

Bild 4.74
Emitterfolger mit kapazitiver Last

Diese Verzerrung kommt dadurch zustande, daß die Zeitkonstanten für die Auf- bzw. Entladung des Kondensators unterschiedlich groß sind. Die Kapazität C_E wird über den Ausgangswiderstand des Emitterfolgers nach (4.107) aufgeladen. Dies ist der Widerstand

$$r_{aus} = \left(r_E + \frac{R_i}{B} \right) \| R_E$$

Dies ist so lange richtig, wie der Emitterfolger ordnungsgemäß arbeiten kann. Wenn aber die Eingangspannung schneller absinkt, als der Kondensator entladen werden kann, so wird der Transistor gesperrt, weil seine Basis-Emitter-Spannung dann auch absinkt. Das bedeutet aber, daß sich der Kondensator nur noch über den eingelöteten Widerstand R_E entladen kann, daß also der Entladewiderstand wesentlich größer als der Aufladewiderstand ist.

Eine Abhilfe kann man dadurch schaffen, daß man den Widerstand R_E durch einen zweiten Transistor ersetzt. Dies führt dann zum komplementären Emitterfolger nach Bild 4.75.

In dieser Schaltung ist der Widerstand R_E durch den Transistor T_2 ersetzt worden, der allerdings ein pnp-Transistor sein muß. Dies ist deshalb erforderlich, weil T_2 mit entgegengesetzter Polarität der Betriebsspannung arbeitet.

Komplementäre Emitterfolger werden gerne als Leistungs (=End-) -stufen eingesetzt. Für die Einstellung des Arbeitspunktes benutzt man meistens des Stromspiegelprinzip (siehe Abschnitt 4.2.5).

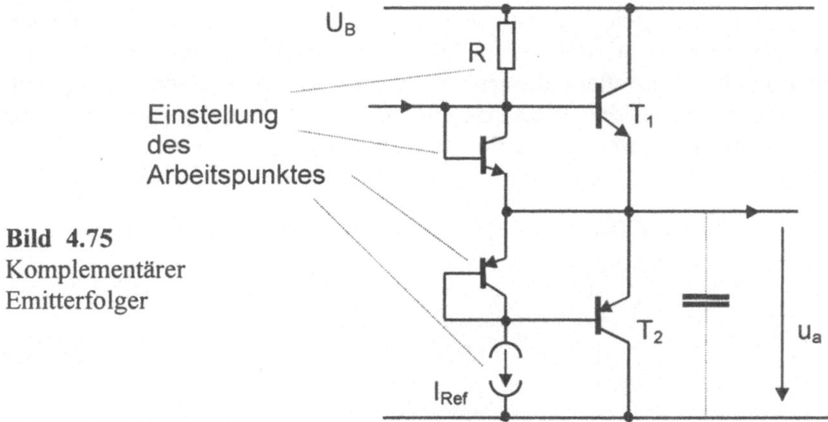

Bild 4.75
Komplementärer
Emitterfolger

Stabilität

Der Emitterfolger wird als problemlose Grundschaltung geschätzt und sehr oft eingesetzt. Dennoch kann es bei sehr hohen Frequenzen zu Stabilitätsproblemen kommen, die wiederum mit kapazitiver Belastung zusammenhängen.

Nach Gleichung (4.50) ist die Stromverstärkung frequenzabhängig. Für Frequenzen weit oberhalb der Grenzfrequenz f_B gilt

$$B(f) = \frac{B_0}{1 + jB_0\dfrac{f}{f_T}} \approx -j\frac{f_T}{f}$$

In diesem Frequenzbereich hat die Stromverstärkung einen Phasenwinkel von -90° . Nimmt man noch einen rein kapazitiven Lastwiderstand $R_E = 1/j\omega C$ an, so wird die Eingangsimpedanz des Emitterfolgers mit Gleichung (4.106)

$$Z_{ein} = B(f)\cdot\left(r_E + R_E\right) = -j\frac{f_T}{f}\left(r_E - j\frac{1}{\omega C}\right) = -\frac{f_T}{2\pi\cdot f^2 C} - jr_E\frac{f_T}{f} \quad (4.110)$$

Der erste Summand in (4.110) ist ein negativer Widerstand, der entdämpfend wirkt und Instabilitäten verursachen kann.

4.2.4 Basisschaltung

Die Basisschaltung ist die am wenigsten gebräuchliche Grundschaltung. Sie hat besondere Vorteile bei hohen Frequenzen, weil sie sich relativ gut an die üblichen kleinen Wellenwiderstäde anpassen läßt, und weil die Grenzfrequenz der Stromverstärkung in Basisschaltung etwa gleich der Transistfrequenz ist (siehe Abschnitt 4.1.8). Bild 4.76 zeigt den Verstärker in Basisschaltung. Der Arbeitspunkt wird genau wie bei der Emitterschaltung durch den Emitterwiderstand R_E und den Spannungsteiler aus R_1 und R_2 eingestellt. Um dennoch die Basis zur für Ein- und Ausgang gemeinsamen Bezugselektrode zu machen, wird sie kapazitiv an Masse gelegt.

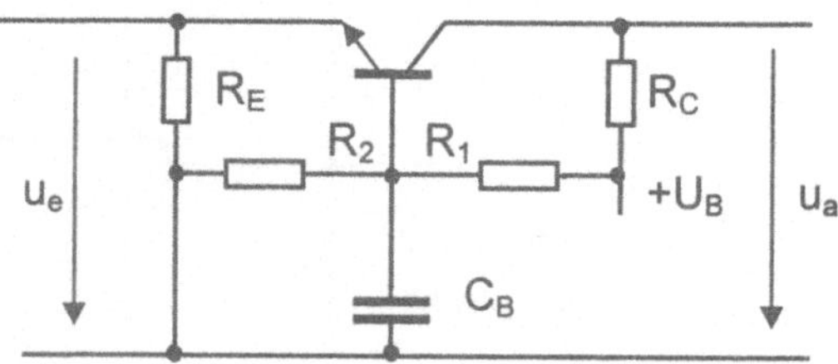

Bild 4.76
Verstärker in
Basisschaltung

Die Kapazität des Basiskondensators C_B wird nach Gleichung (4.102) für eine gegebene untere Grenzfrequenz berechnet. Da der Kondensator an Masse gelegt wird, ist der Generatorinnenwiderstand R_i in diesem Falle Null.

Der **Eingangswiderstand** der Schaltung ist

$$r_{ein} = r_E \| R_E = \frac{U_T}{I_{CAP}} \| R_E \approx r_E \qquad (4.111)$$

Wie bei der Emitterschaltung ist die **Spannungsverstärkung**

$$v = -SR_{Ceff} \approx -SR_C \qquad (4.112)$$

und der **Ausgangswiderstand** ist

$$r_{aus} \approx R_C \qquad (4.113)$$

4.2.5 Stromspiegelschaltung

Grundschaltung

Stromspiegelschaltungen (current mirror) sind stromgesteuerte Stromquellen. Sie werden hauptsächlich in integrierten Schaltungen als Stromquellen oder als aktive Lasten (siehe Abschnitt 4.2.6) verwendet. Bild 4.77 zeigt die Grundschaltung. Der Transistor T_1 bildet den Referenz- oder Steuerzweig. Seine Basis ist mit dem Kollektor kurzgeschlossen, d.h. es ist $U_{CB} = 0$. Der Transistor arbeitet gerade noch im aktiven Bereich. Man sagt auch, er sei als Diode geschaltet.

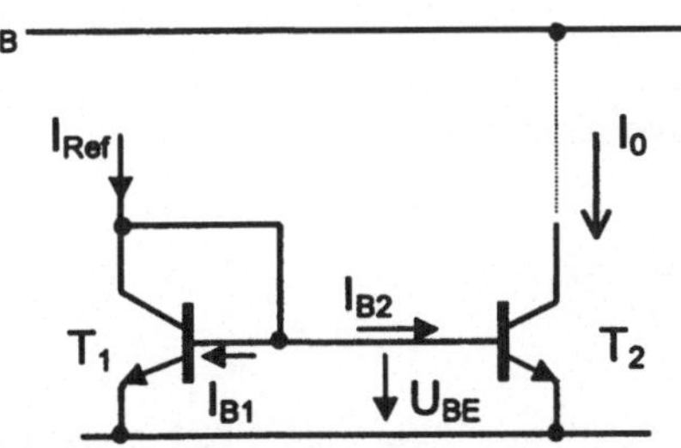

Bild 4.77
Stromspiegelschaltung

Transistor T_2 ist der Ausgangstransistor. Sein Kollektorstrom I_0 ist der Quellenstrom. Für die grundlegende Betrachtung wollen wir die Basisströme I_{B1} und I_{B2} vernachlässigen. Der Transistor T_1 führt den von außen eingestellten Referenzstromtrom I_{Ref}.

$$I_{Ref} = I_1 = I_{ES1} e^{\frac{U_{BE}}{U_T}}$$

Es stellt sich somit nach Gleichung (4.5) die Basis- Emitter- Spannung

$$U_{BE} = U_T \cdot \ln\frac{I_{Ref}}{I_{ES1}}$$

ein. Der Ausgangstransistor T_2 hat nach der Schaltung die gleiche Basis- Emitter- Spannung. Er führt daher den Strom

$$I_0 = I_{ES2} \cdot e^{\frac{U_T \ln\frac{I_{Ref}}{I_{ES1}}}{U_T}} = I_{ES2}\frac{I_{Ref}}{I_{ES1}} = \frac{I_{ES2}}{I_{ES1}}I_{Ref} = S \cdot I_{Ref} \qquad (4.114)$$

Die Größe S

$$S = \frac{I_0}{I_{Ref}} = \frac{I_{ES1}}{I_{ES2}} \qquad (4.115)$$

heißt **Spiegelverhältnis**. Bei gleichen Transistoren ist $I_{ES1} = I_{ES2}$ und damit $S = 1$. In integrierten Schaltungen entstehen alle Transistoren im gleichen Herstellungsprozeß auf dem gleichen Kristall. Daher sind die Dotierkonzentrationen, die Basisweiten und die übrigen Konstanten innerhalb sehr kleiner Fehlergrenzen gleich. Die Fläche A läßt sich aber durch entsprechende Anordnung auf der Scheibenoberfläche leicht verändern. Der Emittersättigungsstrom I_{ES} nach Gleichung (4.3) läßt sich wie folgt schreiben:

$$I_{ES} = A \cdot const.$$

Damit wird das Spiegelverhältnis S

$$S = \frac{I_{ES1}}{I_{ES2}} = \frac{A_1}{A_2} \qquad (4.116)$$

Man kann das Spiegelverhältnis über das Flächenverhältnis einstellen. Im Interesse kleiner Fehlergrenzen darf dieses Verhältnis in der Praxis den Wert Fünf nicht überschreiten.

Wenn man die Basisströme der Transistoren berücksichtigt, ergibt sich das Spiegelverhältnis allgemein zu

$$S = \frac{B_2 \cdot I_{ES2}}{(B_2 + 1)I_{ES1} + I_{ES2}} \qquad (4.117)$$

Für den Fall gleicher Transistoren ($I_{ES1} = I_{ES2}$) ergibt sich

$$S = \frac{B}{B+2} \qquad (4.118)$$

Der Innenwiderstand der durch den Stromspiegel gebildeten Stromquelle ist der des einfachen Transistors nach Gleichung (4.32)

$$R_i = r_C = \frac{U_A}{I_0}$$

Erweiterte Schaltungen

Stromspiegel mit Emitterfolger
Das Spiegelverhältnis des einfachen Stromspiegels mit gleichen Transistoren weicht besonders bei kleinen Stromverstärkungen nach (4.118) mehr oder weniger deutlich vom Idealwert Eins ab. Durch einen Emitterfolger kann man nach Bild 4.78 den Einfluß der Basisströme auf das Spiegelverhältnis deutlich herabsetzen.

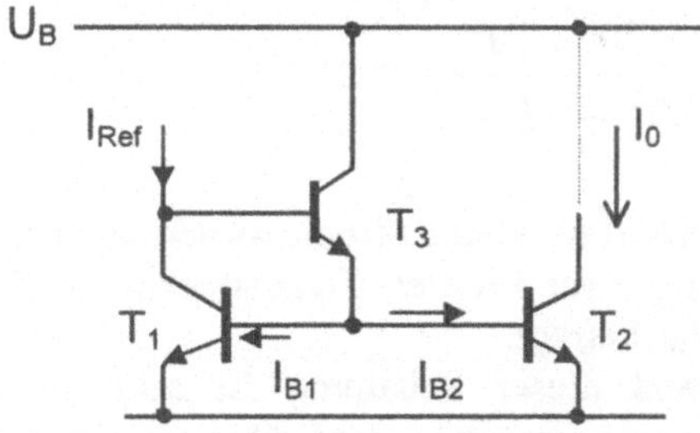

Bild 4.78
Stromspiegel
mit Emitterfolger

Durch den Emitterfolger wird der Referenzstrom nur noch mit einem sehr kleinen Strom belastet, der sich aus der durch die Stromverstärkung des Transistors T_3 geteilten Summe der Basisströme von T_1 und T_2 ergibt. Für den Fall gleicher Transistoren ergibt sich damit das Spiegelverhältnis zu

$$S = \frac{I_0}{I_{Ref}} = \frac{B}{B + \dfrac{2}{B+1}} = \frac{B^2 + B}{B^2 + B + 2} \qquad (4.119)$$

Das Spiegelverhältnis liegt jetzt schon bei kleinen Stromverstärkungen sehr nahe an Eins.

Der Ausgangswiderstand ist nach wie vor der des einfachen Transistors nach Gleichung
(4.32). Im Referenzzweig liegen jetzt aber zwei Basis- Emitter- Strecken, so daß sich die
für den Betrieb erforderliche Mindestspannung am Eingang auf $2U_{BE}$ erhöht.

WILSON- Stromspiegel
Der Stromspiegel wird meistens als Stromquelle eingesetzt und soll deshalb einen
möglichst großen Ausgangswiderstand haben. Eine Schaltung mit wesentlich höherem
Ausgangswiderstand ist der Wilson-Stromspiegel nach Bild 4.79.

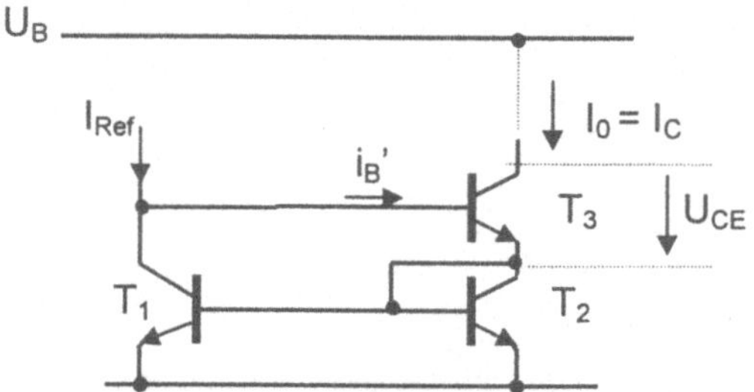

Bild 4.79
WILSON- Stromspiegel
mit hohem Ausgangswiderstand

Im Falle gleicher Transistoren ist sein Spiegelverhältnis

$$S = \frac{I_0}{I_{Ref}} = \frac{B^2 + 2B}{B^2 + 2B + 2} \tag{4.120}$$

Dies ist ein Wert, der schon für kleine Stromverstärkungen sehr nahe an Eins liegt. Auch
hier liegen am Eingang zwei Emitter- Basisstrecken in Serie, so daß die Mindest-
Eingangsspannung $2U_{BE}$ beträgt.
Der Ausgangswiderstand dieser Schaltung ist sehr groß, denn eine erzwungene
Änderung ΔI_0 des Ausgangsstromes wird über den Teilstromspiegel, der aus den
Transistoren T_1 und T_2 besteht, auf den Eingangsknoten zurückgespiegelt. Sie wird dort
vom Basisstom abgezogen. Daher wird die effektive Änderung i_B' des Basisstromes sehr
klein:

$$i_B' = i_B - SBi_B' \qquad \text{oder} \qquad i_B' = \frac{i_B}{1 + B}$$

Darin wurde das Spiegelverhältnis S des Teilstromspiegels zu 1 gesetzt und
angenommen, daß I_{ref} konstant ist. Die effektive Änderung $\Delta I_C'$ des Kollektorstromes
ist

$$\Delta I_C' = B \cdot i_B' = \frac{\Delta I_C}{1 + B}$$

Der Ausgangswiderstand r_{aus} ist

$$r_{aus} = \frac{\Delta U_{CE}}{\Delta I'_C} = \frac{\Delta U_{CE}}{\Delta I_C}(1+B) = r_C(1+B) \tag{4.121}$$

Dieser Widerstand ist um den Faktor Stromverstärkung größer als bei den oben genannten Stromspiegeln.

Strombank
Oft werden mehrere Stöme benötigt, die untereinander in einem festen Verhältnis stehen sollen. Dazu kann man die Stromspiegelschaltungen nach Bild 4.77 oder auch die erweiterte Schaltung nach Bild 4.78 zu einer Strombank nach Bild 4.80 ausbauen.

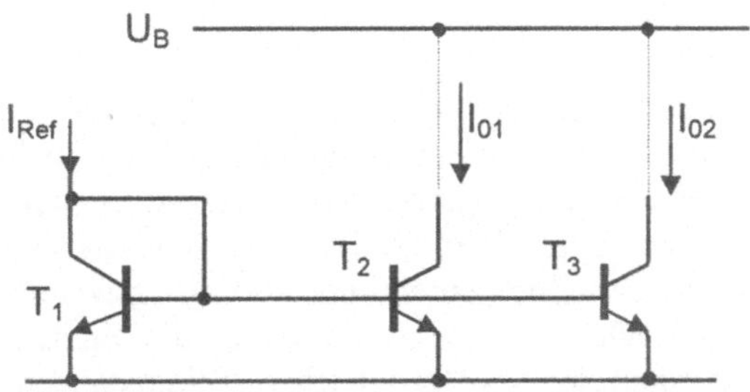

Bild 4.80
Strombank mit Strom-
spiegel nach Bild 4.78

In dieser Strombank sind alle Quellenströme I_0 gleich groß. Das Spiegelverhältnis ist in Anlehnung an (4.118) bei gleichen Transistoren

$$S = \frac{I_0}{I_{Ref}} = \frac{B}{B+n} \tag{4.122}$$

n ist darin die Gesamtzahl der Transistoren und sollte nicht größer als höchstens zehn gewählt werden.

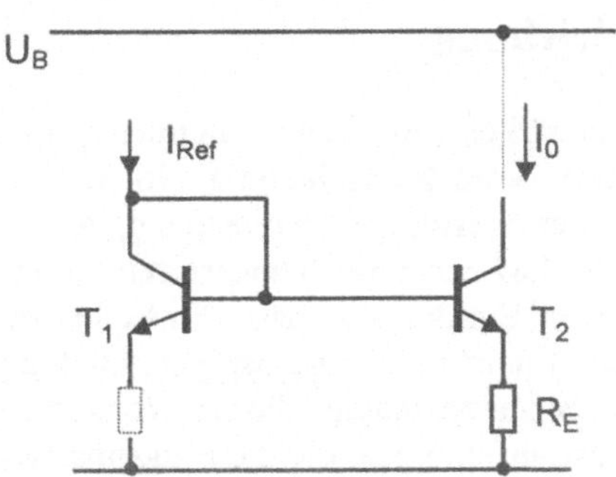

Bild 4.81
Einstellen des Spiegelverhältnisses
über einen Emitterwiderstand

Entsprechend Gleichung (4.116) kann man über das Verhältnis der Transistorflächen (d.h. der Emitterflächen) auch unterschiedliche Quellenströme einstellen. Eine weitere Methode, unterschiedliche Quellenströme einzustellen, besteht darin, einen Emitterwiderstand R_E nach Bild 4.81 einzusetzen. Nach Gleichung (4.114) gilt

$$I_0 = I_{ES} \cdot e^{\dfrac{U_T \ln \frac{I_{Ref}}{I_{ES}} - I_0 R_E}{U_T}} = I_{Ref} \cdot e^{\frac{-I_0 R_E}{U_T}}$$

Damit wird das Spiegelverhältnis

$$S = \frac{I_0}{I_{Ref}} = e^{-\frac{I_0 \cdot R_E}{U_T}} \tag{4.123}$$

Das Spiegelverhältnis ist jetzt eine Funktion des Quellenstromes! Ebenso ist der Temperaturkoeffizient der Basis-Emitter-Spannung nicht mehr vollständig kompensiert. Dafür ist aber der Ausgangswiderstand der Stromquelle nach Gleichung (4.98) erhöht und es lassen sich Spiegelverhältnisse einstellen, die sehr klein sind.

Wenn man ausschließlich einen hohen Ausgangswiderstand anstrebt, kann man, wie in Bild 4.82 gestrichelt angedeutet, auch in die Emitterleitung des Referenztransistors einen Widerstand legen. Bei gleichen Widerständen erhält man dann wieder das Spiegelverhältnis Eins, aber bei hohem Ausgangswiderstand und kompensiertem Temperaturgang.

Ebenso sind Widerstände in den Emitterleitungen immer dann empfehlenswert, wenn zu befürchten ist, daß in den Masseleitungen nennenswerte Bahnwiderstände vorhanden sind. Dies kann z.B. bei schmalen Leiterbahnen der Fall sein. Die Emitterwiderstände müssen groß gegen die vermuteten Bahnwiderstände sein.

4.2.6 Differenzverstärker

Kennliniengleichung

Der Differenzverstärker (differential amplifier) ist nach dem Stand der Technik die meistverwendete Verstärkerschaltung. In der erweiterten Form als Operationsverstärker findet er vielseitige Verwendung, auch als Gleichspannungsverstärker. Er besteht nach Bild 4.82 aus zwei Transistoren, deren Emitter zusammengeschaltet sind. In die verbundenen Emitter wird zum Einstellen des Arbeitspunktes der Strom I_0 aus einer Stromquelle (meist einer Stromspiegelschaltung) eingespeist. Die Signaleingangsspannung oder Steuerspannung dieses Verstärkers ist die Spannungsdifferenz u_e zwischen den Basisanschlüssen, die die Eingangsmasche der Schaltung bilden.

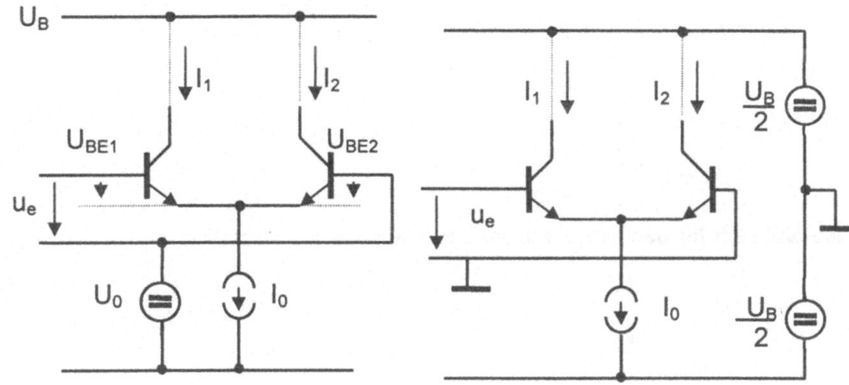

	a) Prinzipschaltung mit für	b) praktisch oft gewählte
Bild 4.82	die Basisströme erforder-	Variante mit symmetrisch
Differenzverstärker	licher Spannung U_0	aufgeteilter Betriebsspannung

Wenn die Transistoren T_1 und T_2 gleich sind ($I_{ES1} = I_{ES2} = I_{ES}$), verteilt sich für $u_e = 0$ der Quellenstrom I_0 gleichmäßig auf die beiden Transistoren. In diesem Fall gilt

$$I_{E1} = I_{E2} = \left.\frac{I_o}{2}\right|_{u_e=0} \approx I_1 = I_2$$

Die Gleichspannungsquelle U_0 hat nur die Aufgabe, die Basisströme für T_1 und T_2 zu liefern. Der Betrag von U_0 ist in weiten Grenzen (fast) ohne Bedeutung. U_0 muß mindestens so groß sein, daß die Stromquelle I_0 einwandfrei arbeiten kann. Ihr Höchstwert ist dadurch bestimmt, daß die Transistoren T_1 und T_2 nicht in Sättigung kommen dürfen. Im Falle des Bildes 4.82b) ist U_0 gleich der halben Betriebsspannung. Diese Schaltung hat insbesondere den Vorteil, daß die Eingangsspannung u_e direkt auf Masse bezogen werden kann.

Für die Eingangsmasche gilt immer die Gleichung

$$-u_e + U_{BE1} - U_{BE2} = 0 \tag{4.124}$$

Ebenso gilt die Knotengleichung

$$I_{E1} + I_{E2} = I_0 \tag{4.125}$$

Damit ist

$$I_0 = I_{ES} \cdot e^{\frac{U_{BE1}}{U_T}} + I_{ES} \cdot e^{\frac{U_{BE2}}{U_T}} = I_{ES} \cdot e^{\frac{U_{BE1}}{U_T}} + I_{ES} \cdot e^{\frac{U_{BE1}}{U_T}} \cdot e^{-\frac{u_e}{U_T}}$$

oder

$$I_{E1} = \frac{I_0}{1 + e^{-\frac{u_e}{U_T}}}$$

Ebenso läßt sich für den Emitterstrom des Transistors 2 schreiben

$$I_{E2} = \frac{I_0}{1 + e^{+\frac{u_e}{U_T}}}$$

Die Differenz der Ströme ist

$$I_{E1} - I_{E2} = I_0 \frac{e^{+\frac{u_e}{U_T}} - e^{-\frac{u_e}{U_T}}}{e^{+\frac{u_e}{U_T}} + e^{-\frac{u_e}{U_T}} + 2}$$

Mit

$$\sinh(x) = \frac{e^x - e^{-x}}{2} \qquad \text{und} \qquad \cosh(x) = \frac{e^x + e^{-x}}{2}$$

ergibt sich

$$\Delta I_E = I_{E1} - I_{E2} = I_0 \frac{\sinh\dfrac{u_e}{U_T}}{\cosh\dfrac{u_e}{U_T} + 1} = I_o \cdot \tanh\frac{u_e}{2U_T} \qquad (4.126)$$

In (4.126) wurde die Beziehung

$$\tanh\frac{x}{2} = \frac{\sinh(x)}{\cosh(x) + 1}$$

eingesetzt. Mit $\Delta I_E \approx \Delta I_C$ ergibt sich für die Kollektorströme

$$I_{C1} = \frac{I_o}{2} + \frac{1}{2}\Delta I_C = \frac{I_o}{2}\left(1 + \tanh\frac{u_e}{2U_T}\right) \qquad (4.127)$$

und

$$I_{C2} = \frac{I_0}{2} - \frac{1}{2}\Delta I_C = \frac{I_0}{2}\left(1 - \tanh\frac{u_e}{2U_T}\right)$$ (4.128)

(4.127) und (4.128) sind die Gleichungen der Übertragungskennlinien des Differenzverstärkers, die den Verlauf des hyperbolischen Tangens haben. Bild 4.83 zeigt ihren Verlauf.

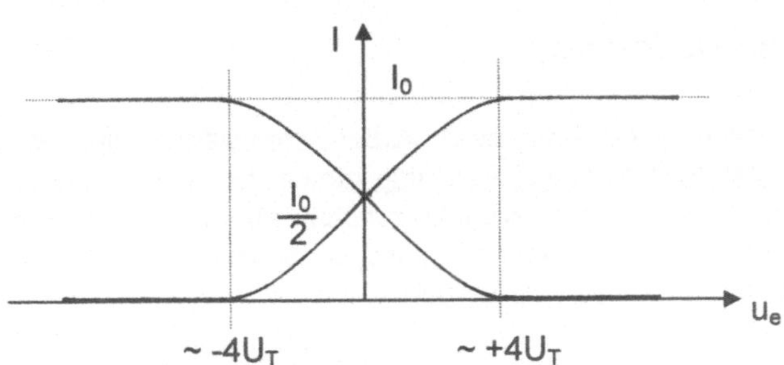

Bild 4.83
Übertragungskennlinien des Differenzverstärkers

Für eine Eingangsspannung $|u_e|$ größer als ca. $4U_T$, d.h. ca. 100mV, ist der Verstärker voll durchgesteuert, der Quellenstrom I_0 fließt nahezu vollständig im einen oder anderen Transistor. Das ist der übersteuerte oder auch Schalterbetrieb des Differenzverstärkers. Dieser Schalterbetrieb hat die Besonderheit, daß keiner der Transistoren in Sättigung gerät, daß also auch keine Sättigungsspeicherladung auftritt (vergleiche Abschnitt 4.1.9). Der Differenzverstärker ist demnach ein **sehr schneller** Schalter. Mit ihm lassen sich die schnellsten Digitalschaltungen aufbauen, die sog. ECL-Schaltungen (Emitter Coupled Logic, siehe Abschnitt 4.2.8), die mit bipolaren Transistoren möglich sind.
Im Bereich des Arbeitspunktes bei $u_e = 0$ läßt sich für kleine Eingangsspannungen $u_e <$ U_T der hyperbolische Tangens durch sein Argument annähern. Dann wird aus Gleichung (4.127)

$$I_{C1} \approx \frac{I_0}{2}\left(1 + \frac{u_e}{2U_T}\right)$$

Die Steilheit (vergleiche Abschnitt 4.1.3) des Differenzverstärkers ist die Änderung des Ausgangsstromes, bezogen auf die Änderung der Eingangsspannung.

$$S_1 = \frac{dI_{C1}}{du_e} = \frac{I_0}{4U_T}$$ (4.129)

Sie ist nur ein Viertel so groß wie die Steilheit des Einzeltransistors! Für den Transistor T_2 gilt entsprechend

$$S_2 = \frac{dI_{C2}}{du_e} = -\frac{I_0}{4U_T} \qquad (4.130)$$

Der Differenzverstärker hat zwei Ausgänge mit zwei Steilheiten, die den gleichen Betrag, aber verschiedenes Vorzeichen haben.

Verstärkungsfaktoren

Fügen wir nach Bild 4.84 zwei Arbeitswiderstände ein, so erhalten wir einen Spannungsverstärker mit zwei Ausgangsknoten. Greift man die Ausgangsspannung u_{as} symmetrisch zwischen den Kollektorknoten ab, so ergibt sich ein symmetrischer Verstärker. Oft greift man aber die Ausgangsspannung u_{aq} im Eintakt zwischen einem Kollektorknoten (meistens von T_2) und Masse ab.

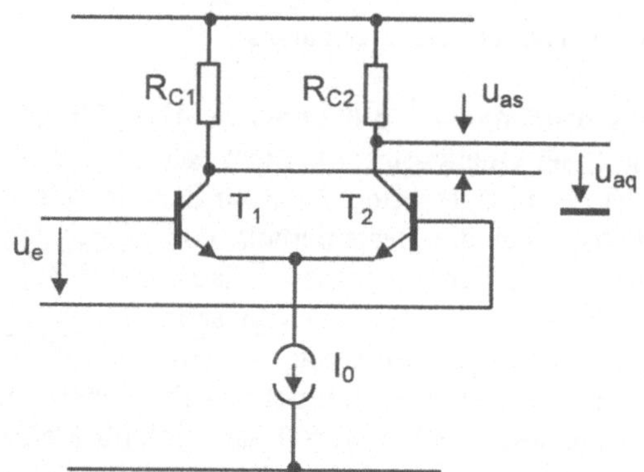

Bild 4.84
Differenzverstärker mit
Arbeitswiderständen

Für die Ausgangsspannung U_{aq} gilt

$$U_{aq} = U_B - R_{C2}\left(\frac{I_0}{2} + S_2 \cdot u_e\right)$$

Mit der Steilheit S_2 nach (4.137) ist der gesteuerte Teil u_{aq} der Ausgangsspannung

$$u_{aq} = -S_2 \cdot u_e \cdot R_{C2} = u_e \frac{I_0}{4U_T} R_{C2}$$

Die Verstärkung v_{dq} vom Differenzeingang auf den Eintaktausgang ist damit

$$v_{dq} = \frac{u_{aq}}{u_e} = \frac{-S_2 u_e R_{C2}}{u_e} = \frac{I_0}{4U_T} R_{C2} \qquad (4.131)$$

Dieses ist die **Eintaktverstärkung.** Sie hat ein positives Vorzeichen, wenn man die Ausgangsspannung am Kollektor von T_2 abgreift, und ein negatives, wenn man den Kollektor von T_1 als Ausgangsknoten benutzt.

Greift man die Ausgangsspannung u_{as} symmetrisch ab, so erhält man die **Differenzverstärkung,** das ist die Verstärkung vom Differenzeingang auf den symmetrischen Ausgang v_{ds}. Für den dabei meist vorliegenden Fall gleicher Kollektorwiderstände R_C gilt

$$u_{as} = U_{aq2} - U_{aq1} = U_B - R_C \frac{I_0}{2} + u_e SR_C - \left(U_B - \frac{I_0}{2} R_C - u_e SR_C \right)$$

$$= 2u_e SR_C = u_e \frac{I_0}{2U_T} R_C$$

Die Verstärkung v_{ds} ist damit

$$v_{ds} = \frac{u_{as}}{u_e} = 2 \cdot v_{dq} = 2SR_C = \frac{I_0}{2U_T} R_C \qquad (4.132)$$

Das Besondere an der Differenzverstärkung v_{ds} ist, daß sich die **Gleichanteile** in der Ausgangsspannung u_{as} **völlig herausheben.**
Die Verstärkungen v_{dq} und v_{ds} sind nach (4.131) und (4.132) umgekehrt proportional zur Temperaturspannung und damit zur absoluten Temperatur. Dieser Temperaturgang kann dadurch kompensiert werden, daß man den Quellenstrom I_0 proportional zur absoluten Temperatur ansteigen läßt. Dazu benutzt man eine Stromquelle nach Abschnitt 4.2.7.

Die Differenzverstärkungen v_{ds} und v_{dq} sind die nutzbaren Verstärkungen des Differenzverstärkers. Daneben gibt es als **ungewollte** Eigenschaften noch die **Gleichtaktverstärkungen.** Gleichtaktansteuerung bedeutet, daß die Basisanschlüsse beider Verstärkertransistoren gemeinsam gegen Masse ausgesteuert werden, wie Bild 4.85 zeigt. Die Spannungsquelle U_0 aus Bild 4.82a) ist jetzt die Steuerspannungsquelle. Die meisten von außen wirkenden Störungen wirken als Gleichtaktaussteuerung.

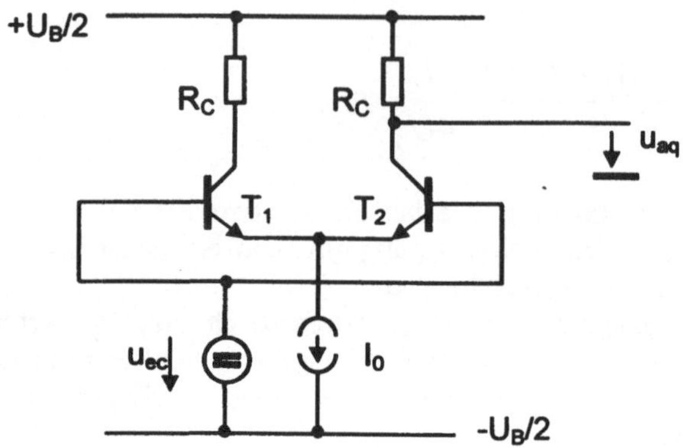

Bild 4.85
Gleichtaktaussteuerung

Nimmt man die Ausgangsspannung u_{aq} im Eintakt ab, so ergibt sich die **Gleichtaktverstärkung** v_{cq} (vom Gleichtakteingang c (common) zum Eintaktausgang q). Wie die Ersatzschaltung Bild 4.86 zeigt, entspricht dieser Fall genau dem gegengekoppelten Verstärker in Emitterschaltung.

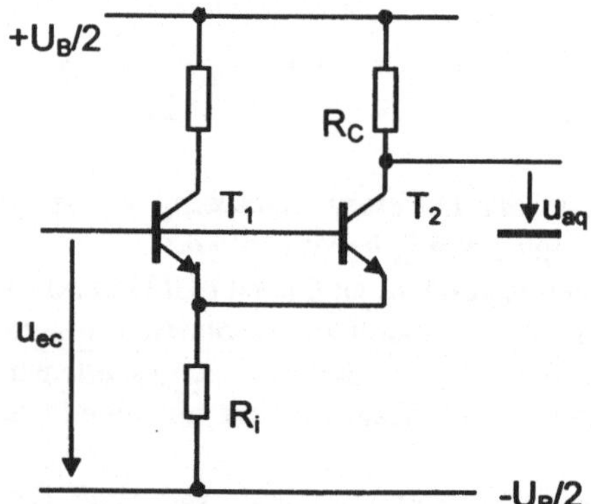

Bild 4.86
Ersatzschaltbild für die
Gleichtaktverstärkung

Mit dem Innenwiderstand R_i der Stromquelle I_0 und der Gleichung (4.97) bestimmt sich die Verstärkung v_{cq} zu

$$v_{cq} = \frac{R_C}{2R_i} \tag{4.133}$$

Der Faktor Zwei im Nenner kommt daher, daß im Kollektor eines Transistors nur der halbe Qellenstrom fließt. Statt der Gleichtaktverstärkung wird auch die **Gleichtakt-unterdrückung** a (common mode rejection ratio) definiert:

$$a = \frac{v_{dq}}{v_{cq}}$$

die oft auch in Dezibel angegeben wird

$$a = 20 \cdot \log \frac{v_{dq}}{v_{cq}} \quad \text{(dB)}$$

Bei einem guten Differenzverstärker liegt die Gleichtaktunterdrückung in der Größenordnung von 10^4 bis 10^5 entsprechend 80dB bis 100dB.

Ein ideal symmetrischer Differenzverstärker hat bei Gleichtaktansteuerung die symmetrisch abgenommene Ausgangsspannung $u_{as} = 0$. Der reale Differenzverstärker hat aber Unsymmetrien, die zu einer endlichen Ausgangsspannung u_{as} führen. Man könnte daher eine Verstärkung

$$v_{cs} = \frac{u_{as}}{u_{ec}}$$

definieren. Statt dessen wird die **Offsetspannung** (offset voltage) eingeführt. Diese Spannung U_{off}, auch Eingangsfehlspannung genannt, ist diejenige Differenzspannung ΔU_{BE} zwischen den Basen der Eingangstransistoren, die zum Ausgleich der Unsymmetrien erforderlich ist. Läßt man zunächst die Streuung der Kollektorwiderstände R_c außer Acht, so ist

$$U_{off} = \Delta U_{BE}\Big|_{I_{C1}=I_{C2}}$$

Streuungen der Transistoren sind im wesentlichen Abweichungen im Emittersättigungsstrom und in der Stromverstärkung. In den Transistoren T_1 und T_2 fließen die Ströme

$$I_1 = I_{ES1} \cdot \frac{B_1}{B_1 + 1} \cdot e^{\frac{U_{BE1}}{U_T}} \qquad und \qquad I_2 = I_{ES2} \cdot \frac{B_2}{B_2 + 1} \cdot e^{\frac{U_{BE2}}{U_T}}$$

Setzt man das Verhältnis der Ströme bedingungsgemäß zu Eins, so wird

$$1 = \frac{I_1}{I_2} = \frac{I_{ES1}}{I_{ES2}} \cdot \frac{B_1\left(B_2 + 1\right)}{B_2\left(B_1 + 1\right)} \cdot e^{\frac{U_{BE1}-U_{BE2}}{U_T}}$$

oder

$$U_{off} = \Delta U_{BE} = U_{BE1} - U_{BE2} = U_T \ln \frac{I_{ES2}B_2(B_1+1)}{I_{ES1}B_1(B_2+1)} \qquad (4.134)$$

Die Offsetspannung kann bei sorgfältig ausgelegten Transistoren in integrierten Schaltungen kleiner als ca. 0,1mV gehalten werden. (Hinweis: die Offsetspannung liegt bei Differenzverstärkern mit MOS-Feldeffekttransistoren (Abschnitt 5.3.4) um etwa eine Größenordnung höher). Berücksichtigt man auch Streuungen der Kollektorwiderstände, so wird

$$U_{0ff} = U_T \ln \frac{I_{ES1}B_1(B_2+1)R_{C1}}{I_{ES2}B_2(B_1+1)R_{C2}}$$

Die Offsetspannung steigt mit der Temperaturspannung proportional zur absoluten Temperatur.

Ein- und Ausgangswiderstand

Der **Differenzeingangswiderstand** r_{eD} ist der differentielle Widerstand zwischen den Basisanschlüssen der Eingangstransistoren nach Bild 4.87. Er bestimmt sich aus der Summe der differentiellen Widerstände nach Gleichung (4.29) für die Emitterschaltung:

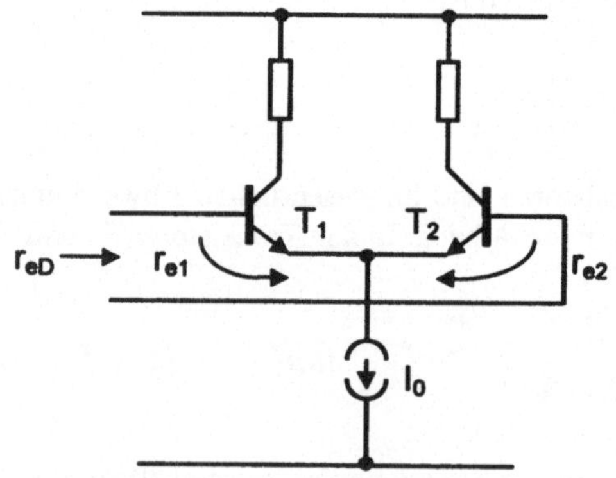

Bild 4.87
Zum Eingangswiderstand
des Differenzverstärkers

$$r_{eD} = r_{e1} + r_{e2} = B \frac{U_T}{I_0/2} + B \frac{U_T}{I_0/2} = 4B \frac{U_T}{I_0} \qquad (4.135)$$

Dieser Widerstand ist viermal so groß wie der Eingangswiderstand eines Einzeltransistors in Emitterschaltung. Für einen Strom $I_0 = 1mA$ und die Stromverstärkung $B = 300$ hat er den Wert $31,2k\Omega$. Ein Wert in dieser Größenordnung ist für die Anwendung oft zu klein. Man hat nun mehrere Möglichkeiten, den Eingangswiderstand zu erhöhen:

Verkleinern des Quellenstromes I_0

Der Eingangswiderstand nach (4.135) wird linear erhöht; allerdings fällt die Steilheit nach (4.129) ebenso ab.

Einfügen von Emitterwiderständen (Bild 4.88)

Widerstände in den Emitterleitungen erzeugen eine Signalgegenkopplung (vergleiche Abschnitt 4.2.2)

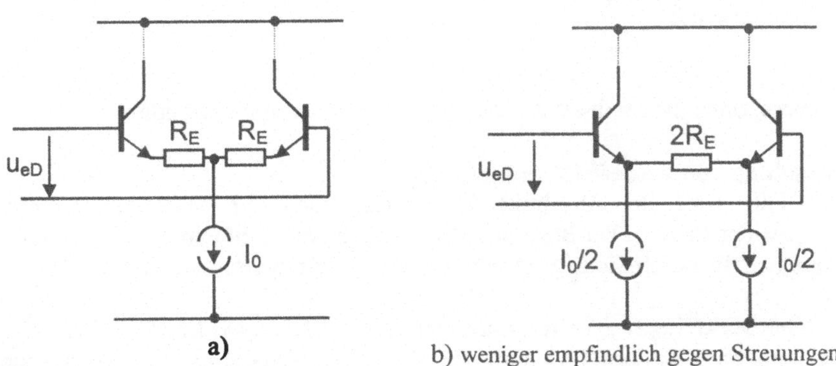

Bild 4.88
Differenzverstärker mit Emitterwiderständen, a) und b) elektrisch gleichwertig

Der Eingangswiderstand erhöht sich mit (4.106) und (4.135) auf

$$r_{eD} = 2B\left(r_E + R_E\right) \qquad (4.136)$$

während die Steilheit auf den Wert

$$S_{eff} = \frac{1}{2\left(r_E + R_E\right)} \qquad (4.137)$$

absinkt. Dieses Verfahren vergrößert zugleich den linearen Aussteuerbereich.

Einfügen von Emitterfolgern

Nach Bild 4.89 lassen sich Emitterfolger einsetzen, die den Differenzeingangswiderstand mit (4.106)

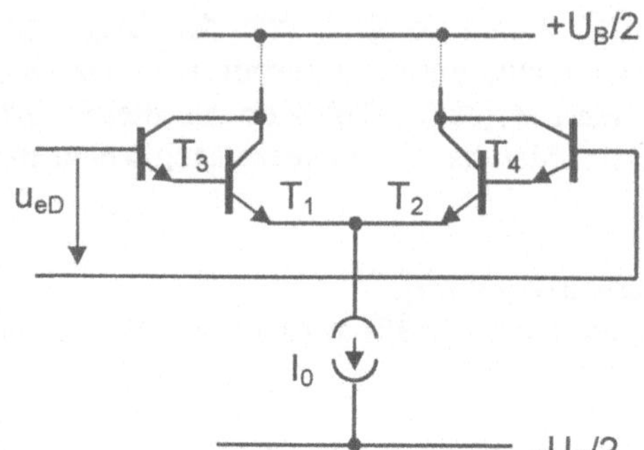

Bild 4.89
Emitterfolger zur
Vergrößerung des
Eingangswiderstandes

auf den Wert

$$r_{eD} = 4B^2 \frac{U_T}{I_0} \qquad\qquad (4.138)$$

vergrößern, ohne die Steilheit und damit die Verstärkung zu verändern.

Verwendung von Feldeffekttransistoren
Dieser Fall wird im Abschnitt 5.3.4 besprochen. Er führt auf beliebig hohe
Eingangswiderstände, allerdings auf Kosten kleinerer Steilheiten und größerer Offset-
spannungen, die durch die Eigenarten der Feldeffekttransistoren bedingt sind.

Der **Gleichtakteingangswiderstand** ist der Eingangswiderstand bei Gleichtaktansteuerung nach Bildern 4.85 und 4.86. Dieser Widerstand ist der Eingangswiderstand
einer Emitterschaltung mit Signalgegenkopplung nach (4.101) und hat mit dem
Innenwiderstand R_i der Stromquelle den Wert

$$r_e = BR_i \qquad\qquad (4.139)$$

Dieser Wert ist im Normalfall ausreichend groß.

Der **Ausgangswiderstand** des Differenzverstärkers, den man an einem der
Ausgangsknoten messen kann, ist prinzipiell gleich dem durch Gleichung (4.100)
gegebenen Wert, der für den Verstärker in Emitterschaltung mit Gegenkopplung
ermittelt wurde. Bild 4.90 zeigt die Ersatzschaltung des Differenzverstärkers zur
Bestimmung dieses Widerstandes. Nach Gleichung (4.100) ist der Ausgangswiderstand
$r_{aus} = R_C \| r_C^*$. Darin ist im einfachen Fall $r_C^* = r_C (1+SR_E)$. R_E ist der gegenkoppelnde
Widerstand in der Emitterleitung. Wie Bild 4.90 zeigt, ist dieser Widerstand im Falle
des Differenzverstärkers der differentielle Widerstand des Emitters von T_1.

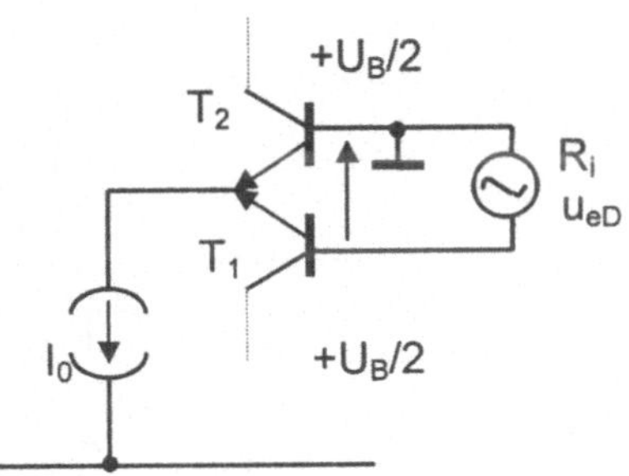

Bild 4.90
Zur Bestimmung des
Ausgangswiderstandes des
Differenzverstärkers

Es ist also hier (vergleiche (4.107)) $R_E = r_E = 1/S$. Damit wird aus Gleichung (4.100)

$$r_{aus} = R_C \| r_C^* = R_C \| r_C \left(1 + \frac{S}{S}\right) = R_C \| 2r_C = R_C \| 4\frac{U_A}{I_0} \qquad (4.140)$$

Der **Innenwiderstand** der durch den Differenzverstärker gebildeten Stromquelle ist also
mit $r_C^* = 4U_A/I_0$ etwa viermal so groß wie der des einfachen Transistors.

Steilheitsmultiplizierer

Die Ausgangsspannung des Differenzverstärkers ist mit der Eintaktverstärkung nach
Gleichung (4.131)

$$u_{aq} = v_{dq} u_e = R_C \frac{I_0}{4U_T} u_e = \frac{R_C}{4U_T} u_e I_0 \qquad (4.141)$$

Sie ist nicht nur der Eingangsspannung, sondern auch der Steilheit und damit dem
Quellenstrom I_0 proportional. Daraus ergeben sich zwei Anwendungen:

Da die Verstärkung über die Steilheit und damit über den Quellenstrom eingestellt
werden kann, eignet sich der Differenzverstärker als **Regelverstärker.**

Die Ausgangsspannung ist dem Produkt aus Quellenstrom und Eingangsspannung
proportional. Der Differenzverstärker ist also auch ein **Multiplizierer**, wenn man I_0 als
zweites Signal auffaßt. Weil der Quellenstrom I_0 stets positiv sein muß, handelt es sich
um einen **Zweiquadrantenmultiplizierer.**
Man kann den Differenzverstärker zum **Vierquadrantenmultiplizierer** erweitern,
indem man den kreuzgekoppelten Differenzverstärker nach Bild 4.91 einsetzt.

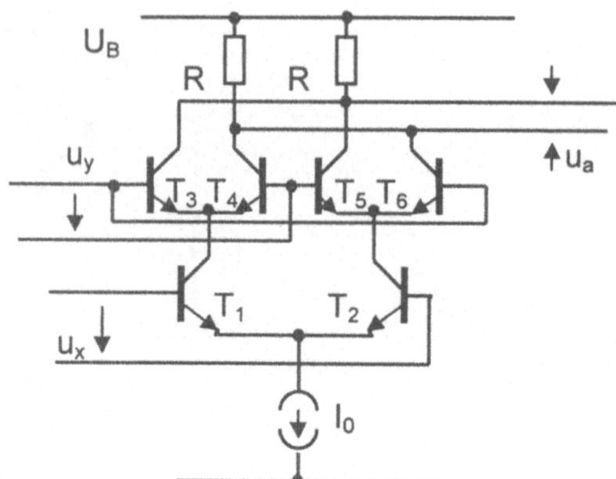

Bild 4.91
Kreuzgekoppelter
Differenzverstärker
als Vierquadranten-
multiplizierer

Die Ausgangsspannung dieser Schaltung ist

$$u_a = -\frac{I_0 R}{4U_T^2} \cdot u_x \cdot u_y \tag{4.142}$$

Sie ist dem Produkt der beiden Spannungen u_x und u_y proportional. Der kreuzgekoppelte Differenzverstärker nach Bild 4.92 findet z.B. als Mischer, Demodulator oder elektronisches Potentiometer vielseitige Anwendung in analogen integrierten Schaltungen.

Aktive Last

In vielen Anwendungen, besonders bei Operationsverstärkern, möchte man eine möglichst hohe Spannungsverstärkung haben. Dazu ist nach (4.131) und (4.132) ein großer effektiver Arbeitswiderstand erforderlich. Man könnte nun sehr hohe ohm'sche Arbeitswiderstände verwenden. Damit erreicht man die gewünschte hohe Spannungsverstärkung, aber man muß den Nachteil in Kauf nehmen, daß der Gleichspannungsabfall an diesem Widerstand ebenfalls sehr groß wird. Nach (4.131) ist die Eintaktverstärkung

$$v_{dq} = \frac{I_0}{4U_T} R_C = \frac{1}{4U_T} \cdot I_0 R_C$$

Die Verstärkung ist also dem Gleichspannungsabfall am Arbeitswiderstand proportional. Hohe Verstärkung bedeutet auch einen hohen Spannungsabfall und damit auch eine hohe Betriebsspannung, denn nach Bild 4.84 muß die halbe Betriebsspannung selbst bei verschwindend kleinem Aussteuerbereich mindestens gleich dem Spannungsabfall an R_C sein.

Eine Abhilfe kann man darin finden, daß man statt eines ohm'schen Arbeitswiderstandes den hohen kollektorseitigen differentiellen Innenwiderstand eines Transistors benutzt. Dadurch wird der Zusammenhang zwischen dem effektiven Arbeitswiderstand und dem statischen Spannungsabfall aufgebrochen. Ein weiterer Vorteil liegt darin, daß man hochohmige Widerstände vermeidet, die man in der Technik der integrierten Schaltungen nur mit großem Flächenaufwand realisieren kann. Weil man statt eines ohm'schen Widerstandes ein aktives Bauelement verwendet, spricht man von aktiver Last (active load). Bild 4.92 zeigt das Prinzip.

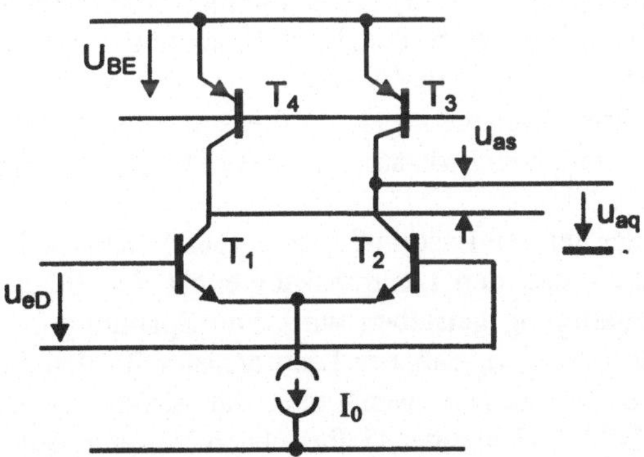

Bild 4.92
Differenzverstärker
mit aktiver Last

Der differentielle Innenwiderstand r_C des Lasttransistors T_3 ist nach (4.32) mit der Early-Spannung U_{A3}

$$r_{C3} = \frac{U_{A3}}{I_{CAP}} = \frac{2U_{A3}}{I_0}$$

Der effektive Arbeitswiderstand r_{Ceff} des Differenzverstärkers ist mit dem Ausgangswiderstand nach Gleichung (4.140) identisch, wenn man darin den Arbeitswiderstand R_C durch den differentiellen Widerstand r_{C3} ersetzt. Man erhält dann

$$r_{Ceff} = r_{C3} \left\| r_C^* = \frac{2U_{A3}}{I_0} \right\| \frac{4U_{A2}}{I_0} \tag{4.143}$$

Wegen der richtigen Polarität der Betriebsspannung muß der Lasttransistor T_3 ein pnp-Transistor sein. Nimmt man (praktisch stark vereinfachend) an, Last- und Verstärkertransistor haben die gleiche Early- Spannung U_A, so ergibt sich angenähert ein effektiver Arbeitswiderstand von

$$r_{Ceff} = \frac{8}{3} \cdot \frac{U_A}{I_0}$$

Mit Gleichung (4.131) ergibt sich also eine Eintaktverstärkung von

$$v_{dq} = S \cdot r_{Ceff} = \frac{I_0}{4U_T} \cdot \frac{8U_A}{3I_o} = \frac{2}{3} \cdot \frac{U_A}{U_T} \qquad (4.144)$$

Dies ist ein beachtlich hoher Wert, der nahe an die theoretische Maximalverstärkung U_A/U_T nach Gleichung (4.35) herankommt. Nimmt man einen wegen des pnp-Transistors realistischen Wert der Early-Spannung von 40V an, so ergibt sich der Verstärkungsfaktor v_{dq} = 2·40V/3·26mV = 1025. Praktisch erreichbare Werte liegen etwa um den Faktor zwei niedriger, da die äußere Belastung R_L des Verstärkers dem effektiven Arbeitswiderstand zusätzlich parallel liegt (vergleiche (4.100)).

Beim Betrieb einer aktiven Last muß man darauf achten, daß der Strom im Arbeitspunkt für den Verstärker- und den Lasttransistor exakt der gleiche ist, weil sonst einer der Transistoren in Sättigung getrieben wird. Die Spannung U_{BE} in Bild 4.92 muß daher gerade so gewählt werden, daß der Lasttransistor T_3 den Strom I_0 /2 führt. Praktisch erreicht man dies am besten, wenn man die Ströme nach dem Stromspiegelprinzip einstellt, wie es Bild 4.93 in einer vielbenutzten Variante zeigt.

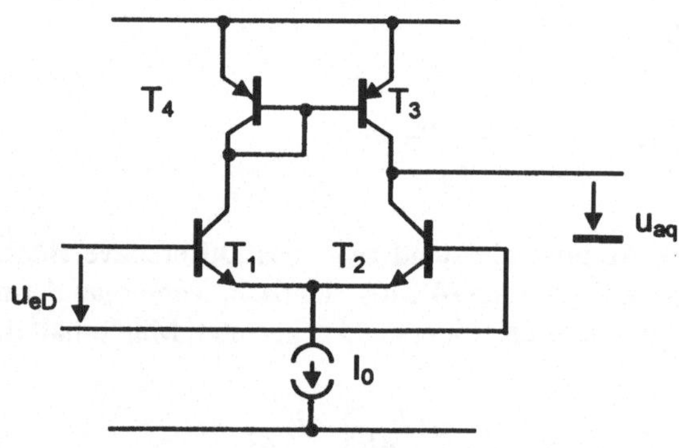

Bild 4.93
Arbeitspunkteinstellung
für die aktive Last mit
Stromspiegel und Verdopp-
lung der Steilheit

Das Verfahren nach Bild 4.93 hat den Vorteil, daß der Referenzstrom des Stromspiegels ebenfalls gesteuert wird und dadurch die Steilheit des Differenzverstärkers trotz Eintaktbetrieb verdoppelt wird. Zudem ist die Schaltung besonders einfach aufgebaut und wird deshalb viel verwendet. Allerdings läßt sie sich nicht auf den symmetrischen Betrieb erweitern.

Operationsverstärker

Ein Operationsverstärker (operational amplifier, OP oder OPAmp) ist prinzipiell ein Differenzverstärker im Eintaktbetrieb. Er ist für Spannungsanpassung (vergleiche Bild 4.18) vorgesehen und soll idealerweise eine beliebig hohe Spannungsverstärkung haben. Die Idealforderungen sind

- **Differenzeingangswiderstand** beliebig groß: $r_{eD} \to \infty$
Praktische Werte liegen zwischen etwa $1M\Omega$ und $1T\Omega$ (bei Verwendung von Feldeffekttransistoren)

- **Ausgangswiderstand** beliebig klein: $r_{aus} \to 0$
Praktische Werte zwischen ca. 10Ω und 100Ω

- **Spannungsverstärkung** beliebig groß: $v_{dq} \to \infty$
Es werden Werte von etwa 10^4 bis 10^7 erreicht.

Der Operationsverstärker ist nach Bild 4.94 aus mehreren Stufen aufgebaut, um diese Forderungen erfüllen zu können. Die Eingangsstufe besteht prinzipiell aus einem Differenzverstärker mit aktiver Last nach Bild 4.93).

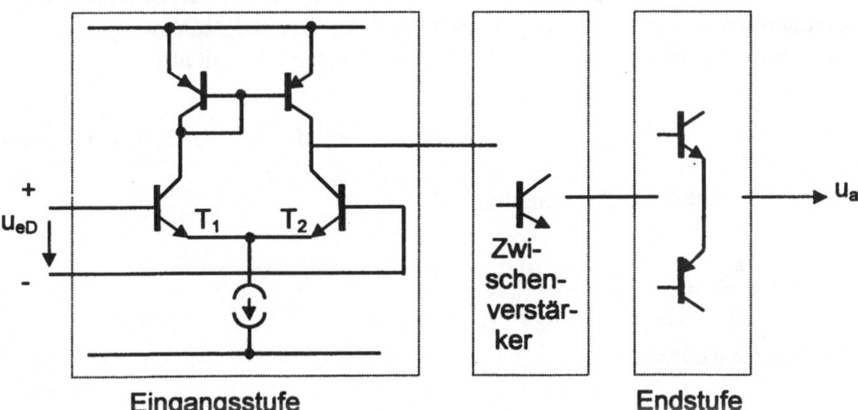

Bild 4.93
Prinzipieller Aufbau eines Operationsverstärkers

Der Zwischenverstärker ist erforderlich, weil der Verstärkungsfaktor des Differenzverstärkers nicht ausreicht, um auf die geforderten hohen Werte zu kommen. Er besteht aus ein bis zwei Verstärkerstufen, die Differenzverstärker oder Verstärker in Emitterschaltung sind. Schließlich wird noch eine Endstufe benötigt, die für den gewünschten kleinen Ausgangswiderstand sorgt und die meistens aus einem komplementären Emitterfolger besteht.

Operationsverstärker werden immer so eingesetzt, daß eine äußere Gegenkopplung die Eigenschaften der Schaltung bestimmt. Als einfaches Beispiel dafür soll der nicht invertierende Verstärker nach Bild 4.95 besprochen werden.

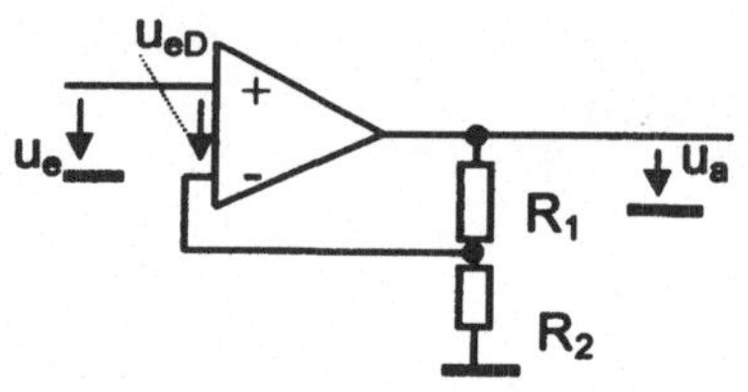
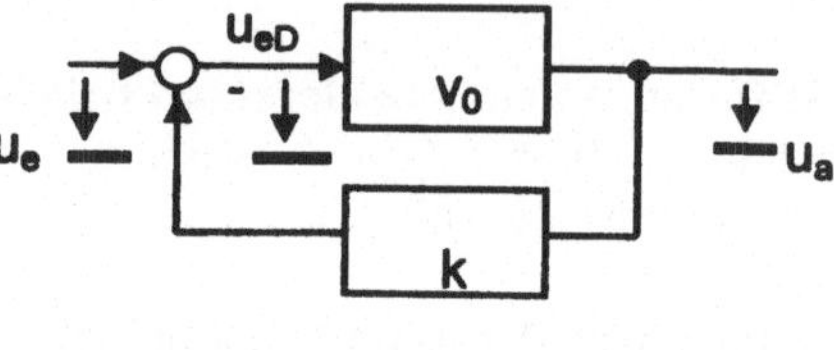

a) Beschaltung des OP als nicht-invertierender Verstärker

b) Signalflußplan dazu

Bild 4.95

Der Signalflußplan besteht aus zwei Blöcken, nämlich dem Operationsverstärker als Vorwärtszweig und dem aus den Widerständen R_1 und R_2 bestehenden Spannungsteiler als Rückführungszweig. Es liegt eine negative Rückführung, also eine Gegenkopplung, vor, denn die Ausgangsspannung des Spannungsteilers ist mit der Basis des Differenzverstärkertransistors T_2 verbunden, die den negativ wirkenden Eingang darstellt.

Die wirksame Steuerspannung u_{eD} des Differenzverstärkers ist die Differenz aus äußerer Steuerspannung u_e und dem rückgeführten Teil der Ausgangsspannung $k \cdot u_a$, wenn k der Teilfaktor des Spannungsteilers $k = R_2/(R_1 + R_2)$ ist. Es gilt also

$$u_{eD} = u_e - k \cdot u_a = u_e - k \cdot v_0 \cdot u_{eD} \qquad \text{oder} \qquad u_e = u_{eD}\left(1 + kv_0\right)$$

Die gesamte Verstärkung der Schaltung ist

$$v = \frac{u_a}{u_e} = \frac{u_{eD} \cdot v_0}{u_{eD}\left(1 + kv_0\right)} = \frac{v_0}{1 + kv_0} \qquad\qquad (4.145)$$

Für $kv_0 \gg 1$ wird daraus

$$v \approx \frac{v_0}{kv_0} = \frac{1}{k} = \frac{R_1 + R_2}{R_2} \qquad\qquad (4.146)$$

Die Verstärkung der Schaltung hängt mit sehr guter Näherung nur vom Teilerfaktor k der äußeren Rückführung ab. Sie läßt sich leicht und genau einstellen. Schaltungen mit Operationsverstärkern haben den Vorteil, daß sich die Eigenschaften der Gesamtschaltung sehr gut durch einfache äußere Beschaltung einstellen lassen. Deshalb finden Operationsverstärker in der Schaltungstechnik weite Anwendung.

Die gesamte Verstärkung v ist immer kleiner als v_0. Der beschaltete Operationsverstärker zeigt damit ein stabiles Verhalten, solange wir eine Gegenkopplung, d.h. eine negative Rückführung haben.

Praktisch sind aber sowohl die Leerlaufverstärkung v_0 als auch der Teilfaktor k Funktionen der Frequenz, zeigen also auch einen frequenzabhängigen Phasenwinkel. Wenn der gesamte Phasenwinkel der rückgeführten Spannung 180° beträgt, ist aus der ehemals negativen eine positive Rückführung geworden. Dann wird aus Gleichung (4.145)

$$v = \frac{v_0}{1 - kv_0}$$

Für den Fall $k \cdot v_0 = 1$ hat die Gesamtverstärkung nunmehr eine Polstelle, und die Schaltung ist instabil geworden. Man muß also dafür sorgen, daß dieser Fall nicht eintreten kann.

Um Stabilität zu gewährleisten, muß entweder die gesamte Phasendrehung unter 90° bleiben, weil dann mit Sicherheit keine mitkoppelnden Komponenten entstehen, oder man muß $|v_0| < 1$ halten, weil die Schaltung dann unabhängig vom Phasenwinkel immer stabil bleibt. Diese Bedingungen stellt man praktisch meist dadurch sicher, daß man dem Operationsverstärker den Frequenzgang eines einpoligen Tiefpasses, d.h. eines einfachen RC-Gliedes gibt („Universelle Frequenzgangkompensation"). Bild 4.96 zeigt diesen Frequenzgang.

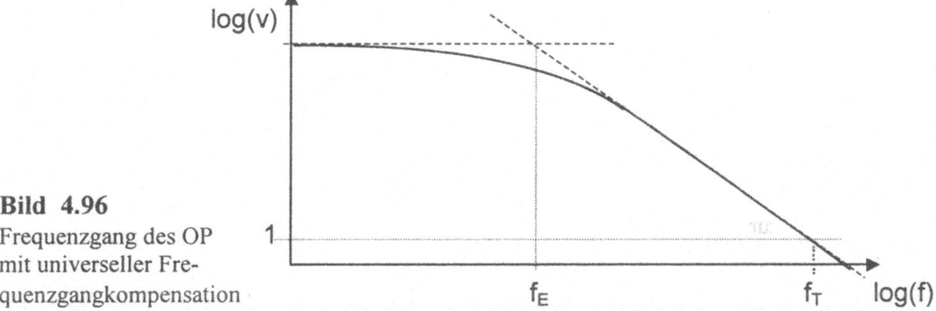

Bild 4.96
Frequenzgang des OP mit universeller Frequenzgangkompensation

Oberhalb der Eckfrequenz f_E fällt die Leerlaufverstärkung mit $1/\omega$ oder mit 20dB/Frequenzdekade ab. Die Frequenz f_T, bei der $|v_0| = 1$ ist, nennt man das **Verstärkungs-Bandbreite-Produkt** (gain-bandwidth-product oder unity gain frequency). Wegen der Ähnlichkeit dieses Frequenzverhaltens mit dem des Transistors (vergleiche Bild 4.36) nennt man sie auch Transitfrequenz. Oberhalb der Eckfrequenz gilt die Beziehung

$$v \cdot B = f_T \tag{4.147}$$

Je nach der eingestellten Verstärkung v erhält man unterschiedliche Frequenz-
bandbreiten B. Die Frequenz f_T liegt für Standard- Operationsverstärker in der
Größenordnung 10MHz. Die Eckfrequenz f_E der Leerlaufverstärkung ist

$$f_E = \frac{f_T}{v_0}$$

Typische Werte liegen zwischen 10Hz und 100Hz.

Für die universelle Frequenzgangkompensation muß man dem Operationsverstärker das
Verhalten eines RC-Gliedes geben. Dazu baut man eine dominierende Zeitkonstante ein,
die größer als alle anderen etwa vorhandenen Zeitkonstanten ist. Man versucht dennoch
mit einem möglichst kleinen Kapazitätswert für den erforderlichen Kondensator C
auszukommen, damit man diesen Kondensator in die integrierte Schaltung einbauen
kann. Deshalb muß man ihn an eine Stelle setzen, an der ein möglichst großer
Widerstand R wirksam ist. Die am besten geeignete Stelle ist der Ausgangsknoten an der
aktiven Last des Differenzverstärkers, weil hier ein sehr hoher differentieller Widerstand
wirksam ist. Bild 4.97 zeigt eine einfache Eingangsstufe mit Kondensator C zur
Frequenzgangkompensation.

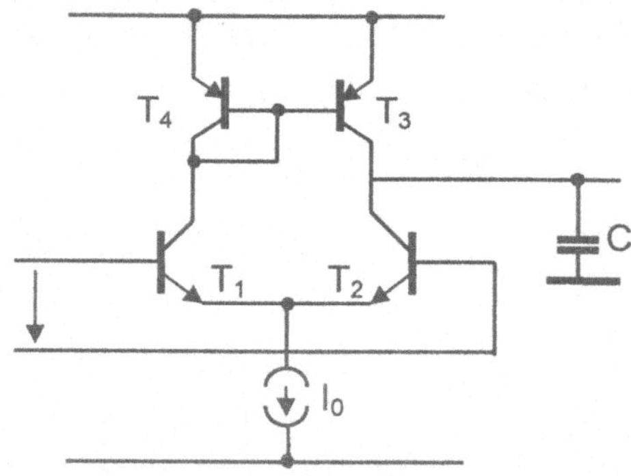

Bild 4.97
Zur Erläuterung der
Spannungsanstiegsgeschwindigkeit:
Eingangsstufe eines OP
mit Kondensator zur
Frequenzgangkompensation

Dieser Kondensator begrenzt gleichzeitig die Geschwindigkeit, mit der die
Ausgangsspannung des Differenzverstärkers und damit auch die Ausgangsspannung des
ganzen Operationsverstärkers ansteigen kann. Der Kondensator kann maximal mit dem
vollen Quellenstrom I_0 geladen werden. Es gilt

$$Q = C \cdot u = I_0 \cdot t \qquad \text{oder} \qquad u = \frac{I_0}{C} \cdot t$$

Die maximale **Spannungsanstiegsgeschwindigkeit** (slew rate) ist

$$\frac{du}{dt} = \frac{I_0}{C} \qquad\qquad\qquad (4.148)$$

Sie liegt bei FFM-Operationsverstärkern (FFM = Field, Forest and Meadow) in der Größenordnung von $1\,V/\mu s$. Bei großen Signalamplituden ist die Bandbreite also nicht durch die Transitfrequenz, sondern durch die Spannungsanstiegsgeschwindigkeit begrenzt!

4.2.7 Bandabstandsschaltung

Die Bandabstands- oder Band-Gap-Schaltung ist eine sinnreiche Anwendung des Stromspiegelprinzips. Man kann sie als Stromquelle oder als Referenzspannungsquelle einsetzen.

Stromquelle

Bild 4.98 zeigt die Bandabstandsschaltung als Stromquelle. Sie besteht aus zwei übereinandergesetzten Stromspiegeln. Der obere Stromspiegel besteht im einfachen Fall aus zwei Transistoren T_1 und T_2 und hat das Spiegelverhältnis $S = 1$ .Oft werden an dieser Stelle auch erweiterte Schaltungen nach Abschnitt 4.2.5 eingesetzt.

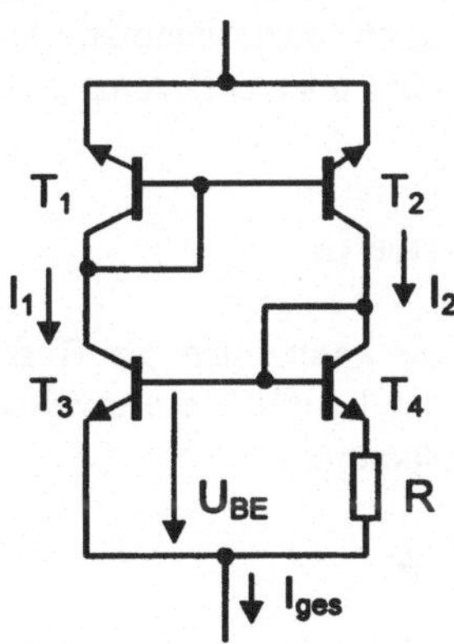

Bild 4.98
Bandabstandsschaltung
als Stromquelle

Wegen des oberen Stromspiegels muß gelten

$$I_1 = I_2 = \frac{I_{ges}}{2}$$

Die Transistoren T_3 und T_4 bilden ebenfalls einen Stromspiegel. Allerdings sind die Transistoren so gewählt, daß die Fläche und damit auch der Emittersättigungsstrom von T_4 größer ist als die von T_3. Die Transistoren T_3 und T_4 haben also die Offsetspannung (Gleichung (4.134)) von

$$\Delta U_{BE} = U_T \cdot \ln \frac{A_{E4}}{A_{E3}}$$

Genau diese Spannung muß nach der Schaltung auch am Widerstand R abfallen, weil für die Spannungen gelten muß

$$U_{BE3} = U_{BE4} + I_2 R = U_{BE3} - \Delta U_{BE} + I_2 R \Rightarrow \Delta U_{BE} = I_2 R$$

Es ist demnach

$$I_2 = \frac{\Delta U_{BE}}{R} = \frac{U_T}{R} \ln \frac{A_{E4}}{A_{E3}} = \frac{I_{ges}}{2}$$

Daher ist der Quellenstrom I_{ges}

$$I_{ges} = U_T \cdot \frac{2}{R} \ln \frac{A_{E4}}{A_{E3}} \tag{4.149}$$

Die Schaltung führt den konstanten Strom I_{ges} ,der wegen $U_T = kT/e$ proportional zur absoluten Temperatur ist. Man kann diese Stromquelle daher als **Temperatursensor** einsetzen. Oft wird sie auch dazu benutzt, den Temperaturgang der Steilheit von Transistoren (Gleichung 4.25) oder Differenzverstärkern (Gleichung 4.129) zu kompensieren.

Referenzspannungsquelle

Die Bandabstandsschaltung kann auch als Referenzspannungsquelle nach Bild 4.99 eingesetzt werden. Dazu ist lediglich ein zweiter Widerstand erforderlich. Nach Bild 4.99 gilt für die Ausgangsspannung

$$U_a = U_{BE} + I_2 R_2 \tag{4.150}$$

Mit $I_1 = I_2$ und Gleichungen (4.3) und (4.27)· gilt für die Basis-Emitter-Spannung des Transistors T_3

$$U_{BE} = U_T \ln \frac{I_2}{I_{ES3}} = U_T \ln \frac{I_2 \cdot N_B \cdot w_B}{A \cdot e \cdot D_n \cdot n_i^2}$$

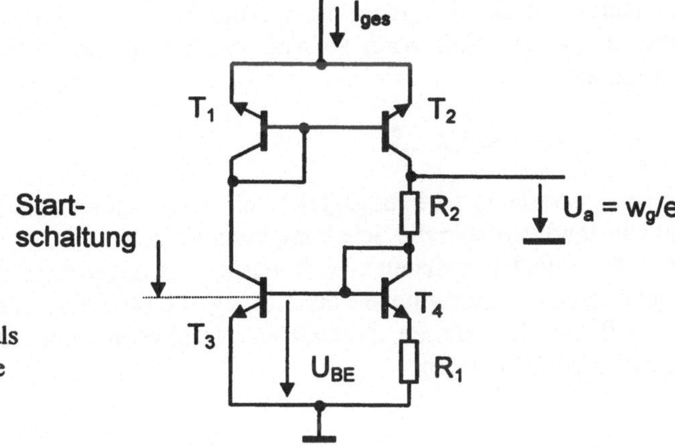

Bild 4.99
Bandabstandsschaltung als
Referenzspannungsquelle

Für das Quadrat der Eigenleitungsdichte läßt sich schreiben (Gleichung (3.4))

$$n_i^2 = N_0^2 \cdot e^{-\frac{w_g}{kT}}$$

Damit wird

$$U_{BE} = U_T \cdot \ln\left(\frac{I_2 N_B w_B}{AeD_n N_0^2} \cdot e^{\frac{w_g}{kT}}\right)$$

und mit $U_T = kT/e$

$$U_{BE} = \frac{w_g}{e} + U_T \ln\frac{I_2 N_B w_B}{AeD_n N_0^2} \tag{4.151}$$

Der Spannungsabfall an R_2 ist mit Gleichung (4.149)

$$I_2 R_2 = \frac{R_2}{R_1} U_T \ln\frac{A_4}{A_3} \tag{4.152}$$

Die Ausgangsspannung wird dann schließlich mit Gleichung (4.150)

$$U_a = \frac{w_g}{e} + U_T\left(\ln\frac{I_2 N_B w_B}{AeD_n N_0^2} + \frac{R_2}{R_1}\ln\frac{A_4}{A_3}\right) \tag{4.153}$$

Dimensioniert man die Schaltung im wesentlichen mit R_1 , R_2 , A_3 und A_4 so, daß die Klammer in (4.153) Null wird, so wird die Ausgangsspannung unabhängig von der Temperatur zu

$$U_a = \frac{w_g}{e} \approx 1,2 \dots V \tag{4.154}$$

Die Ausgangsspannung ist betragsgleich mit dem Bandabstand des Halbleitermaterials. Diesem Umstand verdankt die Schaltung ihren Namen.

In Bild 4.99 ist noch gestrichelt eine Startschaltung angedeutet. Sie ist erforderlich, weil die Bandabstandsschaltung neben der Lösung (4.149) einen zweiten stabilen Zustand bei $I_{ges} = 0$ hat. Um diesen Zustand auszuschließen, gibt man z. B. einen kurzen Startimpuls auf die Schaltung.

4.2.8 Schalter

Ein idealer Schalter nach Bild 4.100 wechselt auf ein Steuersignal hin (z.B. Tastendruck beim Lichtschalter) vom Zustand $R_i \to \infty$, entsprechend „Schalter aus" , zum Zustand R_i = 0, entsprechend „Schalter ein".

a) Schaltung   b) Kennlinie

Bild 4.100
idealer Schalter

Der Strom im ausgeschalteten Zustand ist Null, im eingeschalteten Zustand beträgt er

$$I = \frac{U_B}{R_L}$$

und wird nicht vom Schalter beeinflußt! Die im Schalter umgesetzte Leistung $P = U \cdot I$ ist in beiden Zuständen Null, denn im ausgeschalteten Zustand ist der Strom und im eingeschalteten die Spannung am Schalter Null.

Der Transistor soll sich nun wie ein Schalter verhalten. Dazu muß er nach Abschnitt 4.2.9 im Sättigungsbereich betrieben werden. Bild 4.101 zeigt noch einmal das Ausgangskennlinienfeld eines Transistors. Der Zustand „aus" des idealen Schalters wird durch die Ausgangskennlinie mit dem Basisstrom Null recht gut angenähert. Die Spannung am Transistor kann bis zum Maximalwert U_{CE0} beliebige Werte annehmen, und der Strom durch den Transistor hat den meist vernachlässigbar kleinen Wert I_{CE0}.

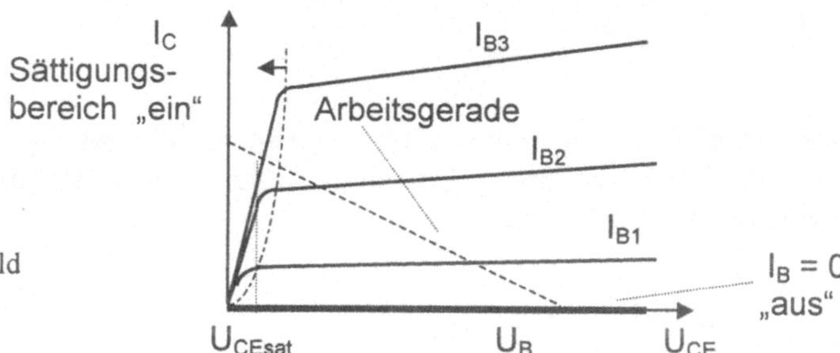

Bild 4.101
Ausgangskennlinienfeld
zur Erläuterung des
Schalterbetriebes

Den Zustand „ein" des idealen Schalters bildet der Sättigungsbereich nach. In diesem Bereich haben die Kennlinien einen steilen Verlauf, was einem kleinen Innenwiderstand entspricht. Anders als beim MOS-Transistor (Abschnitt 5.2) charakterisiert man beim bipolaren Transistor den eingeschalteten Zustand jedoch nicht durch einen Widerstand, sondern durch die verbleibende Sättigungsspannung U_{CEsat} nach Gleichung (4.64), die weitgehend unabhängig vom fließenden Strom bei tiefer Sättigung im Bereich einiger zehn bis höchstens zweihundert Millivolt liegt.

Der Transistor ist demnach eine brauchbare Schalternachbildung. Seine Verlustleistung $P = U \cdot I$ ist klein, weil im Zustand „ein" die Spannung U_{CEsat} und im Zustand „aus" der Strom I_{CE0} sehr klein ist. Eine wesentliche Einschränkung liegt darin, daß der Transistor nur im ersten Quadranten als Schalter einsetzbar ist, d.h. bei positiven Spannungen und Strömen (für den npn- Transistor, beim pnp- Transistor nur für negative Spannungen und Ströme). Will man für den Lastwiderstand Spannungen und Ströme beider Polaritäten zulassen, so kann man z. B. die Brückenschaltung nach Bild 4.102 b) einsetzen.

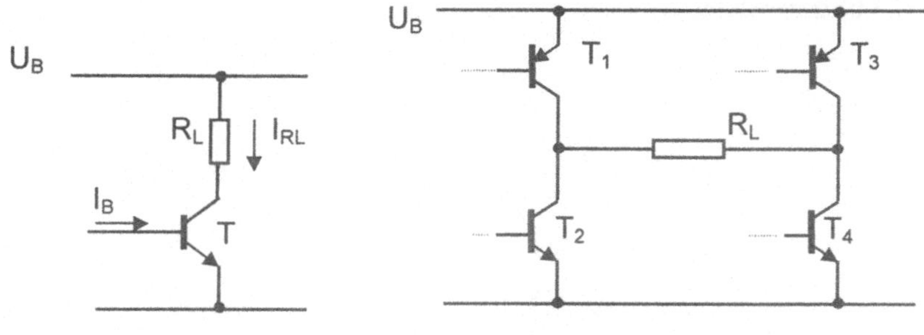

a) Gleichspannungsbetrieb

b) Brückenschaltung für
Wechselspannungsbetrieb

Bild 4.102
Transistor als Schalter

Zur Dimensionierung der Schaltung Bild 4.102 a) gilt folgendes: Der im Schalterbetrieb fließende Strom wird im wesentlichen durch den äußeren Lastkreis bestimmt. Durch den Lastwiderstand R_L fließt der Strom

$$I_{RL} = I_{C\,max} = \frac{U_B - U_{CEsat}}{R_L} \approx \frac{U_B}{R_L} \qquad (4.155)$$

Die Näherung gilt für den praktisch oft gegebenen Fall, daß die Sättigungsspannung klein gegen die Betriebsspannung ist. Um den Transistor in Sättigung zu bringen, muß man die Bedingung (4.57) einhalten:

$$I_{C\,max} = \frac{U_B - U_{CEsat}}{R_L} < B \cdot I_B$$

Für tiefe Sättigung gilt mit der Näherung (4.155) die Faustformel

$$I_B \approx \frac{U_B}{R_L \cdot 10}$$

Inverter

Der Transistor kann zum einen als Schalter für relativ träge Lasten, wie Glühlampen, Relais, Leuchtdioden oder Motoren verwendet werden. In diesen Fällen ist die tiefe Sättigung wichtig, um kleine Sättigungsspannungen zu erhalten. Die damit verbundene hohe Speicherzeit spielt für diese Anwendung eine untergeordnete Rolle. Zum zweiten wird der Schalter in der Digitaltechnik benutzt, um logische Funktionen zu realisieren. Eine Grundschaltung ist der Inverter nach Bild 4.103 a), der den Zustand „ein" in den Zustand „aus" übersetzen soll und umgekehrt. Dies wird in einer Wahrheitstabelle nach Bild 4.103 b) dargestellt.

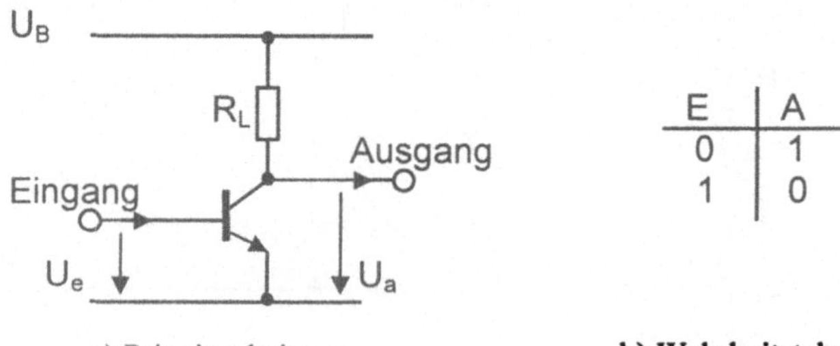

a) Prinzipschaltung   b) Wahrheitstabelle

Bild 4.103
Schalter als Inverter

Ist die Eingangsspannung $U_e = 0$, so fließt kein Kollektorstrom. Die Ausgangsspannung ist dann

$$U_a = U_B - R_C \cdot I_a = U_B\big/_{I_a=0}$$

Wenn die Eingangsspannung aber so groß ist, daß der Transistor in die Sättigung kommt, ist die Ausgangsspannung

$$U_a = U_{CEsat} \approx 0$$

Aus zwei in Reihe geschalteten Invertern läßt sich z.B. eine bistabile Speicherzelle, auch Flipflop genannt, nach Bild 4.104 bauen. Diese Schaltung kann nur zwei stabile Zustände annehmen. Wir nehmen an, der Punkt 2 sei kurzzeitig auf Masse gelegt. Dann ist der Kollektorstrom $I_{C2} = 0$ und die Ausgangsspannung des zweiten Inverters hoch. Diese hohe Spannung teilt sich über den Widerstand R_2 der Basis des Transistors 1 mit, so daß die Ausgangsspannung des ersten Inverters gegen Null geht. Über den Widerstand R_2 wird dann die Basis des Transistors 2 auf die Spannung Null gezogen. Die Folge ist, daß sich der zunächst kurzzeitig eingestellte Zustand stabil erhält.

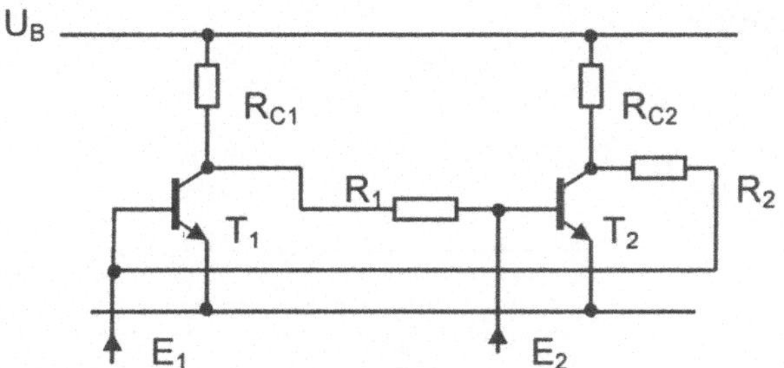

Bild 4.104
Flipflop aus zwei
Invertern

Die Schaltung wird die beschriebene Funktion dann erfüllen, wenn für den Fall $R_{C1} = R_{C2} = R_C$ und $R_1 = R_2 = R$ die folgende Relation besteht:

$$I_B = \frac{U_B - U_{BE}}{R_C + R} > \frac{U_B - U_{CEsat}}{B \cdot R_C}$$

Zieht man den Punkt 1 kurzzeitig auf Masse, so stellt sich der zweite stabile Zustand mit $I_{C1} = 0$ ein.

Digitale Schaltungsfamilien

Inverter, oft noch mit Gatterfunktionen verbunden, sind die Grundbausteine der digitalen Schaltungsfamilien, die als monolithisch integrierte Schaltungen realisiert werden.

Von derzeitiger Bedeutung sind neben der besonders wichtigen CMOS-Technik (siehe Abschnitt 5.3.2) die bipolaren Techniken TTL (Transistor-Transistor-Logic) und ECL (Emitter- Coupled- Logic). Die I^2L-Technik (Integrated Injection Logic, auch Merged Transistor Logic MTL) sei nur noch am Rande erwähnt.

TTL-Technik

Die TTL-Technik (Transistor-Transistor-Logic) verbindet die Inverter- mit einer Gatterfunktion. Bild 4.105 zeigt die Grundschaltung, und das Bild 4.106 zeigt eine Schnittzeichnung des Doppelemittertransistors T_1, der die Gatterfunktion übernimmt.

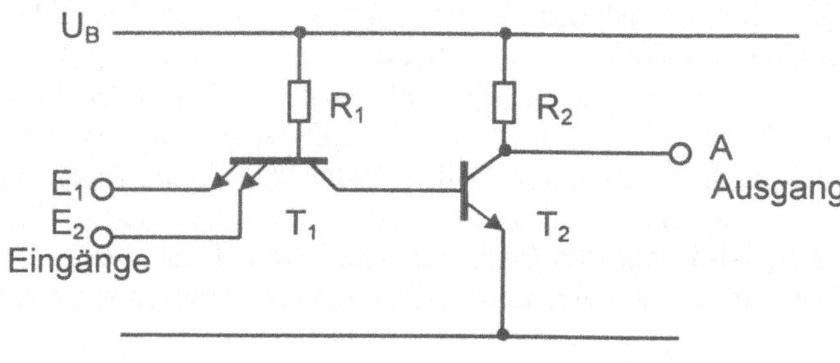

Bild 4.105
TTL- NAND- Gatter
(Prinzipschaltbild)

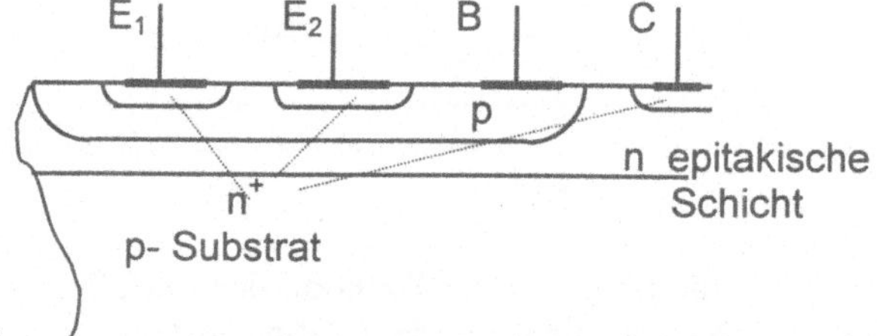

Bild 4.106
Schnitt durch den
Doppelemittertransistor T_1

Liegen die Eingänge E_1 und E_2 beide an der Betriebsspannung U_B (entsprechend logisch 1), so wird der Transistor T_1 invers betrieben, d.h. seine Emitter werden als Kollektor und sein Kollektor wird als Emitter benutzt. Dieser invers betriebene Transistor hat nur eine sehr kleine Stromverstärkung zwischen 1 und maximal 10. Wie die Ersatzschaltung Bild 4.107 a) zeigt, ist er ein Emitterfolger, der den Invertertransistor T_2 speist. Bei entsprechender Dimensionierung der Widerstände befindet sich T_2 in Sättigung und die Spannung am Ausgang hat den Wert $U_{CEsat} \approx 0$.

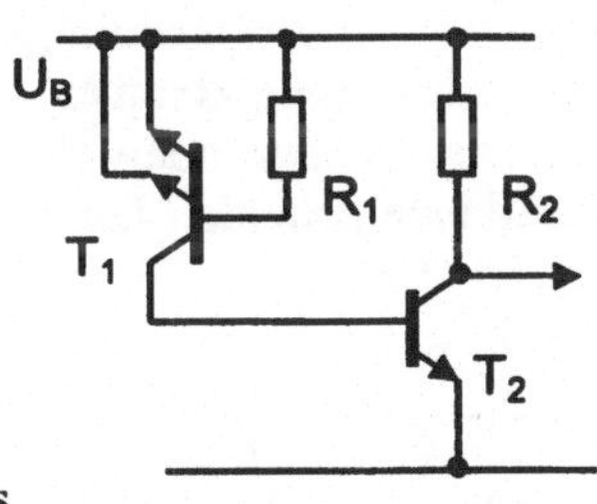

Bild 4.107
Zur Funktion des
TTL- Gatters

a) Ersatzschaltung für
$U_{E1} = U_{E2} = U_B$

b) Ersatzschaltung für
U_{E1} oder $U_{E2} = 0$

Liegt aber einer der Eingänge (oder auch alle beide) an Masse (entsprechend logisch Null), so wird der Transistor T_1 normal betrieben und befindet sich in Sättigung, weil ihm über den Widerstand R_1 ein hoher Basisstrom zugeführt wird. Die Eingangsspannung des Transistors T_2 ist dann die sehr kleine Sättigungsspannung des Transistors T_1 . Damit ist der Transistor T_2 gesperrt und die Ausgangsspannung des Gatters entspricht der Betriebsspannung (für den Fall, daß der Ausgangsstrom Null ist). Wenn einer der Eingänge dabei an Betriebsspannung (entsprechend logisch 1) liegt, ist die zugehörige Basis-Emitter-Diode gesperrt. Dies ändert nichts an der Funktion, solange die Durchbruchsspannung dieser Strecke nicht erreicht wird. Weil aber die Durchbruchsspannung der Basis-Emitter-Strecke eines guten Transistors sehr klein ist (vergleiche Abschnitt 4.1.11), wird dadurch die zulässige Betriebsspannung auf etwa 5V begrenzt.

Bild 4.108 zeigt schließlich noch die Wahrheitstabelle für das beschriebene TTL-Gatter.

Bild 4.108

Wahrheitstabelle für

das TTL- Gatter

E_1	E_2	A
1	1	0
1	0	1
0	1	1
0	0	1

Anti-Sättigungs-Diode

Die oben in der Grundversion beschriebene TTL-Technik arbeitet mit gesättigten Transistoren. Wie in Abschnitt 4.1.9 dargelegt, bauen sich dabei Sättigungs-speicherladungen auf, die zu Speicherzeiten t_s und damit zu Signalverzögerungen t_{Pd} (propagation delay time) führen. Der gesättigte Inverter der (inzwischen überholten) Standard-TTL-Technik hat z. B. eine Signalverzögerungszeit von ca. 10ns.

Die mit der tiefen Sättigung zwangsläufig verbundene Speicherzeit kann man drastisch verkürzen, wenn man die tiefe Sättigung vermeidet und den Transistor nur leicht in die Sättigung bringt, d. h. daß man den Basisstrom nur unwesentlich größer einstellt als I_C/B.

Wegen der großen Streuung der Stromverstärkung B ist dies allerdings problematisch. Dennoch kann man zu einer zuverlässigen Dimensionierung kommen, wenn man nach Bild 4.109 eine zusätzliche Diode mit kleiner Durchlaßspannung U_F, eben die Anti-Sättigungs-Diode, vorsieht. Weil dies im Regelfall eine Schottky- Diode ist, spricht man dann von Schottky-TTL-Technik.

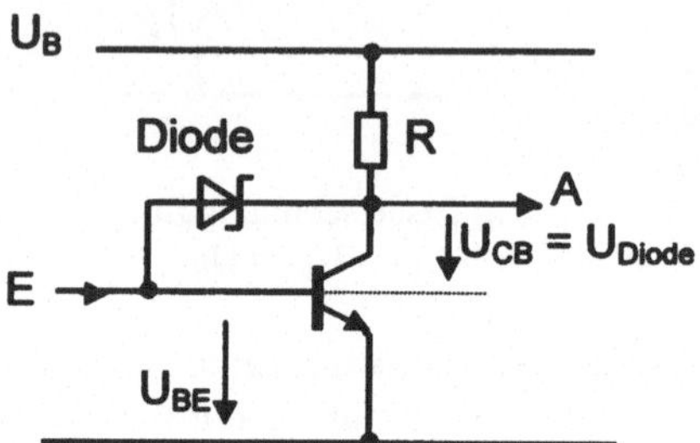

Bild 4.109

Inverter mit Anti- Sättigungs- Diode
mit kleiner Durchlaßspannung U_F
(Schottky- Diode)

Die Schottky- Diode wirkt in der Schaltung wie folgt:
Wenn der Transistor in Sättigung kommt, sinkt nach Abschnitt 4.1.9 seine Kollektorspannung unter die Basisspannung. Dadurch wird die Schottky- Diode in Durchlaßrichtung gepolt, so daß ein Teil des Basisstromes durch die Diode abfließt, ohne zur weiteren Sättigung des Transistors beizutragen. Die Kollektorspannung kann also nur um die Durchlaßspannung U_F der Schottky- Diode kleiner sein als die Basisspannung. Die tiefe Sättigung wird mit Sicherheit vermieden, obwohl ein beliebig hoher Steuerstrom eingespeist werden kann. Der Transistor befindet sich stets in leichter Sättigung, obwohl der Steuerstrom sehr stark streuen kann.

Die **Schottky-Diode** (Bild 4.110 a)) ist ebenfalls ein Siliziumbauelement. Sie enthält aber keinen pn-, sondern einen Metall-Halbleiter-Übergang, meist zwischen Aluminium als Metall (Anode) und schwach n- dotiertem Silizium als Halbleiter (Kathode). Die Kennlinie einer Schottky-Diode folgt wie die pn-Diode einem Exponentialgesetz:

$$I = I_S (e^{\frac{U}{U_T}} - 1) \tag{4.165}$$

Der Sättigungsstrom I_S ist darin durch die Richardson'sche Formel gegeben (siehe auch die gute alte Literatur über die Elektronenröhre, z.B. H.G. Möller: Die Elektronenröhre,1920)

$$I_S = A^* \cdot T^2 \cdot e^{\frac{-\Phi}{U_T}}$$

A^* ist darin die Richardson'sche Konstante und Φ ist die Austrittsarbeit; beides sind materialabhängige Konstanten. Im Ergebnis ist der Sättigungsstrom so groß, daß sich Durchlaßspannungen

$$U_F = U_T \ln\left(\frac{I}{I_S}+1\right)$$

in der Größenordnung von 100mV für die vorkommenden Ströme ergeben. Damit liegt die Kollektorspannung des Invertertransistors nur ca. 100mV unter der Basisspannung, was einer sehr leichten Sättigung entspricht. Mit Hilfe dieser „Schottky-TTL-Technik" läßt sich die Verzögerungszeit eines Inverters auf unter 1ns herabsetzen. Man erwartet, daß die Grenze der erreichbaren Verzögerungszeit bei ca. 0,1ns liegen wird, das ist etwa der gleiche Wert, den man auch für Inverter in CMOS-Technik (siehe Abschnitt 5.3.2) erwartet.

Der normale Herstellungsprozeß der integrierten Schaltung liefert eine sehr einfache Möglichkeit, diese Schottky- Diode einzubauen. Man muß dazu nur, wie in Bild 4.110b) gezeigt, den Aluminiumkontakt des Basisanschlusses auf das schwach dotierte Kollektorgebiet herüberziehen.

Bild 4.110
Schottky- Diode

ECL-Technik
Die Grundschaltung des ECL-Gatters (Emitter Coupled Logic) ist der Differenzverstärker, wie er in Abschnitt 4.2.6 besprochen wurde. Bild 4.111 zeigt noch einmal die Prinzipschaltung.

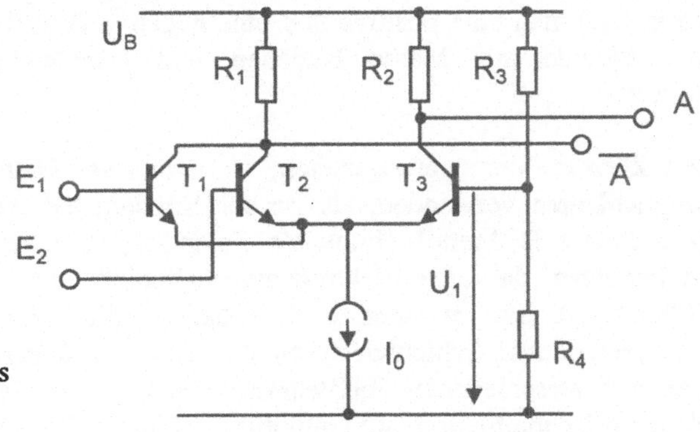

Bild 4.111
Prinzipschaltung eines
ECL-Gatters

Die Basis des Transistors T_3 ist über den Spannungsteiler R_3/R_4 an die feste Referenz-spannung

$$U_1 = U_B \frac{R_4}{R_3 + R_4}$$

gelegt. Ist nun die Spannung an mindestens einem Eingang um mehr als ca. 100mV größer als diese Spannung, so ist der Differenzverstärker nach Bild 4.84 voll durchgesteuert. Der Strom I_0 fließt also vollständig durch Transistor 1 oder 2 oder in beiden, und im Transistor T_3 fließt kein Strom. Nur wenn beide Eingänge um mindestens 100mV unter der Spannung U_1 bleiben, fließt Strom im Transistor 3. Bild 4.112 zeigt die zugehörige Wahrheitstabelle. Die ECL-Schaltung liefert zwei Ausgangssignale, das normale und das invertierte.

Bild 4.112
Wahrheitstabelle für
das ECL-Gatter

E_1	E_2	A	$\overline{A}$
1	1	1	0
1	0	1	0
0	1	1	0
0	0	0	1

Der große Vorteil der ECL-Technik ist, daß bei einem geschalteten Differenzverstärker keiner der Transistoren gesättigt wird und daher prinzipiell keine Speicherzeiten auftreten. ECL-Schaltungen sind die schnellsten in Siliziumtechnik verfügbaren Schaltungen und erreichen Verzögerungszeiten unterhalb 1ns. Man erwartet, daß die Grenze unter 0,1ns liegen wird.
Der Nachteil der ECL-Technik ist in dem sehr kleinen Signalhub zu sehen. Er beträgt nur ca. 200mV zwischen den logischen Niveaus „Eins" und „Null". Die Folge ist eine hohe Störanfälligkeit. Überdies ist die Spannungsversorgung komplizierter als z. B. bei der TTL-Technik, weil man eine positive und eine negative Betriebsspannung braucht, wenn man die Signale auf Masse beziehen will (vergleiche Abschnitt 4.2.6 Differenzverstärker!)

Will man noch kürzere Verzögerungszeiten, so muß man Halbleiter mit höheren Elektronenbeweglichkeiten verwenden, als sie das Silizium hat (vergleiche Abschnitt 4.1.8). Man kann dann z. B. Metall- Halbleiter- Feldeffekttransistoren (MESFETS) aus Galliumarsenid benutzen, das eine Elektronenbeweglichkeit von ca. $8000\mathrm{cm^2/Vs}$ hat (Silizium: $1400\mathrm{cm^2/Vs}$). Es ist aber auch möglich, die sehr hohe Elektronen-beweglichkeit extrem dünner Schichten auszunutzen (d < 100nm) Dazu benutzt man Heterostrukturen aus verschiedenen Halbleitermaterialien, z.B. Germanium- Silizium oder verschiedenen Mischhalbleitern auf Galliumarsenidbasis. Die so gewonnenen Transistoren heißen beispielsweise Heterobipolartransistor (HBT) oder High Electron Mobility Transistor (HEMT)

I^2L-Technik

Die Grundschaltung eines I^2L-Inverters (Integrated Injection Logic) besteht aus einem pnp-Transistor als Injektor und einem npn-Transistor als eigentlichem Inverter. Bild 4.113 zeigt die Grundanordnung. Der Injektor liefert den Basisstrom für den Transistor T_2. Dieser Basisstrom sättigt den Transistor, denn sein Kollektorstrom ist sehr klein und höchstens so groß wie der Basistrom der Folgestufe. Legt man den Eingang des Inverters auf

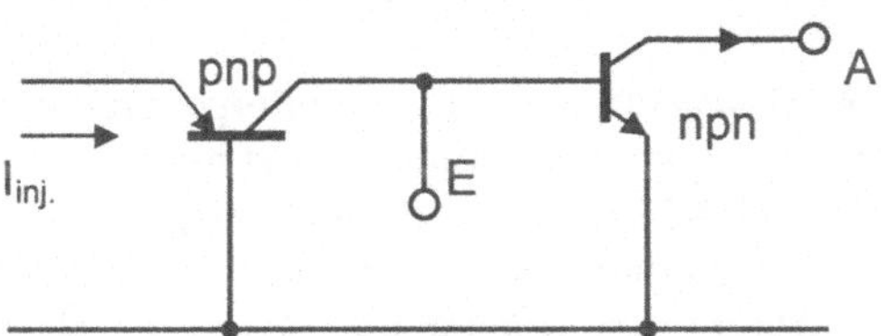

Bild 4.113
I^2L-Inverter

Masse, so wird dem Transistor T_2 der Basisstrom entzogen. Jetzt ist er nicht mehr gesättigt, d.h. sein Ausgang ist hochohmig, weil er gesperrt ist. Im gesättigten Zustand ist der Ausgang niederohmig, seine Spannung gegen Masse ist $U_{CEsat} \approx 0$. Es gibt also zwei definierte Zustände, die man logischen Pegeln zuordnen kann.

Die I^2L-Technik arbeitet mit tief gesättigten Transistoren bei kleinen Strömen und ist daher sehr langsam. Sie kommt deshalb für Anwendungen in der normalen Digitaltechnik nicht in Frage. Einen gewissen Vorteil bietet sie dann, wenn in einer bipolaren integrierten Schaltung für analoge Signalverarbeitung auf dem selben Kristall auch digitale Funktionen erforderlich werden, denn sie läßt sich mit denselben Herstellungsverfahren aufbauen. Bild 4.114 zeigt in einer Schnittzeichnung den prinzipiellen Aufbau, der äußerst platzsparend ist. Der Invertertransistor T_2 wird in inverser Richtung betrieben, so daß seine Stromverstärkung sehr klein ist.

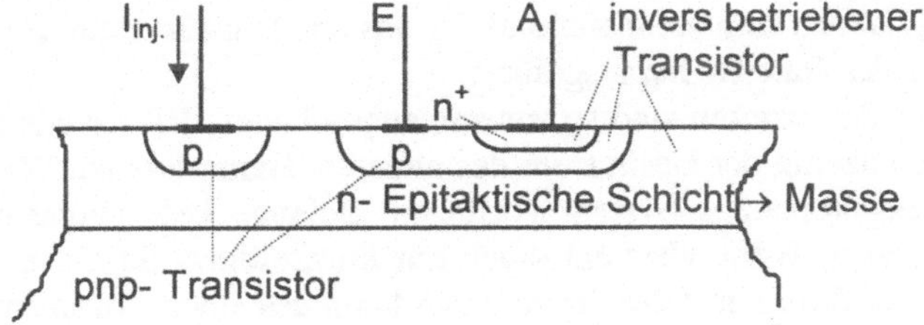

Bild 4.114
Schnitt durch einen
I^2L- Inverter
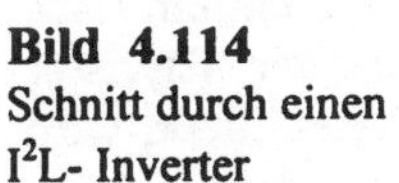

Die Verbindung von analogen mit digitalen Funktionen wird zunehmend mit einer Mischtechnik realisiert, die aus der CMOS-Technik für die digitalen und der Bipolartechnik für die analogen Funktionen so zusammengesetzt ist, daß sich eine gemeinsame Herstellungstechnologie ergibt (BiCMOS = Bipolar + CMOS).

4.3 Thyristor

Der normale bipolare Transistor hat die Zonenfolge npn - wie bisher als Beispiel besprochen - oder pnp. Fügt man einen weitere Zone hinzu, so erhält man beispielsweise die Folge npnp, die in Bild 4.115 im Schnittbild gezeigt ist. Ein solches Element heißt Thyristor und ist ein Hochstromschalter. Thyristor ist ein Kunstwort, das aus den Begriffen Thyratron - das ist eine seit langem bekannte Schaltröhre - und Transistor zusammengezogen ist. Der englische Ausdruck ist silicon controlled rectifier oder kurz SCR.

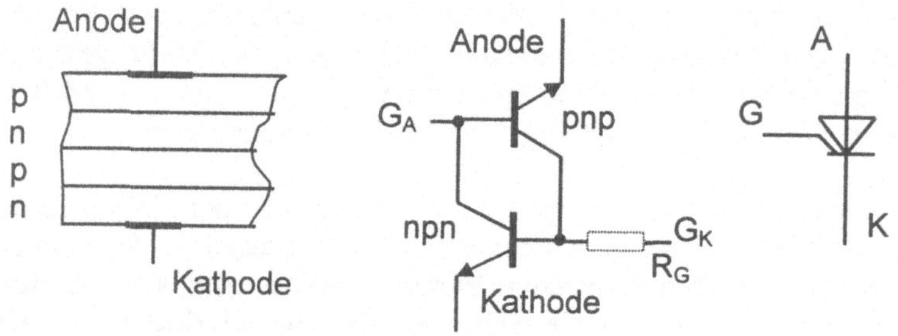

a) prinzipielle Schnittzeichnung   b) Ersatzschaltbild   c) Schaltzeichen

Bild 4.115   Thyristor

Die vier Zonen lassen sich im Ersatzschaltbild als Zusammenschaltung eines npn- und eines pnp- Transistors deuten. Die Basisanschlüsse heißen Steuerelektrode oder Gate, G_K ist das kathodennahe und G_A das anodennahe Gate. Bei den meisten Thyristoren ist nur das Gate G_K herausgeführt.
Die Transistoren sind so zusammengeschaltet, daß jeweils der Kollektorstrom des einen gleichzeitig der Basisstrom des anderen Transistors ist. Wir haben also ein extrem stark rückgekoppeltes System vorliegen. Solange kein Basisstrom fließt, ist der Thyristor gesperrt. Wenn aber ein -auch nur kurzzeitiger- Strom in einem der Gates fließt, wird dieser Strom, mit der Stromverstärkung des einen Transistors multipliziert, dem anderen als Basistrom zugeführt, und dessen Kollektorstrom wiederum ist der Basisstrom des ersten Transistors. Es wird also so lange ein Strom von der Anode zur Kathode fließen,

wie dieser Kreislauf sich erhalten kann. Dazu muß die Bedingung erfüllt sein, daß das Produkt der beiden Stromverstärkungen größer als Eins ist.

$$B_1 \cdot B_2 > 1 \qquad\qquad (4.166)$$

Dieses ist die Haltebedingung. Aus Abschnitt 4.1.2 wissen wir, daß die Stromverstärkung vom Strom abhängig ist und zu kleinen Strömen hin abfällt. Mit dem Strom durch den Thyristor fallen also auch die Stromverstärkungen B_1 und B_2 . Der Strom, bei dem die Haltebedingung (4.87) gerade noch erfüllt ist, heißt **Haltestrom** des Thyristors. Wird dieser Haltestrom unterschritten, so fällt der Thyristor in den gesperrten Zustand zurück.

Der Thyristor soll im Betrieb durch das Gate eingeschaltet oder „gezündet" werden. Eine weitere Zündmöglichkeit besteht darin, daß die Spannung zwischen Anode und Kathode so groß wird, daß die Sperrströme ausreichen, die Haltebedingung zu erfüllen. Diesen meist nicht gewünschten Fall nennt man die Zündung über Kopf und die zugehörige Spannung die **Nullkippspannung** U_{B0}. Bild 4.116 zeigt die Kennlinie eines Thyristors.

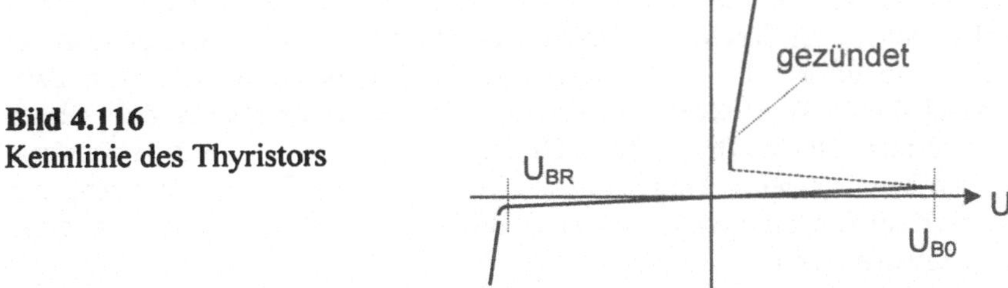

Bild 4.116
Kennlinie des Thyristors

Die maximal zulässigen Spannungen sind durch die Nullkippspannung U_{B0} in Vorwärtsrichtung und die Durchbruchsspannung U_{BR} in Rückwärtsrichtung bestimmt.

Thyristoren sind Hochleistungsschalter, sie werden für Ströme bis in den kA-Bereich und für Spannungen bis zu einigen kV geliefert. Solche Hochleistungsthyristoren haben sehr große Kristallflächen, damit die Stromdichten nicht zu groß werden. Die Flächen können bis zu ca. $80\,\text{cm}^2$ betragen, d.h. das Bauelement beansprucht eine ganze Halbleiterscheibe. Deshalb sind Hochstromthyristoren sehr teuer.

Um große Thyristoren auf der ganzen Fläche gleichmäßig zünden zu können, muß der Gateanschluß über die Fläche verteilt werden und erhält dadurch erhebliche Längen, die wiederum mit Bahnwiderständen R_G verknüpft sind. Dieser Bahnwiderstand ist in Bild 4.115 gestrichelt eingezeichnet. Normalerweise ist der Bahnwiderstand so groß, daß der Thyristor nicht über das Gate abgeschaltet werden kann. Hier reicht der Spannungsabfall an R_G aus, den Thyristor trotz verschwindender oder sogar negativer Gatespannung im gezündeten Zustand zu halten. Thyristoren, die nicht für extrem hohe Ströme gebaut sind, kann man aber mit einer solchen Gate-Struktur versehen, daß sie über das Gate gelöscht werden können. Diese Thyristoren heißen Abschaltthyristoren, Gate-Turn-Off-Thyristoren oder kurz GTO-Thyristoren.

Man kann die Thyristoren auch so bauen, daß sie optisch, also durch Strahlungs-ansteuerung, gezündet werden. Dann kann man den Thyristor z.B. über einen Lichtimpuls zünden, der durch einen Lichtwellenleiter zugeführt wird. Diese Art der Ansteuerung ist dann von Vorteil, wenn die Zündschaltung sonst auf hohem Potential liegen müßte und man Probleme mit der Potentialtrennung befürchtet.
Thyristoren werden meistens an Wechselspannung betrieben. Bei jedem Nulldurchgang wird dann der Haltestrom unterschritten, so daß der Thyristor gelöscht wird. Er kann daher für jede positive Halbschwingung neu gezündet werden. Den Zündeinsatz kann man dabei willkürlich festlegen, indem man die Phasenlage des Zündimpulses steuert. Diese Art der Leistungssteuerung nennt man **Phasenanschnittsteuerung.**

Triac

Thyristoren sind Schalter, die nur bei einer Polarität der anliegenden Spannung zünden können. Für den Betrieb an Wechselspannung sind daher mindestens zwei antiparallel geschaltete Elemente erforderlich. Für nicht allzu hohe Leistungen kann man zwei antiparallel geschaltete Thyristoren in einem Element zusammenfassen. Dieses Bauelement nennt man TRIAC (triode for AC) Dieser Triac hat einen vergleichsweise komplizierten Aufbau aus sechs Dotierzonen. Diese bilden fünf Sperrschichten, von denen drei durch Kontakte kurzgeschlossen sind. Bild 4.117 zeigt den Querschnitt eines Triacs und sein Schaltzeichen.

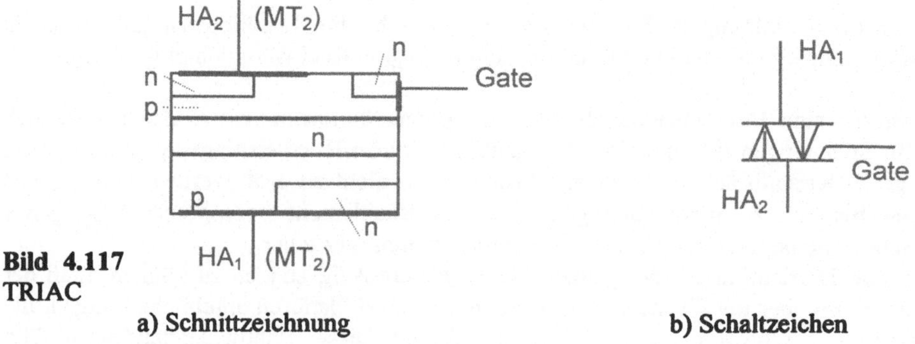

Bild 4.117
TRIAC

a) Schnittzeichnung   b) Schaltzeichen

Dieser Triac kann direkt als Wechselstromsteller eingesetzt werden, weil er in beiden Polaritäten der Spannung an den Hauptanschlüssen HA (englisch MT von main terminal) am Gate gezündet werden kann. Seine Kennlinie ist in Bild 4.118 gezeigt.

Bild 4.118
TRIAC
Kennlinie

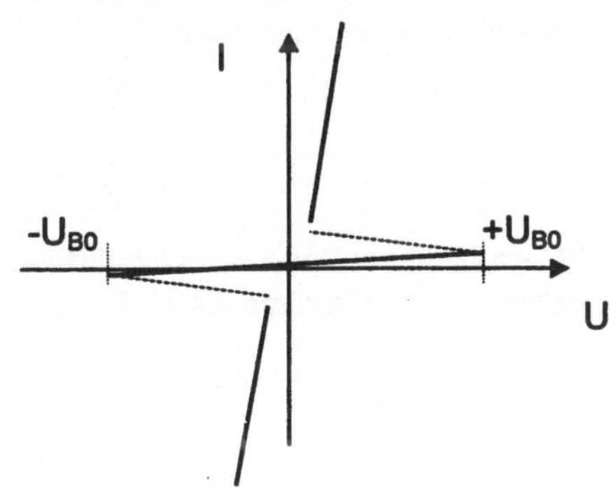

4.4 Aufgaben

4.4.1

Wie groß sind in der gezeichneten Schaltung („U_{BE}-Verstärker") die Spannung U_{CE} und der differentielle Widerstand zwischen den Punkten 1 und 2 ?

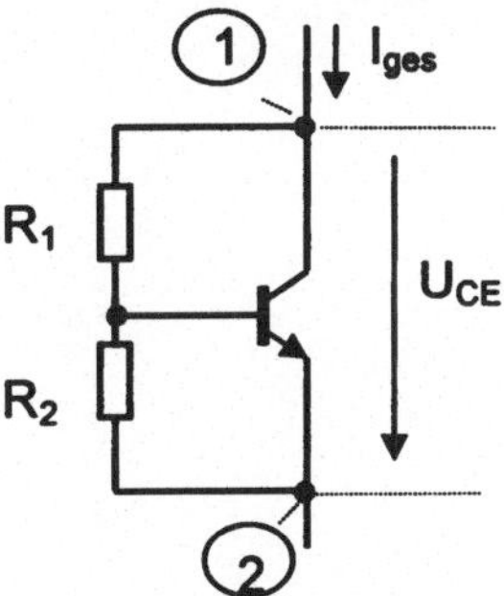

4.3.2

Ein bipolarer Transistor wird invers betrieben. Welche wesentlichen Parameter sind davon so betroffen, daß sie ihren Wert stark verändern?

4.3.3

Ermitteln Sie die Parameter Earlyspannung und Stromverstärkung eines bipolaren Transistors aus seinem Ausgangskennlinienfeld.

4.3.4

Wie groß ist die maximale Spannungsverstärkung des gezeichneten Differenzverstärkers bei gegebener Betriebsspannung U_B?

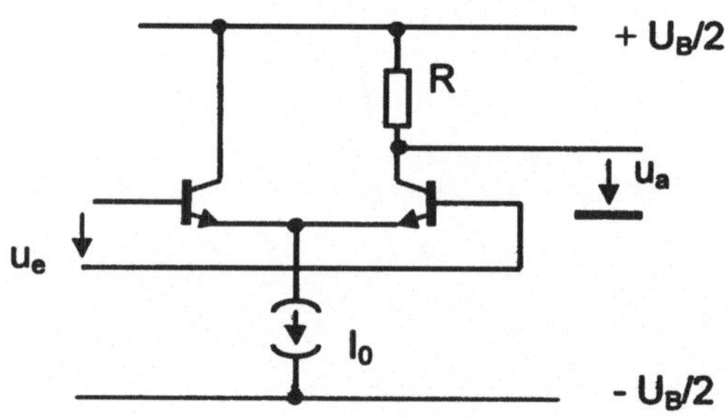

4.3.5

Ermitteln Sie die obere Grenzfrequenz eines Verstärkers in Emitterschaltung aus seiner Kollektor-Basis-Kapazität (Miller-Effekt).

5 Feldeffekttransistoren

5.1 Funktionsprinzip „steuerbarer Widerstand"

5.1.1 Steuerbare Widerstände

Ein Widerstand kann nach Abschnitt 2.1 als ein Materialstück mit bekannten Abmessungen dargestellt werden. Bild 5.1 zeigt einen solchen Widerstand.

Bild 5.1
Widerstand

Der Widerstandswert ist durch Gleichung (2.7) gegeben und beträgt

$$R = \rho\,\frac{l}{A} = \frac{1}{e \cdot n \cdot \mu} \cdot \frac{l}{A} \tag{2.7}$$

Will man den Widerstandswert steuern, so muß man in die Größen der Gleichung (2.7) eingreifen. Mit Ausnahme der Elementarladung e sind alle Größen steuerbar:

- Die **Länge l** kann durch mechanische Dehnung oder Stauchung beeinflußt werden. Dieser Effekt wird ausgenutzt, um mechanische Spannungen auszumessen. Dehnungsmeßstreifen sind Widerstände aus Metalldrähten oder -folien, die in dünne Kunststoffträger eingebettet sind und auf die mechanischen Bauteile aufgeklebt werden, deren mechanische Dehnung dann die Widerstandslänge ändert.

- Die **Querschnittsfläche A** kann z.B. dadurch gesteuert werden, daß man den leitfähigen Querschnitt eines Halbleiterstückes durch die Sperrschichtweite eines pn-Überganges steuert. Da die Sperrschichtweite eine Funktion der angelegten Sperrspan-

nung ist, erhält man einen spannungssteuerbaren Widerstand. Die Sperrschicht-
Feldeffekttransistoren (Abschnitt 5.1.2) arbeiten nach diesem Prinzip.

- Die **Ladungsträgerbeweglichkeit** μ hängt unter anderem vom mechanischen Druck
ab, der auf den Widerstand ausgeübt wird. Dieser piezoresitive Effekt ist besonders bei
Halbleitern ausgeprägt und wird z.B. bei Halbleiterdrucksensoren ausgenutzt. Solche
Sensoren bestehen meist aus einer dünnen Siliziummembran, die dem Druck ausgesetzt
wird. In diese Membran sind 4 Widerstände der in Bild 2.4 gezeigten Art so
eingebracht, daß sie eine Wheatstone'sche Brücke bilden, mit deren Hilfe die
Widerstandsänderung ausgewertet werden kann.

- Die **Konzentration n** der beweglichen Ladungsträger an der Oberfläche einer
Halbleiterschicht kann durch ein elektrisches Feld beeinflußt werden. Dies wird bei den
MOS-Feldeffekttransistoren ausgenutzt. (Abschnitt 5.2)

5.1.2 Sperrschicht-Feldeffekttransistor

Ein Sperrschicht- Feldeffekttransistor (Junction Field Effect Transistor, JFET) nach Bild
5.2 ist ein Widerstand, dessen Querschnittsfläche durch die Weite von Sperrschichten
gesteuert werden kann. Die Widerstandszone ist der **Kanal** (channel). In unserem
Beispiel ist ein n- Kanal gezeichnet, so daß wir einen n- Kanal- Sperrschicht-
Feldeffekttranstor erhalten, der auch weiterhin besprochen werden soll. Es sind zwei
Sperrschichten vorhanden. Die p- Seiten dieser Sperrschichten sind elektrisch verbunden
und bilden die Steuerelektrode, das Gate.
Das Gegenstück zu unserem Beispiel ist der p- Kanal- Sperrschicht- Feldeffekttransistor.
Man erhält ihn durch Vertauschen der Dotierungen von Kanal und Gate.

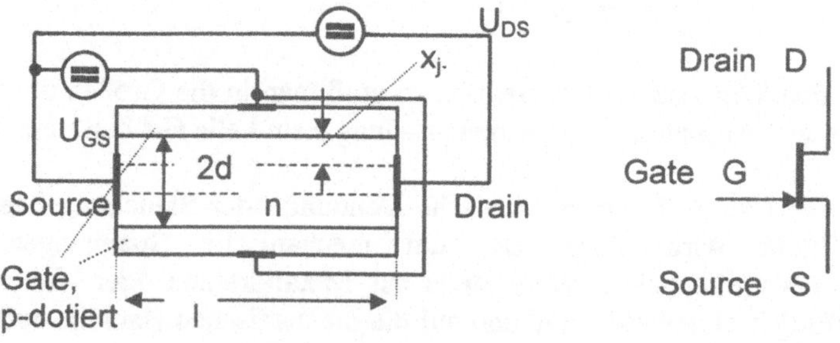

Bild 5.2

n-Kanal-Sperrschicht-   a) Prinzipieller Aufbau   b) Schaltzeichen
Feldeffekttransistor

Die Anschlüsse des Widerstandes werden mit Sorce (Quelle) S und Drain (Senke) D
bezeichnet. Die Steuerelektrode ist das Gate G.

Die Sperrschichtweite x_j bei schwach dotiertem Kanal und abruptem Übergang der Dotierungen ist nach Gleichung (3.60)

$$x_j = \sqrt{\frac{2 \cdot \varepsilon \cdot U_{ges}}{e \cdot N_{Kanal}}} \qquad (5.1)$$

Wenn diese Sperrschichtweite gerade der halben Kanaldicke entspricht, so ist der Kanal abgeschnürt. Der Widerstandswert wird unendlich groß und es fließt kein Strom durch den Transistor. Mit der halben Kanaldicke d ist die zugehörige Spannung U_{ges}

$$U_{ges} = \frac{d^2 \cdot e \cdot N_{Kanal}}{2\varepsilon} = U_{GSP} + U_{Diff} \qquad (5.2)$$

U_{GSP} ist darin die **Abschnürspannung**, meist kurz mit U_P bezeichnet (Pinch Off Voltage). Diese (in unserem Falle des n-Kanal-Transistors negative) Spannung muß von außen zwischen Gate und Source gelegt werden, um den Transistor abzuschnüren, d.h. seinen Widerstandswert beliebig groß werden zu lassen. U_{diff} ist die Diffusionsspannung nach Gleichung (3.33) für die Sperrschicht zwischen Gate und Kanal.

$$U_P = \frac{d^2 \cdot e \cdot N_{Kanal}}{2\varepsilon} - U_T \ln \frac{N_{Kanal} \cdot N_{Gate}}{n_i^2} \qquad (5.3)$$

Der Sperrschicht-FET ist also zunächst ein Widerstand, der für die Steuerspannung U_{GS} = U_P den Wert unendlich und für die Spannung U_{GS} = 0 seinen kleinsten Wert hat. Positive Steuerspannungen U_{GS} werden nicht verwendet, weil dann die Sperrschichten zwischen Gate und Kanal in Durchlaßrichtung kommen und somit ein Gatestrom fließen würde.

Diese Überlegungen sind für den Fall richtig, daß die Sperrschichtweite unabhängig vom Ort x im Transistor einen konstanten Wert hat, der nur von der Steuerspannung U_{GS} bestimmt wird. Dies trifft nur angenähert und solange zu, wie man die Sperrspannung zwischen Gate und Kanal als überall gleich ansehen kann. Dazu muß der Spannungsunterschied zwischen Drain und Source gegen die Sperrspannung U_{GS} vernachlässigbar klein sein:

$$U_{DS} \ll U_{GS}$$

In diesem Fall verhält sich der Transistor wie ein Widerstand, dessen Wert durch die Steuerspannung U_{GS} eingestellt werden kann. Man spricht auch vom **ohm`schen Bereich** des Feldeffekttransistors.

Abschnürung

Wenn die Spannung U_{DS} nicht mehr gegen die Steuerspannung U_{GS} vernachlässigt werden kann, wird die Sperrschichtweite eine Funktion des Ortes x, wie in Bild 5.3 gezeichnet. Die Polaritäten der Spannungen sind so gewählt, daß sich die Sperrspannung U_{GK} (x) zwischen Gate und Kanal an jeder Stelle x aus der Summe von Steuerspannung U_{GS} und der Spannung U(x) zusammensetzt, die zwischen der Stelle x im Kanal und der Sorce- Elektrode herrscht. So ist z. B. U_{GK} (x=0) = U_{GS} und U_{GK} (x=l) = U_{GS} + U_{DS} .

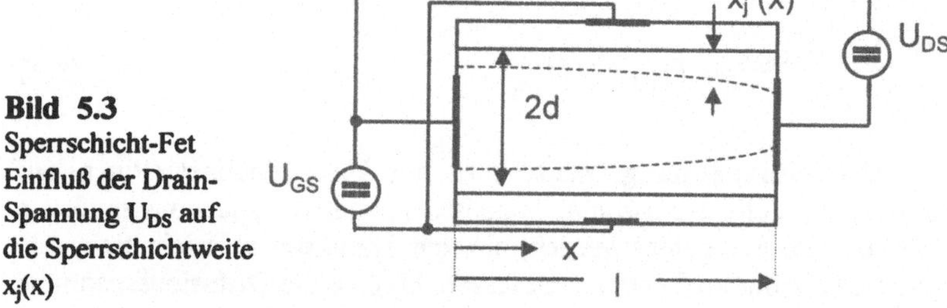

Bild 5.3
Sperrschicht-Fet
Einfluß der Drain-
Spannung U_{DS} auf
die Sperrschichtweite
$x_j(x)$

Wenn die Drainspannung U_{DS} so groß ist, daß $U_{GK}(x = l) = U_P$ wird, so ist der Kanal am drainseitigen Ende abgeschnürt, d.h. seine verbleibende Querschnittsfläche geht gegen Null. Man könnte nun vermuten, daß der Drainstrom ebenfalls zu Null werden muß, weil ja der Kanal abgeschnürt ist.
Dies ist jedoch nicht der Fall. Wie in Bild 5.4 gezeigt, nimmt der Drainstrom I_D bei beginnender Kanalverengung nicht mehr proportional zur Drainspannung U_{DS} zu. Ist der Abschnürpunkt erreicht, so bleibt der einmal erreichte Strom I_D konstant und unabhängig von der Spannung U_{DS}.

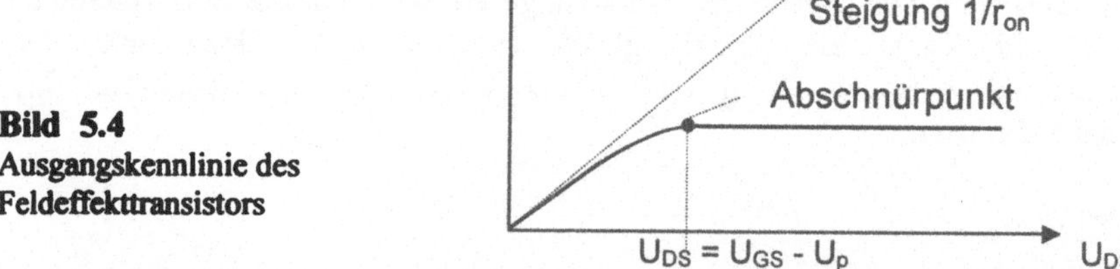

Bild 5.4
Ausgangskennlinie des
Feldeffekttransistors

Die Erklärung dafür ist, daß der Kanal in diesem Fall nicht völlig abgeschnürt ist, sondern ein sehr dünner Mikrokanal in der Dicke von einigen zehn Nanometern offenbleibt. In derart dünnen Schichten ist die Bewegung der Ladungsträger auf zwei Dimensionen eingeschränkt. Dadurch nimmt die Wahrscheinlichkeit für Kollisionen der

beweglichen Ladungsträger mit den Gitteratomen stark ab. Die Folge ist, daß die Ladungsträgerbeweglichkeit stark zunimmt, so daß der Mikrokanal den Strom weiterhin führen kann.
Wenn man die Spannung U_{DS} weiterhin erhöht, nimmt der Drainstrom beim realen Transistor leicht zu. Dies liegt daran, daß sich der Abschnürpunkt mit steigender Spannung in das Transistorinnere hinein verschiebt, so daß sich die effektive Kanallänge verkürzt.

Kennliniengleichungen

Der Sperrschichtfeldeffekttransistor wird gelegentlich in rauscharmen oder hochohmigen Eingangsstufen von Verstärkern eingesetzt. Von allen Transistoren in Silizium (bipolare, Sperrschicht- und MOS-Feldeffekttransistoren) wird er am wenigsten verwendet. Daher sollen die Kennliniengleichungen im folgenden nur angegeben werden. Die für Feldeffekttransistoren typische Kennliniengleichung mit quadratischer Steuercharakteristik wird dann im Abschnitt 5.2 über MOS-Transistoren hergeleitet.
Der Kennlinienverlauf bis zum Abschnürpunkt (siehe Bild 5.4) wird durch die Kennliniengleichung für den **erweiterten ohm´schen Bereich** beschrieben:

$$I_D = \beta\left[\left(U_{GS} - U_P\right)U_{DS} - \frac{1}{2}U_{DS}^2\right] \tag{5.4}$$

Im **engen ohm´schen Bereich** gilt $U_{DS} \ll U_{GS}$. Damit wird aus (5.4)

$$I_D = \beta\left(U_{GS} - U_P\right)U_{DS} \tag{5.5}$$

Hieraus läßt sich der **Einschaltwiderstand** r_{on} berechnen, das ist der Wert des gesteuerten Widerstandes bei sehr kleiner Spannung U_{DS}.

$$r_{on} = \frac{U_{DS}}{I_D} = \frac{1}{\beta\left(U_{GS} - U_P\right)} \tag{5.6}$$

Im **Abschnürbereich** oberhalb des Abschnürpunktes in Bild 5.4 gilt

$$I_D = \frac{\beta}{2}\left(U_{GS} - U_P\right)^2 \tag{5.7}$$

Der Parameter β in den Gleichungen (5.5) bis (5.7) ist der **Kennlinienparameter**. Ähnlich wie der Sättigungsstrom des Bipolartransistors enthält er die wesentlichen Angaben über Technik und Baugröße des Transistors.

Will man berücksichtigen, daß der Drainstrom I_D oberhalb des Abschnürpunktes leicht mit der Drainspannung U_{DS} ansteigt, kann man den **Kanallängenverkürzungsparameter** λ in Gleichung (5.7) einfügen:

$$I_D = \frac{\beta}{2}\left(U_{GS} - U_P\right)^2\left(1 + \lambda U_{DS}\right) \qquad (5.8)$$

Die Gleichungen (5.5) bis (5.8) bilden das **Drei-Parameter-Modell** des Feldeffekttransistors nach Shichman und Hodges mit den drei Parametern β, λ und U_P .

Bild 5.5 zeigt die Übertragungskennlinie des Sperrschicht-Feldeffekttransistors im Abschnürbereich. Oberhalb der (negativen) Abschnürspannung U_P steigt der Drainstrom quadratisch mit der Spannung U_{GS} an. Die Tatsache, daß der Feldeffekttransistor eine nahezu exakt quadratische Übertragungskennlinie hat, kann auch schaltungstechnisch ausgenutzt werden, beispielsweise in Modulatoren.

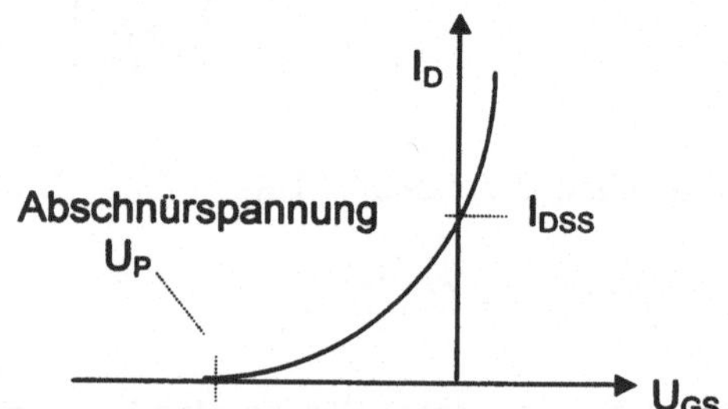

Bild 5.5
Übertragungskennlinie im
Abschnürbereich

Die höchste sinnvolle Steuerspannung ist $U_{GS} = 0$. Dies kann durch einen Kurzschluß zwischen Gate und Source eingestellt werden. Der zugehörige Drainstrom I_{DSS} ist der **Drain-Source-Kurzschlußstrom** (Drain-Source-Shorted). Wie der Kennlinienparameter β kennzeichnet dieser Strom die Bauart des Transistors und wird bei Sperrschicht-Feldeffekttransistoren meistens anstelle von β angegeben. Es gilt

$$I_{DSS} = \frac{d^3 \cdot e^2 \cdot N^2{}_{Kanal} \cdot \mu}{12 \cdot \varepsilon} \cdot \frac{w}{l} \qquad (5.9)$$

ε ist darin die gesamte Dielektrizitätskonstante und w/l das Breiten-zu-Längen-Verhältnis des Kanals.

Zwischen I_{DSS} und dem Kennlinienparameter β besteht die Beziehung

$$\beta = \frac{2I_{DSS}}{U_P^2} \qquad\qquad (5.10)$$

Gleichung (5.7) kann mit (5.10) in eine für Sperrschichtfeldeffekttransistoren oft benutzte Form überführt werden:

$$I_D = I_{DSS}\left(1 - \frac{U_{GS}}{U_P}\right)^2 \qquad\qquad (5.11)$$

Transistormodell

Das einfachste in Analyseprogrammen verwendete Modell des Sperrschicht-Feldeffekttransistors ist das oben schon erwähnte Modell nach Shichman und Hodges, das Drei-Parameter-Modell mit den Modellparametern β (Kennlinienparameter), U_P (Abschnürspannung) und λ (Kanallängenverkürzungsparameter). Mit diesen drei Parametern ist das **statische** Verhalten des Transistors weitgehend bestimmt.

Die wichtigsten **dynamischen** Parameter sind die Kapazitäten zwischen der Gate-Elektrode und den Anschlüssen für Gate und Source, C_{GS} und C_{GD}.
Nimmt man noch die Bahnwiderstände R_D und R_S in den Zuleitungen für Source und Drain hinzu, so erhält man das Großsignalersatzschaltbild nach Bild 5.6, das dem Modell zugrunde liegt.

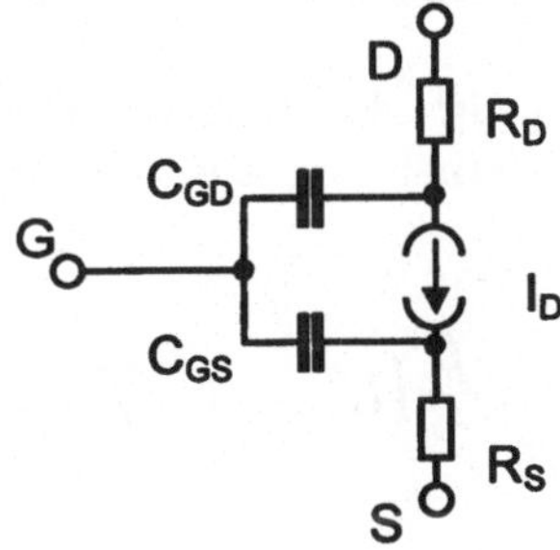

Bild 5.6
Großsignalersatzschaltbild für
den Sperrschicht-Feldeffekt-
Transistor

Systemgrößen

Die für die Berechnung von Schaltungen (vergleiche Abschnitt 4.2) benötigten linearisierten Kleinsignal-Systemgrößen Eingangswiderstand, Steilheit und Ausgangs-widerstand bestimmen sich entsprechend Abschnitt 4.1 aus den Kennliniengleichungen.

Der **Eingangswiderstand** ist

$$r_e = \frac{dU_{GS}}{dI_G} \rightarrow \infty \tag{5.12}$$

denn der Gatestrom ist (bis auf den Gatesperrstrom) Null.

Die **Steilheit** ergibt sich aus der Ableitung der Übertragungskennlinie im Abschnürbereich, also dort, wo sich der Feldeffekttransistor wie eine gesteuerte Stromquelle verhält:

$$S = \frac{dI_D}{dU_{GS}} = \frac{2I_{DSS}}{U_P}\left(1 - \frac{U_{GS}}{U_P}\right) = \frac{2}{U_P}\sqrt{I_D I_{DSS}} \tag{5.13}$$

Den zweiten Teil der Gleichung erhält man, wenn man Gleichung (5.11) nach U_{GS} auflöst und in den ersten Teil einsetzt:

$$U_{GS} = U_P\left(1 + \sqrt{\frac{I_D}{I_{DSS}}}\right)$$

Im Vergleich zum Bipolartransistor fällt erstens auf, daß die Steilheit nur proportional zur Wurzel aus dem Drainstrom im Arbeitspunkt ist. Zum zweiten aber besagt (5.13), daß die Steilheit nicht nur vom Arbeitspunkt, sondern auch von den Parametern des Transistors abhängt! Dies ist ein wesentlicher Unterschied zum Bipolartransistor, dessen Steilheit $S = I_{CAP}/U_T$ **nicht** von den Parametern des Transistors abhängt.

Der **Ausgangswiderstand** r_D ist der Innenwiderstand der durch den Transistor gebildeten Stromquelle. Man erhält ihn aus der Ausgangskennlinie (5.8) für den Abschnürbereich:

$$\frac{1}{r_D} = g_D = \frac{dI_D}{dU_{DS}} = \frac{\beta}{2}\left(U_{GS} - U_P\right)^2 \cdot \lambda$$

Mit (5.7) wird daraus

$$r_D = \frac{1}{\lambda \cdot I_D} \tag{5.14}$$

Einstellung des Arbeitspunktes

Die Kleinsignal-Systemgrößen sind die Ableitungen der Kennlinien in einem gewählten Arbeitspunkt, d.h. sie gelten im wesentlichen für einen bestimmten Strom I_D. Dieser Strom ist der Strom I_{DAP} im Arbeitspunkt, der durch schaltungstechnische Maßnahmen festgelegt und möglichst konstant gehalten werden muß. Dazu gibt es prinzipiell mehrere Möglichkeiten. Eine einfache Methode soll hier beschrieben werden.

Zu dem gewählten Strom I_{DAP} im Arbeitspunkt gehört eine bestimmte Spannung U_{GSAP}, die entweder aus der Übertragungskennlinie nach Bild 5.5 abgelesen werden oder bei bekannten Parametern I_{DSS} und U_P aus der Kennliniengleichung (5.11) bestimmt werden kann. (Für Feldeffekttransistoren gibt es keinen hinreichend guten Daumenwert für U_{GSAP} wie die berüchtigten 0,6V bis 0,7V für U_{BEAP} beim Bipolartransistor). Der Bereich möglicher Spannungen liegt etwa zwischen -4V und -0,5V.

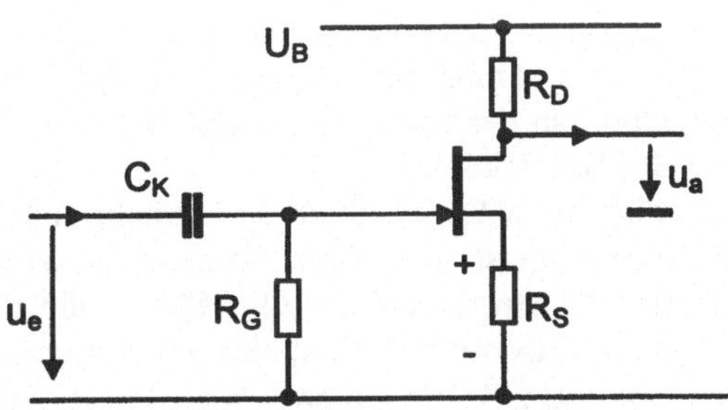

Bild 5.7
Einstellung des Arbeitspunktes
für den Sperrschicht-Feldeffekt-
Transistor

Die so bestimmte Spannung U_{GSAP} läßt man am Widerstand R_S abfallen:

$$U_{GSAP} = I_{DAP} \cdot R_S \qquad \Rightarrow \qquad R_S = \frac{U_{GSAP}}{I_{DAP}}$$

Schließt man jetzt die Gate- Elektrode nach Masse kurz, so, liegt diese Spannung mit der richtigen Polarität zwischen Gate und Source, so daß der Strom I_{DAP} im Arbeitspunkt richtig eingestellt ist. Weil dieser Kurzschluß aber auch die zu verstärkende Signalspannung u_e kurzschließen würde, legt man den Widerstand R_G zwischen Gate und Masse. Der Widerstandswert von R_G ist prinzipiell ohne Bedeutung, denn da der Gatestrom Null ist, fällt an diesem Widerstand keine Spannung ab. Der Widerstandswert von R_G bestimmt aber den Eingangswiderstand der Schaltung:

$$r_{ein} = R_G \| r_e \approx R_G$$

Der Koppelkondensator C_K, der Sourcekondensator C_S und der Arbeitswiderstand R_D werden nach den Grundsätzen bestimmt, die in Abschnitt 4.2 besprochen wurden.

Die Spannungsverstärkung der Schaltung ist analog zu (4.104)

$$v = -S \cdot R_{Deff} \; mit \; R_{Deff} = R_D \| r_D$$

5.2 MOS-Feldeffekttransistor

5.2.1 MOS-Struktur

Der MOS-Feldeffekttransistor ist ein Oberflächenbauelement, dessen Funktion im wesentlichen durch Inversion (s.unten) an der Oberfläche des Halbleiters gegeben ist. Beim bipolaren Transistor dagegen spielten sich die entscheidenden Vorgänge Trägerinjektion an der Sperrschicht und Diffusion von beweglichen Ladungsträgern im Volumen des Halbleiters ab.

Bild 5.8 zeigt die MOS-Struktur. Sie besteht aus dem Siliziumsubstrat, das in diesem Zusammenhang meist mit „Bulk" bezeichnet wird, einer Isolationsschicht und einer flächenhaften Elektrode auf der Oberfläche, die Gate genannt wird. Im gezeichneten Beispiel ist das Substrat p-dotiert; eine n-Dotierung ist natürlich ebenso möglich.

Die Bezeichnung „MOS" kennzeichnet den Aufbau. Das leitfähige Gate besteht aus Metall (auch aus dotiertem polykristallinen Silizium, siehe unten), als Isolationsschicht benutzt man meist das Siliziumdioxid (Oxide) und das Substrat wird von einem Halbleiter (Semiconductor) gebildet.

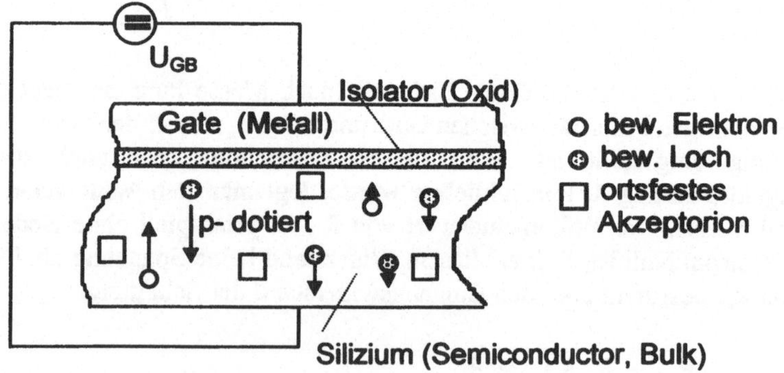

Bild 5.8
MOS-Struktur

Inversion

Legt man die Spannung U_{GB} zwischen Gate und Bulk, so erzeugt man ein elektrisches Feld im Halbleiter. Dieses Feld übt auf alle vorhandenen Ladungen eine Kraft aus, so daß sich die beweglichen Ladungsträger verschieben. Ist diese Spannung wie im gezeichneten Fall positiv, so werden die Majoritätsträger, das sind die beweglichen Löcher, in das Volumen abgedrängt. Die Minoritätsträger, in diesem Fall die beweglichen Elektronen, werden zur Oberfläche gezogen. Wenn die Spannung U_{GB} genügend groß ist, wird die Konzentration n der beweglichen Elektronen an der Oberfläche größer als die Konzentration p der beweglichen Löcher, d. h. in einer dünnen Schicht an der Oberfläche haben Majoritätsträger und Minoritätsträger ihre Rollen vertauscht. Diese Oberflächenschicht verhält sich deshalb so, als sei sie entgegengesetzt, in unserem Falle also n- dotiert. Dieser Vorgang heißt **Inversion**. Durch diese Inversion bildet sich an der Oberfläche des Halbleiters ein dünner **Kanal**, im gezeichneten Beispiel ein n- Kanal. Im folgenden wollen wir diesen Vorgang etwas näher untersuchen und insbesondere ermitteln, wie groß die für die Inversion notwendige Spannung U_{GB} ist.

Dazu zeichnen wir uns das idealisierte Bändermodell für den Fall der p-Dotierung auf, wie es Bild 5.9 zeigt (vergleiche auch Abschnitt 3.1.2).

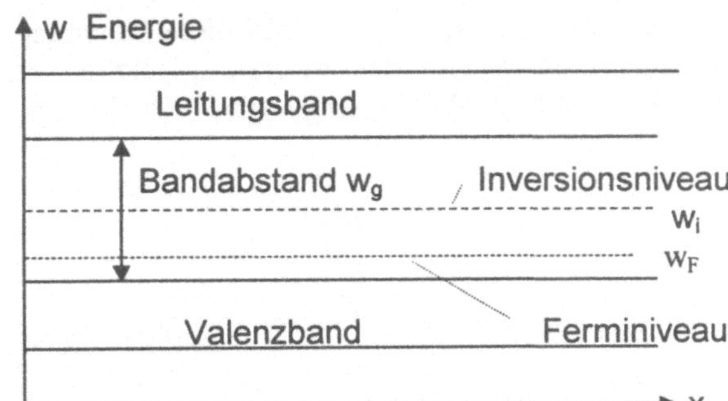

Bild 5.9
Idealisiertes Bändermodell
für p-Dotierung (Flachbandzustand)

Das Ferminiveau ist gemäß Gleichung (3.13) der p- Dotierung entsprechend aus der Mitte des Bandabstandes, dem Inversionsniveau w_i , in Richtung Valenzband um den Betrag

$$w_i - w_F = kT \cdot \ln \frac{N_A}{n_i} \tag{3.13}$$

verschoben. Bild 5.9 zeigt das Bändermodell im „**Flachbandzustand**" (flat band condition). Dieser idealisierte Zustand liegt dann vor, wenn keine störenden Energien, also auch keine störenden Spannungen, an der Halbleiteroberfläche wirksam sind. Dies ist praktisch nie der Fall, weil immer Oberflächen- und Oxidladungen, Kontaktpotentiale und nicht zuletzt der Einfluß von Verschmutzung der Oberfläche wirksam sind. Will man den Flachbandzustand tatsächlich herstellen, so muß man diese Einflüsse durch eine äußere Spannung, die **Flachbandspannung** U_{FB} kompensieren.

Der Zustand „undotiert" liegt dann vor, wenn Inversions- und Ferminiveau zusammenfallen:

$$w_i = w_F$$

Diesen Zustand kann man nach Bild 5.10 auch dadurch erreichen, daß man das Inversionsniveau durch Zufuhr äußerer Energie an der Oberfläche absenkt. Das Ferminiveau bleibt dabei prinzipiell unverändert, während Valenz- und Leitungsband sich entsprechend mit absenken. („Bandverbiegung") Nach Gleichung (3.13) muß dazu die Energie $\Delta w = w_i - w_F$ aufgewandt werden. Dies entspricht einem elektrischen Oberflächenpotential von

$$u_i = \frac{\Delta w}{e} = \frac{w_F - w_i}{e} = \frac{kT}{e} \ln \frac{N_A}{n_i} = U_T \ln \frac{N_A}{n_i} \tag{5.15}$$

u_I heißt auch **Inversionsspannung**, weil diese Spannung aufgebracht werden muß, um (bei idealen Verhältnissen) den Inversionspunkt zu erreichen. Bild 5.10 zeigt das entsprechende Bändermodell bei angelegter Inversionsspannung.

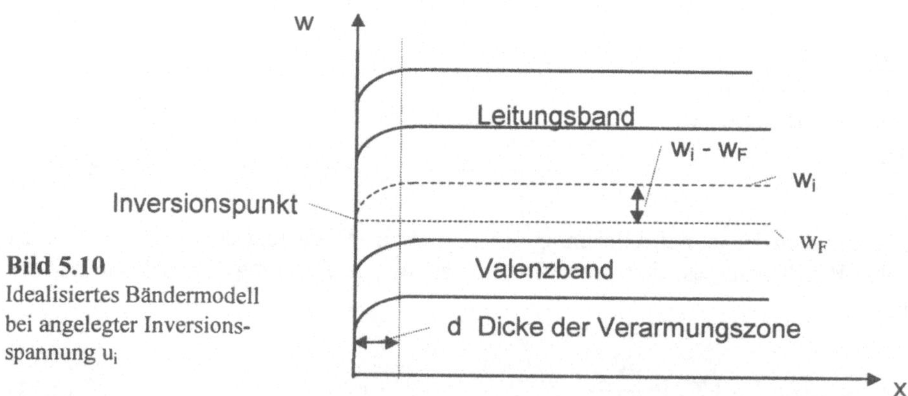

Bild 5.10
Idealisiertes Bändermodell
bei angelegter Inversionsspannung u_i

In dem in Bild 5.10 gezeigten Zustand verhält sich die Halbleiteroberfläche gerade wie undotiert, denn der Inversionspunkt liegt genau an der Oberfläche bei $x = 0$. Wenn man einen invertierten Kanal von technisch brauchbarer Leitfähigkeit erreichen möchte, muß man über diesen Inversionspunkt noch hinausgehen. Dann arbeitet man mit der **starken Inversion** (strong inversion) wie sie in Bild 5.11 gezeigt ist.

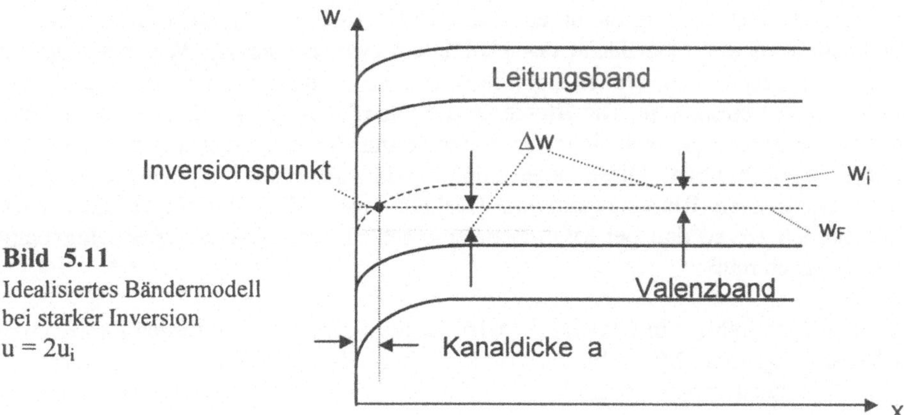

Bild 5.11
Idealisiertes Bändermodell
bei starker Inversion
$u = 2u_i$

Schwellenspannung

Für die starke Inversion fordert man, daß mindestens der doppelte Wert der Inversionsspannung u_i angelegt wird. Dieser doppelte Wert bestimmt maßgeblich die **Schwellenspannung** U_{th} (threshold voltage). Die Schwellenspannung ist der reale technische Mindestwert der Spannung U_{GB}, der bei Berücksichtigung der oben genannten Flachbandspannung die starke Inversion sicherstellt. Die Schwellenspannung setzt sich aus folgenden Anteilen zusammen:

- der doppelten **Inversionsspannung** $2u_i$, wie oben besprochen

- der **Kontaktspannung** φ_{MS} zwischen dem Gatematerial und dem Silizium
(um diesen Anteil klein zu halten, verwendet man auch dotiertes polykristallines Silizium als Gatematerial)

- und der gesamten im Oxid, auf der Halbleiteroberfläche und im Halbleiter vorhandenen Ladung Q_{ges}, die sich in eine Spannung umrechnen läßt:

$$U_Q = \frac{Q_{ges}}{C_{ox}} = \frac{Q_{OX} + Q_{SS} + \cdots}{C_{ox}} + \frac{AeN_A \cdot d}{C_{ox}} = U_1 + U_C \qquad (5.16)$$

C_{ox} ist darin die Oxidkapazität, gebildet aus dem Kondensator aus Gateelektrode, Oxiddielektrikum und Halbleiter, A ist die Fläche dieses Kondensators. Die oben bereits erwähnte Flachbandspannung U_{FB} ist demnach

$$U_{FB} = U_1 + \varphi_{MS} \qquad (5.17)$$

Q_{OX} ist darin die Oxidladung, die in jedem Oxid vorhanden ist. Q_{SS} steht für die Ladung der Haftstellen an der Oberfläche des Halbleiters (surface states). Wie eingangs im Abschnitt 3.11 besprochen, ordnen sich die Atome im Festkörper nach dem Prinzip der minimalen Gesamtenergie an. Die Atome an der Oberfläche des Festkörpers sind dabei energetisch benachteiligt, weil ihnen im freien Raum die Bindungspartner fehlen und Bindungen offen bleiben. Diese ungesättigten Bindungen sind die Haftstellen. Sie suchen begierig nach Bindungspartnern. Deshalb lagert eine Oberfläche aktiv auch Schmutzteilchen an, so daß bei MOS-Bauelementen in besonders sauberer Umgebung gearbeitet werden muß.

Die Ladung $Q_S = AeN_A d$ in Gleichung (5.16) ist die Ladung der ortsfesten Dotierionen in der Verarmungszone. Mit Hilfe der Poisson´schen Gleichung kann man (ähnlich wie die Sperrschichtweite nach Abschnitt 3.15) die maximale Dicke d der Verarmungszone bestimmen. Sie wird gerade beim Einsatz der starken Inversion erreicht und beträgt (ohne Herleitung)

$$d = \sqrt{\frac{2\varepsilon \cdot (2u_i)}{e \cdot N_A}} = \sqrt{\frac{4\varepsilon \cdot kT \cdot \ln(N_A / n_i)}{e^2 \cdot N_A}} \tag{5.18}$$

d liegt je nach Kanaldotierung zwischen etwa 0,05µm und 2µm.

Die gesamte Schwellenspannung U_{th} ist also mit U_C aus (5.16) und U_{FB} aus (5.17)

$$U_{th} = 2 \cdot u_i + U_{FB} + U_C \tag{5.19}$$

Diese Spannung führt zur starken Inversion, die in der MOS- Technik fast ausschließlich genutzt wird.

Technisch gebräuchliche Werte für Schwellenspannungen liegen zwischen etwa 0,5V und 5V.

Der Inversionspunkt wird gerade bei der Spannung

$$U_e = u_i + U_{FB} + U_C \tag{5.20}$$

erreicht. Im Spannungsbereich von dieser **Einsatzspannung** U_e bis zur Schwellenspannung spricht man von **schwacher Inversion** (weak inversion). In diesem Bereich arbeitet man nur in seltenen Ausnahmefällen.

5.2.2 Aufbau und Kennliniengleichungen

Aufbau des MOS-Feldeffekttransistors

Der invertierte Kanal der MOS-Struktur ist der steuerbare Widerstand, der den MOS-Feldeffekttransistor bildet. Um also die MOS-Struktur zum Transistor zu erweitern, muß man nur noch diesen Kanal mit Anschlüssen versehen, wie Bild 5.12 zeigt.

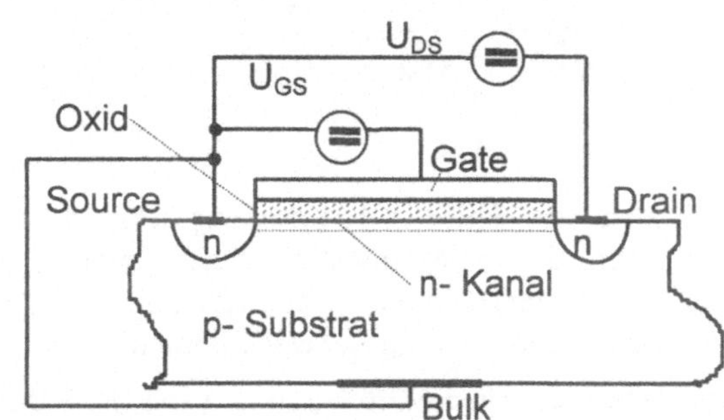

Bild 5.12
MOS-Feldeffekttransistor

Der Kanal wird über zwei dotierte Kontaktzonen angeschlossen, die man Source („Quelle") und Drain („Senke") nennt. In aller Regel ist der Substratanschluß, Bulk genannt, mit der Source-Elektrode leitend verbunden. Die Spannung zwischen Gate und Bulk U_{GB} ist damit zunächst gleich der Spannung U_{GS} zwischen Gate und Source. In wenigen Fällen ist der Bulk- Anschluß nicht mit der Source- Elektrode verbunden. Dann liegt eine Spannung U_{BS} zwischen Bulk und Sorce, die in Bild 5.13 eingezeichnet ist.

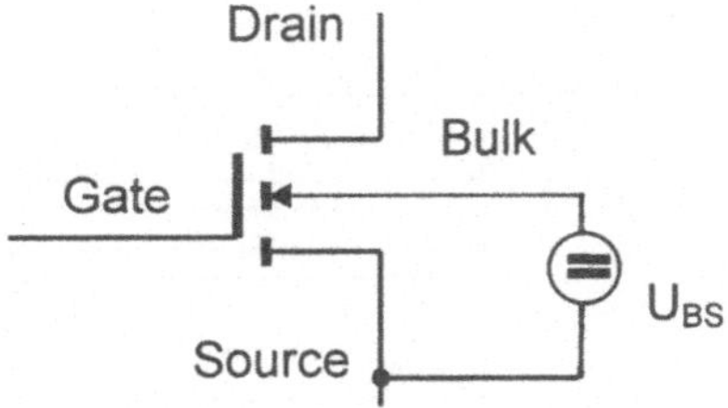

Bild 5.13
MOS- Transistor
mit Spannung U_{BS}

Die Spannung U_{BS} hat Einfluß auf die Dicke d der Verarmungszone nach Gleichung (5.18). Diese Dicke d wird zu

$$d = \sqrt{\frac{2\varepsilon \cdot \left(2u_i + U_{BS}\right)}{e \cdot N_A}}$$

Damit ändert sich auch die Spannung U_C nach Gleichung (5.16) und die Schwellenspannung nach Gleichung (5.19). Für die Schwellenspannung ergibt sich dann nach
einiger Rechnung der Ausdruck

$$U_{th} = 2u_i + U_{FB} + \gamma\sqrt{2u_i + U_{BS}} \qquad (5.21)$$

γ ist darin der **Substrat- Schwellenspannungs- Parameter** (body effect parameter)

$$\gamma = A\frac{\sqrt{2\varepsilon \cdot e \cdot N_A}}{C_{ox}} \qquad (5.22)$$

Man kann also mit Hilfe der Spannung U_{BS} den Wert der Schwellenspannung
vergrößern. Von dieser Möglichkeit macht man z.B. dann Gebrauch, wenn die
„natürliche" Schwellenspannung nahe Null liegt, man aber aus schaltungstechnischen
Gründen eine Mindestspannungsschwelle braucht.

Der Wert von γ liegt z. B. in der Größenordnung von $\gamma = 0{,}5 \cdot \sqrt{V}$

Kennliniengleichung für kleine Spannung U_{DS}

Zur Berechnung des elektrischen Verhaltens zeichnen wir uns die Kanalzone mit dem
Gate vergrößert heraus (Bild 5.14). Wir sehen den durch Inversion entstandenen Kanal
mit den beweglichen Elektronen und den ortsfesten Ladungen und die Gate-Elektrode,
deren Abstand vom Kanal gleich der Oxiddicke d_{ox} ist.

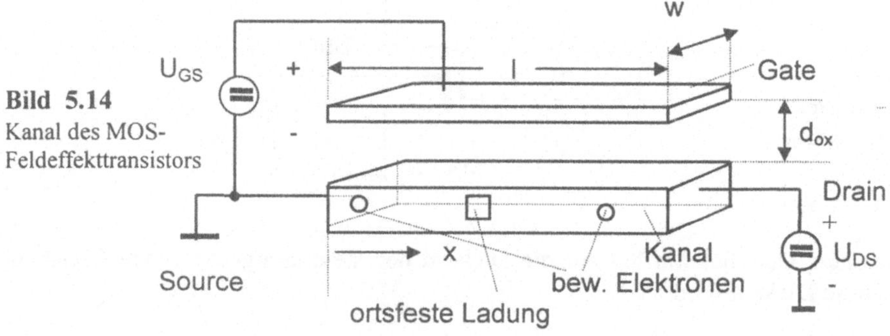

Bild 5.14
Kanal des MOS-
Feldeffekttransistors

Die Laufzeit τ der beweglichen Elektronen durch den Kanal ist mit der Kanallänge l

$$\tau = \frac{l}{v}$$

Die mittlere Ladungsträgergeschindigkeit v ist mit der Beweglichkeit μ und der elektrischen Feldstärke E

$$v = \mu \cdot E = \mu \cdot \frac{U_{DS}}{l} \ .$$

Damit ist die die mittlere Laufzeit τ

$$\tau = \frac{l^2}{\mu \cdot U_{DS}} \tag{5.23}$$

Anmerkung:
Diese Laufzeit ergibt sich für Ladungsträger, die sich auf Grund eines elektrischen Feldes bewegen. Sie ist umgekehrt proportional zur treibenden Spannung U_{DS}. Formal ähnelt sie der Basislaufzeit t_B des Bipolartransistors, die wir mit Gleichung (4.46) berechnet haben:

$$t_B = \frac{w_B^2}{2 \cdot D_n} = \frac{w_B^2}{2\mu \cdot U_T}$$

Beim Bipolartransistor bewegen sich die Ladungsträger aber auf Grund eines Konzentrationsgefälles, also durch Diffusion. Trotzdem erhält man zwei formal gleiche Beziehungen. Den Diffusionsvorgang erkennt man daran, daß in der Gleichung die Temperaturspannung U_T steht (die Diffusion erfolgt durch die Wärmebewegung), also eine elektrisch nicht zu beeinflussende Größe. Beim MOS- Transistor dagegen kann die Spannung U_{DS} durch die Schaltung bestimmt werden.

Um nun den Drainstrom zu berechnen, ermitteln wir die Ladung im Kanal und teilen sie durch die Laufzeit. Die gesamte Ladung Q_{ges} im Kanal muß durch die Spannung am Gate kompensiert werden:

$$Q_{ges} = C_{ox} \cdot U_{GB} = C_{ox} \cdot U_{GS}$$

Die Oxidkapazität C_{ox} ist darin die Kapazität des Kondensators, der von der Gate-Elektrode, dem Siliziumdioxid als Dielektrikum und dem leitenden Kanal gebildet wird. Diese Ladung teilt sich auf in bewegliche und unbewegliche Ladung. Die bewegliche Ladung wird von den beweglichen Ladungsträgern gebildet, in unserem Beispielsfall des n-Kanals also von den beweglichen Elektronen. Die ortsfeste Ladung setzt sich aus den Anteilen zusammen, die die Schwellenspannung bestimmen. Wir können also schreiben:

$$Q_{bew} = C_{ox} \cdot U_{GS} - Q_{fest} = C_{ox}\left(U_{GS} - \frac{Q_{fest}}{C_{ox}}\right) \qquad (5.24)$$

Der zweite Summand in der Klammer von Gleichung (5.24) ist genau die Schwellenspannung:

$$U_{th} = \frac{Q_{fest}}{C_{ox}} \qquad (5.25)$$

Die Schwellenspannung nach Gleichung (5.18) kann also auch pauschal über die Summe aller ortsfesten Ladungen erklärt werden. Die bewegliche Ladung ist demnach

$$Q_{bew} = C_{ox}\left(U_{GS} - U_{th}\right)$$

Die Spannung $(U_{GS} - U_{th})$ ist die wirksame Steuerspannung, also der Anteil der Gatespannung U_{GS}, der oberhalb der Schwellenspannung und damit im Bereich der starken Inversion liegt. Der Drainstrom I_D ist nun

$$I_D = \frac{Q_{bew}}{\tau}$$

Mit der Trägerlaufzeit τ nach Gleichung (5.23) und der Oxidkapazität C_{ox}

$$C_{ox} = \frac{\varepsilon_0 \cdot \varepsilon_r \cdot w \cdot l}{d_{ox}} \qquad (5.26)$$

ergibt sich für den Drainstrom

$$I_D = \frac{\varepsilon_0 \cdot \varepsilon_r \cdot w \cdot l \cdot \mu}{d_{ox} \cdot l^2}\left(U_{GS} - U_{th}\right) \cdot U_{DS} = \beta\left(U_{GS} - U_{th}\right) \cdot U_{DS} \qquad (5.27)$$

Dies ist die Kennliniengleichung für den MOS- Feldeffekttransistor im ohm´schen Bereich. Die **Kennlinienkonstante** β (Übertragungsleitwertparameter, transconductance parameter) ist darin

$$\beta = \frac{\varepsilon_0 \cdot \varepsilon_r \cdot \mu}{d_{ox}} \cdot \frac{w}{l} \qquad (5.28)$$

Die Dielektrizitätszahl des Siliziumdioxids ist $\varepsilon_r = 4$. μ ist die Ladungsträgerbeweglichkeit. Dabei ist zu beachten, daß die Beweglichkeit an der Oberfläche des Festkörpers nur etwa 1/3 der Volumenbeweglichkeit beträgt. d_{ox} ist die Dicke des Gateoxids, die in der Größenordnung von 100nm liegt.

Das Verhältnis w/l von Kanalbreite zu Kanallänge ist der **Geometriefaktor**, der die Maße des Transistors auf der Oberfläche des Halbleiterscheibe enthält. Diese Maße sind leicht über die Maße der Herstellungsmasken zu ändern, ohne die sonstigen Herstellungsverfahren zu beeinflussen. Daher ist der Geometriefaktor das Hauptwerkzeug für die Entwicklung der Transistoren in integrierten MOS- Schaltungen.

Beispielswerte:

Der Wert des Kennlinienparameters β liegt für kleine Transistoren in integrierten Schaltungen liegt bei ca. 10^{-6} bis 10^{-5}A/V^2. Für einzelne („diskrete") Kleinsignaltransistoren liegt er bei 10^{-3} bis 10^{-2}A/V^2 und bei Leistungstransistoren kann er Werte bis über 10A/V^2 erreichen.

Gleichung (5.27) gilt, solange die Spannung zwischen Gate und Kanal unabhängig vom Ort x überall gleich ist und den Wert $U_{GK} = U_{GS}$ hat. Dies ist dann der Fall, wenn der Einfluß der Drainspannung U_{DS} verschwindend klein ist oder genauer: wenn die Ungleichung gilt

$$U_{DS} << \left(U_{GS} - U_{th} \right) \tag{5.29}$$

Dies ist die Bedingung für den **engen ohm'schen Bereich**, d.h. für Drain- Source-Spannungen kleiner als ca. 50mV. Der Inversionsgrad und damit die Ladungstägerdichte n sind überall konstant und der Transistor verhält sich wie ein ohm'scher Widerstand. Mit Gleichung (5.27) ist dann der **Einschaltwiderstand** (turn on resistance) r_{on} :

$$r_{on} = \frac{U_{DS}}{I_D} = \frac{1}{\beta \cdot \left(U_{GS} - U_{th)} \right)} \tag{5.30}$$

Die Kennlinie des Transistors im engen ohm'schen Bereich ist die eines Widerstandes, wie Bild 5.15 zeigt.

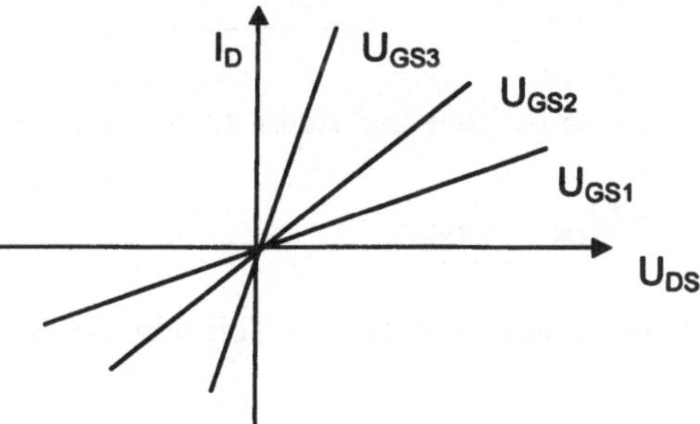

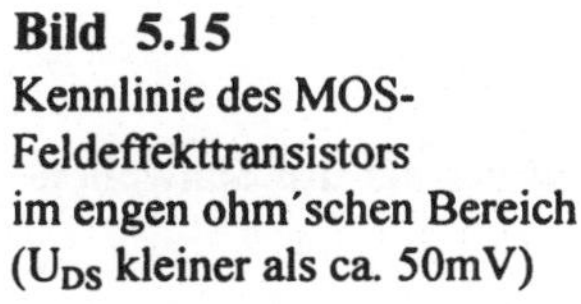

Bild 5.15
Kennlinie des MOS-
Feldeffekttransistors
im engen ohm'schen Bereich
(U_{DS} kleiner als ca. 50mV)

Für den Schalterbetrieb im engen ohm'schen Bereich ergibt sich die Zeitkonstante

$$\tau = r_{on} \cdot C_{ox}$$

Mit der Oxidkapazität (5.26) und dem Einschaltwiderstand (5.30) ist

$$\tau = \frac{l^2}{\mu \cdot \left(U_{GS} - U_{th}\right)} \tag{5.31}$$

Diese Beziehung ist der Gleichung (5.23) sehr ähnlich, am Abschnürpunkt (siehe unten), d. h. bei $(U_{GS} - U_{th}) = U_{DS}$ ist sie mit (5.23) identisch.
Auch hier fällt wieder die formale Ähnlichkeit mit dem Bipolartransistor auf, wie ein Vergleich mit (4.55) zeigt.

Allgemeine Kennliniengleichung

Wenn die Bedingung (5.26) nicht mehr erfüllt ist, wird die wirksame Spannung U_{GK} zwischen Gate und Kanal eine Funktion des Ortes x im Transistor, wie Bild 5.16 veranschaulicht. Wir sehen wieder den Kanal und das Gate, zusätzlich ist die Ortsvariable x eingezeichnet. Die Spannung U(x) nimmt längs des Kanals von Null bei x = 0 auf den Wert $U(x) = U_{DS}$ bei x = 1 zu.

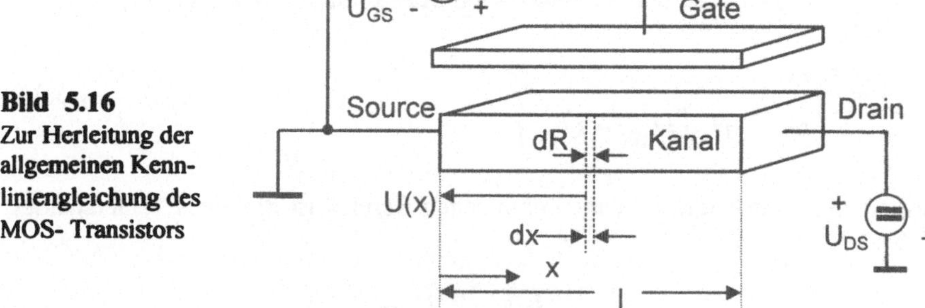

Bild 5.16
Zur Herleitung der
allgemeinen Kenn-
liniengleichung des
MOS- Transistors

Die Spannung U_{GK} zwischen Gate und Kanal an der Stelle x ist

$$U_{GK}(x) = U_{GS} - U_{(x)}$$

Für die starke Inversion ist davon nur der Teil wirksam, der größer als die Schwellen-spannung ist.

$$U_{GKwirk} = U_{GS} - U_{(x)} - U_{th} \qquad (5.32)$$

Am drainseitigen Ende des Kanals herrscht die kleinste wirksame Spannung. Sie ist

$$U_{GKwirk}(l) = U_{GS} - U_{th} - U_{DS}$$

Wenn diese Spannung zu Null wird, liegt keine starke Inversion mehr vor. Dann existiert kein hinreichend leitfähiger Kanal mehr: der Kanal ist am drainseitigen Ende abgeschnürt. Die Folgen sind die gleichen wie beim Sperrschicht- Feldeffekttransistor (vergleiche Abschnitt 5.1.2, Abschnürung). Es bildet sich in einer sehr dünnen verbleibenden Kanalschicht ein Mikrokanal mit stark erhöhter Ladungsträgerbeweglichkeit, der den Drainstrom in der gerade erreichten Höhe weiterfließen läßt.

Zur Berechnung des Drainstroms gehen wir wie folgt vor:
Auf dem beliebig kleinen Kanalstückchen dx betrachten wir die wirksame Spannung U_{GKwirk} als konstant. Dann ist der Widerstand dR dieses Stückchens nach (5.30)

$$dR = \frac{d_{ox}}{\varepsilon \cdot \mu} \cdot \frac{dx}{w} \cdot \frac{1}{U_{GS} - U_{th} - U_{(x)}}$$

Der Drainstrom läßt an diesem Widerstandsstückchen folgende Spannung abfallen:

$$I_D \cdot dR = dU$$

Wenn wir dR einsetzen und die Variablen trennen, erhalten wir

$$I_D \cdot \frac{d_{ox}}{\mu \cdot \varepsilon \cdot w} \cdot dx = \left(U_{GS} - U_{th} - U_{(x)} \right) \cdot dU$$

Wir integrieren beide Seiten über den gesamten Kanal

$$I_D \cdot \frac{d_{ox}}{\mu \cdot \varepsilon \cdot w} \cdot \int_0^l dx = \int_0^{U_{DS}} \left(U_{GS} - U_{th} - U_{(x)} \right) \cdot dU$$

Die Spannung ($U_{GS} - U_{th}$) ist vom Ort x unabhängig. Wir erhalten schließlich

$$I_D = \frac{\mu \cdot \varepsilon}{d_{ox}} \cdot \frac{l}{w} \cdot \left(\left(U_{GS} - U_{th} \right) \cdot U_{DS} - \frac{1}{2} \cdot U_{DS}^2 \right) \qquad (5.33)$$

Mit dem Kennlinienparameter β nach Gleichung (5.28) wird daraus

$$I_D = \beta \cdot \left(\left(U_{GS} - U_{th} \right) \cdot U_{DS} - \frac{1}{2} \cdot U_{DS}^2 \right) \tag{5.34}$$

Diese Gleichung gilt von $U_{DS} = 0$ bis zum Abschnürpunkt, bei dem der Drainstrom sein Maximum erreicht. Dieses Maximum gewinnt man daraus, daß man die Ableitung des Drainstromes nach der Drainspannung zu Null setzt:

$$\frac{dI_D}{dU_{DS}} = 0 \quad \Rightarrow \quad \beta \cdot \left(\left(U_{GS} - U_{th} \right) - U_{DS} \right) = 0$$

Das Maximum liegt bei $(U_{GS} - U_{th}) = U_{DS}$. Setzt man diesen Wert in (5.34) ein, so erhält man die Gleichung für den Drainstrom im Abschnürbereich:

$$I_D = \frac{\beta}{2} \left(U_{GS} - U_{th} \right)^2 \tag{5.35}$$

Der Abschnürpunkt liegt gerade im Maximum des Drainstromes bei der Spannung

$$U_{DSAbschn.} = U_{GS} - U_{th} \tag{5.36}$$

Bild 5.17 zeigt die zugehörigen Kennlinien $I_D = f(U_{DS})$

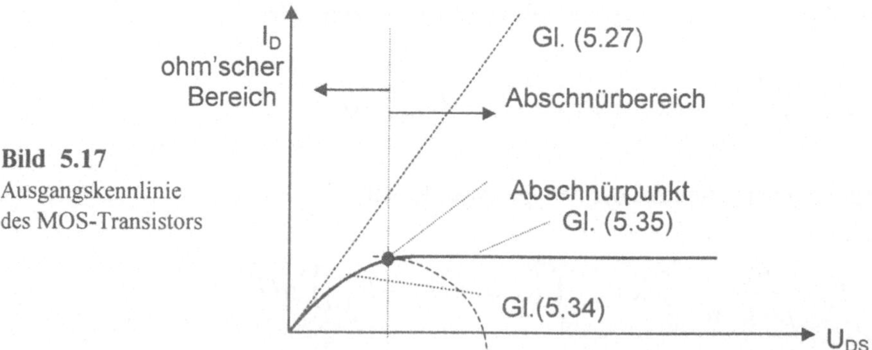

Bild 5.17
Ausgangskennlinie
des MOS-Transistors

Der enge ohm´sche Bereich nach Gleichung (5.27) wird durch eine Widerstandsgerade dargestellt. Diese Darstellung ist nur in Nullpunktsnähe (bis etwa $U_{DS} = 50mV$) hinreichend gut. Der gesamte ohm´sche Bereich bis zum Abschnürpunkt wird durch (5.34) beschrieben. Oberhalb des Abschnürpunktes bleibt der Drainstrom I_D konstant und hat den Wert nach (5.35). Der gestrichelt eingezeichnete nach unten verlaufende Parabelzweig ist die wegen der Abschnürung ungültige Fortsetzung von (5.34) über den Abschnürpunkt hinaus.

Stellt man die Gleichung (5.35) gesondert dar, so erhält man die Übertragungskennlinie, die in Bild 5.18 gezeichnet ist.

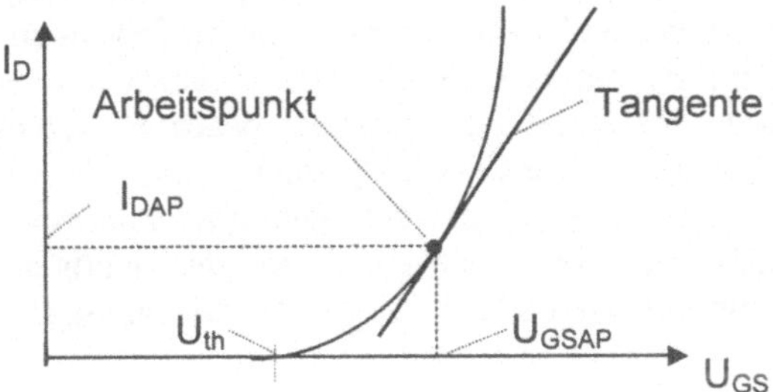

Bild 5.18
Übertragungskennlinie
des MOS-Transistors

Im Gegensatz zur exponentiellen Übertragungskennlinie des Bipolartransistors hat diese Kennlinie einen quadratischen Verlauf.

Nach Gleichung (5.35) wäre der MOS-Transistor im Abschnürbereich eine ideale Stromquelle, weil der Drainstrom unabhängig von U_{DS} ist. Der Innenwiderstand r_D dieser Stromquelle wäre beliebig groß. In der Wirklichkeit jedoch steigt der Drainstrom im Abschnürbereich mit der Drainspannung U_{DS} an, weil sich der Abschnürpunkt im Transistor mit steigender Spannung xon x = l in Richtung Source verschiebt. Damit verkürzt sich die effektive Länge l des Kanals und der Kennlinienparameter β nach Gleichung (5.28) nimmt zu. Diesen Vorgang beschreibt man mit dem **Kanallängen-Verkürzungsparameter** λ (ein herrliches Wort!). Gleichung (5.35) nimmt damit folgende Form an:

$$I_D = \frac{\beta}{2} \cdot \left(U_{GS} - U_{th}\right)^2 \cdot \left(1 + \lambda \cdot U_{DS}\right) \tag{5.37}$$

Der Parameter λ liegt- je nach Kanallänge- in der Größenordnung $10^{-2}\mathrm{V}^{-1}$. Den tatsächlichen Verlauf der Ausgangskennlinien zeigt Bild 5.19.

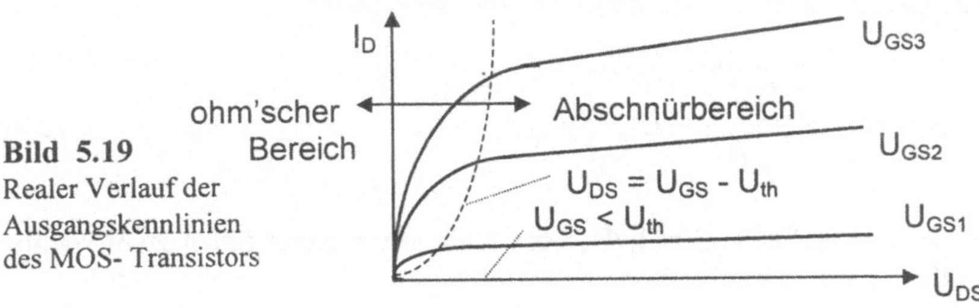

Bild 5.19
Realer Verlauf der
Ausgangskennlinien
des MOS- Transistors

5.2.3 Betriebsgrößen im Abschnürbereich

Der MOS-Transistor verhält sich im Abschnürbereich wie eine steuerbare Stromquelle. Daher kann man mit ihm Verstärkerschaltungen aufbauen, die denen des Abschnittes 4.2 sehr ähnlich sind. Man muß dazu die Kleinsignal- Betriebsgrößen Eingangswiderstand, Steilheit und Ausgangswiderstand kennen, die im folgenden besprochen werden. Auch den Strom I_D im Arbeitspunkt kann man so einstellen, wie es im Abschnitt 4.2.1 besprochen wurde. Man muß dabei lediglich beachten, daß es keinen hinreichend guten Daumenwert für die Gate-Source-Spannung U_{GS} im Arbeitspunkt gibt. (Beim Bipolartransistor konnte man mit meist genügend kleinem Fehler einen Wert von ca. $U_{BE} = 0{,}6V...0{,}7V$ einsetzen). Daher muß man den richtigen Wert für U_{GS} entweder der Übertragungskennlinie nach Bild 5.18 oder der Gleichung (5.38) entnehmen.

Steilheit

Gleichung (5.35) gibt den Drainstrom im Abschnürbereich an. Löst man diese Gleichung nach der Gatespannung auf, so erhält man einen Ausdruck für die Gatespannung bei gegebenem Arbeitspunkt I_D.

$$U_{GS} = U_{th} + \sqrt{\frac{2I_D}{\beta}} \qquad\qquad (5.38)$$

Die Steilheit war die Änderung des Ausgangsstromes I_D·, bezogen auf die Änderung der Eingangsgröße U_{GS}. Sie ist gleich der Steigung der Tangenten an die Übertragungskennlinie im Arbeitspunkt, die in Bild 5.18 eingezeichnet ist. Man gewinnt sie durch die Ableitung der Gleichung (5.35) für den Drainstrom im Abschnürbereich:

$$S = \frac{dI_D}{dU_{GS}} = \beta \cdot \left(U_{GS} - U_{th} \right)$$

Es ist üblich, die Kleinsignalbetriebsgrößen auf den Strom im Arbeitspunkt, hier I_D , zu beziehen. Dazu setzen wir den Ausdruck (5.38) ein und erhalten

$$S = \beta \cdot \left(U_{th} + \sqrt{\frac{2I_D}{\beta}} - U_{th} \right) = \sqrt{2\beta \cdot I_D} \qquad\qquad (5.39)$$

Im Vergleich mit der Steilheit $S = I_C/U_T$ des Bipolartransistors fallen zwei wichtige Änderungen auf:

- Die Steilheit hängt vom Kennlinienparameter β und damit von der Art und Größe des Transistors ab. Beim Bipolartransistor dagegen ist sie nur vom Strom im Arbeitpunkt abhängig, weil die Temperaturspannung $U_T = kT/e$ nur von der Temperatur und „finsteren physikalischen Größen" bestimmt wird, die vom Transistor völlig unabhängig sind.

- Die Steilheit wächst nur mit der Wurzel aus dem Strom im Arbeitspunkt.

Im übrigen ist die Steilheit vergleichsweise klein. Für einen MOS- Transistor mit dem schon beträchtlichen Kennlinienparameter $\beta = 3\cdot10^{-2}\text{A/V}^2$ ergibt sich z. B. bei dem Strom $I_D = 1\text{mA}$ die Steilheit $S = 7,7\text{mS}$. Ein beliebiger Bipolartransistor hätte beim gleichen Strom die Steilheit $S = I_C/U_T = 38\text{mS}$.

Ausgangswiderstand

Der Ausgangswiderstand r_D des MOS-Transistors ist gleich dem Innenwiderstand der durch den Transistor gebildeten Stromquelle. Es gilt

$$r_D = \frac{dU_{DS}}{dI_D}$$

Wir gewinnen ihn aus Gleichung (5.37). Da diese Gleichung nach dem Strom I_D aufgelöst ist, bestimmen wir zunächst den Leitwert

$$\frac{1}{r_D} = g_D = \frac{dI_D}{dU_{DS}} = \frac{\beta}{2}\left(U_{GS} - U_{th}\right)^2 \cdot \lambda \tag{5.40}$$

Der erste Teil dieses Ausdrucks ist nach (5.35) der Drainstrom I_D (bei kleiner Spannung U_{DS}). Somit erhalten wir schließlich

$$\frac{1}{g_D} = r_D = \frac{1}{\lambda \cdot I_D} \tag{5.41}$$

Wie beim Bipolartransistor ist der Ausgangswiderstand umgekehrt proportional zum Strom im Arbeitspunkt.

Mit dem Kanallängenverkürzungsparameter $\lambda = 10^{-2}\ \text{V}^{-1}$ ist beispielsweise der Ausgangswiderstand $r_D = 10^5\Omega$ bei einem Strom $I_D = 1\text{mA}$. Dies ist ein mit bipolaren Transistoren durchaus vergleichbarer Wert.

Eingangswiderstand

Der statische Eingangswiderstand r_e eines MOS-Transistors ist

$$r_e = \frac{dU_{GS}}{dI_G} \Rightarrow \infty \tag{5.42}$$

Er ist beliebig groß, weil der Gatestrom Null ist. Diese strom- und damit auch leistungslose Steuerung ist eine besondere Eigenschaft der Feldeffekttransistoren und wird, z. B. in Eingangsstufen von Verstärkern, gerne ausgenutzt. Bei hohen Frequenzen (bei Leistungs- MOS- Transistoren mit Gate-Kapazitäten C_{GS} bis zu einigen nF schon im kHz- Bereich) macht sich jedoch die Gate-Eingangskapazität C_{GS} bemerkbar, so daß der Eingangswiderstand kapazitiv wird:

$$Z_e = \infty \left\| \frac{1}{j\omega \cdot C_{GS}} = \frac{1}{j\omega \cdot C_{GS}} \right.$$

Der differentielle Eingangswiderstand r_S , den man in die Source-Elektrode hinein messen kann, ist

$$r_S = \frac{dU_{GS}}{dI_S} = \frac{dU_{GS}}{dI_D} \tag{5.43}$$

Sein Kehrwert ist gerade die Steilheit, die wir und mit (5.39) bereits ausgerechnet haben:

$$\frac{1}{r_S} = \frac{dI_D}{dU_{GS}} = \beta \cdot \left(U_{GS} - U_{th}\right) = \sqrt{2\beta \cdot I_D} = S \tag{5.44}$$

Es gilt also

$$r_S = r_{on} = \frac{1}{S} \tag{5.45}$$

Auffällig ist daran, daß der Source-Eingangswiderstand im Abschnürbereich identisch mit dem Einschaltwiderstand r_{on} im engen ohm'schen Bereich ist! (Vergleiche Gl. (5.30)). Ansonsten ist (5.45) sinngemäß mit der Beziehung (4.28) für den bipolaren Transistor identisch und gilt allgemein für spannungsgesteuerte Stromquellen.

5.2.4 Transistorarten

N-Kanal-MOS-Feldeffekttransistor vom Anreicherungstyp

Bisher haben wir als Modellfall den **N-Kanal-MOS-Feldeffekttransistor vom Anreicherungstyp** besprochen. (n-channel MOS-field-effect-transistor, enhancement type). Dieser Transistor ist **selbstsperrend** (normally off), denn ohne angelegte Gate-Spannung ist er gesperrt.
Der Vollständigkeit halber zeigt Bild 5.20 noch einmal den prinzipiellen Aufbau, die Übertragungskennlinie und das Schaltzeichen mit symbolisch angedeuteter Polarität der Betriebsspannungen.

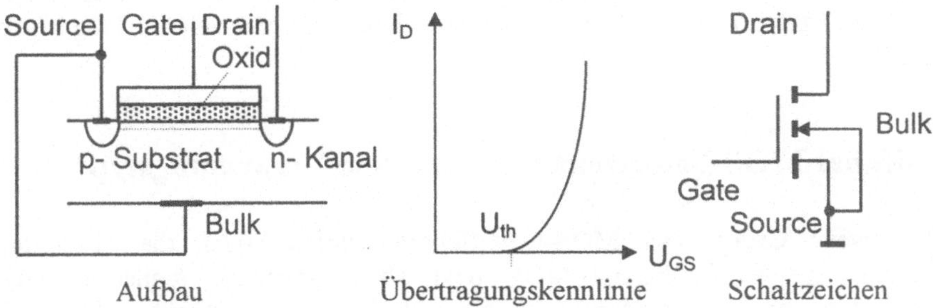

Bild 5.20
N-Kanal-MOS-Feldeffekttransistor vom Anreicherungstyp, selbstsperrend

P-Kanal-MOS-Feldeffekttransistor vom Anreicherungstyp

Das direkte Gegenstück zu unserem Modelltransistor ist der p-Kanal-MOS- Feldeffekttransistor vom Anreicherungstyp.(p-channel-MOS-field-effect-transistor, enhancement type) Er ist ebenfalls selbstsperrend (normally off). Die Bezeichnung „**Anreicherungstyp**" kommt daher, daß die für die Kanalbildung „richtige" Sorte von beweglichen Ladungsträgern, in diesem Falle bewegliche Löcher, erst durch die Gate- Spannung an der Oberfläche angereichert werden müssen, um einen invertierten Kanal zu erhalten. Er entsteht, wenn man gegenüber dem n-Kanal-Transistor vom Anreichrungstyp die Dotierungen (und auch die Vorzeichen der Betriebsspannungen!) sinngemäß vertauscht. Bild 5.21 zeigt prinzipiellen Aufbau, Übertragungskennlinie und Schaltzeichen.

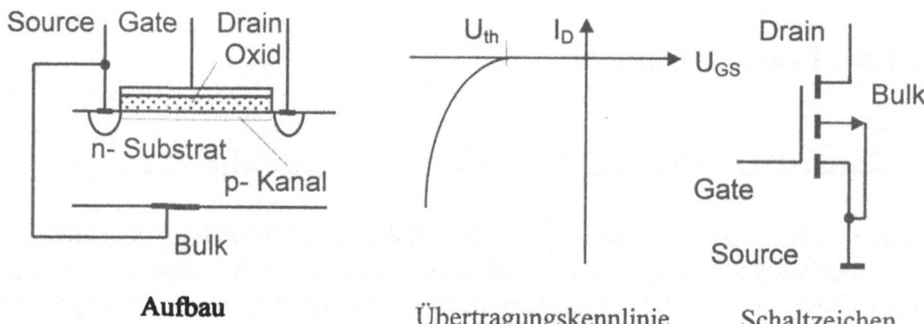

Aufbau   Übertragungskennlinie   Schaltzeichen

Bild 5.21
p-Kanal-MOS-Transistor vom Anreicherungstyp, selbstsperrend

P-Kanal- und n-Kanal-Transistor vom Anreicherungstyp haben prinzipiell die gleichen Eigenschaften. Wegen der unterschiedlichen Trägerbeweglichkeit ist jedoch bei sonst gleichen Verhältnissen die Kennlinienkonstante nach (5.28) des n-Kanal-Transistors um etwa den Faktor 3 größer. Um den gleichen Faktor verkürzt sich die Trägerlaufzeit nach (5.23).

N-Kanal-MOS-Feldeffekttransistor vom Verarmungstyp

Die zweite Gruppe der MOS-Feldeffekttransistoren bilden die Transistoren vom **Verarmungstyp**. (n-channel MOS field effect transistor, depletion type). Diese Transistoren sind **selbstleitend** (normally on), denn in ihnen fließt auch ohne angelegte Gatespannung ein Drainstrom. Bild 5.22 zeigt den prinzipiellen Aufbau, die Übertragungskennlinie im Abschnürbereich und das Schaltzeichen des n-Kanal-Transistors.

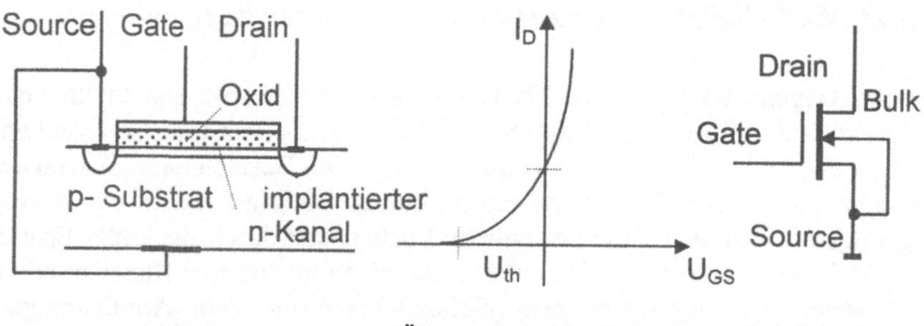

Aufbau   Übertragungskennlinie   Schaltzeichen

Bild 5.22
n-Kanal-MOS-Transistor vom Veramungstyp, selbstleitend

Der leitfähige n-Kanal ist bei diesem Transistor bereits eingebaut. Meistens durch das Dotierverfahren Ionenimplantation ist die Kanalzone n-dotiert. Durch eine negative Gatespannung kann man diese Kanalzone invertieren, d.h. unwirksam machen. Dieser Transistor hat das gleiche Verhalten wie ein n-Kanal-Sperrschicht-FET. Gegenüber dem N-Kanal-MOS-FET hat sich lediglich die Schwellenspannung in den negativen Bereich verschoben; alle Gleichungen für den MOS-FET behalten ihre Gültigkeit. Um die Eigenschaft „selbstleitend" zu verdeutlichen, enthält das Schaltzeichen einen durchgezogenen Kanal.

P-Kanal-MOS-Feldeffekttransistor vom Verarmungstyp

Dieser Transistor vervollständigt die Sammlung der MOS-Feldeffekttransitoren.(p-channel MOS field effect transistor, depletion type) Er ist ebenfalls selbstleitend (normally on). Seinen Aufbau, die Übertragungskennlinie im Abschnürbereich und das Schaltzeichen zeigt das Bild 5.23.

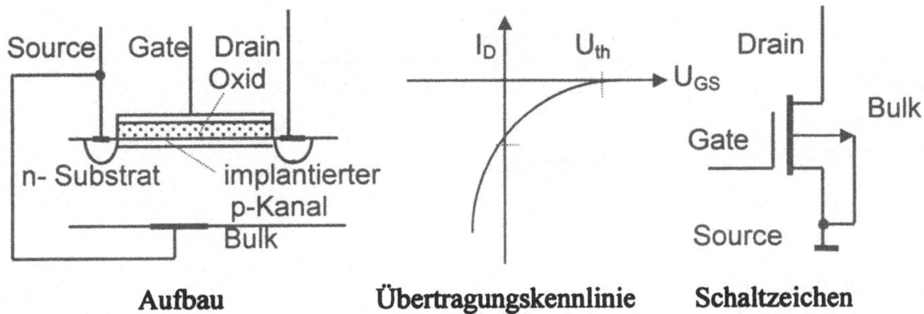

Bild 5.23
p-Kanal-MOS-Transistor vom Verarmungstyp, selbstleitend

5.2.5 Transistormodelle

Level-1-Modell

Das Modell nach Shichman und Hodges liefert die Gleichungen, die in den vorangegangenen Abschnitten besprochen wurden. Für SPICE ist es das einfache, das „Level-1"-Modell. Das Modellschaltbild entspricht dem Bild 5.6. Die wesentlichen Parameter sind

Kennlinienparameter
Der Kennlinienparameter β ist nach Gleichung (5.28)

$$\beta = \frac{\varepsilon_0 \cdot \varepsilon_r \cdot \mu}{d_{ox}} \cdot \frac{w}{l} = \frac{\varepsilon \cdot \mu}{d_{ox}} \cdot \frac{w}{l} = C'_{ox} \cdot \mu \cdot \frac{w}{l}$$

Dielektrizitätskonstante und Oxiddicke sind zur flächenbezogenen Oxidkapazität C'_{ox} zusammengefaßt. Für SPICE schreibt man folgendermaßen:

$$\beta = C'_{ox} \cdot \mu \cdot \frac{w}{l} = KP \cdot \frac{w}{L - 2X_j} \tag{5.46}$$

KP ist ein technologieabhängiger Faktor. Das Breiten-zu-Längen-Verhältnis enthält darin die metallurgische Kanallänge L und die Sperrschichtweiten X_j um die Anschlußzonen herum, wie sie in Bild 5.24 eingezeichnet sind.

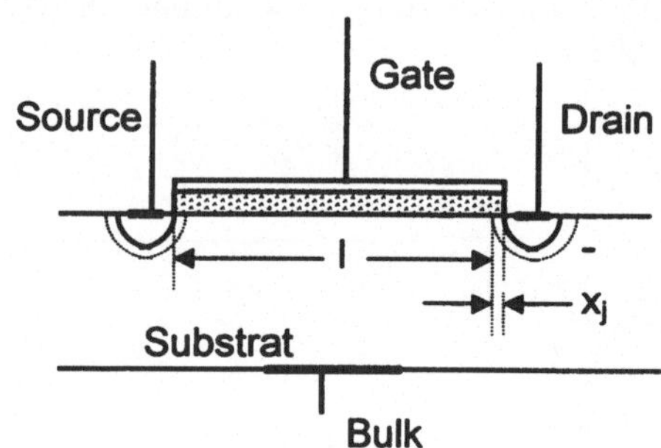

Bild 5.24
Kanallänge und
und Sperrschichtweite

Schwellenspannung
Die Schwellenspannung ergibt sich aus Gleichung (5.19) zu

$$U_{th} = VTO = 2u_i + U_{FB} + U_C \tag{5.47}$$

VTO ist die für SPICE übliche Schreibweise.

Substrat- Schwellenspannungs- Parameter
Dieser Parameter ist mit Gleichung (5.22) gegeben zu

$$\gamma = GAMMA = A \frac{\sqrt{2\varepsilon \cdot e \cdot N_A}}{C_{ox}} \tag{5.48}$$

Kanallängen- Verkürzungs- Parameter
Der Kanallängen- Verkürzungs- Parameter

$$\lambda = LAMBDA$$

ist nicht elementar darzustellen. Er wird meist empirisch aus Messungen gewonnen.

Die drei Parameter β, U_{th} und λ beschreiben im wesentlichen das statische Verhalten des Transistors und sind somit die grundlegend wichtigen Parameter.

Das **Großsignal- Ersatzschaltbild** für den MOS- Transistor zeigt Bild 5.25

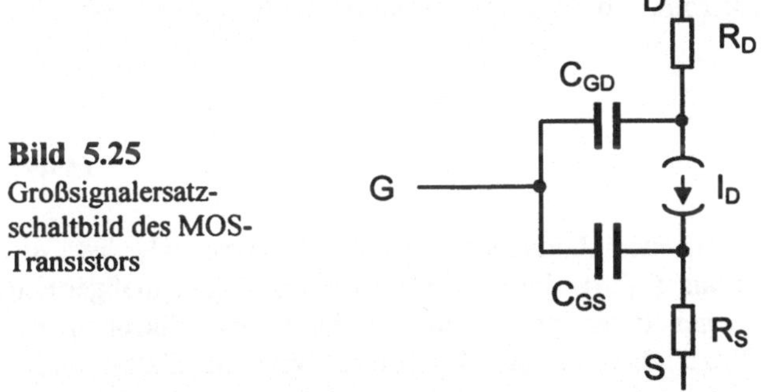

Bild 5.25
Großsignalersatz-
schaltbild des MOS-
Transistors

Der Drainstrom I_D ist darin durch die Gleichungen (5.34) und (5.37) gegeben, in denen die genannten Parameter enthalten sind. Weitere Elemente sind die Bahnwiderstände R_D und R_S sowie die Gate-Drain- und die Gate-Source-Kapazität.

Für die **Kleinsignal- Analyse** (small signal AC) läßt sich ein **Kleinsignal-Ersatzschaltbild** nach Bild 5.26 zeichnen. Es enthält die oben genannten Kapazitäten sowie die Steilheit (5.39) und den Ausgangswiderstand (5.41).

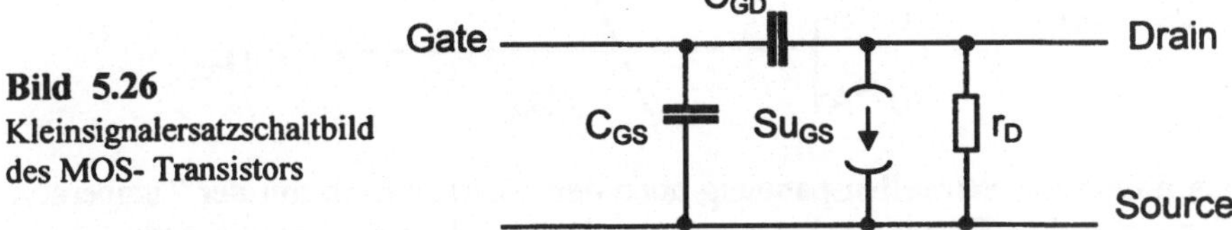

Bild 5.26
Kleinsignalersatzschaltbild
des MOS- Transistors

Erweiterte Modelle

Die Level-2- und Level-3-Modelle gehen im wesentlichen auf Meyer und Ward zurück. In ihnen wird die bewegliche Ladung im Kanal (vergleiche Gl. (5.24)) genauer beschrieben, als wir es hier getan haben. Es wird berücksichtigt, daß die Schwellenspannung nicht absolut konstant ist, sondern auch von der Kanallänge und -breite abhängt. Die Beweglichkeit der Ladungsträger im Kanal und damit auch der Kennlinienparameter hängen von der Gate-Spannung ab. Ferner ist noch zu berücksichtigen, daß die Kapazitäten Funktionen vom Arbeitspunkt und Inversionszustand sind.

Auch bei schwacher Inversion (weak inversion region oder subthreshold region, vergleiche Bild 5.10 und Gleichung (5.20)) für Gate- Source- Spannungen oberhalb der Einsatzspannung U_e und unterhalb der Schwellenspannung fließt bereits ein - kleiner- Drainstrom. In diesem Bereich ist er jedoch kein Feldstrom, sondern wie beim Bipolartransistor ein Diffusionsstrom, so daß die Kennliniengleichung hier eine exponentielle Form hat:

$$I_D = I_0 \cdot e^{\frac{U_{GS} - U_{th}}{U_T}} \qquad (5.49)$$

I_0 ist darin eine Konstante mit der Dimension eines Stromes, U_T ist die Temperaturspannung nach Gleichung (3.26), die bei Diffusionsvorgängen maßgeblich ist. Die Drainströme bei schwacher Inversion liegen unterhalb des Mikroampere-bereiches. Bild 5.27 zeigt den prinzipiellen Verlauf des Drainstromes für Gate-Source-Spannungen oberhalb der Einsatzspannung.

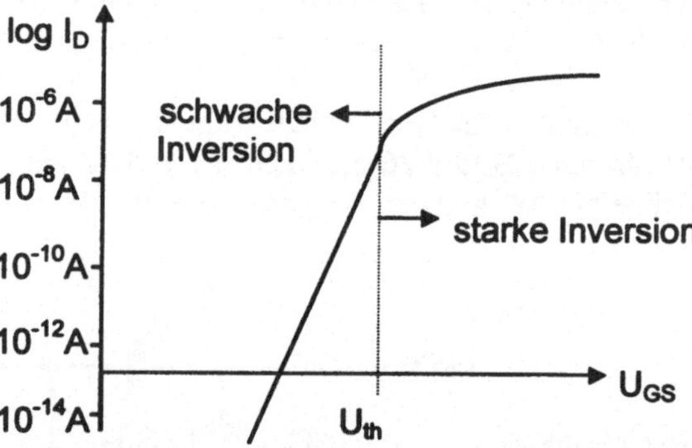

Bild 5.27
Verlauf des Drainstromes
bei schwacher und starker
Inversion ($U_{GS} > U_e$)

Schließlich nimmt die Schwellenspannung noch dem Betrage nach mit der Temperatur ab. Der Temperaturkoeffizient wächst mit steigender Bulkdotierung und liegt für übliche Dotierkonzentrationen (ca. $3 \cdot 10^{15}$cm^{-3}) in der Größenordnung von $TK_{/Uth} \approx -3$mV/K.

Auch beim MOS- Transistor ist es so, daß die erweiterten Modelle für das Grundverständnis nicht hilfreich sind, weil sie die Strom- Spannungsgleichungen sehr unanschaulich werden lassen. Bei der numerischen Analyse jedoch zeigen sie ihren Wert darin, daß die Analyseergebnisse die meßbare Wirklichkeit deutlich besser beschreiben.

5.3 Grundschaltungen mit MOS-Transistoren

Die in diesem Abschnitt besprochenen Grundschaltungen werden fast ausschließlich in der Technik der integrierten MOS-Schaltungen verwendet, die zur Zeit überwiegend eine digitale CMOS-Technik ist. In dieser Technik werden komplementäre Transistoren (Complementary MOS), d.h. p-und n-Kanal-Transistoren gleichzeitig verwendet. Schaltungen mit einzelnen MOS-Transistoren, z.B. Verstärker in Sourceschaltung, können mit den im Abschnitt 5.2.4 berechneten Kleinsignalbetriebsgrößen nach den gleichen Verfahren dimensioniert und berechnet werden, wie sie im Abschnitt 4.2 für bipolare Transistoren angegeben wurden. Für den Fall jedoch, daß in einer überwiegend digitalen integrierten Schaltung auch analoge Funktionen realisiert werden sollen, werden Stromspiegelschaltung und Differenzverstärker zusätzlich beschrieben.

5.3.1 Torschaltung

Die Torschaltung (transmission gate) hat die Funktion eines Schalters; sie soll die Verbindung zwischen den Ein- und Ausgangsklemmen entweder herstellen oder unterbrechen. Bild 5.28a) zeigt das Prinzip und das Teilbild b) die einfachste Realisierung mit einem MOS-Transistor.

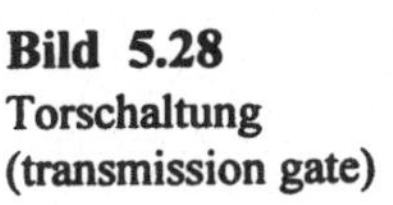

Bild 5.28
Torschaltung
(transmission gate)

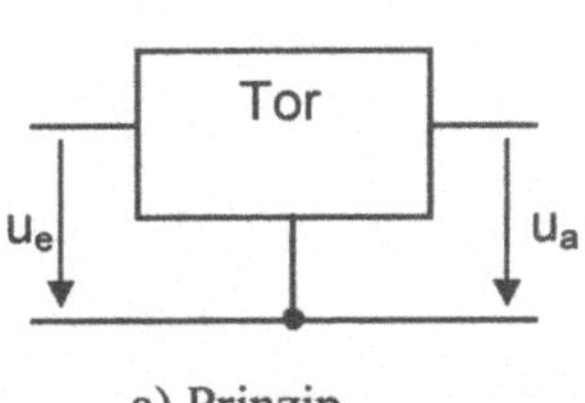

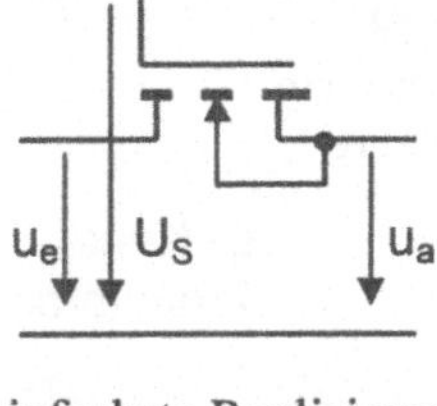

a) Prinzip   b) einfachste Realisierung

Im einfachsten Fall kann man die gewünschte Funktion mit einem einzigen MOS-Transistor erhalten. Dabei müssen aber folgende Randbedingungen erfüllt sein:
Am Schalter soll nur wenig Spannung abfallen. Dazu muß der Transistor eingeschaltet, d.h. im Zustand starker Inversion sein. Dies ist dann der Fall, wenn die Gate- Source-Spannung U_{GS} größer als die Schwellenspannung U_{th} ist. Diese Bedingung ist für Bild 5.27 b) dann erfüllt, wenn die Schaltspannung U_S mindestens um die Schwellenspannung größer als die Ausgangsspannung u_a ist:

$$U_S \geq u_a + U_{th}$$

Zum zweiten soll sich der Transistor im ohm´schen Bereich befinden und sein Einschaltwiderstand möglichst klein sein. Dazu muß nach Gleichung (5.30) die Spannung U_{GS} möglichst groß sein. Mit $U_{GS} = U_S - u_a$ wird dann der Einschaltwiderstand r_{on}

$$r_{on} = \frac{1}{\beta \cdot \left(U_S - u_a - U_{th}\right)} \tag{5.50}$$

Will man also einen kleinen Einschaltwiderstand, so muß die Ausgangsspannung u_a wesentlich kleiner als die Schaltspannung U_S sein. Aus praktischen Gründen fordert man meistens, daß die Ausgangsspannung den ganzen Bereich von Null bis zur Betriebsspannung überstreichen darf. Dann muß man aber nach (5.50) eine Schaltspannung vorsehen, die größer als die Betriebsspannung ist. Dazu kann man eine besondere Schaltspannungsversorgung einbauen oder die vorhandene Betriebsspannung mit einem Wechselrichter zerhacken und anschließend mit einer Spannungsvervielfacherschaltung (vergleiche Abschnitt 3.2.2) wieder gleichrichten. Eine solche Schaltung nennt man in diesem Zusammenhang meist Ladungspumpe (charge pump). Welchen Weg man auch beschreitet - die doppelte Spannungsversorgung stellt eine Komplikation dar.

Um dieser Schwierigkeit aus dem Wege zu gehen, erweitert man die Schaltung zu einer komplementären Torschaltung, indem man dem n-Kanal-MOS-Transistor nach Bild 5.29 einen p-Kanal-Transistor, ebenfalls vom Anreicherungstyp, parallelschaltet.

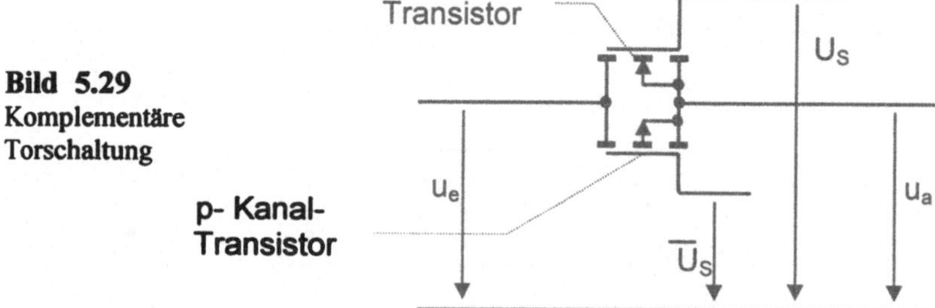

Bild 5.29
Komplementäre
Torschaltung

Das Komplement $\overline{U_S}$ zur Schaltspannung U_S erhält man z.B. durch einen Inverter, wie er im Abschnitt 5.3.2 beschrieben wird.

Ist jetzt die maximale Ausgangsspannung gleich der Schaltspannung und diese wiederum gleich der Betriebsspannung, so ist $U_S = 0$. Dann ist der n-Kanal-Transistor gesperrt, weil seine Spannung U_{GS} gleich Null ist. Der p-Kanal-Transistor ist dagegen mit der Spannung $U_{GS} = -U_B$ angesteuert.

Somit ergibt sich, daß für $u_a = 0$ nur der n-Kanal-Transistor und für $u_a = U_B$ nur der p-Kanal-Transistor leitet. Im Übergangsbereich $U_{thp} < u_a < U_B - U_{thn}$ leiten beide Transistoren mit unterschiedlichen Anteilen. Bild 5.30 zeigt die Widerstände r_{on} des n- und des p-Kanal-Transistors und den resultierenden Widerstand r der Parallelschaltung über der Ausgangsspannung, die bis auf den Spannungsabfall an r identisch mit der Eingangsspannung ist.

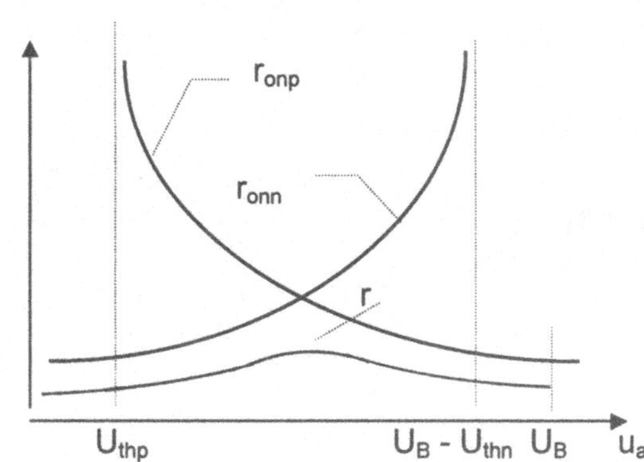

Bild 5.30
Einschaltwiderständedes n- und p-
Kanal-Transistors und Gesamt-
widerstand r der komplementären
Torschaltung

Die Ausgangsspannung u_a der Torschaltung darf nur soweit durch einen Lastwiderstand R_L belastet werden, wie die Transistoren im ohm′schen Bereich bleiben, d.h. es muß gelten (vergleiche Abschnitt 5.3.2 Inverter)

$$r \ll R_L$$

5.3.2 Inverter

Grundschaltung

Der Inverter ist die wahrscheinlich wichtigste Schaltung der Digitaltechnik. Er dient dazu, einen Schaltzustand zu invertieren, d.h. in sein logisches Gegenstück umzusetzen. Wir hatten diese Funktion bereits im Abschnitt 4.2.8 für den Bipolartransistor besprochen. Dort war die Sättigung ein großes Problem, das durch die Anti- Sättigungs-Diode gelöst werden mußte. Der MOS- Transistor kennt keine Speicherladung, so daß er diesen Nachteil nicht hat. Da er sich außerdem sehr klein herstellen läßt (Man arbeitet mit Kanallängen unter 1μm und Kanalbreiten von ca. 10μm) und in der Schwellenspannung eine echte Schaltschwelle besitzt, die die Störfestigkeit erhöht, ist **der MOS-Transistor besonders für die Realisierung digitaler Schaltfunktionen in umfangreichen Systemen geeignet.** Deshalb ist die Standard-Digitaltechnik eine MOS-Technik.

Für analoge Verstärkerfunktionen dagegen ist der bipolare Transistor wegen seiner größeren Steilheit und der kleineren Offsetspannung prinzipiell besser geeignet. Will man die Vorteile beider Transistorarten vereinen, so kann man Mischtechniken anwenden, die z. B. analoge Teile in bipolarer Technik mit digitalen Systemen in MOS-Technik vereinigen (BiMOS oder BiCMOS-Technik, vgl. auch IGBT für die Leistungstechnik). Oft jedoch scheut man den großen Aufwand, den diese Mischtechniken erfordern. In großen Systemen mit relativ geringem Analoganteil realisiert man dann auch den Analogteil in MOS- Technik (siehe 5.3.3 und 5.3.4)

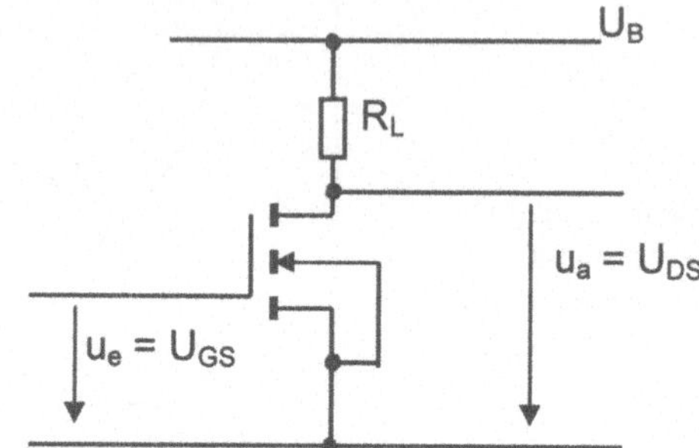

Bild 5.31
Grundschaltung des
Inverters mit
MOS-Transistor

Bild 5.31 zeigt die Grundschaltung des Inverters. Ist die Eingangsspannung u_e groß, d. h. logisch Eins, so soll die Ausgangsspannung u_a klein, d.h. logisch Null sein. Eine kleine Ausgangsspannung U_{DS} hat der MOS- Transistor dann, wenn er sich im ohm´schen Bereich befindet. Dies ist nach (5.36) dann der Fall, wenn die Spannung U_{DS} kleiner als die wirksame Steuerspannung U_{GS} - U_{th} ist. Die Drain- Source- Spannung ist nach der Schaltung

$$U_{DS} = U_B - I_D \cdot R_L \tag{5.51}$$

Nimmt man an, der Transistor befinde sich im Abschnürbereich, so wäre der Drainstrom mit (5.35)

$$I_D = \frac{\beta}{2} \cdot \left(U_{GS} - U_{th} \right)^2$$

Mit den Beispielswerten $\beta = 10^{-5}$ A/V^2 und $U_{th} = 1V$ ergäbe für sich $U_{GS} = 5V$ der Strom $I_D = 80\mu A$. Der Abschnürpunkt $U_{DS} = U_{GS}$ - U_{th} würde mit (5.51) für die Betriebsspannung $U_B = 5V$ gerade dann erreicht, wenn am Lastwiderstand die Spannung 1Volt abfällt. Dazu muß der Lastwiderstand den Wert

$$R_L = \frac{U_{RL}}{I_D} = \frac{1V}{80\mu A} = 12,5 k\Omega$$

erhalten. Die Grenze zwischen Abschnür- und ohm´schem Bereich wird also bei $U_{DS} = 4V$ erreicht. Dieser Wert entspricht sicher nicht der logischen Null.

Ein anderer Ansatz geht davon aus, daß man sich den Einschaltwiderstand für den ohm'schen Bereich ausrechnet. Es gilt mit (5.30) und den Beispielswerten

$$r_{on} = \frac{1}{\beta \cdot \left(U_{GS} - U_{th}\right)} = 25k\Omega$$

U_{DS} soll klein sein und sicher unter der Schwellenspannung liegen. Nimmt man für den Lastwiderstand den zehnfachen Wert an, so wird

$$U_{DS} = U_B \cdot \frac{r_{on}}{R_L + r_{on}} = 5V \cdot \frac{25k\Omega}{275k\Omega} = 0,45V$$

Dieser Wert liegt bereits im möglichen Bereich; wünschenswert wäre aber eine noch kleinere Spannung, also ein noch größerer Wert für den Lastwiderstand. Wir sehen also, daß außerordentlich hohe Werte für den Lastwiderstand R_L erforderlich sind, die in der integrierten Schaltung sehr viel Platz beanspruchen. Ein MOS-Transistor benötigt z.B.eine Fläche von ca. 10μm x 10μm. Ein Widerstand von 250kΩ beansprucht aber bei einem Schichtwiderstand (vergleiche Abschnitt 2.1) von 2kΩ/ □ etwa 5μm x 625μm, das ist die 30-fache Fläche! Ein MOS-Inverter mit Widerstandslast beansprucht also sehr viel Fläche auf dem Chip, so daß es zweckmäßig scheint, nach anderen Lösungen zu suchen.

Will man den Drainstrom im ohm'schen Bereich genau berechnen, so muß man den Ausdruck (5.34) heranziehen:

$$I_D = \beta\left(\left(U_{GS} - U_{th}\right)U_{DS} - \frac{1}{2}U_{DS}^2\right)$$

Mit der Spannung $U_{DS} \cdot$ nach (5.51) wird dann

$$I_D = \beta\left(\left(U_{GS} - U_{th}\right) \cdot \left(U_B - I_D R_L\right) - \frac{1}{2}\left(U_B - I_D R_L\right)^2\right) \tag{5.52}$$

Dieser etwas längliche Ausdruck führt auf eine quadratische Gleichung für den Drainstrom. Man erkennt, daß die quadratische Kennlinie des Feldeffekttransistors zwar prinzipiell einfacher, in der Rechenpraxis aber mühsamer zu handhaben ist als die exponentielle Kennlinie des Bipolartransistors. Mit den oben angegebenen Beispielswerten errechnet man die Werte I_D = 18,078μA; die Spannung U_{DS} liegt bei 0,4805V. Will man die Spannung U_{DS} noch kleiner werden lassen, muß man den Lastwiderstand noch vergrößern. Man sieht, daß der Inverter mit Widerstandslast unrealistisch große Widerstandswerte erfordert. Daher haben sich Inverter mit Transistorlast durchgesetzt.

NMOS-Inverter

Der NMOS-Inverter arbeitet mit n-Kanal-Transistoren. Sein Gegenstück, der PMOS-Inverter, war der zeitliche Vorgänger. Er wurde von der n-Kanal-Technik abgelöst, weil diese Technik positive Betriebsspannung erforderte, also kompatibel zur seinerzeit verbreiteten bipolaren TTL-Technik war, und weil n-Kanal-Transistoren wegen der höheren Elektronenbeweglichkeit schneller sind und größere Kennlinienparameter haben.

Bild 5.32 zeigt die Schaltung. Der Lastwiderstand R_L ist durch einen n-Kanal-Transistor vom Verarmungstyp ersetzt worden.

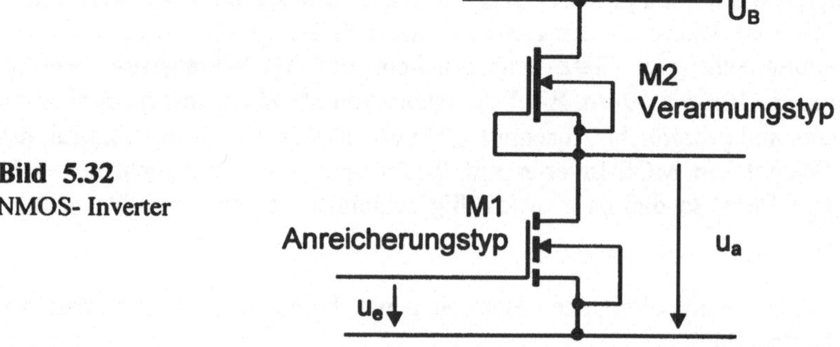

Bild 5.32
NMOS- Inverter

Der Lasttransistor M2 ist als Stromquelle geschaltet. Seine Gatespannung U_{GS} ist Null, weil Gate und Source kurzgeschlossen sind. Aus der Übertragungskennlinie des Transistors M2 vom Verarmungstyp nach Bild 5.33 kann man den Strom $I_D = I_{DSS}$ ablesen.

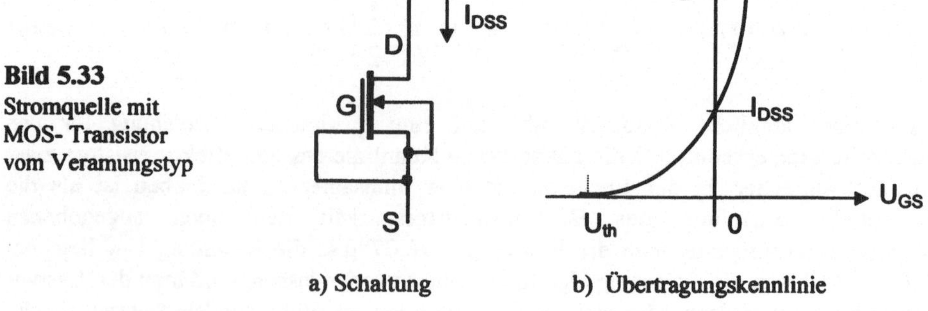

Bild 5.33
Stromquelle mit
MOS- Transistor
vom Veramungstyp

Der Quellenstrom I_{DSS} ist der Drain-Source-Kurzschlußstrom des Transistors vom Verarmungstyp. Er ergibt sich aus Gleichung (5.35) für $U_{GS} = 0$

$$I_{DSS} = \frac{\beta}{2}\left(U_{GS} - U_{th}\right)^2 = \frac{\beta \cdot U_{th}^2}{2} \qquad (5.52)$$

Der Quellenstrom hängt ausschließlich von den Parametern des Transistors ab. Mit den oben genannten Beispielswerten ergibt sich $I_{DSS} = (10^{-5}\text{A/V}^2 \cdot 1\text{V}^2)/2 = 5\mu\text{A}$. Für die Betriebsspannung von 5V entspricht dieses einem Widerstand von 1MΩ. Die Ausgangsspannung $u_a = U_{DS}$ des eingeschalteten Inverters ist

$$u_a = U_{DS} = r_{on} \cdot I_{DSS} = \frac{I_{DSS}}{\beta \cdot \left(U_{GS} - U_{th}\right)} \qquad (5.53)$$

Mit den genannten Beispielswerten wird $U_{DS} = 25\text{k}\Omega \cdot 5\mu\text{A} = 0{,}125\text{V}$

Diese Spannung ist mit ausreichender Näherung Null, so daß ein brauchbarer Inverter entstanden ist. Die so gebildete Technik heißt Einkanaltechnik. Es werden nur Transistoren des gleichen Kanaltyps eingesetzt, und zwar sowohl vom Anreichungstyp als Schalttransistor als auch vom Verarmungstyp als Lasttransistor. Sie hat als NMOS-Technik für einige Zeit den Stand der digitalen MOS-Technik dargestellt.

CMOS-Inverter

Beim CMOS-Inverter geht man noch einen Schritt weiter und ersetzt den Lastwiderstand durch einen zweiten Schalter, wie das Bild 5.34 zeigt.

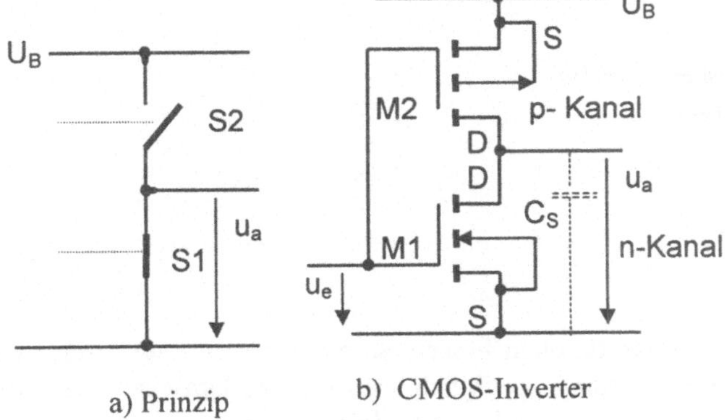

Bild 5.34
Inverter mit
zwei Schaltern

a) Prinzip   b) CMOS-Inverter

Das Teilbild a) zeigt den Schalter S1 geschlossen und S2 geöffnet. Die Ausgangsspannung u_a ist in diesem Falle exakt Null. Die Schalterstellung von S1 entspricht der logischen Wertigkeit des Einganges. Wie man sieht, ist auch das invertierte Eingangssignal erforderlich, denn S2 soll offen sein. Wäre Schalter S1 geöffnet und S2 geschlossen, so wäre die Ausgangsspannung exakt gleich der Betriebsspannung.
Die großen prinzipiellen Vorteile dieser Schaltung sind folgende: Erstens nimmt die Ausgangsspannung genau die Extremwerte, nämlich Null und U_B an. Damit ist die Zuordnung dieser Spannung zu den logischen Wertigkeiten Null und Eins eindeutig möglich. Zum zweiten fließt in keinem der Schaltzustände ein Strom, d.h. der Inverter arbeitet im Idealfall ohne Verlustleistung.

Der Nachteil ist darin zu sehen, daß das Eingangssignal regulär und invertiert, d.h. in zwei Phasen anliegen muß. Eine inzwischen lange veraltete Technik, die als Schalter zwei n-Kanal-Transistoren verwendete, trug auch die Bezeichnung „Zwei-Phasen-Technik" und erforderte eine aufwendige Ansteuerung.
Sehr viel günstiger ist die Schaltung nach Bild 5.34 b). Hier werden komplementäre Transistoren benutzt, und zwar je ein n- und p-Kanal-Transistor vom Anreicherungstyp. Da der n-Kanal-Transistor zum Durchschalten eine positive und der p-Kanal-Transistor eine negative Gatespannung U_{GS} braucht, ist die Inversion des Eingangssignales nicht nötig. Deshalb kommt man hier mit einem einphasigen Eingangssignal aus und kann einfach die Gate-Anschlüsse der beiden Transistoren miteinander verbinden. Den komplementären Transistoren verdankt diese Technik auch ihren Namen CMOS (complementary MOS). Bild 5.35 zeigt die Übertragungskennlinie $u_a = f(u_e)$ für den Fall, daß Kennlinienparameter und Schwellenspannungen von n- und p-Kanal-Transistor gleich sind. Zusätzlich ist der Verlauf des Inverterstromes I_D aufgetragen.

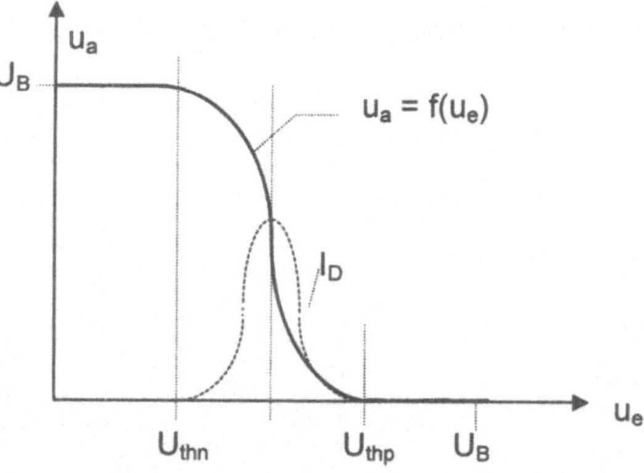

Bild 5.35
Übertragungskennlinie des
CMOS-Inverters

Im CMOS-Inverter fließt in beiden Schaltzuständen kein Strom. Daher entsteht keine statische Verlustleistung. Lediglich während des Umschaltvorganges fließt ein Strom, weil beide Schalter während kurzer Zeit gleichzeitig leiten und weil die in Bild 5.34 b) gestrichelt eingezeichnete Schaltkapazität C_S auf- oder entladen wird. Bei jedem Umschaltvorgang wird der Energiebeitrag

$$w = Q \cdot U = \frac{1}{2} \cdot C_S \cdot U_B^2$$

in den Bahn- und Einschaltwiderständen der Transistoren in Wärme umgesetzt. Die Verlustleistung P_V ist Energie pro Zeit. Mit der Taktfrequenz f des Systems , in dem der Inverter arbeitet, wird

$$P_V = \frac{w}{T} = w \cdot f = \frac{1}{2} \cdot C_S \cdot U_B^2 \cdot f \tag{5.54}$$

Die Verlustleistung von CMOS-Schaltungen wächst proportional zur Taktfrequenz. Im Vergleich zu anderen Techniken bleibt die Verlustleistung klein, weil kein statischer Anteil vorhanden ist. Dennoch wird für große CMOS-Systeme auf einem Chip, z.B. für Prozessoren, die Verlustleistung zu einem Problem. Das liegt zum einen an der Größe des Systems, das nach derzeitiger Technik über 10^6 Transistoren enthalten kann. Zum anderen werden die Systeme immer schneller getaktet, und nach (5.54) wächst die Verlustleistung mit der Taktfrequenz. Man muß also einmal darauf achten, daß die Schaltkapazität C_S möglichst klein bleibt. Weiterhin versucht man, mit möglichst kleinen Betriebsspannungen auszukommen, denn P_V verringert sich quadratisch mit der Betriebsspannung.

5.3.3 Gatterschaltung

Eine Gatterschaltung dient dazu, zwei logische Signale miteinander zu verknüpfen. Die meist verwendete Art ist das invertierende UND-Gatter, das NAND-Gatter (Not AND) Bild 5.36 zeigt die Schaltung eines CMOS-NAND-Gatters.

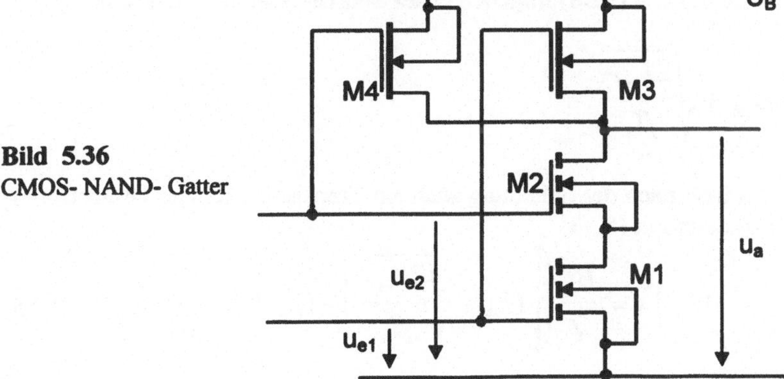

Bild 5.36
CMOS- NAND- Gatter

Diese Schaltung kann man sich als CMOS- Inverter denken, dessen unterer Schalter aus der Serienschaltung der Transistoren M1 und M2 besteht und dessen oberer Schalter von der Parallelschaltung der Transistoren M3 und M4 gebildet wird.

Die Ausgangsspannung ist nur dann Null, wenn der untere Schalter eingeschaltet ist, wenn also beide Transistoren M1 und M2 eingeschaltet werden. Dazu müssen die Eingangs- spannungen u_e1 und u_e2 beide über derSchwellenspannung U_{th} liegen, also die logische Wertigkeit Eins haben.

u_{e1}	u_{e2}	u_a
0	0	1
0	1	1
1	0	1
1	1	0

Wahrheitstabelle

5.3.4 Stromspiegelschaltung

Mit MOS-Transistoren läßt sich wie bei bipolaren Transistoren eine Stromspiegel- schaltung nach Bild 5.37 aufbauen (Vergleiche Abschnitt 4.2.5), die dann für analoge Schaltungsteile z. B. als Stromquelle verwendet werden kann.

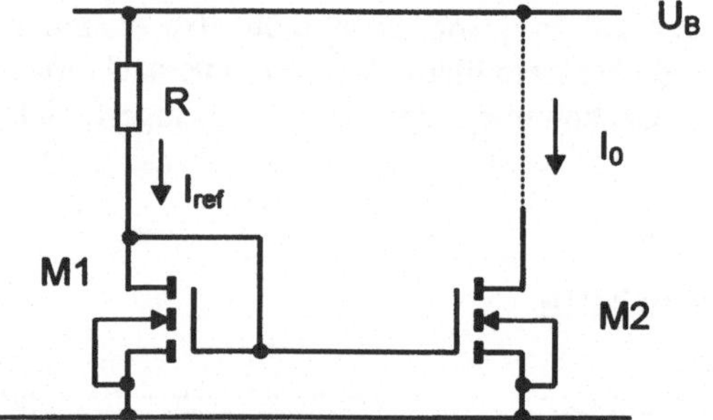

Bild 5.37
MOS- Stromspiegel-
Schaltung

Transistor M1 ist der Referenztransistor. In ihm fließt der Drainstrom I_{ref} , der z.B.wie gezeichnet über einen Widerstand R aus der Betriebsspannung U_B abgeleitet werden kann. Es stellt sich damit nach (5.38) folgende Gate- Source- Spannung U_{GS} ein:

$$U_{GS} = U_{th} + \sqrt{\frac{2I_{ref}}{\beta_1}}$$

Diese Spannung U_{GS} liegt nach der Schaltung auch am Transistor M2. Der Drainstrom I_0 dieses Transistors ist dann mit (5.35)

$$I_0 = \frac{\beta_2}{2}\left(U_{GS} - U_{th}\right)^2 = \frac{\beta_2}{2}\left(\left[U_{th} + \sqrt{\frac{2I_{ref}}{\beta_1}}\right] - U_{th}\right)^2 = \frac{\beta_2}{\beta_1}I_{ref} \qquad (5.55)$$

Man kann auch hier ein Spiegelverhältnis S definieren:

$$S = \frac{I_0}{I_{ref}} = \frac{\beta_2}{\beta_1} \qquad (5.56)$$

Das Spiegelverhältnis ist gleich dem Verhältnis der Kennlinienkonstanten. Für gleiche Transistoren hat es den Wert Eins.
Der Innenwiderstand r_D der so gebildeten Stromquelle ist gleich dem Drainwiderstand des Transistors nach (5.41) und hat den Wert

$$r_D = \frac{1}{\lambda \cdot I_0}$$

Da die Gateströme Null sind, wird der Referenzstrom nicht verfälscht. In der gezeichneten Schaltung gilt

$$I_{ref} = \frac{U_B - U_{GS}}{R}$$

Den Wert der Gatespannung U_{GS} für den gewünschten Strom I_{ref} kann man entweder der Übertragungskennlinie des Transistors oder der Gleichung (5.38) entnehmen. **Es gibt keinen hinreichend genauen allgemeinen Daumenwert für die Spannung U_{GS} eines Feldeffekttransistors.**

5.3.5 Differenzverstärker

Kennliniengleichung

Auch mit MOS- Transistoren läßt sich ein Differenzverstärker nach Bild 5.38 aufbauen, ähnlich wie er im Abschnitt 4.2.6 bereits für den bipolaren Transistor besprochen wurde. Die Übertragungskennlinie hat einen im großen und ganzen mit Bild 4.84 vergleichbaren Verlauf, unterscheidet sich aber im Detail wegen der quadratischen Übertragungskennlinie der MOS-Transistoren.

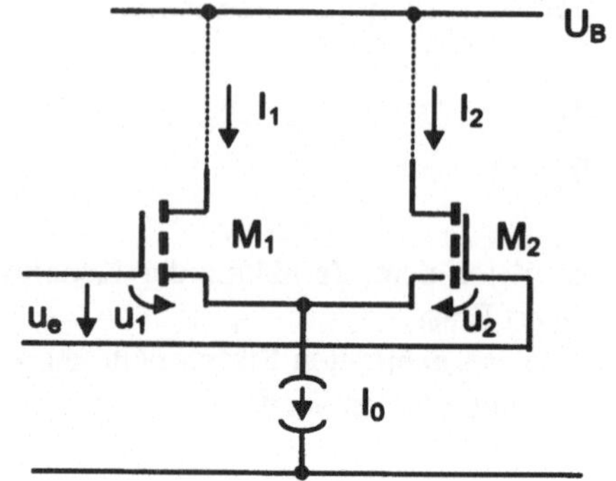

Bild 5.38
Differenzverstärker mit
MOS- Transistoren

Es gilt die Knotengleichung für die Ströme :

$$I_0 = I_1 + I_2 \tag{5.57}$$

und die Gleichung für die Eingangsmasche:

$$u_1 - u_2 - u_e = 0 \tag{5.58}$$

Für den Fall, daß die Eingangsspannung u_e gleich Null ist, sind die Gate- Source-Spannungen u_1 und u_2 der Transistoren M_1 und M_2 gleich. Dann sind auch die Drainströme I_1 und I_2 gleich und haben den Wert $I_0/2$. Dies ist der Symmetriepunkt, der auch der Arbeitspunkt des Differenzverstärkers im linearen Betrieb ist. Allgemein gilt die Kennliniengleichung für den MOS- Transistor im Abschnürbereich

$$I_D = \frac{\beta}{2} \cdot \left(U_{GS} - U_{th}\right)^2 \tag{5.35}$$

Mit den oben angegebenen Bezeichnungen für die Spannungen und Ströme und der Maschengleichung (5.58) lassen sich die Drainströme bestimmen. Dabei gehen wir davon aus, daß die Transistoren M_1 und M_2 gleich sind. Dann stimmen die Kennlinienkonstanten β und die Schwellenspannungen U_{th} überein und brauchen nicht unterschieden zu werden.

$$I_1 = \frac{\beta}{2} \cdot \left(u_1 - U_{th}\right)^2 \tag{5.59}$$

und

$$I_2 = \frac{\beta}{2} \cdot \left(u_1 - u_e - U_{th}\right)^2 \tag{5.60}$$

Wenn man die Klammer in (5.60) ausmultipliziert und berücksichtigt, daß

$$\left(u_1 - U_{th}\right)^2 = u_1^2 - 2u_1 U_{th} + U_{th}^2$$

ist, so erhält man mit (5.59) für den Strom I_2

$$I_2 = I_1 + \frac{\beta}{2} \cdot \left(u_e^2 - 2u_1 u_e + 2u_e U_{th}\right) \tag{5.61}$$

Mit der Knotengleichung (5.57) und (5.61) wird

$$I_0 = I_1 + I_2 = 2I_1 + \frac{\beta}{2}\left(u_e^2 - 2u_1 u_e + 2u_e U_{th}\right)$$

Durch Umstellen gewinnt man einen Ausdruck für den Strom I_1:

$$I_1 = \frac{I_0}{2} - \frac{\beta}{4} \cdot \left(u_e^2 - 2u_1 u_e + 2u_e U_{th}\right) \tag{5.62}$$

Ein entsprechender Rechengang liefert den Strom I_2

$$I_2 = \frac{I_0}{2} - \frac{\beta}{4} \cdot \left(u_e^2 + 2u_2 u_e - 2u_e U_{th}\right) \tag{5.63}$$

Die Gleichungen (5.62) und (5.63) sind etwas schwierig anzuwenden, weil sie die Gate-Source-Spannungen u_1 bzw. u_2 der Transistoren enthalten, die zunächst nicht bekannt sind. Diese Spannungen kann man aber mit Gleichung (5.38) bei gegebenem Drainstrom bestimmen:

$$U_{GS} = U_{th} + \sqrt{\frac{2I_D}{\beta}}$$

Im Arbeitspunkt bei $u_e = 0$ ist der Drainstrom $I_1 = I_2 = I_0/2$. Für diesen Punkt ist die Spannung u_1

$$u_1 = U_{th} + \sqrt{\frac{I_0}{\beta}} \tag{5.64}$$

Setzt man diesen Wert in Gleichung (5.62) ein, so erhält man die **Kennliniengleichung des MOS-Differenzverstärkers in der Umgebung des Arbeitspunktes**, d.h. für den Kleinsignalbetrieb:

$$I_1 = \frac{I_0}{2} + \frac{\beta}{2} \cdot \left(u_e \cdot \sqrt{\frac{I_0}{\beta}} - \frac{1}{2} u_e^2 \right)$$
(5.65)

Die **Steilheit** des Differenzverstärkers ist die Ableitung dieses Stromes nach der Eingangsspannung

$$S = \frac{dI_1}{du_e} = \frac{1}{2} \sqrt{\beta \cdot I_0} - \frac{\beta}{2} \cdot u_e$$

Im Arbeitspunkt ist $u_e = 0$ und es gilt

$$S = \frac{1}{2} \cdot \sqrt{\beta \cdot I_0}$$
(5.66)

Diese Steilheit ist um den Faktor $2\sqrt{2}$ kleiner als die Steilheit des Einzel-MOS-Transistors nach Gleichung (5.39). Bild 5.39 zeigt die Übertragungskennlinie des MOS-Differenzverstärkers.

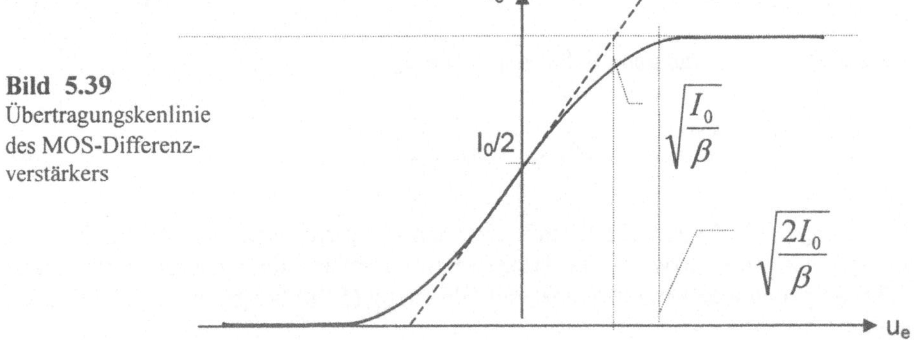

Bild 5.39
Übertragungskenlinie
des MOS-Differenz-
verstärkers

Der Durchtrittspunkt der Tangenten mit der Steigung S durch die Linie I_0 liegt bei der Eingangsspannung

$$u_{e0} = \sqrt{\frac{I_0}{\beta}}$$
(5.67)

Aus den Gleichungen (5.62) und (5.64) ließe sich auch ein Ausdruck für die Großsignal-Übertragungskennlinie errechnen, der den Verlauf nach Bild 5.39 beschreibt. Wegen der unhandlichen quadratischen Gleichungen aber ist der Erkenntniswert nur gering. Immerhin läßt sich die Eingangsspannung u_{e1} angeben, bei der der Differenzverstärker voll durchgesteuert ist, bei der also z. B. $I_1 = I_0$ ist. Aus den genannten Gleichungen läßt sich diese Spannung errechnen:

$$u_{e1} = \sqrt{\frac{2I_0}{\beta}} \qquad (5.68)$$

Dieser Wert wird auch durch Modellrechnung mit SPICE bestätigt. Praktisch aber kann dieser Wert deutlich, bis etwa um den Faktor Zwei, höher liegen.

Beim Differenzverstärker mit Bipolartransistoren war die Spannung u_{e1} unabhängig von Arbeitspunkt und Transistordaten mit guter Näherung $u_{e1} = 4U_T \approx 100\text{mV}$. Beim Differenzverstärker mit MOS- Transistoren hängt sie sowohl vom Arbeitspunkt I_0 als auch von den Transistordaten ab, nämlich vom Kennlinienparameter β.

Haben die MOS- Transistoren z.B. den Kennlinienparameter $\beta = 10^{-3}\text{A/V}^2$ und fließt der Strom $I_0 = 10\mu\text{A}$, so ist der Differenzverstärker bei der Spannung

$$u_{e1} = 0{,}141\text{V}$$

voll durchgesteuert. Beträgt der Strom I_0 aber $100\mu\text{A}$, so wird

$$u_{e1} = 0{,}45\text{V}$$

Spannungsverstärkung

Um einen Spannungsverstärker zu erhalten, muß man dem Transistorpaar noch Arbeitswiderstände hinzufügen. Im einfachsten Fall sind dies ohm´sche Widerstände, wie sie Bild 5.40 zeigt. Die Ausgangsspannung ist dann ebenso wie im Abschnitt 4.2.6 die Spannung, die der gesteuerte Strom am Arbeitswiderstand abfallen läßt.

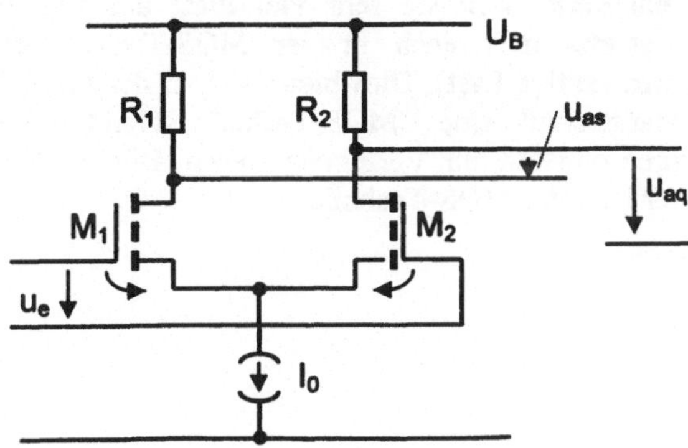

Bild 5.40
MOS- Differenzverstärker
mit Arbeitswiderständen

Wie im Abschnitt 4.2.6 über den Differenzverstärker mit bipolaren Transistoren lassen sich auch hier zwei Verstärkungsfaktoren berechnen. Die **Eintaktverstärkung** v_{Dq} ist das Verhältnis der Eintakt- Ausgangsspannung u_{aq} zur Eingangsspannung u_e:

$$v_{Dq} = \frac{u_{aq}}{u_e} = S \cdot R_2 = \frac{1}{2} \cdot R_2 \cdot \sqrt{I_0 \cdot \beta} \qquad (5.69)$$

Darin wurde die Steilheit S nach Gleichung (5.60) benutzt. Die **Differenzverstärkung** v_{Ds} ist das Verhältnis der symmetrisch abgegriffenen Differenz- Ausgangsspannung u_{as} zur Eingangsspannung u_e:

$$v_{Ds} = \frac{u_{as}}{u_e} = 2 \cdot S \cdot R = R \cdot \sqrt{I_0 \cdot \beta} \qquad (5.70)$$

Hierbei wurde angenommen, daß die Drainwiderstände gleich sind: $R_1 = R_2 = R$.

Die **unerwünschte Gleichtaktverstärkung** v_{cq} ergibt sich wie im Abschnitt 4.2.6 zu

$$v_{cq} = \frac{u_{aq}}{u_{ec}} = \frac{R_2}{2R_i} \qquad (5.71)$$

wenn R_i der Innenwiderstand der Stromquelle I_0 ist.

Aktive Last

Große Verstärkungsfaktoren erfordern große Arbeitswiderstände. Wie schon erwähnt, werden hochohmige Widerstände in der Technik der integrierten Schaltungen äußerst ungern eingesetzt, weil sie sehr viel Platz auf dem Halbleiterkristall verbrauchen. Deshalb ersetzt man auch in der MOS-Technik gerne die Widerstände durch Transistoren (aktive Last). Dies bietet sich in der MOS-Technik auch deshalb an, weil die Standardtechnik eine CMOS-Technik ist und somit die erforderlichen p-Kanal-Transistoren ohnehin zur Verfügung stehen. Bild 5.41 zeigt einen Differenzverstärker mit aktiver Last in CMOS-Technik.

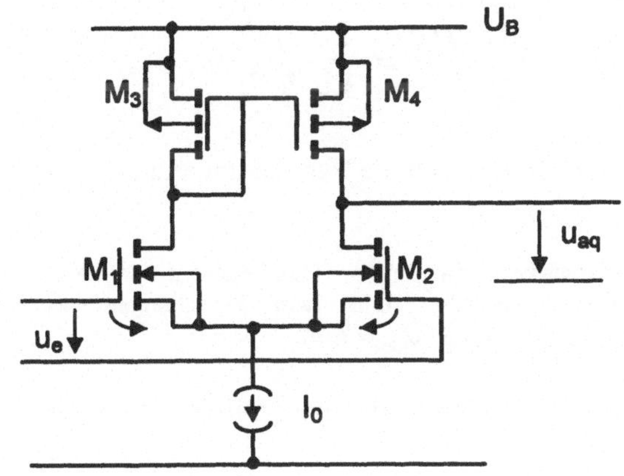

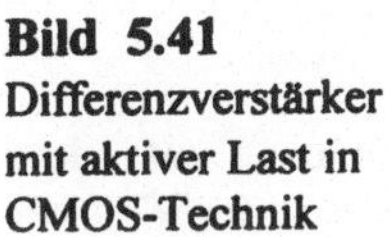

Bild 5.41
Differenzverstärker
mit aktiver Last in
CMOS-Technik

Der Arbeitswiderstand R_2 wird durch den Innenwiderstand des p-Kanal-Transistors M_4 ersetzt. Die Transistoren M_3 und M_4 bilden einen Stromspiegel nach Bild 5.37. Durch die Stromspiegelwirkung wird die Steilheit verdoppelt (vergleiche Bild 4.93). Die Spannungsverstärkung ist damit

$$v_{Dq} = \frac{u_{aq}}{u_e} = 2S \cdot R_{Deff}$$

Der effektive Arbeitswiderstand R_{deff} ist die Parallelschaltung der Innenwiderstände von M_2 und M_4. Der Innenwiderstand des Transistors M_2 ist analog zu Gleichung (4.140)

$$r_{D2}^* = 2r_{D2} = \frac{2}{\dfrac{I_0}{2} \cdot \lambda_2}$$

λ_2 ist darin der Kanallängenverkürzungsparameter des Transistors M_2. Transistor M_4 hat einfach den Innenwiderstand nach Gleichung (5.41)

$$r_{D4} = \frac{1}{\dfrac{I_0}{2} \cdot \lambda_4}$$

Der effektive Arbeitswiderstand ist die Parallelschaltung:

$$R_{Deff} = r_{D2}^* \| r_{D4}$$

Nimmt man vereinfachend an, daß die Kanallängenverkürzungsparameter gleich sind, so wird die Verstärkung

$$v_{Dq} = \frac{2}{3} \cdot \frac{\sqrt{I_0 \cdot \beta_2}}{\lambda \cdot I_0} = \frac{2}{3\lambda} \cdot \sqrt{\frac{\beta_2}{I_0}} \qquad\qquad (5.72)$$

Hieran ist bemerkenswert, daß die Verstärkung mit der Wurzel aus dem Quellenstrom I_0 abfällt!

Ein Differenzverstärker mit dem Quellenstrom $10\mu A$ und Transistoren mit dem Kennlinienparameter $10^{-3}A/V^2$ und dem Kanallängenverkürzungsparameter $10^{-2}V^{-1}$ hat beispielsweise die Verstärkung $v_{Dq} = 660$

Der statische **Eingangswiderstand** eines Differenzverstärkers ist

$$r_{eD} = 2r_e \qquad\qquad (5.73)$$

Mit r_e nach Gleichung (5.42) ist er beliebig groß. Der **Ausgangswiderstand** ist gleich dem effektiven Arbeitswiderstand, wie er oben benutzt wurde.

$$r_a = r_{D2}^{*} \| r_{D4} \qquad\qquad (5.74)$$

Offsetspannung

Auch beim MOS-Differenzverstärker ist die Offsetspannung das Maß für die Unsymmetrie. Sie ist die Differenz der beiden Spannungen U_{GS1} und U_{GS2} bei gleichen Drainströmen. Mit Gleichung (5.38) ist

$$U_{GS1} = U_{th1} + \sqrt{\frac{I_0}{\beta_1}} \qquad und \qquad U_{GS2} = U_{th2} + \sqrt{\frac{I_0}{\beta_2}}$$

Die Offsetspannung ist dann maximal

$$U_{off} = \Delta U_{GS} = \left(U_{th1} - U_{th2}\right) + \sqrt{I_0} \cdot \left(\frac{1}{\sqrt{\beta_1}} - \frac{1}{\sqrt{\beta_2}}\right) \qquad\qquad (5.75)$$

Sie hängt direkt von der Differenz der Schwellenspannungen ab, aber nur von der Differenz der reziproken Wurzeln aus den Kennlinienparametern. Dieser Teil steigt jedoch mit der Wurzel aus dem Quellenstrom. Die Offsetspannung ist tendenziell größer als die von bipolaren Transistoren und kaum kleiner als $1mV$.

5.3.6 Speicherprinzipien

Ein digitaler Speicher dient dazu, digitale Werte aufzubewahren, also Nullen und Einsen. Die kleinste Einheit eines solchen Speichers, die Zelle, kann einen Wert speichern, das ist ein Bit. Viele solcher Zellen werden zu großen Speichersystemen zusammengefaßt; nach derzeitigem Stand der Technik bis zu 256Mbit! in einer integrierten Schaltung, d.h. auf einem Chip. Ist der Speicher so organisiert, daß man alle Zellen oder wenigstens alle Gruppen zu je 8 Zellen (Bytes) gezielt adressieren kann, so spricht man von einem **Speicher mit wahlfreiem Zugriff** oder neuhochdeutsch einem **Random Access Memory**. Daher stammt auch die Abkürzung RAM. Fast alle Speicher haben wahlfreien Zugriff, Ausnahmen sind z.B. Schieberegister (shift register) wie Ladungsverschiebeschaltungen (charge coupled devices CCD). Wenn die Zellen so gebaut sind, daß sie bei anliegender Betriebsspannung den Wert beliebig lange speichern können, spricht man von einem statischen Speicher oder SRAM. Kann der Wert nur kurzzeitig gespeichert werden, spricht man von einem dynamischen Speicher oder DRAM. Wir wollen uns hier nur mit den Zellen befassen.

Statischer Speicher

Die Zelle eines statischen Speichers besteht aus einer bistabilen Kippschaltung, einem Flipflop. Dieses Flipflop läßt sich aus zwei Invertern zusammensetzen, wie Bild 5.42 für CMOS-Inverter nach Abschnitt 5.3.2 zeigt.

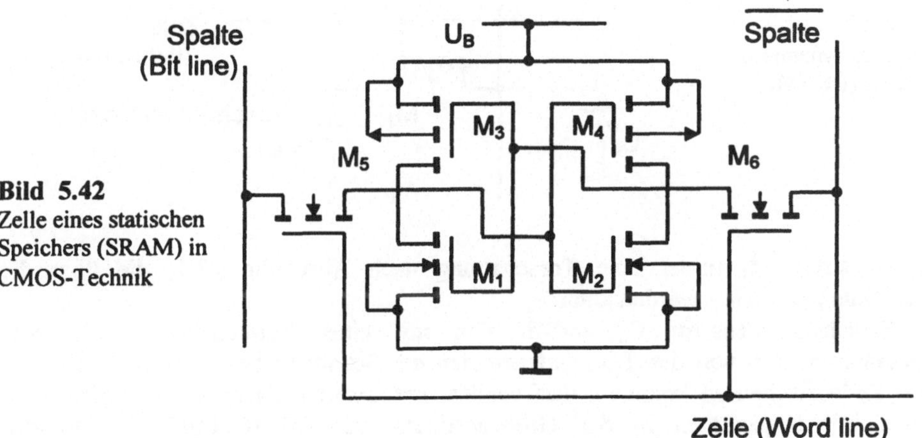

Bild 5.42
Zelle eines statischen Speichers (SRAM) in CMOS-Technik

Diese Zelle besteht aus 6 MOS-Transistoren. Die Transistoren M_1 und M_3 bzw. M_2 und M_4 bilden jeweils einen Inverter nach Abschnitt 5..3.2. Beide Inverter zusammen ergeben das Speicherflipflop. Die Transistoren M_5 und M_6 sind jeweils eine einfache Torschaltung nach Abschnitt 5.3.1. Diese Torschaltungen haben die Aufgabe, die Speicherzelle zu adressieren, indem sie die Zelle entweder an die Spaltenleitung durchschalten - dann ist die Zelle angesprochen - oder nicht. Prinzipiell kann man auch auf die invertierte Spaltenleitung und damit auf den Transistor M_6 verzichten.

Statische Speicher halten bei eingeschalteter Betriebsspannung die Information beliebig lange und brauchen nicht zeitaufwendig aufgefrischt zu werden. Sie sind im Zugriff etwas schneller als dynamische Speicher.

Dynamischer Speicher (DRAM)

Der statische Speicher braucht für jede Zelle mindestens fünf Transistoren, so daß große Speicher auf sehr hohe Transistorzahlen kommen. Eine Abhilfe besteht darin, daß man das Speicherflipflop durch einen Kondensator ersetzt. Dieser Kondensator speichert die Spannung Null für die logische Wertigkeit Null bzw. eine Spannung , die maximal den Wert der Betriebsspannung hat, um eine „Eins" darzustellen. Wenn man diese Zelle dann über eine Torschaltung adressiert, so erhält man eine Speicherzelle nach Bild 5.43, die nur aus einem Transistor und dem Kondensator besteht.

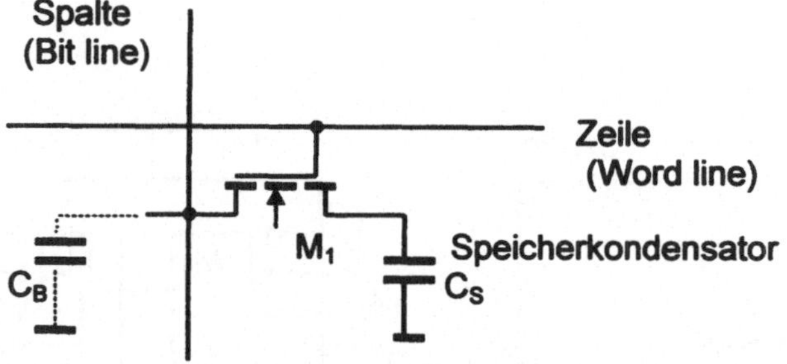

Bild 5.43
Zelle eines dynamischen
Speichers (DRAM)

Der Transistor M_1 bildet eine Torschaltung nach Abschnitt 5.3.1, die über die Zeilenleitung adressiert werden kann.

Der Speicherkondensator C_S entlädt sich mit einer Zeitkonstanten, die vom Kapazitätswert und von den Leckwiderständen der Schaltung bestimmt wird. Um auf kleine Zellenflächen zu kommen, darf der Kapazitätswert nicht zu groß werden. Man arbeitet mit Kapazitäten in der Größenordnung von 30 fF (10^{-15}F!). Mit den unvermeidlichen Leckwiderständen kommt man auf Zeitkonstanten in der Größenordnung von Millisekunden. Die Folge ist, daß man den eingespeicherten Wert jeweils nach Zeiten in der Größenordnung von Millisekunden erneuern muß (refresh), um ihn dauernd zu erhalten. Wir erhalten also einen zeitabhängigen (dynamischen!) Speicher, der mit dem Kürzel DRAM bezeichnet wird (dynamic random access memory).

Um diesen Speicher zu betreiben, bedarf es einer regelmäßigen Erneuerung des Speicherinhaltes. Daher sind zusätzliche Schaltungsteile zum Wiederauffrischen des Speicherinhaltes erforderlich. Ein weiteres Problem des dynamischen Speichers besteht darin, daß der Wert der ausgelesenen Spannung sehr klein ist, so daß man besondere Leseverstärker einsetzen muß (sense amplifier). Die ausgelesene Spannung ist deshalb sehr klein, weil die Spannung auf der Bitleitung um den Teilerfaktor des kapazitiven Spannungsteilers C_B / C_S kleiner als die Spannung des Speicherkondensators ist. Die parasitäre Kapazität C_B der Bitleitung ist relativ groß, weil viele Speicherzellen parallel an dieser Leitung liegen. Der Teilerfaktor liegt praktisch in der Größenordnung von 0,1. Bild 5.44 zeigt eine Speicherzelle mit den prinzipiell notwendigen Zusatzschaltungen. Der Leseverstärker besteht aus einem MOS-Differenzverstärker mit aktiver Last nach Bild 5.41.

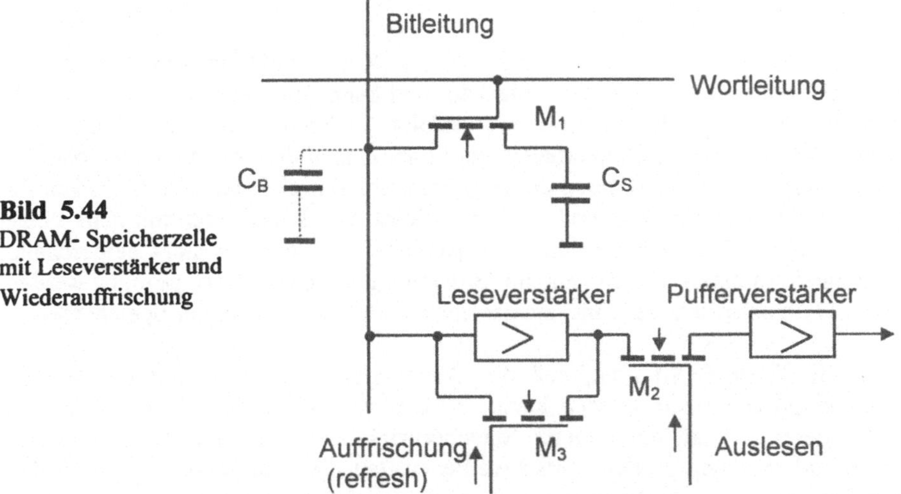

Bild 5.44
DRAM- Speicherzelle
mit Leseverstärker und
Wiederauffrischung

Der Leseverstärker verstärkt die Spannung auf der Bitleitung auf einen Wert, der mit Sicherheit dem Zustand „Eins" entspricht (oder Null ist). Bei jedem Auslesen liegt ein Wiederauffrischimpuls an, der die Torschaltung M_3 aktiviert und den ausgelesenen Wert wieder auf die Bitleitung und damit auch auf den Speicherkondensator C_S gibt. Das durch den Ausleseimpuls aktivierte Tor M_2 gibt den ausgelesenen Wert über den Pufferverstärker nach außen. Soll nur wiederaufgefrischt werden, so wird das Tor M_2 nicht aktiviert.

Die Mehrzahl aller Halbleiterspeicher besteht aus solchen dynamischen Speichern, weil sie die höchste Zellenzahl pro Flächeneinheit (Speicherdichte) auf dem Siliziumkristall ergeben.

Nichtflüchtige Speicher

Beide oben beschriebenen Speicher haben den Nachteil, daß der Inhalt verloren wird, sobald die Betriebsspannung abgeschaltet wird oder ausfällt. Speicher, die ihren Inhalt auch bei ausgeschalteter Betriebsspannung erhalten, nennt man nichtflüchtige Speicher (nonvolatile memory).

Die ersten nichtflüchtigen Speicher in MOS-Technik enthielten eine Speichermatrix mit 1-Transistor-Zellen nach Bild 5.45, die äußerst einfach aufgebaut waren.

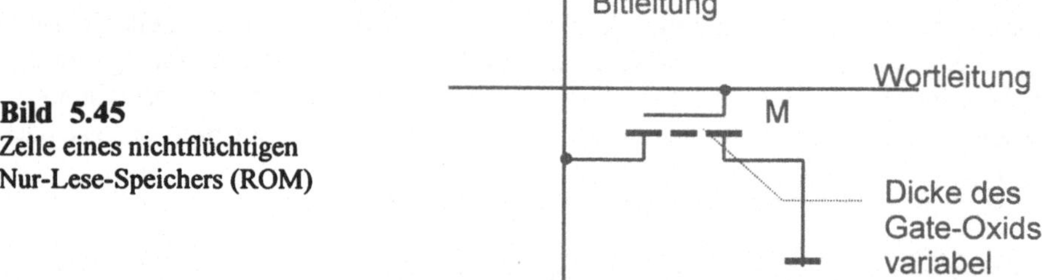

Bild 5.45
Zelle eines nichtflüchtigen
Nur-Lese-Speichers (ROM)

Dieser Speicher ist ein Nur- Lese- Speicher. Das Kürzel dafür ist ROM (read only memory). Der Speicherinhalt ist fest eingebaut und kann daher nur gelesen, aber nicht geändert werden. Die Programmierung erfolgt dadurch, daß die Transistoren unterschiedlich dickes Gate-Oxid erhalten, und zwar einmal das normale Gate-Oxid von ca. 100nm Dicke oder zum anderen das sog. Feldoxid, das ohnehin zum Abdecken der Kristalloberfläche benötigt wird und ca. 1μm dick ist. Die Transistoren mit dem dicken Gate- Oxid haben eine so hohe Schwellenspannung U_{th} , daß sie nicht eingeschaltet werden können. In diesen Zellen kann die Bitleitung nicht nach Masse gezogen werden. Das dünne Oxid entspricht der Eins und das dicke der Null als Inhalt der Speicherzelle.

Ein Nachteil dieser ROM's ist, daß der Speicherinhalt nicht vom Anwender der Schaltung einprogrammiert werden kann, sondern vom Hersteller eingebaut werden muß. Das bedeutet, daß ein anderer Speicherinhalt auch ein anderes „Hardware"-Produkt erfordert. Einen großen Fortschritt bedeuteten die Transistoren, die nach dem Floating Gate Avalanche MOS-Prozeß hergestellt wurden, die FAMOS-Transistoren.

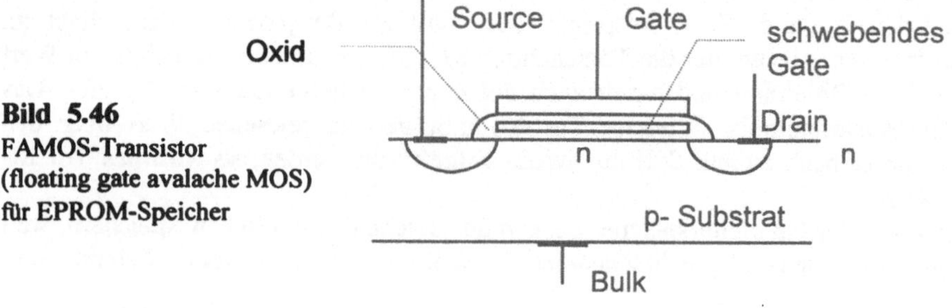

Bild 5.46
FAMOS-Transistor
(floating gate avalache MOS)
für EPROM-Speicher

Diese Transistoren, die in Bild 5.46 gezeigt sind, enthalten ein allseits vom Oxid eingeschlossenes, nach außen nicht angeschlossenes Gate, das schwebende oder „floating"-Gate. Darüber befindet sich das normale, von außen ansteuerbare Gate. Legt man zwischen Gate und Drain eine hinreichend hohe Spannung gegen Source und Bulk, so erfolgt ein Lawinendurchbruch zwischen Drain und Substrat. Die dadurch freigesetzten Elektronen erhalten eine so hohe Energie („heiße" Elektronen, hot electrons), daß sie die Oxidbarriere (ca. 3,2eV) überwinden und auf das schwebende Gate gelangen können. Dadurch erhält das schwebende Gate die negative Ladung Q_{fg} und erhöht die Schwellenspannung des Transistors um den Betrag

$$\Delta U_{th} = \frac{Q_{fg}}{C_{ox}} \tag{5.76}$$

Jetzt hat man wieder Transistoren mit unterschiedlichen Schwellenspannungen, wobei die höhere Schwellenspannung, der programmierte Zustand, der logischen Null entspricht. Die hohe Schwellenspannung muß dabei über der Betriebsspannung liegen, so daß die programmierten Transistoren in keinem Fall durchgeschaltet werden können. Das Bemerkenswerte daran ist, daß sich die Ladungen auf dem schwebenden Gate erfahrungsgemäß beliebig lange halten; die Hersteller garantieren Speicherzeiten größer als 10 Jahre.
Speicher mit FAMOS-Transistoren sind programmierbare Nur-Lese-Speicher mit dem Kürzel PROM für „Programmable Read Only Memory". Da diese Speicher elektrisch programmierbar sind, heißen sie auch elektrisch programmierbare Nur-Lese-Speicher oder kurz EPROM (electrically programmable read only memory)
Setzt man diese Transistoren einer energiereichen ultravioletten Beleuchtung aus, so erhalten die Elektronen auf dem schwebenden Gate genügend Energie, um wieder abfließen zu können. Sind solche Speicher in ein Gehäuse mit einem Fenster aus UV-durchlässigem Quarzglas eingebaut, so läßt sich der Speicherinhalt durch Belichtung mit ultraviolettem Licht in seiner Gesamtheit wieder löschen.

Oft ist es wünschenswert, den Speicher nicht nur insgesamt, sondern auch gezielt einzelne Zellen löschen zu können. Dann erhält man einen Speicher, der sich wie ein Speicher mit wahlfreiem Zugriff, also wie ein RAM, verhält. Auch dafür hat man geeignete Transistoren mit schwebendem Gate entwickelt, wie sie in Bild 5.47 gezeigt sind. Diese Transistoren laden bzw. entladen das schwebende Gate über einen Tunneleffekt, das sog. Fowler-Nordheim-Tunneln. Der Tunnel-Effekt tritt an sehr dünnen Schichten auf und bewirkt, daß Elektronen dünne Sperr- oder Isolierschichten durchwandern können, ohne daß sie genügend Energie haben, die Potentialbarrieren zu überwinden. Zum Tunneln benötigen die Elektronen wenig Energie, es sind „kalte" Elektronen (cold electrons). Zum Programmieren wird das Gate auf Masse gelegt und die Drain- Elektrode über einen Auswahltransistor mit hoher Spannung verbunden. Dann tunneln Elektronen vom schwebenden Gate in die Drain, so daß das Gate positiv geladen wird und damit die Schwellenspannung absinkt. Dadurch wird der Transistor im Lesemodus eingeschaltet, was der logischen Null entspricht.

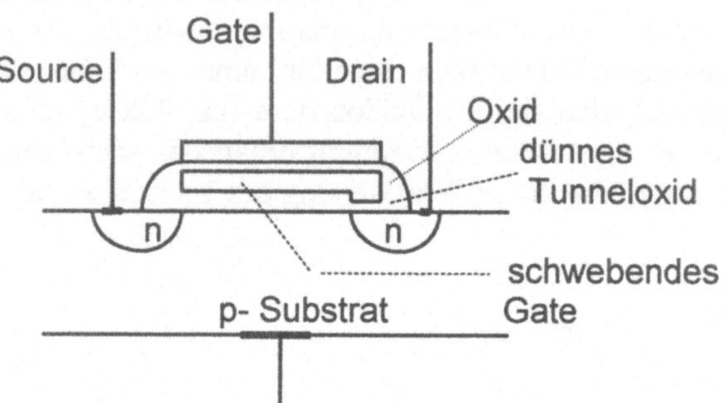

Bild 5.47
Transistor mit schwebendem
Gate und dünnem Tunneloxid
für EEPROMS

Zum Löschen wird das Gate auf hohe Spannung und die Drain auf Masse gelegt. Dann tunneln die Elektronen von der Drain auf das schwebende Gate, so daß es negativ geladen wird und die Schwellenspannung sich wieder erhöht. Die Speicherzelle besteht jetzt aus zwei Transistoren, nämlich dem Tunneltransistor und dem Auswahltransistor nach Bild 5.48. Dieser Speicher ist ein löschbarer elektrisch programmierbarer Nur-Lese-Speicher oder EEPROM (erasable electically programmable read only memory).

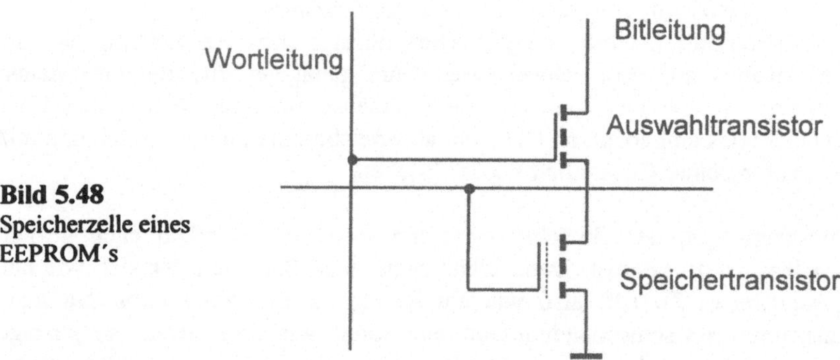

Bild 5.48
Speicherzelle eines
EEPROM's

Speichertransistor und Auswahltransistor lassen sich auch zu einem sog. Split-Gate-Transistor zusammenfassen. Bei diesem Transistor ist das äußere Gate halb über den Kanal gezogen, wie in Bild 5.49 gezeigt.

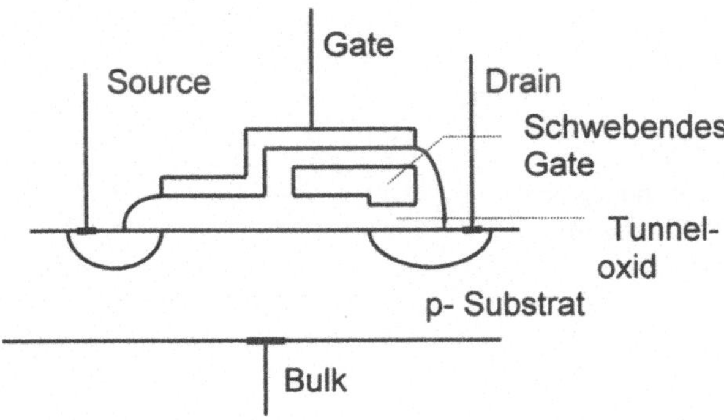

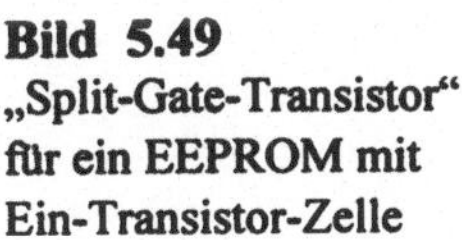

Bild 5.49
„Split-Gate-Transistor"
für ein EEPROM mit
Ein-Transistor-Zelle

5.4 Leistungstransistoren

Diffundierte MOS-Transistoren (DMOS)

Der MOS-Transistor ist als Leistungstransistor, besonders als Schalter, im Prinzip deshalb gut geeignet, weil er keine Sättigungsspeicherladung wie der Bipolartransistor aufbaut und daher schneller und verlustärmer abschalten kann. Problematisch ist jedoch der vergleichsweise große Einschaltwiderstand r_{on} , so daß der Spannungsabfall am eingeschalteten MOS- Transistor höher ist als der am Bipolartransistor.
Um den Einschaltwiderstand klein zu halten, muß nach (5.30) der Kennlinienparameter sehr groß sein. Dies ist dadurch zu erreichen, daß das Breiten-zu-Längen-Verhältnis des Kanals sehr groß gewählt wird. MOS-Transistoren können relativ problemlos parallelgeschaltet werden. Daher bestehen Leistungs-MOS-Transistoren aus einer Unzahl (bis über 10^5) parallelgeschalteter Transistoren. Der einzelne MOS-Transistor wird dabei - ähnlich wie der Bipolartransistor - durch aufeinander folgende Dotierschritte hergestellt, die nach dem Verfahren der Dotierung durch Diffusion von Dotieratomen (vergleiche Abschnitt 3.1.10) durchgeführt werden. Daher heißen diese Transistoren diffundierte MOS- Transistoren oder kurz DMOS- Transistoren.
Bild 5.50 zeigt eine DMOS-Transistorzelle im Schnitt. Für einen N-Kanal-Transistor vom Anreicherungstyp geht man von einem n-dotierten Substrat aus, das gleichzeitig die Drain bildet. Das Kanalgebiet ist eine eindiffundierte p-Zone, in die wiederum eine n-Zone als Source eingebracht ist. Die Kanallänge ist relativ klein, also günstig für ein großes Breiten-zu-Längen-Verhältnis. Trotzdem können hohe Drainspannungen angelegt werden, weil sich die Verarmungszone der Drain-Kanal-Sperrschicht überwiegend in die schwach dotierte Drainzone hinein ausbreitet.

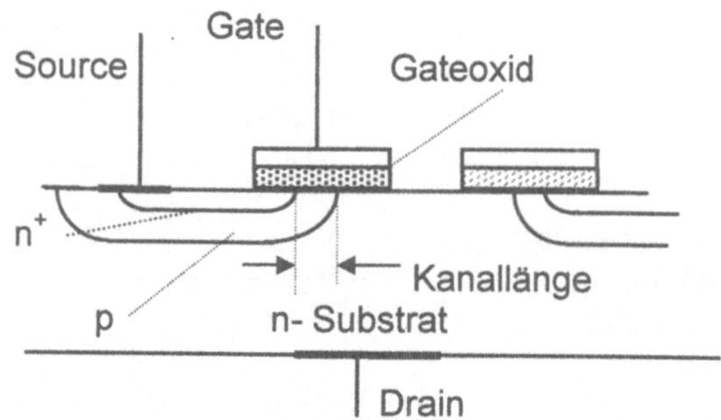

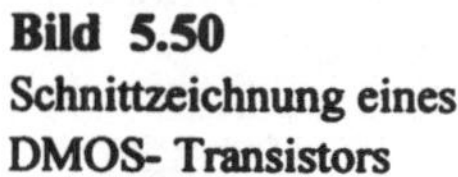
Bild 5.50
Schnittzeichnung eines
DMOS- Transistors

Der Source- Kontakt stellt gleichzeitig den Kurzschluß mit dem Kanalgebiet (Bulk) dar. Außerdem wird auf diese Weise die Basis- Emitterstrecke des unerwünschten, parasitären npn- Transistors kurzgeschlossen, dessen Emitter aus der Source, Basis aus dem Kanalgebiet und Kollektor aus dem Substrat besteht. Dieser Transistor ist auf diese Weise stets gesperrt und damit unwirksam.

Die Drainzone ist für alle Transistorzellen gemeinsam und wird auf der Rückseite des Kristalls angeschlossen. Solche Transistoren gibt es für Ströme bis etwa 100A und Drainspannungen bis 1000V. Die Einschaltwiderstände liegen dabei zwischen etwa $10m\Omega$ und 10Ω. Wegen der vielen parallelgeschalteten Zellen ist die Eingangskapazität sehr hoch und kann Werte bis in den nF-Bereich haben, die zudem noch vom Arbeitspunkt abhängig sind. Schnelle Schalter mit DMOS-Transistoren erfordern daher Treiberschaltungen mit kleinem Innenwiderstand, um die Zeitkontanten klein zu halten. D-MOS-Transistoren werden gern in der Leistungselektronik eingesetzt und erreichen Betriebsfrequenzen bis in den 100kHz-Bereich.

Insulated Gate Bipolar Transistor (IGBT)

Ein Nachteil des DMOS-Transistors ist der relativ große Einschaltwiderstand und die damit verbundene hohe Verlustleistung. Durch eine einfache Änderung des Kristallaufbaus kann man nun dem DMOS-Transistor noch einen bipolaren pnp-Transistor hinzufügen, dessen kleine Sättigungsspannung die Gesamtverluste des Schalters deutlich absenkt. Bild 5.51 zeigt den Kristallaufbau dieses Schaltelementes, das man Insulated Gate Bipolar Transistor oder kurz IGBT nennt.

Dieses Bauelement ist ein pnp-Transistor, der über den n-Kanal-DMOS-Transistor angesteuert wird. Der pnp- Transistor hat die p- dotierte Kanalzone des MOS-Transistors als Kollektor, die n- dotierte Drainzone als Basis und die neu hinzugekommene p^+- Zone als Emitter. Der Drainstrom des MOS-Transistors ist also der Basisstrom des bipolaren Transistors.

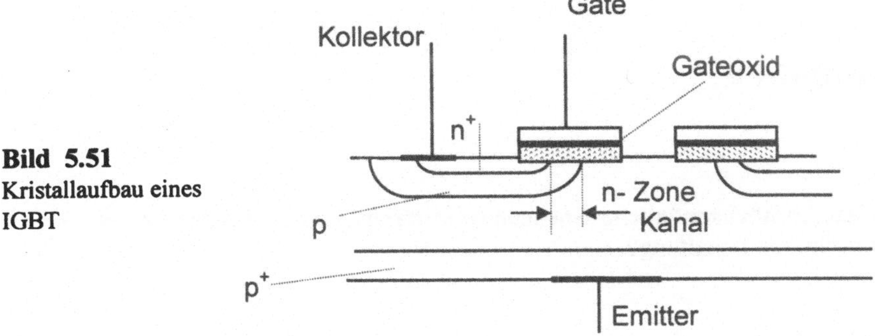

Bild 5.51
Kristallaufbau eines
IGBT

Bild 5.52 zeigt das elektrische Ersatzschaltbild des IGBT und das Schaltzeichen.

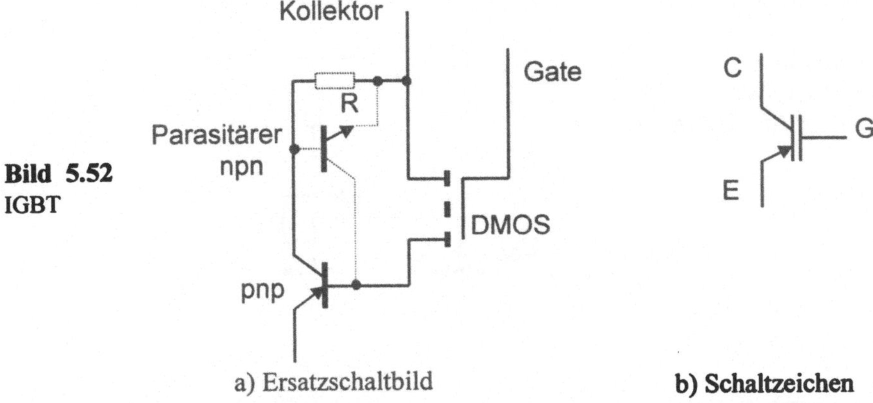

Bild 5.52
IGBT

Auch hier ist ein parasitärer npn- Transistor wirksam. Zusammen mit dem pnp-Transistor bildet er einen Thyristor (Vergleiche Abschnitt 4.3). Um diesen parasitären Thyristor mit Sicherheit unwirksam zu machen, muß der Widerstand R im Ersatzschaltbild sehr klein sein. Dieser Widerstand ist der Kontaktwiderstand des Kollektoranschlusses, der sowohl Drain- als auch Kanalzone kontaktiert und daher einen möglichst guten Kurzschluß bilden muß.

Durch die zusätzliche Wirkung des pnp-Transistors ist der IGBT zwar niederohmiger als der DMOS-Transistor und hat daher im eingeschalteten Zustand weniger Einschaltverluste (conduction loss). Auf der anderen Seite bringt der pnp-Transistor als bipolares Element das Problem der Sättigungsspeicherladung mit, so daß die Ausschaltverluste (switching loss) ansteigen. Die Einschaltverluste sind statischer Natur und unabhängig von der Frequenz. Die Ausschaltverluste hingegen steigen proportional zur Frequenz an. Daher ist der IGBT bei niedigeren Schaltfrequenzen günstiger als der DMOS-Transistor, bei höheren Schaltfrequenzen (etwa ab 50kHz) kann aber der DMOS-Transistor weniger Verluste aufweisen.

5.5   Aufgaben

5.5.1

Wie groß ist die höchstmögliche Spannungsverstärkung eines Verstärkers mit MOS-Transistor in Source-Schaltung?

5.5.2

Dimensionieren Sie die gezeichnete Schaltung so, daß sich der MOS-Transistor

a) im Abschnürbereich
b) im ohm'schen Bereich und
c) genau an der Abschnürgrenze

befindet.

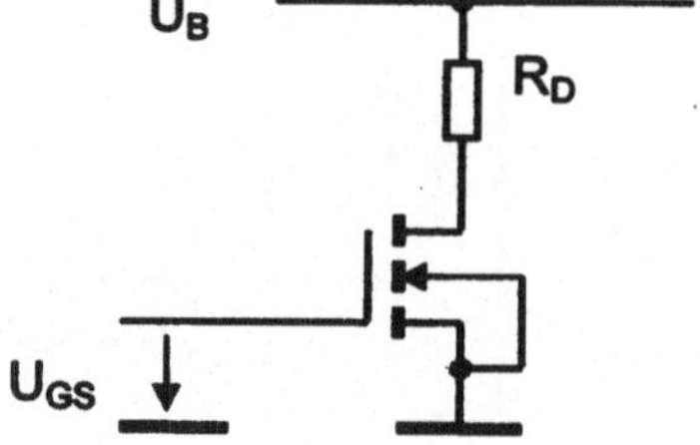

5.5.3

Ein kleiner MOS-Transistor, wie er in integrierten Schaltungen üblich ist, hat die Kennlinienkonstante $\beta = 10^{-5}$ A/V^2. Sein Verhältnis von Kanalbreite zu -länge ist 10. Wie groß ist die Dicke des Gate-Oxides?

5.5.4

Welchen Einfluß auf Kennlinienparameter und Schwellenspannung eines MOS-Transistors haben
a) eine Vergrößerung der Kanaldotierung,
b) die Verkleinerung der Kanalbreite und
c) der Unterschied zwischen n- und p-Kanal-Transistor?

5.5.5

Welchen Einschaltwiderstand r_{on} hat der MOS-Transistor mit dem Kennlinienparameter 10^{-4} A/V^2 und der Schwellenspannung $U_{th} = 1$V in folgender Torschaltung?

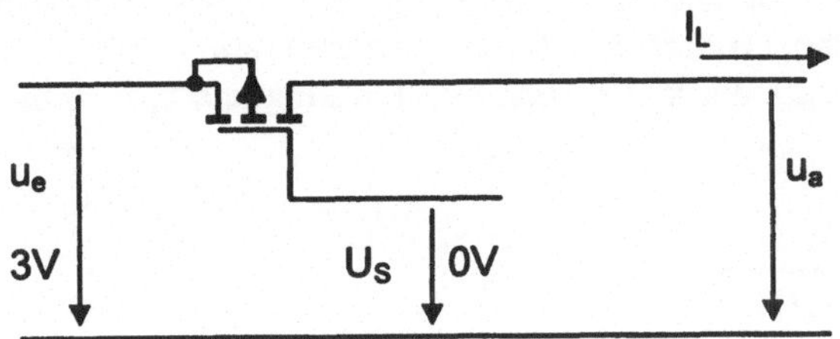

Wie groß ist die Ausgangsspannung u_a für den Laststrom $I_L = 0$, wie groß bei $I_L =$ 10µA?

6 Lösungen zu den Aufgaben

6.1 Zu Kapitel 2„Passive Bauelemente"

2.4.1

Bestimmen Sie den Schichtwiderstand einer Widerstandsschicht, die den gezeichneten Verlauf der Konzentration n(x) der beweglichen Ladungsträger hat. Die Beweglichkeit ist 400 cm^2/Vs (Löcher in Silizium)

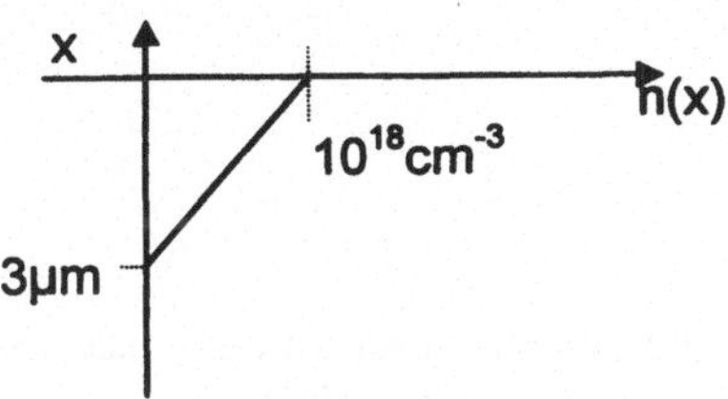

Der Schichtwiderstand ist mit Gleichung (2.13)

$$R_S = \cfrac{1}{e \cdot \mu \; \displaystyle\int_0^{x_j} n(x)\,dx}$$

Die Konzentration n(x) hat nach der Zeichnung einen linearen Verlauf, so daß das Integral durch das halbe Produkt aus Maximalkonzentration $n(0) = 10^{18}\,cm^{-3}$ an der Oberfläche des Halbleiters bei $x = 0$ und der Eindringtiefe $x_j = 3\mu m$ ersetzt werden kann. Somit ist

$$R_S = \frac{2}{e \cdot \mu \cdot n(0) \cdot x_j}$$

Setzt man die oben gegebenen Werte ein, so erhält man

$$R_S = 104\,\Omega/\square$$

2.4.2

Die Beweglichkeit der Ladungsträger in einem Widerstandsmaterial nimmt mit der Temperatur um 0,4%/K ab. (Viele Metalle, dotiertes Silizium). Welchen linearen Temperaturkoeffizienten erhält der daraus gebaute Widerstand?

Ein Widerstandswert ergibt sich mit Gleichung (2.7) zu

$$R = \rho \cdot \frac{l}{A}$$

Der spezifische Widerstand ρ ist

$$\rho = \frac{1}{e \cdot n \cdot \mu}$$

Der Widerstandswert ist also umgekehrt proportional zur Beweglichkeit μ der Ladungsträger. Diese Beweglichkeit ist temperaturabhängig:

$$\mu = \mu_{20} \cdot (1 - \alpha \cdot \Delta\vartheta)$$

worin α der oben angegebene lineare Temperaturkoeffizient der Beweglichkeit von 0,4%/K ist. Der Änderungsanteil $\alpha \cdot \Delta\vartheta$ ist klein gegen Eins, so daß man die Näherung

$$\frac{1}{1-x} \approx 1 + x \qquad \text{für} \quad x \ll 1$$

anwenden darf. Damit ergibt sich für den Widerstandswert

$$R \sim \frac{1}{\mu} = \frac{1}{\mu_{20} \cdot (1 - \alpha \cdot \Delta\vartheta)} \approx \frac{1}{\mu_{20}} \cdot (1 + \alpha \cdot \Delta\vartheta)$$

Der lineare Temperaturkoeffizient des Widerstandes ist also genau so groß wie der der Beweglichkeit, nämlich **0,4%/K**, hat aber ein positives Vorzeichen.

2.4.3

Welche Kapazität erhält ein Wickelkondensator, dessen Dielektrikum aus einer 10µm dicken Kunststoffolie mit der Dielektrizitätszahl 3 besteht und dessen Metallbeläge die Fläche von 1cm x 80cm haben?

Die Kapazität eines Kondensators ist mit Gleichung (2.21)

$$C = \varepsilon_0 \cdot \varepsilon_r \cdot \frac{A}{d}$$

Beim Wickelkondensator ist zu beachten, daß die wirksame Plattenfläche doppelt so groß wie die Fläche der Metallbeläge ist, weil sich durch das Aufwickeln zwei felderfüllte Zwischenräume ergeben, wie die Zeichnung zeigt.

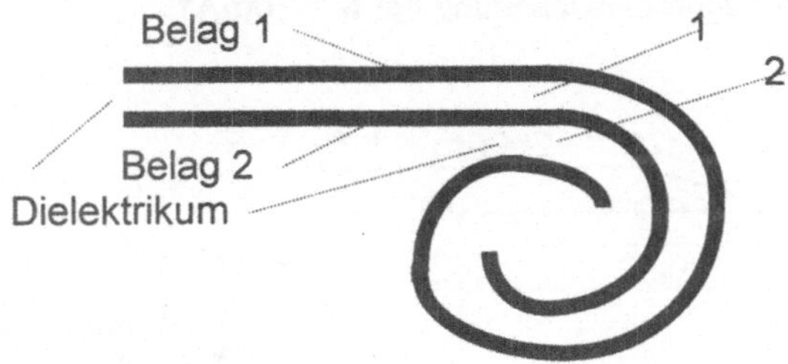

Wickelkondensator mit zwei
felderfüllten Zwischenräumen

Mit der wirksamen Gesamtfläche von $160 cm^2$ ist die Kapazität

$$C = 8,85 \cdot 10^{-14} \frac{As}{Vcm} \cdot 3 \cdot \frac{160 cm^2}{10^{-3} cm} = 4,25 \cdot 10^{-8} F = 4,25 nF$$

2.4.4

In einer Spule mit der Güte Q = 60 wird die Blindleistung 50W verarbeitet. Wie groß ist die umgesetzte Wirkleistung?

Nach Gleichung (2.29) ist die Wirkleistung bei gegebener Blindleistung im Kondensator

$$P = Q \cdot \tan \delta$$

Die gleiche Beziehung gilt auch für die Spule, wenn man für den Verlustfaktor tanδ den Kehrwert der Güte einsetzt. Es ist also

$$P = 50 VA \cdot \frac{1}{60} = 0,833 W$$

6.2   Zu Kapitel 3 „Dioden"

3.3.1

Gegeben ist der gezeichnete pn-Übergang mit der Fläche A = 100µm · 200µm, der n-Dotierung $N_D = 10^{18} cm^{-3}$, der p-Dotierung $N_A = 10^{16} cm^{-3}$ und der starken p^+-Dotierung $N_A = 10^{19} cm^{-3}$. Wie groß wird die Durchlaßspannung bei $I_F = 10 mA$?

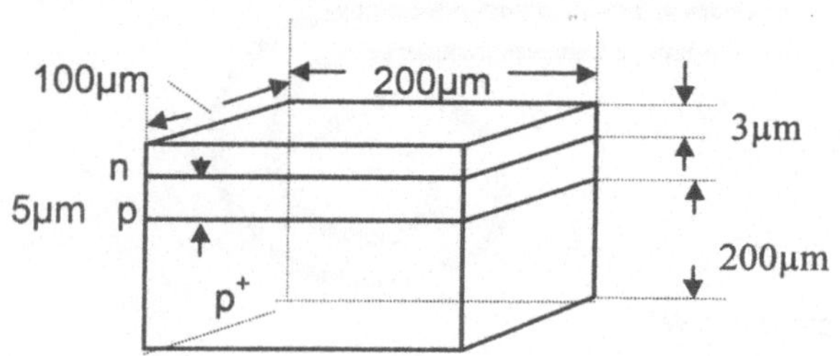

Die Durchlaßspannung eines realen pn-Überganges ist nach Gleichung (3.50)

$$U_F = U_T \cdot \ln\frac{I_F}{I_S} + I_F \cdot R_B$$

Die Temperaturspannung U_T = kT/e $\approx$ 26mV bei 300K ist aus (3.26) bekannt, ebenso der Durchlaßstrom I_F, der nach Aufgabenstellung 10mA betragen soll. Es müssen also zunächst der Sättigungsstrom I_S nach (3.43) und der Bahnwiderstand nach (3.48) und (3.49) berechnet werden. Der Sättigungsstrom ist

$$I_S = A \cdot e \cdot n_i^2 \cdot \left(\frac{D_n}{N_A \cdot L_n} + \frac{D_p}{N_D \cdot L_p}\right)$$

Nach Aufgabenstellung ist N_A << N_D, so daß der zweite Summand in der Klammer vernachlässigt werden kann. Mit den obigen Angaben und den aus der Literatur bekannten Werten für die Eigenleitungsdichte n_i , Diffusionskonstante D_n und die Diffusionslänge L_n wird der Sättigungsstrom

$$I_S = \frac{2\cdot 10^{-4}\,cm^2 \cdot 1{,}602\cdot 10^{-19}\,As \cdot 2{,}25\cdot 10^{20}\,cm^{-6} \cdot 35cm^2\,/\,s}{10^{16}\,cm^{-3} \cdot 3\cdot 10^{-3}\,cm} = 8{,}41\cdot 10^{-15}\,A$$

Der Bahnwiderstand setzt sich aus drei Teilen zusammen, nämlich dem Widerstand des n-Gebietes, des schwach und des stark dotierten p-Gebietes. Für das n-Gebiet gilt

$$R_n = \frac{1}{e \cdot N_D \cdot \mu_n} \cdot \frac{l_n}{A} = \frac{3\cdot 10^{-4}\,cm}{1{,}602\cdot 10^{-19}\,As \cdot 10^{18}\,cm^{-3} \cdot 1400cm^2\,/\,Vs \cdot 2\cdot 10^{-4}\,cm^2}$$

gleich 6,69mΩ. Entsprechend ist für das schwach p-dotierte Gebiet

$$R_p = \frac{1}{e \cdot N_A \cdot \mu_p} \cdot \frac{l_p}{A} = 3{,}9\Omega$$

Für die stark p-dotierte Zone gilt

$$R_{p^+} = \frac{1}{e \cdot N_A^+ \cdot \mu_p} \cdot \frac{l_p^+}{A} = 150m\Omega$$

Der gesamte Bahnwiderstand ist somit 4,057Ω. Damit sind wir in der Lage, die Durchlaßspannung zu bestimmen:

$$U_F = 26mV \cdot \ln \frac{10^{-2}\,A}{8,41 \cdot 10^{-15}\,A} + 10^{-2}\,A \cdot 4,057\Omega = 763mV$$

3.3.2

Es soll ein Einweggleichrichter ohne Ladekondensator für die Netzspannung 240V und die im Lastwiderstand umgesetzte Leistung P_{RL} = 200W gebaut werden. Wie ist die Gleichrichterdiode zu bemessen?

Die im Lastwiderstand umgesetzte Leistung ist

$$P_{RL} = \frac{U_{RLeff}^2}{R_L}$$

Der Effektivwert der Spannung an R_L ist mit (3.84) U_{RLeff} = û/2. Der Spitzenwert der Spannung ergibt sich aus dem Effektivwert der Netzspannung zu û = 1,41·240V = 338V. Der Wert des Lastwiderstandes ist somit 142,8Ω.

Die Diode ist dann bemessen, wenn wir die Mindestwerte für den arithmetischen Mittelwert des Durchlaßstromes I_{FAV} und die Sperrspannung U_{RM} angeben können. Mit (3.38) ist der Strom I_{FAV}

$$I_{FAV} = \frac{\hat{u}}{\pi \cdot R_L} = 0,753A$$

Für den Mindestwert der zulässigen periodischen Sperrspannung U_{RM} wählen wir nach (3.86) mit dem Sicherheitsfaktor 1,5

$$U_{RM} = 1,5 \cdot \hat{u} = 507V \approx 500V$$

3.3.3

Es wurde die gezeichnete Diodenkennlinie gemessen. Bestimmen Sie daraus die SPICE-Parameter Sättigungsstrom I_S , Emissionskoeffizient (Steigungsfaktor) N und Bahnwiderstand RB.

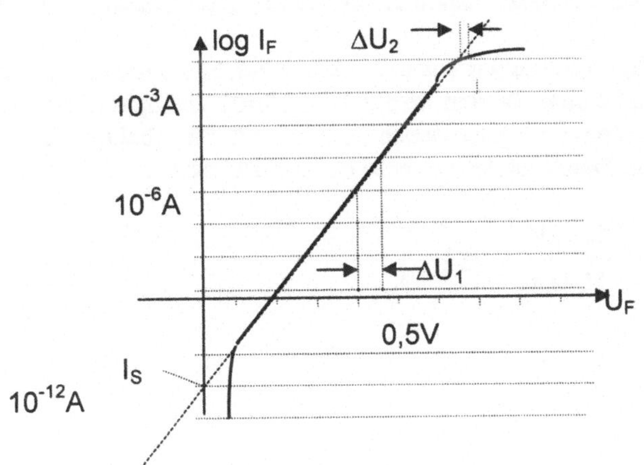

Um die geforderten Parameter zu bestimmen, legen wir eine Tangente an die gemessenen Kennlinie. Der Schnittpunkt dieser Tangenten mit der logarithmisch geteilten I-Achse liefert nach (3.51) den Sättigungsstrom. Wir entnehmen der Zeichnung den Wert $I_S = 10^{-12}$A.

Um den Steigungsfaktor zu ermitteln, benutzen wir zwei Punkte der Kennlinie, deren Stromwerte sich zweckmäßig um den Faktor 10 unterscheiden. Wir wählen Punkte bei $I_1 = 10^{-5}$A und $I_2 = 10^{-6}$A. Die zugehörigen Durchlaßspannungen U_{F1} und U_{F2} unterscheiden sich um den Betrag ΔU_1. Für die Ströme gelten die Gleichungen

$$I_1 = I_S \cdot e^{\frac{U_{F1}}{m \cdot U_T}}$$

und $$I_2 = I_S \cdot e^{\frac{U_{F2}}{m \cdot U_T}}$$

Der Quotient aus den Strömen ist

$$\frac{I_1}{I_2} = 10 = e^{\frac{\Delta U_1}{m \cdot U_T}} \qquad \text{oder} \qquad m = \frac{\Delta U_1}{\ln 10 \cdot U_T}$$

Mit den Werten aus der Zeichnung wird

$$m = \frac{0,06V}{2,30 \cdot 0,026V} = 1,003$$

Dies ist ein Wert für eine nahezu ideale Diode, deren Durchlaßstrom ein fast reiner Diffusionsstrom ist.

Den Bahnwiderstand R_B ermitteln wir aus dem ohm'schen Spannungsabfall nach (3.50). Aus der Zeichnung ergibt sich für den Strom $I_F = 10mA$ ein Spannungsabfall $\Delta U_2 \approx 40mV$, den man zwischen der gemessenen Kurve und der (bahnwiderstandsfreien) Tangenten ablesen kann. Damit ist der gesamte Bahnwiderstand

$$R_B = \frac{\Delta U_2}{I_F} = \frac{40mV}{10mA} = 4\Omega$$

3.3.4

An einer Diode wurde der gezeichnete zeitliche Verlauf des Stromes beim Umschalten vom Durchlaß- auf den Sperrbereich gemessen. Bestimmen Sie daraus die Diffusionsspeicherladung Q_D und die Diffusionslänge L_n . (Annahme: die n-Seite sei die stark dotierte Seite der Sperrschicht)

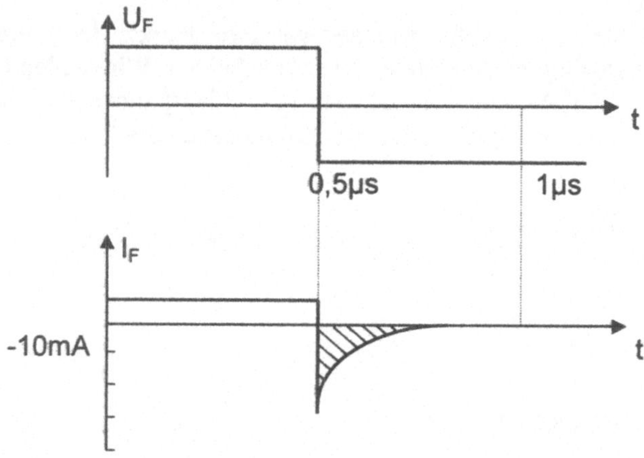

Die schraffierte Fläche in der Zeichnung stellt eine Ladung dar, denn sie ist eine Strom-Zeit-Fläche. Diese Ladung ist nach Abschnitt 3.1.6 gerade die Diffusionsspeicherladung Q_D . Wir lesen aus der Zeichnung den Wert $Q_D \approx 3mA\cdot\mu s$, also $3nAs$, ab. Für die Diffusionsspeicherladung gilt nach (3.65)

$$Q_D = A \cdot e \cdot n_{p0} \cdot L_n \cdot e^{\frac{U}{U_T}}$$

Mit dem Durchlaßstrom I_F nach (3.68) wird das Verhältnis von Ladung zu Durchlaßstrom

$$\frac{Q_D}{I_F} = \frac{A \cdot e \cdot n_{p0} \cdot L_n^2 \cdot e^{\frac{U}{U_T}}}{A \cdot e \cdot n_{p0} \cdot D_n \cdot e^{\frac{U}{U_T}}} = \frac{L_n^2}{D_n}$$

Die gesuchte Diffusionslänge ist

$$L_n = \sqrt{\frac{Q_D \cdot D_n}{I_F}}$$

Mit dem abgelesen Wert $Q_D = 3\,\text{nAs}$, dem bekannten Wert $D_n = 35\,\text{cm}^2/\text{s}$ und dem ebenfalls abgelesen Wert $I_F = 10\,\text{mA}$ ergibt sich

$$L_n = 32{,}4\,\mu\text{m}$$

3.3.5

Es wurden drei Diodenkennlinien wie gezeichnet gemessen. Welche Kennlinie gehört zu einer Z-Diode, welche zu einer Gleichrichterdiode, welche zu einer Universaldiode?

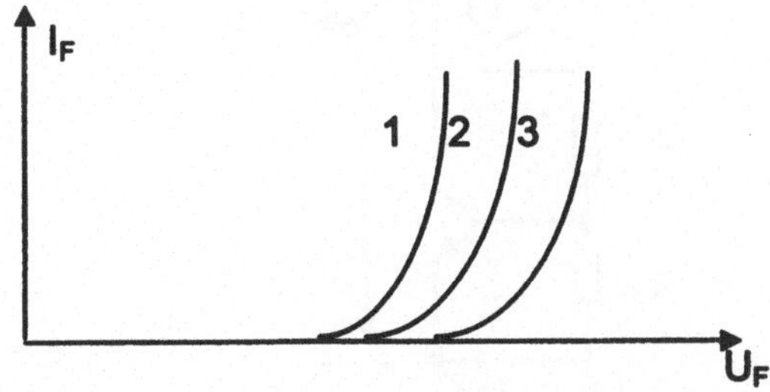

Die Zeichnung zeigt Unterschiede in den Durchlaßspannungen. Nach (3.50) ist die Durchlaßspannung

$$U_F = U_T \cdot \ln\frac{I_F}{I_S} + I_F \cdot R_B = U_{Fideal} + U_{FRB}$$

Eine vergleichsweise hohe Durchlaßspannung erhält man demnach bei kleinem Sättigungsstrom I_S und großem Bahnwiderstand R_B.

Von der Z-Diode ist bekannt, daß sie eine kleine Durchbruchsspannung hat. Dies
bedeutet nach (3.77), daß sie relativ hoch dotiert sein muß. Hohe Dotierung heißt aber
nach (3.43), daß der Sättigungsstrom klein wird.
Daher ist der Anteil U_{Fideal} der Durchlaßspannung im Verhältnis groß, so daß die Kurve
3 die Kennlinie der Z-Diode ist.

Die Leistungsdiode hat eine hohe zulässige Sperrspannung und eine große
Stromtragfähigkeit. Hohe zulässige Sperrspannung heißt nach (3.77) schwache
Dotierung, also nach (3.43) großen Sättigungsstrom. Große Stromtragfähigkeit bedeutet,
daß die Sperrschichtfläche A groß sein muß. Dies wiederum hat sowohl großen
Sättigungsstrom als auch nach (3.48) und (3.49) kleine Bahnwiderstände zur Folge. Bei
der Leistungsdiode ist daher sowohl U_{fideal} als auch U_{FRB} klein. Kurve 1 ist zutreffend.

Die Universaldiode ist nicht besonders ausgezeichnet; für sie gilt Kurve 2.

6.3 Zu Kapitel 4 „Bipolarer Transistor"

4.3.1
Wie groß sind in der gezeichneten Schaltung („U_{BE} - Verstärker") die Spannung U_{CE}
und der differentielle Widerstand zwischen den Punkten 1 und 2 ?

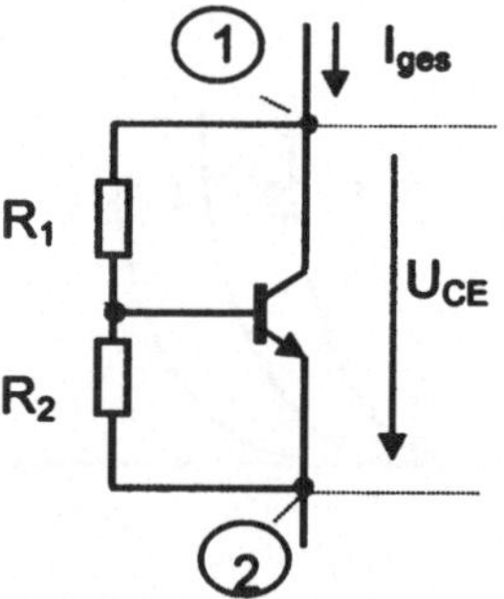

Es gilt nach der Schaltung $U_{R2} = U_{BE}$. Vernachlässigt man den Basistrom, so ist der
Spannungsteiler unbelastet und es gilt

$$U_{R2} = U_{BE} = U_{CE} \cdot \frac{R_2}{R_1 + R_2} \qquad oder \qquad U_{CE} = U_{BE} \cdot \frac{R_1 + R_2}{R_2}$$

Die Spannung U_{CE} ist die mit dem reziproken Teilerverhältnis multiplizierte Basis-Emitter- Spannung U_{BE}, daher der Name „U_{BE}-Verstärker". Diese Schaltung wird in integrierten Schaltungen verwendet, wenn man kleine, gut einstellbare Spannungen nach dem Z-Dioden-Prinzip stabilisieren will.

Der differentielle Widerstand zwischen den Punkten 1 und 2 ist die Parallelschaltung der differentiellen Widerstände des Spannungsteilers $R_1 + R_2$ und des Widerstandes r des Transistors. Es gilt

$$r = \frac{dU_{CE}}{dI_C}$$

Nach der Schaltung ist

$$dU_{CE} = \frac{R_1 + R_2}{R_2} \cdot dU_{BE}$$

Mit (4.25) ist auch

$$dI_C = S \cdot dU_{BE}$$

Damit wird schließlich mit $r_E = 1/S$

$$r = \frac{\left(R_1 + R_2\right) \cdot dU_{BE}}{R_2 \cdot S \cdot dU_{BE}} = r_E \cdot \frac{R_1 + R_2}{R_2}$$

Der differentielle Widerstand des Transistors ist der mit dem reziproken Teilerverhältnis multiplizierte differentielle Widerstand der Emitter-Basis-Strecke. Für den gesamten differentiellen Widerstand gilt

$$r_{Diff} = r \| (R_1 + R_2)$$

4.3.2

Ein bipolarer Transistor wird invers betrieben. Welche wesentlichen Parameter sind davon so betroffen, daß sie ihren Wert stark verändern?

Im inversen Betrieb wird der Kollektor als Emitter und der Emitter als Kollektor
benutzt. Wir haben also einen bipolaren Transistor mit schwach dotiertem Emitter (weil
die ursprünglich als Kollektor gedachte Zone ja aus guten Gründen schwach dotiert ist,
vergleiche Abschnitt 4.1.4 Earlyspannung) und stark dotiertem Kollektor (der ehemalige
Emitter ist stark dotiert, siehe 4.1.2 Emitterwirkungsgrad)

Der Transistor wird im inversen Betrieb einen schlechten Emitterwirkungsgrad, also
eine niedrige Stromverstärkung haben, vergleiche (4.15).
Ebenso wird er nach Abschnitt 4.1.4 einen ausgeprägten Early-Effekt zeigen, also
insbesonders eine kleine (schlechte) Early-Spannung haben.

4.3.3

Ermitteln Sie die Parameter Earlyspannung und Stromverstärkung eines bipolaren
Transistors aus seinem Ausgangskennlinienfeld.

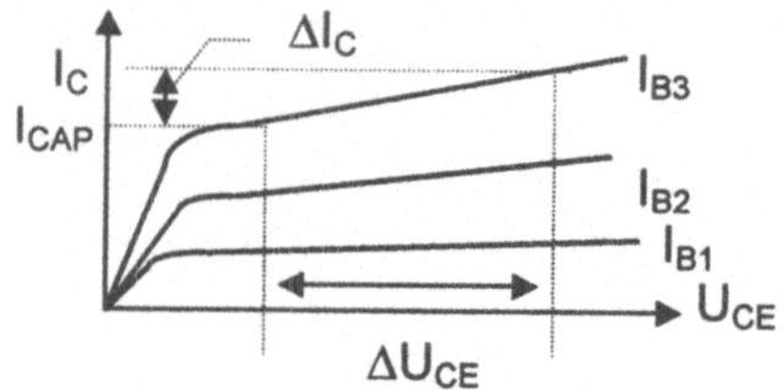

Nach (4.32) ist

$$r_C = \frac{\Delta U_{CE}}{\Delta I_C} \approx \frac{U_A}{I_{CAP}}$$

Durch Umstellen gewinnt man den Ausdruck für die Earlyspannung U_A:

$$U_A = r_C \cdot I_{CAP} = I_{CAP} \cdot \frac{\Delta U_{CE}}{\Delta I_C}$$

Die Stromverstärkung ist das Verhältnis von Kollektorstrom zu Basisstrom:

$$B = \frac{I_C}{I_B} = \frac{I_{CAP}}{I_{B3}}$$

4.3.4

Wie groß ist die maximale Spannungsverstärkung des gezeichneten Differenzverstärkers bei gegebener Betriebsspannung U_B?

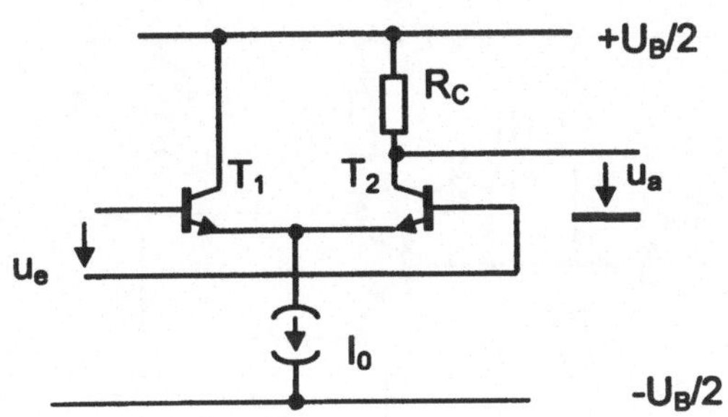

Der gezeichnete Differenzverstärker ist ein Eintaktverstärker, dessen Spannungsverstärkung durch (4.131) gegeben ist:

$$v_{Dq} = S \cdot R_C = \frac{I_0}{4U_T} R_C = \frac{1}{4U_T} \cdot I_0 \cdot R_C$$

Die Verstärkung ist also dem Produkt aus Quellenstrom I_0 und Arbeitswiderstand R_C
proportional.
Der statische Spannungsabfall an R_C darf nach der Schaltung höchstens $U_{RC} = U_B/2$
betragen. In diesem Grenzfall ist die Kollektor-Basis-Spannung des Transistors 2 Null;
er befindet sich also an der Grenze zur Sättigung. Es gilt also

$$U_{RC} = \frac{I_0}{2} \cdot R_C \leq \frac{U_B}{2} \quad \text{oder} \quad I_0 \cdot R_C \leq U_B$$

Daher ist die erreichbare Verstärkung

$$v_{Dq} = \frac{I_0 \cdot R_C}{4U_T} \leq \frac{U_B}{4U_T}$$

Die erzielbare Spannungsverstärkung hängt also direkt von der Betriebsspannung ab!
Die Maximalverstärkung kann aber nicht ausgenutzt werden, weil schon die geringste
Aussteuerung durch eine Signalspannung den Transistor 2 in Sättigung bringen würde.

4.3.5

Ermitteln Sie die obere Grenzfrequenz eines Verstärkers in Emitterschaltung aus seiner
Kollektor-Basis-Kapazität (Miller-Effekt).

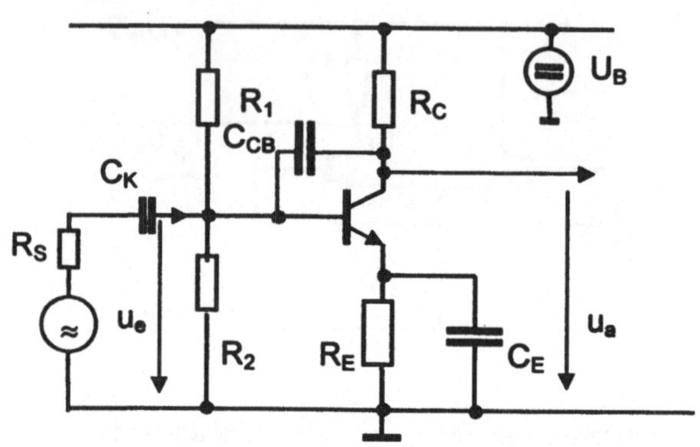

Die Spannungsverstärkung v ist nach (4.104) negativ. Es gilt also

$$u_a = -v \cdot u_e$$

Die Spannung an der Kollektor-Basis-Kapazität C_{CB} ist

$$u_{CCB} = u_e - u_a = u_e \cdot (1 + v)$$

Der Strom durch die Kapazität hat die Größe

$$i_{CCB} = \frac{u_{CCB}}{X_C} = u_e \cdot j\omega C_{CB} \cdot (1 + v)$$

Die Kollektor-Basis-Kapazität erscheint also am Eingang der Schaltung um den Faktor
(1+v) vergrößert. Diese Kapazitätsvergrößerung nennt man den Miller-Effekt.

Die gesuchte obere Grenzfrequenz ist

$$f_o = \frac{1}{2\pi \cdot r \cdot C_{CB}(1 + v)}$$

Der Widerstand r ist darin der gesamte am Eingangsknoten wirksame Widerstand

$$r = R_S \| R_1 \| R_2 \| r_e \qquad mit \qquad r_e = B \cdot \frac{U_T}{I_{CAP}}$$

Für niederohmige Ansteuerung ist z.B. $R_S = 50\Omega$. Bei üblichen Dimensionierungen ist damit $r \approx R_S$ und die Grenzfrequenz bei $v = 100$ und $C_{CB} = 2pF$ hat den Wert 15,9MHz. Bei hochohmiger Ansteuerung mit z.B. $R_S = 50k\Omega$ jedoch ist bei üblicher Dimensionierung $r \approx r_e \approx 5k\Omega$ und die Grenzfrequenz hat nur noch den Wert 159kHz. **Beide Werte liegen weit unter der Transistfrequenz des Transistors!**

6.4 Zu Kapitel 5 „Feldeffekttransistor"

5.5.1
Wie groß ist die höchstmögliche Spannungsverstärkung eines Verstärkers mit MOS-Transistor in Source-Schaltung?

Für die Spannungsverstärkung gilt allgemein $|v| = S \cdot R_{Deff}$. Mit den Ausdrücken (5.39) für die Steilheit und (5.41) für den Innenwiderstand des Transistors ist

$$|v| = \sqrt{2 \cdot I_D \cdot \beta} \cdot \left(R_D \| r_D \right) = \left(R_D \left\| \frac{1}{\lambda \cdot I_D} \right) \cdot \sqrt{2 \cdot I_D \cdot \beta} \right.$$

Läßt man, ähnlich wie in Abschnitt 4.1.4 für die Berechnung des Verstärkungsfaktors μ, den Arbeitswiderstand R_D (und damit auch die Betriebsspannung U_B!) beliebig groß werden, so wird

$$|v| \approx \frac{1}{\lambda \cdot I_D} \cdot \sqrt{2 \cdot \beta \cdot I_D} = \sqrt{\frac{2 \cdot \beta}{\lambda^2 \cdot I_D}}$$

Es gibt also beim MOS-Transistor keinen allgemeingültigen Wert für die höchstmögliche Verstärkung, denn die Verstärkung bleibt eine Funktion des Arbeitspunktes.

5.5.2

Dimensionieren Sie die gezeichnete Schaltung so, daß sich der MOS-Transistor

a) im Abschnürbereich
b) im ohm'schen Bereich und
c) genau an der Abschnürgrenze

befindet.

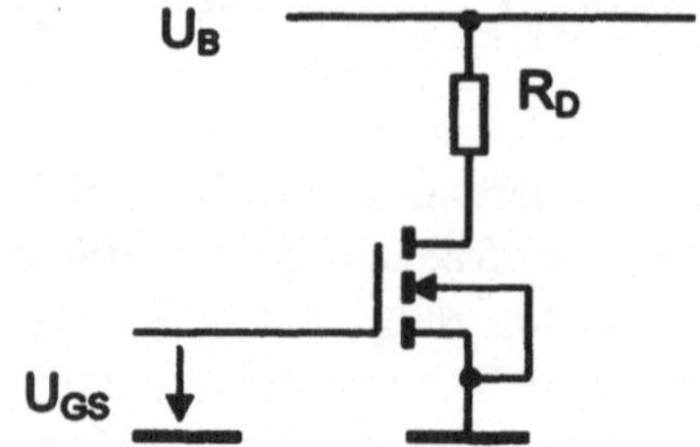

c) Am zweckmäßigsten ist es, wenn man zunächst die Abschnürgrenze bestimmt. Im Abschnürbereich führt der Transistor nach (5.35) den Strom

$$I_D = \frac{\beta}{2} \cdot \left(U_{GS} - U_{th}\right)^2$$

Nimmt man z.B. die Werte $U_{GS} = 5V$ und $U_{th} = 1V$ sowie den Kennlinienparameter $\beta = 10^{-3} A/V^2$ an, so fließt der Strom $I_D = 8mA$. Ist ferner die Betriebsspannung $U_B = 5V$, so muß am Widerstand R_D gerade die Spannung 1V abfallen, damit die Bedingung (5.36) erfüllt ist.

$$U_{DS} = U_{GS} - U_{th} = 4V = U_B - I_D \cdot R_D$$

Es muß in unserem Fall also gelten

$$R_D = \frac{1V}{8mA} = 125\Omega$$

a) Um den Transistor sicher in den Abschnürbereich zu bringen, können wir entweder die Spannung U_{GS} oder den Drainwiderstand R_D erniedrigen oder die Betriebsspannung U_B erhöhen. Wir erniedrigen z.B. den Drainwiderstand auf 100Ω.

b) Damit der Transistor in den ohm'schen Bereich kommt, kann man entweder die Spannung U_{GS} oder den Drainwiderstand erhöhen oder die Betriebsspannung verkleinern. Wir wählen z.B. $R_D = 1k\Omega$.

5.5.3

Ein n-Kanal-MOS-Transistor hat die Kennlinienkonstante $\beta = 10^{-4}$ A/V^2. Sein Verhältnis von Kanalbreite zu -länge ist 10. Wie groß ist die Dicke des Gate-Oxides?

Die Kennlinienkonstante des MOS-Transistors ist nach (5.28)

$$\beta = \frac{\varepsilon_0 \cdot \varepsilon_r \cdot \mu}{d_{ox}} \cdot \frac{w}{l}$$

Da außer der Oxiddicke alle Größen entweder bekannt oder gegeben sind, kann man diese Gleichung direkt nach der gesuchten Oxiddicke auflösen:

$$d_{ox} = \frac{\varepsilon_0 \cdot \varepsilon_r \cdot \mu}{\beta} \cdot \frac{w}{l}$$

Mit den bekannten Größen $\varepsilon_0 = 8{,}85 \cdot 10^{-14}$ As/Vcm, ε_r für Siliziumdioxid gleich 4 und der Oberflächenbeweglicgkeit der Elektronen im Silizium von ca. 1400/3 cm^2/Vs ergibt sich der Wert $d_{ox} = 0{,}165 \mu$m.

5.5.4

Welchen Einfluß auf Kennlinienparameter und Schwellenspannung eines MOS-Transistors haben
a) eine Vergrößerung der Kanaldotierung,
b) die Verkleinerung der Kanalbreite und
c) der Unterschied zwischen n- und p-Kanal-Transistor?

Der Kennlinienparameter ist nach (5.28)

$$\beta = \frac{\varepsilon_0 \cdot \varepsilon_r \cdot \mu}{d_{ox}} \cdot \frac{w}{l}$$

a) Eine Vergrößerung der Kanaldotierung wirkt sich nicht auf den Kennlinienparameter aus.
b) Die Verkleinerung der Kanalbreite w senkt den Kennlinienparameter.
c) Da die Löcherbeweglichkeit μ_p kleiner als die Elektronenbeweglichkeit ist, ist der Kennlinienparameter eines p-Kanal-Transistors bei sonst gleichen Verhältnissen kleiner als der eines n-Kanal-Transistors.

a) Nach Abschnitt 5.2.1 vergrößert sich die Schwellenspannung U_{th} mit der Kanaldotierung.

b) Die Kanalbreite hat keinen Einfluß auf die Schwellenspannung.

c) Der wesentliche Unterschied der Schwellenspannungen zwischen einem n- und einem p-Kanal-Transistor ist das Vorzeichen, das beim p-Kanal-Transistor negativ ist.

5.5.5

Welchen Einschaltwiderstand r_{on} hat der MOS-Transistor mit dem Kennlinienparameter 10^{-4} A/V^2 und der Schwellenspannung $U_{th} = 1$V in folgender Torschaltung?

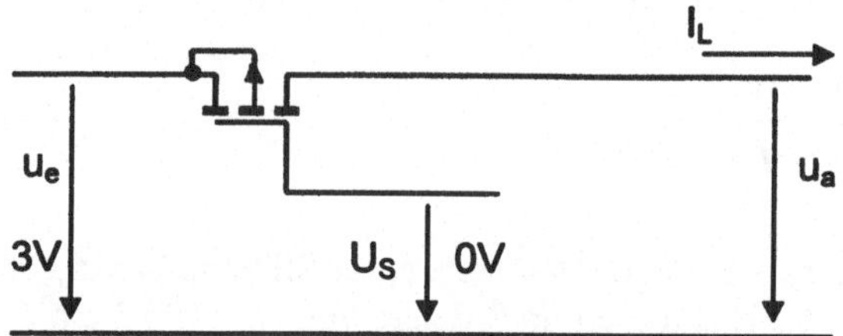

Wie groß ist die Ausgangsspannung u_a für den Laststrom $I_L = 0$, wie groß bei $I_L = 10\mu A$?

Der Einschaltwiderstand ist nach (5.30)

$$r_{on} = \frac{1}{\beta \cdot (U_{GS} - U_{th})}$$

Mit den gegeben Werten ist $r_{on} = 5k\Omega$, denn nach der Schaltung ist $U_{GS} = -3$V. (p-Kanal-Transistor vom Anreicherungstyp)

Für den Laststrom $I_L = 0$ ist der Spannungsabfall an r_{on} gleich Null, so daß $u_a = u_e = 3$V ist.

Ein Laststrom von $10\mu A$ erzeugt am Einschaltwiderstand einen Spannungsabfall von 50mV. Damit bleibt der Transistor im engen ohm'schen Bereich, denn die Bedingung $U_{DS} \ll U_{GS} - U_{th}$ ist noch gut erfüllt: 50mV $\ll$ 2V. Die Ausgangsspannung ist somit $U_a = 2,95$V.

Literatur

Dem Lehrbuchcharakter des vorliegenden Buches entsprechend ist hier nur eine kleine, mehr oder weniger zufällig getroffene Auswahl weiterführender Bücher angegeben, die jeweils ausführliche Literaturhinweise enthalten.

U. Tietze, Ch. Schenk   Halbleiterschaltungstechnik   10. Aufl.
Springer   Berlin, Heidelberg, New York   1993

S.M. Sze   Physics of Semiconductor Devices   2. Aufl.
John Wiley & Sons   New York   1981

P. Antognetti, G. Massobrio   Semiconductor Device Modeling with SPICE
McGraw-Hill   New York   1988

B. Prince   Semiconductor Memories   2. Aufl.
John Wiley/ B.G. Teubner
New York/ Stuttgart   1992

W. Heywang   Sensorik   4. Aufl.
Springer   Berlin, Heidelberg, New York   1993

R. Paul   Optoelektronische Halbleiterbauelemente   2. Aufl.
B.G. Teubner   Stuttgart   1992

H.-M. Rein, R. Ranfft   Integrierte Bipolarschaltungen   Ber. Nachdruck der 1.Aufl.
Springer   Berlin, Heidelberg, New York   1987

A. Schlachetzky   Halbleiterbauelemente der Hochfrequenztechnik
B.G. Teubner   Stuttgart   1984

C.Mead, L.Conway   Introduction to VLSI-Systems   2nd print
Addison-Wesley   New York   1980

W.v. Münch   Werkstoffe der Elektrotechnik   7. Aufl.
B.G. Teubner   Stuttgart   1993

R. Weißel, F. Schubert   Digitale Schaltungstechnik   2. Aufl.
Springer   Berlin, Heidelberg, New York   1995

U. Meier, W. Nerreter   Analoge Schaltungen
                               C. Hanser   München, Wien   1997

D.Widmann, H. Mader,   Technologie hochintegrierter Schaltungen   2. Aufl.
H. Friedrich   Springer   Berlin, Heidelberg, New York   1996

Sachverzeichnis